EUL VERLAG

Reihe: Marketing · Band 41

Herausgegeben von Prof. Dr. Heribert Gierl, Augsburg, Prof. Dr. Roland Helm, Jena, Prof. Dr. Frank Huber, Mainz, und Prof. Dr. Henrik Sattler, Hamburg

Dr. Oliver Mauroner

# Vermarktung von Innovationen durch Spin-offs

## Empirische Analyse von Unternehmensgründungen aus der öffentlichen Forschung

Mit einem Geleitwort von Prof. Dr. Roland Helm,
Friedrich-Schiller-Universität Jena

EUL VERLAG

**Bibliographische Information der Deutschen Bibliothek**

Die Deutsche Bibliothek verzeichnet diese Publikation in der Deutschen Nationalbibliothek; detaillierte bibliographische Daten sind im Internet über **<http://dnb.ddb.de>** abrufbar.

**Dissertation, Friedrich-Schiller-Universität Jena, Wirtschaftswissenschaftliche Fakultät, 04.02.2009,** unter dem Titel: Vermarktung von Innovationen durch Spin-offs – Empirische Befunde zur Umsetzung von Innovationen durch Ausgründungen aus außeruniversitären öffentlichen Forschungseinrichtungen

ISBN 978-3-89936-797-3
1. Auflage April 2009



JOSEF EUL VERLAG GmbH
Brandsberg 6
53797 Lohmar
Tel.: 0 22 05 / 90 10 6-6
Fax: 0 22 05 / 90 10 6-88
http://www.eul-verlag.de
info@eul-verlag.de

**Bei der Herstellung unserer Bücher möchten wir die Umwelt schonen. Dieses Buch ist daher auf säurefreiem, 100% chlorfrei gebleichtem, alterungsbeständigem Papier nach DIN 6738 gedruckt.**

## Geleitwort

Oliver Mauroner untersucht in seiner Dissertation einen Spezialbereich der Vermarktung von Innovationen, nämlich die Umsetzung von technologischen Neuerungen und wissenschaftlichen Erkenntnissen durch Ausgründungen aus außeruniversitären öffentlichen Forschungseinrichtungen.

Die Vermarktung von Innovationen ist ein empirisches Forschungsgebiet, das aufgrund seiner erheblichen Bedeutung für den Unternehmensbestand von Interesse für sämtliche Bereiche der wirtschaftswissenschaftlichen Forschung – und nicht nur für das Fachgebiet Marketing – ist. Die bisherigen Forschungsanstrengungen, die einen Einfluss auf das Themengebiet haben, wie beispielsweise zum Entrepreneurship, decken die spezielle Fragestellung, wie Innovationspotenziale wissenschaftlicher Einrichtungen erfolgreich in den Markt eingeführt und nachhaltig vermarktet werden können nur teilweise ab.

Für ein forschungsintensives Land wie die Bundesrepublik Deutschland, mit seiner ausgeprägten und heterogenen öffentlichen Forschungslandschaft, ist die Vermarktung von Innovationen durch Spin-offs von großem Interesse, da durch unternehmerische Ausgründungen die Möglichkeit besteht, innovative Produktfelder bei gleichzeitiger Konzentration auf die originäre Kompetenz wirtschaftlich zu nutzen. Gleichzeitig können von derartigen innovativen Spin-off-Gründungen entscheidende Impulse für die wirtschaftliche Entwicklung ganzer Wirtschaftsräume ausgehen.

Der Dissertation sind damit ein hohes theoretisches Interesse der wirtschaftswissenschaftlichen Forschung und gleichzeitig ein herausragender Praxisbezug zu attestieren.

Ich wünsche daher der Arbeit eine weite Verbreitung.

Jena, im März 2009 Roland Helm

## Vorwort

Die vorliegende Arbeit wurde im Oktober 2008 an der Wirtschaftswissenschaftlichen Fakultät der Friedrich-Schiller-Universität Jena eingereicht und angenommen. Sie entstand während meiner Tätigkeit als Doktorand am Lehrstuhl für Allgemeine Betriebswirtschaftslehre, insbesondere Absatzwirtschaft, Marketing und Handel und meiner Arbeit als wissenschaftlicher Mitarbeiter in der Marketing-Abteilung des Fraunhofer-Instituts für Angewandte Optik und Feinmechanik in Jena.

Danken möchte ich an dieser Stelle vor allem Herrn Prof. Dr. Roland Helm für seine fachliche Betreuung während der gesamten Promotionszeit, die Aufnahme in sein Lehrstuhl-Team und die intensiven und ergiebigen Diskussionen zum Thema. In allen Phasen des Dissertationsprojekts war er für mich ein kritischer und vertrauensvoller Gesprächspartner und akademischer Mentor zugleich. Weiterhin möchte ich mich bei Herrn Prof. Dr. Michael Fritsch für die schnelle Erstellung des Zweitgutachtens und die wertvollen Hinweise sowie bei Herrn Prof. Dr. Uwe Cantner als Vorsitzenden der Prüfungskommission und Frau Katrin Schwinger für den unkomplizierten Ablauf des Promotionsverfahrens bedanken.

Ein besonderer Dank gilt dem Fraunhofer-Institut für Angewandte Optik und Feinmechanik in Jena und insbesondere dessen Institutsleiter, Herrn Prof. Dr. Andreas Tünnermann, welcher mir die Möglichkeit der Promotion gewährte. Dank geht gleichermaßen an den ehemaligen Institutsleiter, Herrn Prof. Dr. Wolfgang Karthe, für seine mutige Entscheidung, einen betriebswirtschaftlichen Forscher an ein naturwissenschaftliches Institut zu holen.

Für die mir zuteil gewordene Unterstützung und das fruchtbare Umfeld am Marketing-Lehrstuhl der Friedrich-Schiller-Universität danke ich allen Mitarbeitern, besonderer Dank geht dabei an Sebastian Landschulze, Dr. Michaela Ludl, Dr. Antje Mark, Dr. Gregory Nicklas, Jun.-Prof. Dr. Michael Steiner, Antonia Szelig und Marc Tobias. Schließlich möchte ich auch meinen Kollegen am Jenaer Fraunhofer-Institut für die anregenden Diskussionen und die alltägliche Zusammenarbeit danken, insbesondere Sylvia Bathke, Dr. Erik Beckert, Dr. Andreas Bräuer, Holger Breitenborn, Dr. Ramona Eberhardt, Dr. Peter Kühmstedt, Dr. Gunther Notni und Dr. Brigitte Weber.

Bedanken möchte ich mich auch bei der Fraunhofer Venture Group – insbesondere bei Thomas Doppelberger und Manfred Stöger – und nicht zuletzt bei all den Spin-off-Unternehmern, die an der empirischen Studie teilgenommen haben und damit einen nicht unwesentlichen Teil zur Arbeit beigetragen haben.

Abschließend danke ich vielen hier nicht erwähnten Personen, die gleichfalls zum Gelingen der vorliegenden Arbeit beigetragen haben. Ich danke meinen Schwiegereltern Uschi und Herbert Krannich für ihren Beistand in der arbeitsreichen Zeit der Promotion. Ganz besonders danke ich meiner Frau Conny und meinen Kindern Gioia, Luna und Mia für ihre moralische Unterstützung und dafür, dass sie oft genug ihre eigenen Interessen zurückgestellt haben. Schließlich danke ich meinen Eltern, Anne-Rose und Siegfried Mauroner, die mich während des Studiums und meiner gesamten akademischen und beruflichen Laufbahn stets unterstützen und es mir ermöglichten, den Weg zu gehen, den ich gegangen bin.

Jena, im März 2009 Oliver Mauroner

# Inhaltsverzeichnis

## Abbildungsverzeichnis

## Tabellenverzeichnis

# 1 Einführung

Eine Unternehmensgründung ist einer der „Königswege für die Nutzung von Forschung und Entwicklung".[1]

## 1.1 Problemstellung und Zielsetzung der Arbeit

Universitäten und außeruniversitäre Forschungsinstitute gelten nicht nur als Ausgangspunkte technischer Innovationen (Kernfusion, Internet, MP3), sondern auch als bedeutende Quellen innovativer Unternehmen.[2] Ausgründungen aus wissenschaftlichen Einrichtungen, sog. Spin-offs,[3] setzen neues Wissen und neue Technologien in Produkte und marktfähige Leistungen um, die in der vorliegenden Arbeit als Spin-off-Innovationen bezeichnet werden. Hierbei handelt es sich um Produkte oder Prozesse, die „mit einem hohen Grad an Know-how durch systematische Anwendung von naturwissenschaftlichem oder technischem Wissen und unter weitgehender Nutzung neuester Technologien"[4] auf den Markt gebracht werden. Von derartigen Unternehmen und den entstehenden innovativen Leistungen gehen starke Impulse auf die technologische Wettbewerbsfähigkeit ganzer Wirtschaftsräume aus.[5]

In den letzten Jahren sind Spin-offs aus wissenschaftlichen Einrichtungen zu einem bemerkenswerten innovationspolitischen und ökonomischen Phänomen avanciert.[6] In diesem Zusammenhang erwarten Politik, Wissenschaft und Gesellschaft einerseits, dass der Transfer von Wissen und Technologien die Verbreitung von neuen Methoden und Erkenntnissen fördert und andererseits, dass die Verwertung von Forschungsergebnissen zu einer Ausweitung industrieller Innovationen, strukturellen Veränderungen, Wachstum und nicht zuletzt zu neuen und sicheren Arbeitsplätzen führt.[7] Forschungsbasierte Spin-off-Gründungen werden als wichtige Faktoren

---

[1] Mit diesen Worten warb die damalige Bundesforschungsministerin Edelgard Bulmahn anlässlich der CEBIT 2002 für Unternehmensgründungen aus der Wissenschaft; vgl. http://www.heise.de/newsticker/meldung/25637 (Abruf: 12.10.2008).
[2] Vgl. Meyer, Autio 2004, S. 669; Smailes, Cooper, Keogh 2002, S. 360.
[3] In der vorliegenden Arbeit werden Ausgründungen aus wissenschaftlichen Einrichtungen als Spin-offs bezeichnet; eine ausführliche Begriffsabgrenzung erfolgt in Kapitel 2.1.1.
[4] Kulicke 1987, S. 14.
[5] Vgl. Fritsch 2005, S. 27 f.; BMBF 2002a, S. 8.
[6] Vgl. Di Gregorio, Shane 2003, S. 209.
[7] Vgl. BMBF 2002a, S. 7; Chrisman, Hynes, Fraser 1995, S. 271; Pleschak 2003, S. 1. Hinsichtlich der Ausweitung industrieller Innovation durch Spin-off-Gründungen vgl. auch Sabisch, Esswein, Meißner, Wyllegalla 1998, S. 27.

regionaler Innovationssysteme betrachtet, die erheblichen Einfluss auf deren wirtschaftliche Entwicklungs- und Wandlungsfähigkeit haben.[8]

Vor diesem Hintergrund werden weltweit Anstrengungen unternommen, um eine Gründerkultur unter Forschern zu etablieren und Strukturen zur Förderung von Unternehmensgründungen auf Basis wissenschaftlich-technischer Forschungsergebnisse aufzubauen.[9] Dies wird durch verschiedenartige Förderprogramme für Ausgründungen aus der Wissenschaft belegt, mit denen es potenziellen Gründern erleichtert werden soll, selbstständig tätig zu werden.[10]

Für Forschungseinrichtungen werden unternehmerische Ausgründungen zunehmend von Bedeutung für die Kommerzialisierung von Forschungsergebnissen. Hochschulen und anderweitige staatlich geförderte F&E-Einrichtungen können entstandene Forschungsergebnisse selbst nur in sehr engen Grenzen kommerzialisieren, insbesondere wegen der für sie geltenden Grundsätze der Gemeinnützigkeit und der Tatsache, dass die Erzeugung von neuem Wissen und nicht dessen Vermarktung zu den Kernaufgaben derartiger Einrichtungen gehört.[11]

Ausgründungen bieten Forschungsinstituten die Möglichkeit der wirtschaftlichen Verwertung von Forschungsergebnissen außerhalb der Einrichtung; gleichzeitig ermöglichen sie die Konzentration auf technologische Kernthemen und eröffnen die Aussicht auf langfristige F&E-Partnerschaften mit den entstehenden Unternehmen. Auf diese Weise dienen Spin-offs dem Transfer von Wissen und neuen Technologien in Unternehmen und Gesellschaft und erfüllen damit eine der ureigensten Aufgaben der öffentlichen Forschung.[12] Insofern sind Spin-offs als Ergänzung der bestehenden Forschungs- und Entwicklungslandschaft und nicht vornehmlich als Abfluss von Know-how und Arbeitskräften zu sehen.[13]

---

[8] Vgl. BMBF 2002a, S. 8 und S. 58. In der selben Studie wird darauf aufmerksam gemacht, dass eine einseitige Ausrichtung der öffentlichen Forschung auf Spin-offs als Transferkanal unter Umständen dazu führen kann, dass andere Aufgaben wie etwa die Grundlagenforschung, die Ausbildung und die Kooperation mit Unternehmen vernachlässigt werden (S. 62).
[9] Vgl. Beer 2000, S. 2; Ossenkopf, Pleschak 2003, S. 74.
[10] Entsprechende Förderprogramme des BMBF sind z.B. die Programme PUSH, TOU, BJTU, GET UP und EXIST.
[11] Vgl. Fritsch 2005, S. 22.
[12] Vgl. Beibst, Lautenschläger 2002, S. 24.
[13] Vgl. Rex, Pankotsch, Langer 2007, S. 4. Vgl. diesbezüglich zu sog. An-Instituten von Hochschulen: Ossenkopf, Pleschak 2003, S. 74.

Aus der Perspektive eines einzelnen Spin-offs ist es ausschlaggebend für eine erfolgreiche unternehmerische Tätigkeit, dass das Gründerteam die Verwertungsmöglichkeiten von Forschungsergebnissen optimal wahrnimmt, die Technologien beherrscht und zugleich die vorhandenen Marktbedingungen realistisch einschätzt.[14] Diese Aspekte sind erforderlich, um wissenschaftliche Ergebnisse in ein vermarktbares Leistungsangebot zu überführen. Gleichwohl starten Spin-offs mit einigen Nachteilen in den Wettbewerb, die in ihrem geringen Alter („liability of newness") und ihrer geringen Größe („liability of smallness") begründet sind.[15]

Altersbedingte Nachteile wirken sich bei Spin-offs tendenziell sehr viel stärker aus als bei herkömmlichen Gründungen, da nicht nur das Unternehmen neu ist, sondern gleichermaßen die Technologien und häufig auch der Markt, in den sie transferiert werden. Größenbezogene Nachteile entstehen dadurch, dass Spielraum und Aktionsradius von Spin-offs aufgrund der Knappheit an finanziellen, personellen und strukturellen Ressourcen eingeschränkt sind.[16] Für die Spin-offs ist es daher – neben technologischer Exzellenz – entscheidend, Ressourcen zu akquirieren und zu bündeln, um die größenbedingten Nachteile auszugleichen. Spin-offs können dazu i.d.R. auf Ressourcen zurückzugreifen, die von den ausgründenden Forschungseinrichtungen, den sog. „Mutterorganisationen",[17] bereitgestellt werden.[18]

Ausschlaggebend für den Markterfolg von Spin-offs ist es, unter welchen Ausgangsbedingungen diese Unternehmen in den Wettbewerb starten und inwieweit sich die Technologie und die Wissensbasis zur Unternehmensgründung eignen. Diese Faktoren bilden ein wesentliches Fundament für die Schaffung eines überlebensfähigen und langfristig erfolgreichen Unternehmens. Daraus ergibt sich unmittelbar die Zielsetzung der vorliegenden Arbeit.

Angesichts der Bedeutung von Unternehmensgründungen aus der Forschung und in Anbetracht der Komplexität und Vielschichtigkeit dieses Phänomens wird mit der vorliegenden Arbeit die generelle Zielstellung verfolgt, das Verständnis von Spin-offs zu erweitern. Insbesondere leistet die Untersuchung einen Beitrag zur Klärung der Fragestellung, wie Innovationspotenziale wissenschaftlicher Einrichtungen effektiv

[14] Vgl. Athene 1997, S. 6 ff.
[15] Vgl. Lee, Lee, Pennings 2001, S. 615-640; Schoonhoven, Eisenhardt, Lyman 1990, S. 177-207.
[16] Vgl. Hack, Jost, Jost 2001, S. 58 ff.; Scholten 2006, S. 11.
[17] Als „Mutterorganisation" wird jene Einrichtung bezeichnet, deren Forschungsergebnisse im Rahmen einer Spin-off-Gründung vermarktet werden sollen; eine ausführliche Definition erfolgt in Kapitel 2.2.
[18] Vgl. Knecht 1998a, S. 24.

genutzt werden können und wie Forschungsergebnisse im Rahmen von Ausgründungen erfolgreich in den Markt eingeführt und nachhaltig vermarktet werden können.

Im Rahmen der Arbeit werden die aufgeworfenen Fragestellungen anhand eines theoretisch fundierten Konzepts empirisch überprüft und Handlungsempfehlungen für die Praxis abgeleitet. Zur Konkretisierung der Zielstellung wird auf der Basis der theoretischen Erkenntnisse und der empirischen Evidenz ein spin-off-spezifischer Bezugsrahmen entwickelt, der sowohl interne als auch externe Einflussfaktoren auf den langfristigen Markterfolg von Spin-offs beinhaltet. Dabei liegt der Fokus der Arbeit darin, ein Erklärungsmodell abzuleiten und mit Hilfe einer empirischen Studie zu verifizieren, das sowohl die Gründungsbasis als auch das Gründungsumfeld berücksichtigt und das sowohl den kurzfristigen Erfolg des Markteintritts als auch den langfristigen wirtschaftlichen Erfolg des Unternehmens erklärt. Mit Hilfe dieses Erklärungsmodells soll der kausale Zusammenhang zwischen der Spin-off-Gründungsbasis, der Einführung der Innovation in den Markt sowie den Beziehungen zur Mutterorganisation und dem Markterfolg des Spin-offs erläutert werden. In der Folge entsteht ein Leitgerüst für die Planung, Ausführung und Unterstützung von Unternehmensgründungen aus der Wissenschaft.

## 1.2 Relevanz der Arbeit

Spin-offs stellen aus wirtschafts- und innovationspolitischer Perspektive einen bedeutenden Faktor in Bezug auf den technologischen Fortschritt und die Sicherung von Arbeitsplätzen dar. In Forschungseinrichtungen entstehen Ideen und technologische Grundlagen für Innovationen, also Wissensvorsprünge, von denen einerseits eine gesamte Volkswirtschaft profitieren kann und die andererseits von den entstehenden Spin-off-Gründungen in Wettbewerbsvorteile transformiert werden können. Mittel- und langfristig sind dadurch neue Impulse bei der Schaffung von Arbeitsplätzen und bei der Entwicklung einer wettbewerbsfähigen und wachstumsstarken Industriestruktur zu erwarten.[19]

---

[19] Vgl. Beer 2000, S. 2 ff.; Händel 1999, S. 9 ff.; Sabisch, Esswein, Meißner, Wyllegalla 1998, S. 34 f. Die positiven Effekte von Spin-offs und anderen forschungsbasierten Unternehmensgründungen bei der Generierung von Arbeitsplätzen werden durch mehrere Studien in Deutschland und den USA belegt: Apel, Friedrich, Hägele 1999, S. 19; Birch 1987; BMBF 2002a, S. 55 ff.; Fritsch, Müller 2004,

Durch ihre Ansiedelung im Umfeld von Forschungseinrichtungen tragen Spin-offs erheblich zum Aufbau innovativer regionaler Cluster bei.[20] Bereits Mitte der sechziger Jahre beschreiben Mahar und Coddington (1965, S. 141 f.) diesen Umstand folgendermaßen: “Spin-offs ... can be the important first step in what may develop into a chain reaction. They help set in motion the forces which tend to attract research-based new industry.”[21]

In Deutschland finden jährlich etwa 2.600 Unternehmensgründungen innerhalb der forschungs- und wissensintensiven Branchen statt,[22] deren Zielsetzung explizit darin besteht, Forschungsergebnisse in die kommerzielle Anwendung zu bringen.[23] Diese Unternehmen leisten einen hohen Beitrag zum Technologietransfer und zur Diffusion neuer wissenschaftlicher Erkenntnisse. Darüber hinaus ist die Nutzung von neuen Kompetenzen und neuen Technologien für weitere 60.000 Unternehmensgründungen von erheblicher Bedeutung.[24] Die Relevanz von Spin-off-Gründungen zeigt sich allerdings weniger in einer rein mengenmäßigen Erörterung sondern vielmehr in der Betrachtung einzelner Branchen der Spitzentechnologie.[25] In der Biotechnologie bspw. sind 50% aller Unternehmensgründungen Spin-offs,[26] in anderen Bereichen der High-Tech-Industrie, z.B. der Medizintechnik, Optik und Computerindustrie, ist deren Bedeutung ähnlich.[27] In diesen Wirtschaftssektoren tragen Spin-off-Grün-

---

S. 961 ff.; Fritsch, Müller 2006, S. 101 f.; Kay, May-Strobl, Maaß 2001, S. 51; Wießner 2002, S. 121. Einer Untersuchung von Fritsch (2005, S. 28) zufolge zeigen sich die positiven Beschäftigungseffekte erst nach einer gewissen Zeit, „nämlich ungefähr ab dem fünften Jahr nach der Gründung“.

[20] Vgl. Berndts, Harmsen 1985, S. 51; Cooper 1985, S. 81; Feeser, Willard 1988, S. 553 f. und S. 561; Maselli 1997, S. 48; Smailes, Cooper, Keogh 2002, S. 355; Scheidt 1995, S. 87.

[21] Vgl. dazu auch die Ausführungen von Cooper 1985, S. 84; Danilov 1969, S. 54; Lamont 1969, S. 32.

[22] Forschungs- und wissensintensive Branchen beinhalten die Hightech-Industrie sowie technologieorientierte und wissensintensive Dienstleistungen. Eine ausführliche Erläuterung der Abgrenzung ist Egeln, Gottschalk, Rammer, Spielkamp (2003, S. 196 f.) zu entnehmen.

[23] Vgl. BMBF 2002a, S. 11.

[24] Einer Studie des BMBF (2002a, S. 6) zufolge werden in Deutschland jährlich etwa 65.000 Unternehmen in den forschungs- und wissensintensiven Branchen gegründet, wobei der Wert den Durchschnittswert über die Jahre 1996 bis 2000 darstellt.

[25] Als Branchen der Spitzentechnologie werden z.B. die chemische Industrie, die Medizintechnik oder der Fahrzeugbau betrachtet. Für eine Definition des Segments „Spitzen- und Hochwertige Technologie“ vgl. Egeln, Gottschalk, Rammer, Spielkamp 2003, S. 196 f.

[26] Einer Studie von Ernst&Young (2002) zufolge werden in Deutschland jedes Jahr ca. 120 Unternehmen in der Biotechnologie gegründet (Kernunternehmen und Biotech-Anwender), 50-80 davon sind Spin-offs zur unmittelbaren und direkten Verwertung von Forschungsergebnissen.

[27] Vgl. BMBF 2002a, S. 16.

dungen unmittelbar zum Transfer von neuen Technologien und zu deren Diffusion in die gesamte Branche bei.[28]

Voraussetzungen für die Ausschöpfung der Innovationspotenziale sind die erfolgreiche Umsetzung der einzelnen Spin-off-Vorhaben sowie das Überleben und die positive Entwicklung der gegründeten Unternehmen. In diesem Kontext wird die praktische Relevanz der vorliegenden Arbeit deutlich, die darin besteht, ein theoretisch fundiertes und empirisch gestütztes Erklärungsmodell zum Erfolg von technologieorientierten innovativen Ausgründungen aus Forschungseinrichtungen zu entwerfen, das sich an Gründer, Politik und Wissenschaft richtet. Potenzielle Gründer und Schlüsselpersonen innerhalb der Institute erhalten auf der Basis der ermittelten Erfolgs- und Einflussfaktoren eine Hilfestellung bei der Umsetzung von konkreten Spin-off-Projekten und der Einschätzung von Ausgründungsvorhaben; die Verantwortlichen in der Politik erhalten Hilfestellungen bei der Einschätzung geeigneter Unterstützungsmaßnahmen für Spin-off-Gründer.

Aus wissenschaftlicher Sicht liegt die Bedeutung der vorliegenden Arbeit vor allem in der Fokussierung auf die einzelwirtschaftliche Perspektive und der Kombination verschiedener theoretischer Erklärungsansätze. Die Vielschichtigkeit des Spin-off-Phänomens und die rein quantitative Zunahme forschungsbasierter Spin-off-Gründungen aus Universitäten und anderen Forschungseinrichtungen seit Ende der neunziger Jahre haben zu einer Fülle von empirischen Untersuchungen geführt.[29] Dabei dominierte zunächst die volkswirtschaftliche Perspektive, die sich darauf konzentrierte, den Beitrag von Spin-off-Gründungen zur Steigerung der Leistungsfähigkeit von Innovationssystemen[30] und zur Effektivierung des Forschungssystems zu ermitteln.

In den letzten Jahren war hinsichtlich der Studienschwerpunkte ein Paradigmenwechsel zu verzeichnen. Die überwiegend volkswirtschaftlich geprägte, quantitative Betrachtung des Spin-off-Phänomens[31] wich einer eher einzelwirtschaftlich orientier-

---

[28] Vgl. Sabisch, Esswein, Meißner, Wyllegalla 1998, S. 9 f. und S. 32. Zum Diffusionsprozess vgl. Thom 1980, S. 7.

[29] Vgl. BMBF 2002a, S. 8 ff.

[30] Vgl. Bellini, Pammolli, Piccaluga 2000, S. 16 f.; Berndts, Harmsen 1985, S. 58; Callan 2001, S. 13 ff.; Egeln, Gottschalk, Rammer, Spielkamp 2003, S. 131 ff.; Lindholm Dahlstrand 1997, S. 331 ff.; Mustar 1997, S. 37 ff.; Szyperski, Klandt 1983, S. 9.

[31] Vgl. ADT 1998, S. 31 und S. 65; Druilhe, Garsney 2004, S. 269 ff.; Gibson, Smilor 1991, S. 33; Kassicieh, Radosevich, Banbury 1997, S. 248; Kriegesmann 2000, S. 397 ff.

ten Untersuchung der Spin-off-Innovationsprozesse.[32] Dies entspringt der Notwendigkeit, das Spin-off-Phänomen stärker aus der Perspektive der gegründeten Unternehmen zu betrachten und dabei sowohl Fragen eines effizienten Innovations- und Technologietransferprozesses als auch der markt- und wettbewerbsorientierten Umsetzung von technologischen Neuerungen zu erörtern. Die vorliegende Arbeit reiht sich in derartige Untersuchungen ein.

## 1.3 Darstellung der Vorgehensweise

Die Struktur der Arbeit kann folgendermaßen skizziert werden. In Kapitel 1 wird die zu behandelnde Problemstellung in ein größeres Umfeld eingebettet; Zielsetzung und Relevanz der Arbeit werden vor diesem Hintergrund erläutert.

In Kapitel 2 werden die grundsätzlichen Begriffe im Zusammenhang mit der Umsetzung von Innovationen durch Spin-off-Gründungen erläutert. Im Besonderen erfolgt eine Betrachtung des Spin-off-Phänomens aus der Perspektive des Technologietransfers und der Perspektive der Gründungsforschung, daraufhin werden Spin-offs als Betrachtungsobjekte der vorliegenden Arbeit definiert.

In Kapitel 3 erfolgt eine Genese von Spin-offs aus der Forschung, insbesondere eine Erläuterung der Einflussgruppen, Maßnahmen, Rahmenbedingungen und Strategien im Spin-off-Prozess. Das Kapitel schließt mit einer Typologisierung von Spin-off-Gründungen.

Kapitel 4 dient der Herausarbeitung des theoretischen Erklärungsmodells von Spin-off-Innovationen. Zunächst wird die Erfolgsfaktorenforschung als Ausgangspunkt der weiteren Vorgehensweise vorgestellt, daraufhin werden die einzelnen Gruppen von Einflussfaktoren hinsichtlich ihrer Wirkungsweise analysiert. Es wird schrittweise ein Erklärungsmodell für den langfristigen Markterfolg von Spin-offs entwickelt.

In Kapitel 5 wird der Stand der empirischen Forschung dargelegt. Ausgewählte empirische Befunde zu den herausgearbeiteten Einflussfaktoren werden aufgelistet und dahingehend analysiert, inwieweit eine Übereinstimmung zum Erklärungsmodell besteht. Im Anschluss daran werden die zu prüfenden Hypothesen formuliert.

---

[32] Vgl. Scholten 2006, S. 13; Nlemvo, Pirnay, Surlemont 2002, S. 281 ff.; Shane, Stuart 2002, S. 154 ff.; Vohara, Wright, Lockett 2004, S. 147 ff.

Kapitel 6 widmet sich der Umsetzung des in Kapitel 4 ausgearbeiteten theoretischen Erklärungsmodells in ein Strukturgleichungsmodell. Dabei erfolgt zunächst eine Erläuterung der Vorgehensweise im Rahmen der Kausalanalyse und schließlich wird die Operationalisierung der einzelnen Konstrukte der beiden Messmodelle des Kausalmodells mittels geeigneter Indikatorvariablen vorgenommen. Als Abschluss wird das vollständige vorläufige Strukturgleichungsmodell dargestellt.

Kapitel 7 beinhaltet schließlich die neue empirische Studie zur Umsetzung von Innovationen durch Spin-offs. Zunächst werden der Untersuchungsansatz und die Stichprobe skizziert, daraufhin wird die Vorgehensweise bei der Modelloptimierung erläutert. Die Messmodelle werden im Anschluss daran optimiert und hinsichtlich ihrer Validität überprüft. In der Folge wird das optimierte Gesamtmodell dahingehend analysiert, inwieweit die gewonnenen Daten den postulierten Zusammenhängen entsprechen. Eine Zusammenfassung und kritische Würdigung der empirischen Ergebnisse bildet den Schluss des Kapitels.

Kapitel 8 stellt den Abschluss der Arbeit dar und beinhaltet eine Zusammenfassung der Vorgehensweise und der wichtigsten Ergebnisse sowie einen Ausblick auf Konsequenzen und mögliche weitere Forschungsansätze.

Aufbau und Struktur der Arbeit können Abbildung 1 entnommen werden.

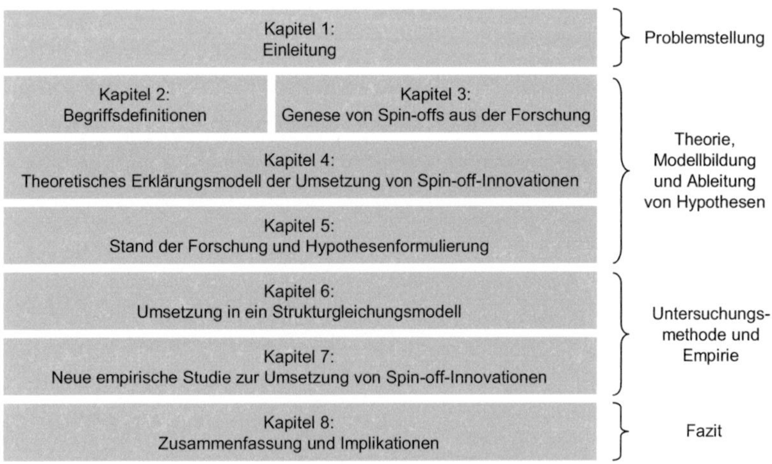


**Abbildung 1: Aufbau der Arbeit**

# 2 Erläuterung grundsätzlicher Begriffe und Perspektiven im Zusammenhang mit Spin-off-Innovationen

Die vorliegende Arbeit ist an der Schnittstelle zwischen der Technologietransferforschung und der betriebswirtschaftlichen Betrachtung von Unternehmensgründungen angesiedelt. Fundamentale Begriffe dieser Arbeit werden in beiden Forschungsfeldern in unterschiedlichster Art und Weise verwendet, sodass es unumgänglich ist, diese Termini vorab zu definieren und abzugrenzen, und damit die Grundlage für das Verständnis der Arbeit zu schaffen.

Im folgenden Kapitel wird zunächst auf die grundlegenden Begriffe „Spin-off" und „Innovation" eingegangen. Daran schließt sich eine Betrachtung von Spin-offs aus zwei unterschiedlichen Perspektiven an: dem Blickwinkel des Technologietransfers und jenem der Unternehmensgründung. Schließlich erfolgen eine Synthese der Perspektiven und eine Definition der Betrachtungsobjekte der vorliegenden Arbeit.

## 2.1 Grundlegende Begriffe

### *2.1.1 Entstehung und Interpretationen des Spin-off-Begriffs*

Der Begriff „Spin-off" bezeichnet einerseits den Prozess des sich Herauslösens (eng. „to spin off") einer Einheit aus einer bestehenden Einheit und andererseits das Ergebnis dieses Prozesses, nämlich die sich abspaltende organisatorische Einheit.

Seinen Ursprung hat der Begriff „Spin-off" in den sechziger Jahren, in denen die Förderung von Spitzentechnologien und der erwartete volkswirtschaftliche Nutzen zum Gegenstand des öffentlichen Interesses wurden. Kritiker sahen z.T. nur geringe gesellschaftliche Relevanz der High-Tech-Forschung und erkannten kaum Potenziale für die Verwertung der Erkenntnisse.[33] In diesem Zusammenhang diente die Nutzbarmachung von technologischen Ergebnissen außerhalb der ursprünglichen Anwendungsgebiete zur Rechtfertigung der Förderung von Spitzenforschung.[34]

---

[33] Vgl. Maselli 1997, S. 1.

[34] Vgl. Enßlin 1988, S. 16 f. Dabei geht es um die zivile Nutzung militärischer Forschungsergebnisse, das bekannteste Beispiel ist das Material „Teflon"; vgl. hierzu Morone, Ivins 1982, S. 35.

Im Zuges des sog. „Route 128 Phänomens“, d.h. der räumlich konzentrierten Gründung zahlreicher technologieorientierter Unternehmen in Kalifornien, erfolgte eine Veränderung des Spin-off-Begriffs. Forthin wurden darunter Unternehmen verstanden, die von Mitarbeitern von Forschungseinrichtungen gegründet wurden, um wissenschaftliche Erkenntnisse im Rahmen neuer Anwendungsbereiche zu vermarkten.[35]

Eine bis heute geltende Definition des Spin-off Begriffs stammt von Mahar und Coddington (1965, S. 141), derzufolge handelt es sich bei Spin-offs um „... research firms or scientifically oriented manufacturing companies formed by individuals who draw heavily on knowledge gained as employees of universitiy, government agency, or industrial firm ...“. Nathusius (1979, S. 236 f.) hat den Begriff in den deutschen Sprachraum eingeführt und Spin-offs als technologieorientierte Unternehmen definiert, die durch ehemalige Mitarbeiter von Forschungseinrichtungen gegründet werden, wobei die Gründer jenes technologische Know-how zur Anwendung bringen, das sie in ihrer vorhergehenden Tätigkeit erworben haben.[36]

Die ausgründenden Forschungseinrichtungen können sich prinzipiell sowohl in privater als auch in öffentlicher Hand befinden bzw. sowohl nach erwerbswirtschaftlichen als auch nach nicht-erwerbswirtschaftlichen Gesichtspunkten tätig sein.[37] Zu den erwerbswirtschaftlich ausgerichteten Mutterorganisationen zählen Forschungsabteilungen von Unternehmen, insbesondere Großunternehmen, die an der wirtschaftlichen Nutzung der Forschungs- und Entwicklungsergebnisse interessiert sind. Nicht-erwerbswirtschaftlich orientierte Mutterorganisationen sind z.B. Institute an Universitäten oder andere staatlich finanzierte außeruniversitäre Forschungseinrichtungen, an denen die Generierung neuer Erkenntnisse und – im Falle von Hochschulen – die Vermittlung neuen Wissens im Vordergrund stehen.[38]

Der wesentliche Unterschied zwischen erwerbswirtschaftlichen und nicht-erwerbswirtschaftlichen Mutterorganisationen liegt in der Tatsache, dass bei erstgenannten Organisationen die Vermarktung der Forschungsergebnisse und die wirtschaftliche Nutzung der Forschungsinvestitionen im Sinne eines optimalen Verhältnisses des

---

[35] Vgl. Olken 1966, S. 21; Roberts, Wainer 1968, S. 78-83; Szyperski, Klandt 1980, S. 355; Maselli 1997, S. 26.
[36] Dieser Definition folgen bspw. Kilian 1991, S. 25; Maselli 1997, S. 27.
[37] Vgl. Keune, Nathusius 1977, S. 16; Szyperski, Klandt 1981, S. 39-41.
[38] Vgl. Knecht 1998a, S. 21.

erzielten Gewinns zum investierten Kapital im Vordergrund stehen. Da Ausgründungen i.d.R. auf den gleichen bzw. auf ähnlichen Märkten aktiv sind wie ihre Mutterorganisationen, müssen Unternehmen damit rechnen, dass diese zu potenziellen Konkurrenten werden und letzlich ihre Gewinnerwartungen beeinträchtigen können.[39]

In der vorliegenden Arbeit werden ausschließlich Ausgründungen aus der öffentlichen Forschung betrachtet und als Spin-offs bezeichnet. Unbeschadet davon können Ausgründungen auch aus privatwirtschaftlichen Organisationen stammen, wobei derartige Unternehmen im Folgenden als „Corporate Spin-offs" bezeichnet werden.[40]

### *2.1.2 Begriff der Spin-off-Innovation*

Die bisherigen Ausführungen machen deutlich, dass die Realisierung und die Vermarktung technischer und wirtschaftlicher Neuerungen zentrale Wesensmerkmale von Spin-offs darstellen. Es geht folglich um die Durchführung von Innovationen (erneuern = lat. innovare).[41] Im Folgenden erfolgt zunächst eine Definition des Begriffs der Spin-off-Innovation; daran anschließend erfolgt eine Charakterisierung anhand der Zweck/Mittel-Relation und des Gegenstandes von Spin-off-Innovationen, bevor im letzten Abschnitt auf die verschiedenen Phasen eines Spin-off-Innovationsprozesses eingegangen wird.

#### *2.1.2.1 Spin-off-Innovationen*

Unter dem Begriff „Innovation" kann sowohl der Neuerungsprozess als auch das Ergebnis eines derartigen Prozesses aufgefasst werden. Hauschildt (1993, S. 4) versucht beide Aspekte zu vereinen und definiert Innovationen als „[...] im Ergebnis qualitativ neuartige Produkte oder Verfahren, die sich gegenüber dem vorangegangenen Zustand merklich [...] unterscheiden. Diese Neuartigkeit muß (!) wahrgenommen werden [...]. Die Neuartigkeit besteht darin, daß (!) Zwecke und Mittel in einer bisher nicht bekannten Form verknüpft werden. Diese Verknüpfung hat sich auf dem Markt oder im innerbetrieblichen Einsatz zu bewähren. Das reine Hervorbringen der Idee genügt nicht, Verkauf oder Nutzung unterscheidet Innovation von Invention

[39] Vgl. Szyperski, Klandt 1981, S. 28; Maselli 1997, S. 34.
[40] Vgl. Blum 2006, S. 37.
[41] Vgl. Sabisch, Esswein, Meißner, Wyllegalla 1998, S. 6 f. sowie die dort zitierte Literatur.

[...]."[42] Als Invention wird dabei die Wissensfindung bzw. die erstmalige Realisierung einer technischen Problemlösung oder Neuerung bezeichnet, ohne deren wirtschaftliche Anwendung zu berücksichtigen.[43] Eine Invention bzw. eine Ideengenerierung steht am Anfang jedes Innovationsprozesses.[44] Innovationen unterscheiden sich durch einen gewissen Grad an Neuartigkeit von Routineprozessen.[45]

Diese Auffassung eignet sich für die Betrachtung von Spin-offs und für die Definition von Spin-off-Innovationen im Rahmen der vorliegenden Arbeit, da sie sowohl die (technologische) Neuartigkeit der Innovation als auch deren Marktorientierung berücksichtigt. Bei Spin-off-Innovationen handelt es sich folglich um am Markt angebotene Leistungen, die qualitative Neuerungen und/oder erhebliche Verbesserungen von bestehenden Lösungen darstellen und insbesondere auf der Nutzung neuer Technologien und wissenschaftlicher Erkenntnisse (Inventionen) basieren.[46]

#### *2.1.2.2 Charakterisierung von Spin-off-Innovationen*

Hinsichtlich der Neuartigkeit werden im Allgemeinen fünf Stufen von Innovationen unterschieden, wobei Spin-offs der eben angeführten Definition zufolge die ersten drei Typen von Innovationen zum Ziel haben:[47]

- Basisinnovationen (Anwendung von neuen Wirkprinzipien, völlig neue Produktgenerationen und Verfahren);
- Verbesserungsinnovationen (Verbesserung von Qualitäts- und/oder Nutzenparametern von bestehenden Problemlösungen);
- Anpassungsinnovationen (Modifikationen vorhandener Lösungen an spezifische Kundenwünsche oder Rahmenbedingungen, z.B. regionale Besonderheiten);
- Imitationen (bewusste Nachahmungen von vorhandenen Problemlösungen);

[42] Ähnlich auch Sabisch, Esswein, Meißner, Wyllegalla 1998, S. 6 f.; Barnett 1953, S. 7.
[43] Vgl. Schmid 1999, S. 99.; Sabisch, Esswein, Meißner, Wyllegalla 1998, S. 7.
[44] Vgl. Schmid 1999, S. 105.
[45] Vgl. Helm 2001, S. 50; Vahs, Burmester 1999, S. 49-55.
[46] Vgl. Thomas 1989, S. 82.; Sabisch, Esswein, Meißner, Wyllegalla 1998, S. 6 f.; Hauschildt 1997, S. 21; Rogers 1983, S. 11.
[47] Die Aufzählung fasst die Ausführungen von Thom (1980, S. 40), Hauschildt (1993, S. 46), Pleschak und Sabisch (1996, S. 4) sowie Maselli (1997, S. 10) zusammen.

- Scheininnovationen (Pseudoverbesserungen, Veränderungen ohne tatsächliche Verbesserungen oder Erweiterungen der Nutzenparameter für den Kunden).

Der obigen Definition zufolge sind Spin-off-Innovationen durch eine erhebliche Verbesserung der Zweck/Mittel-Relation gekennzeichnet, da sie sowohl den Einsatz neuer Mittel, in Form neuer Technologien und Erkenntnisse, als auch die Erzielung einer neuer Zwecke, in Form von Angebots- und Leistungsverbesserungen, zum Ziel haben.[48] Es handelt sich also – zumindest der Tendenz nach – um sog. radikale Innovationen.[49]

Gegenstand von Innovationen sind meistens entweder neue Produkte oder neue Prozesse, verschiedene Autoren sprechen allerdings auch von sozialen Innovationen, wie z.B. neuen Führungs- und Organisationsstrukturen.[50] In Anlehnung an Pleschak und Sabisch (1996, S. 2) kann der Begriff der Innovation für folgende Arten von Neuerungen verwendet werden, wobei die Abgrenzungen fließend sind:

- Produktinnovationen: Entwicklung, Herstellung und Vermarktung eines neuen oder verbesserten Produkts;
- Prozessinnovationen: Entwicklung, Anwendung und Vermarktung neuer oder verbesserter Produktionsverfahren;
- Marktinnovationen: Erschließung neuer Absatzmärkte und Anwendung neuer Absatzmethoden;
- Beschaffungsinnovationen: Erschließung neuer Bezugsquellen;
- Managementinnovationen: Durchsetzung neuer Managementmethoden;

[48] Hauschildt (1993, S. 7 ff.) unterscheidet zwischen radikalen, zweckinduzierten, mittelinduzierten und inkrementalen Innovationen. Vgl. zur Zweck/Mittel-Beziehung auch Rogers (2003, S. 11.), der unter „Zweck“ die Erwartungen und Bedürfnisse der Nachfrager sowie unter „Mittel“ das Potenzial der Technologien zur Problemlösung versteht.

[49] Vgl. Sabisch, Esswein, Meißner, Wyllegalla 1998, S. 11; Boehme 1986, S. 12. Im Gegensatz dazu steht bei sog. „inkrementalen“ Innovationen nicht der Einsatz neuer Technologien, sondern lediglich die schrittweise Verbesserung der Zweck/Mittel-Relation im Vordergrund. Kroy (1995, S. 59) zufolge handelt es sich um radikale Innovationen, wenn ein hoher Grad an Neuartigkeit besteht, neue Märkte angesprochen werden und neue Anwendungsgebiete adressiert werden.

[50] Vgl. Schmid 1999, S. 100.

- Sozialinnovationen: Veränderung der sozialen Beziehungen im Unternehmen und Anwendung neuer Führungs-, Personal- und Organisationsmodelle;[51]
- Strukturinnovation: Erneuerungen in der Aufgabenzuordnung, mit denen meist Prozess- und Sozialinnovationen einher gehen;[52]
- Kombination der obengenannten Punkte.

Bei Spin-off-Innovationen handelt es sich i.d.R. um Produkt- und Prozessinnovationen. Produktinnovationen bezeichnen implementierte, am Markt eingeführte, neue technische Produkte und Dienstleistungen bzw. signifikante Verbesserungen an Produkten und Dienstleistungen.[53] Prozessinnovationen sind implementierte, in einem Prozess verwendete, neue technische Verfahren bzw. signifikante Verbesserungen in Prozessen.[54]

#### *2.1.2.3 Spin-off-Innovationsprozess*

Ein Innovationsprozess beschreibt einen Prozess, der von der Entstehung einer neuen Idee bis hin zur Umsetzung und Diffusion der Neuerung am Markt reicht.[55] Die dafür erforderlichen Tätigkeiten lassen sich grundsätzlich den drei Phasen Invention, Innovation und Diffusion zuordnen. Allerdings ist eine eindeutige Abgrenzung der Phasen aufgrund wechselseitiger Verbindungen und Rückkopplungen äußerst schwierig; so bestehen z.B. Wechselwirkungen zwischen rein erfinderischen Tätigkeiten und markt- und anwendungsorientierten Aktivitäten.[56]

Abbildung 2 zeigt das Modell eines Innovationsprozesses,[57] wie er im Rahmen von Spin-off-Gründungen stattfindet. Ein derartiger Prozess reicht von der Identifikation der technologischen Möglichkeiten und der Erzeugung neuen Wissens im Rahmen

---

[51] Vgl. Trommsdorff, Schneider 1990, S. 4. Nach Gaugler (1974, S. 53) und Schmid (1999, S. 100) sind Sozialinnovationen nicht immer eindeutig von Prozessinnovationen abgrenzbar.
[52] Vgl. Knight 1967, S. 482; Schmid 1999, S. 100.
[53] Vgl. Thom 1980, S. 32.
[54] Vgl. Marr 1980, Sp. 951; Trommsdorff, Reeb, Riedel 1991, S. 566 f.; OECD 1997, S. 130-132.
[55] Vgl. Hauschildt 1997, S. 21; Sabisch, Esswein, Meißner, Wyllegalla 1998, S. 11.
[56] Vgl. Helm 2001, S. 47.
[57] Eigene Abbildung in Anlehnung an Maselli 1997, S. 7 ff.; Helm 2001, S. 47 f.; Gerpott 2005, S. 49.

der Forschung bis hin zur Markteinführung und Verbreitung der Innovation.[58] Der Begriff der Innovation ist dabei in der weiter gefassten Auslegung auf den gesamten Prozess anwendbar, d.h. von der Generierung der Idee bis hin zur Vermarktung der daraus resultierenden Produkte und/oder Verfahren.[59] Im engeren Sinne stellt die Innovationsphase lediglich einen Teil dieses Gesamtprozesses dar, bei dem die unmittelbare Umsetzung von Neuerungen in Form von neuen Produkten und Prozessen im Mittelpunkt steht.[60]

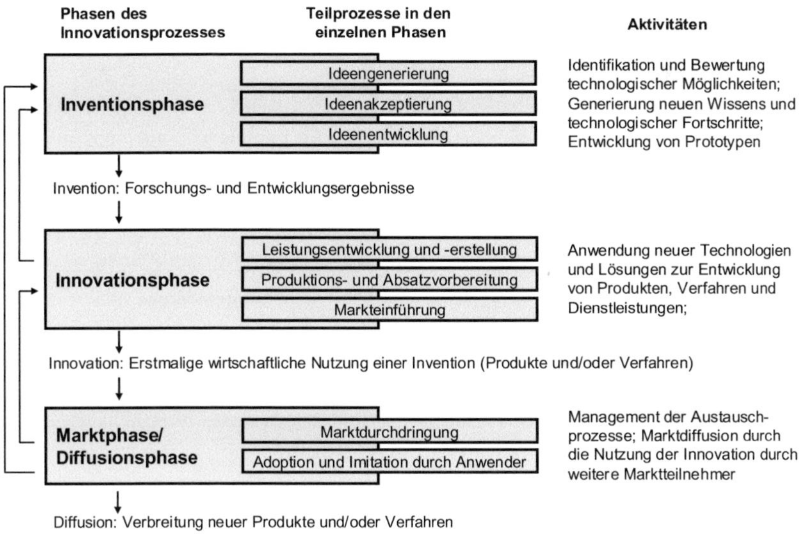


**Abbildung 2: Der Spin-off-Innovationsprozess**

Die Innovationsphase im engeren Sinne kann als Kern des Innovationsprozesses aufgefasst werden, während die Inventions- und die Diffusionsphase vor- bzw. nachgelagerte Teilprozesse darstellen. Vorgelagerte Aktivitäten beinhalten Forschungs-

[58] Vgl. Hauschildt 1997, S. 3 ff. und S. 21; Grupp 1993, S. 38. Bezüglich der Modelle und der Darstellungen des Innovationsprozesses schreibt Thom (1980, S. 391): „Je allgemeiner ein Innovationsprozess dargestellt wird, desto eher ist er auf die realen Gegebenheiten übertragbar.“

[59] Der OECD (1993, S. 8) zufolge gehören folgende Aktivitäten zum Innovationsprozess: Planung und Gestaltung von Verfahrensweisen und technischen Spezifikationen, die für Konzeption, Entwicklung, Herstellung und Marketing neuer Produkte und Prozesse erforderlich sind; Erwerb von immaterieller Technologie (Patente, Lizenzen, Know-how); Erwerb materieller Technik (Maschinen, Ausrüstungen); Aufbau oder Anpassung von Fertigungsanlagen; Produktionseinführung; Markteinführung und Marketing für neue Produkte; vgl. auch Pleschak, Sabisch 1996, S. 24.

[60] Vgl. Leder 1990, S. 6; Macharzina 1995, S. 600; Schmid 1999, S. 103.

und Entwicklungsleistungen, die zu neuen Erkenntnissen und neuen Technologien (Inventionen) führen.[61] Nachgelagerte Schritte, nach der Schaffung der Produkt- oder Prozessneuerung, beinhalten Maßnahmen zur Verbreitung der Innovation und sind von wesentlicher Bedeutung für die Diffusion der Neuerung und letztendlich den wirtschaftlichen Erfolg der Spin-off-Innovation.[62] Grundlage der vorliegenden Arbeit bildet die ganzheitliche Betrachtungsweise einer Spin-off-Innovation, nach welcher der Innovationsprozess sowohl die Ideengenerierung, die Entwicklung neuer Technologien, die Schaffung und Einführung von Produkt- und Prozessneuerungen als auch deren Verbreitung am Markt beinhaltet.[63] Die Besonderheit eines Spin-off-Innovationsprozesses liegt nun darin begründet, dass im Verlauf dieses Prozesses einerseits die Generierung, Weiterentwicklung und die wirtschaftliche Umsetzung einer Invention bis hin zur Markteinführung und -diffusion erfolgen, und dass andererseits ein Transfer zwischen Wissenschaft und Wirtschaft stattfindet. Auf letztgenannten Aspekt wird im folgenden Abschnitt 2.2 näher eingegangen.

## 2.2 Spin-offs aus der Perspektive des Technologietransfers

Bereits in der Einführung wurde erläutert, dass Spin-offs wichtige Instrumente des Transfers von Wissen und Technologien vom Sektor Wissenschaft in den Sektor Wirtschaft sind. Im folgenden Kapitel erfolgt eine Betrachtung von Spin-offs aus der Perspektive des Technologietransfers.

### *2.2.1 Technologien und deren Lebenszyklen*

Neue Technologien, Erfindungen und wissenschaftliche Erkenntnisse bilden die Grundlage für Spin-off-Innovationen.[64] Unter dem Begriff Technologie wird im Allgemeinen die „Wissenschaft von der Technik“ bzw. das „Wissen über das Wesen naturwissenschaftlicher und technischer Zusammenhänge“ verstanden.[65] Dieses

---

[61] Die Trennung zwischen dem Erfinder (Inventor) und dem Unternehmer geht auf Schumpeter (1993, S. 129) zurück.

[62] Vgl. Gerpott 2005, S. 48 ff. Dies gilt insbesondere für Markteintritts- und Marktbearbeitungsstrategien sowie das Management von Verbesserungen und Folgeinnovationen.

[63] Damit wird die Trennung von Invention und Innovation nicht in ihrer stringenten Form aufrecht erhalten; vgl. Leder 1990, S. 7.

[64] Vgl. Beer 2000, S. 33; Bell 1993, S. 308.

[65] Vgl. Osten 1989, S 4; Steffens 1976, Sp. 3853.

Wissen kann zur Lösung technischer Probleme angewandt werden, wobei unter Technik derjenige Teil einer Technologie verstanden wird, der für eine konkrete Problemstellung genutzt werden kann.

Technologien werden hinsichtlich ihrer Anwendungsbreite in spezifische Technologien und Querschnittstechnologien unterteilt.[66] Querschnittstechnologien finden über verschiedene Branchen und Problemstellungen hinweg Verwendung und sind nicht auf eine bestimmte Industrie beschränkt. Spezifische Technologien haben in der Regel Querschnittstechnologien als Grundlage und sind auf bestimmte Problemfelder ausgerichtet. Durch die zunehmende Vernetzung unterschiedlicher Wissenschaften und Disziplinen nimmt die Bedeutung dieser Unterscheidung ab, zumal eine eindeutige Trennung von Technologien und ihren Anwendungsbereichen immer weniger möglich wird.

Im Zusammenhang mit Spin-off-Innovationen ist v.a. das Markt- und Wettbewerbspotenzial einer Technologie von Bedeutung, welches Hinweise auf die wirtschaftliche Leistungsfähigkeit einer Technologie gibt. Zur Verdeutlichung des wettbewerbsstrategischen Potenzials wurde von der Beratungsfirma Arthur D. Little (1988, S. 38) eine Klassifizierung in Schrittmacher-, Schlüssel- und Basistechnologien vorgenommen. Basistechnologien sind reife Technologien, die häufig von allen Wettbewerbern beherrscht werden und quasi für jedes Unternehmen verfügbar sind, wodurch sie eine geringe wettbewerbsstrategische Bedeutung aufweisen.[67] Schlüsseltechnologien sind im Wachstum befindliche Technologien mit einem hohen Entwicklungspotenzial. Sie haben einen erheblichen Einfluss auf Produkt- und Kostendifferenzierung und die Wettbewerbsposition von Unternehmen.[68] Schrittmachertechnologien befinden sich in einem frühen Entwicklungsstadium und haben das Potenzial, sich zu künftigen Schlüsseltechnologien zu entwickeln, sodass die Auswirkungen auf die Wettbewerbsfähigkeit der Unternehmen enorm sein können. Es verbleibt allerdings das Risiko, dass Schrittmachertechnologien wieder verdrängt oder durch andere ersetzt werden.[69] Abbildung 3 stellt die Lebenszyklusphasen[70] von Technologien zusammenfassend dar.[71]

[66] Vgl. Bullinger 1994, S. 97.
[67] Vgl. Michel 1987, S. 66.
[68] Vgl. Wolfrum 1994, S. 5.
[69] Vgl. Arthur D. Little 1988, S. 38; Saad, Roussel, Tiby 1991, S. 66.
[70] Vgl. Ford, Ryan 1981, S. 117 ff.; Sommerlatte, Deschamps 1986, S. 39 ff. In der betriebswirtschaftlichen Forschung finden Lebenszykluskonzepte Verwendung als Analyse- und Prognoseinstrument

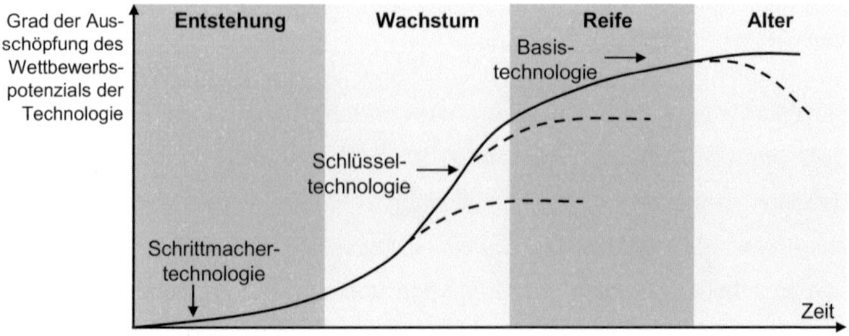


| | Entstehung | Wachstum | Reife | Alter |
|---|---|---|---|---|
| Unsicherheit | hoch | mittel | gering | sehr gering |
| Investitionen in Technologie | gering | maximal | gering | sehr gering |
| Breite der Einsatzgebiete | unbekannt | groß | etabliert | abnehmend |
| Anforderungen | wissenschaftlich | anwendungsbezogen | anwendungsbezogen | kostenorientiert |

**Abbildung 3: Idealtypische Lebenszyklusphasen von Technologien**

Im sog. S-Kurven-Konzept der Beratungsfirma McKinsey wird das Wettbewerbspotenzial einer Technologie ins Verhältnis zum kumulierten Entwicklungsaufwand bzw. zur Entwicklungszeit gestellt.[72] Die resultierenden Kurven haben idealtypischerweise einen ertragsgesetzlichen Verlauf mit zunächst steigender und schließlich abnehmender Grenzrate der Leistungsfähigkeit.[73] Dabei können vier Phasen identifiziert werden: Entstehung, Wachstum, Reife und Alter.[74] Es müssen allerdings nicht alle Technologien den gesamten Zyklus stringent durchlaufen, fehlendes Zukunfts-

und dienen als Gestaltungshilfe für die Produktpolitik und die Entwicklung phasenspezifischer Marketingstrategien von Unternehmen; vgl. Meffert 1988, S. 374 ff.

[71] Abbildung verändert übernommen aus Michel 1987, S. 67; vgl. auch Beer 2000, S. 34. Eine Variation des Technologielebenszykluskonzeptes stellt das sog. Hype Cycle-Modell der Beratungsfirma Gartner dar; vgl. Linden, Fenn 2002, S. 148 ff. Diesem Modell zufolge gibt es zwischen der Entstehungs- und Wachstumsphase von Technologien weitere Phasen.

[72] Vgl. Michel 1987, S. 70.

[73] Vgl. Servatius 1986, S. 133.

[74] Anzahl und Einteilung der zu durchlaufenden Phasen im Technologielebenszyklus variieren je nach Autor, so gehen einige Autoren von sechs Phasen aus: Entwicklung der Technologie, Entwicklung der Anwendungsreife, Erstanwendung der Technologie, wachsende Technologieanwendung, Technologiereife und Technologierückgang; vgl. z.B. Ford, Ryan 1981, S. 117 ff.

potenzial oder die Substitution durch konkurrierende Technologien können zu einem Abbruch der Zyklen führen.[75]

In der Entstehungsphase sind in erster Linie die Grundlagen der Technologie und das fundamentale technologische Know-how die vordringlichen Gegenstände der Forschungsarbeit; hinsichtlich praktischer Anwendungsmöglichkeiten bestehen lediglich vage Vorstellungen und bestenfalls rudimentäre Konzepte. In der Wachstumsphase werden erste praktische Anwendungen realisiert, wodurch die Anwendungssicherheit und die Investitionen in die Technologie sowie deren Einsatzbreite stetig zunehmen. In der Reifephase ist die Technologie soweit verbreitet, sodass Differenzierungsmöglichkeiten für einzelne Unternehmen geringer werden. In der Altersphase wird die Technologie zunehmend durch Substitutionstechnologien bedroht und überholt. Die wettbewerbsstrategische Bedeutung von Technologien lässt sich weiter verdeutlichen, wenn mehrere Lebenszyklen von aufeinanderfolgenden Technologien betrachtet werden (Abbildung 4).[76]

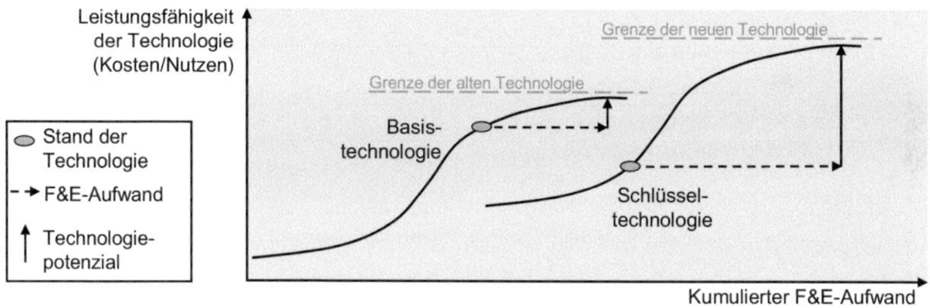


**Abbildung 4: Das S-Kurven-Konzept nach McKinsey**

Am Ende einer S-Kurve ist eine Technologie zur Basistechnologie geworden, die selbst bei hohem F&E-Aufwand nur noch ein geringes Potenzial zur Steigerung der Leistungsfähigkeit birgt. Um wesentliche Vorteile im Wettbewerb zu erzielen, wird der Sprung auf eine neue S-Kurve mit höherer Leistungsfähigkeit notwendig, d.h. es muss ein Wechsel zu einer neuen Schrittmacher- oder Schlüsseltechnologie erfolgen.[77] Diese Verdrängung altbekannter Technologien durch neue Technologien ist

[75] Vgl. Sommerlatte, Deschamps 1986, S. 53; Michel 1987, S. 66.
[76] Abbildung verändert entnommen aus Michel 1987, S. 70.
[77] Vgl. Michel 1987, S. 70 f.

die Grundlage der Innovationstätigkeit aus der Sicht von Schumpeter (1961, S. 95 ff.) und gleichzeitig ein Wesensmerkmal von Spin-off-Gründungen, da sich die Forschungsaktivitäten in öffentlichen Einrichtungen häufig mit der Entwicklung von Schrittmachertechnologien befassen, die im Rahmen von Spin-off-Prozessen zu Schlüssel- und Basistechnologien weiterentwickelt werden.[78] Aus der Sicht eines Wirtschaftssektors können Spin-offs also zum Sprung auf einen neuen Technologiezyklus beitragen.

### 2.2.2 *Entstehung, Transfer und Verwertung neuer Technologien*

Der F&E-Prozess, d.h. der Prozess von der Entstehung bis hin zur wirtschaftlichen Verwertung neuer Technologien, ist durch zwei grundlegende und übergeordnete Phasen gekennzeichnet: die Technologieproduktion, d.h. die Erzeugung und Bereitstellung neuer technologischer Erkenntnisse, und die Technologieanwendung, d.h. die Aufnahme und Verarbeitung dieser Erkenntnisse.[79]

Auf diese grundsätzliche Unterscheidung baut die weitere Differenzierung verschiedener Teilprozesse und Verantwortungsbereiche im F&E-Prozess auf. Danach können sechs aufeinander aufbauende Schritte unterschieden werden:[80]

- Grundlagenforschung,
- angewandte Forschung,
- experimentelle Entwicklung,
- leistungsbezogene Entwicklung,
- Produktionseinführung und
- Markteinführung.

Die drei erstgenannten Teilprozesse, die Grundlagenforschung, die angewandte Forschung und in weiten Teilen auch die experimentelle Entwicklung, lassen sich nach allgemeiner Auffassung dem Verantwortungsbereich von Forschungseinrichtungen

[78] Die Verdrängung altbekannter Technologien wird von Schumpeter (1961, S. 95 ff.) als „Prozess der schöpferischen Zerstörung" bezeichnet.
[79] Vgl. Sabisch, Esswein, Meißner, Wyllegalla 1998, S. 18; Geschka, Alter, Schwerdtner 1975, S. 9 ff. Nach allgemeiner Auffassung gehören Prototyping, Versuchsaufbau und relevante Konstruktionsarbeiten ebenfalls zum F&E-Prozess; vgl. OECD 1971, S. 17 f.
[80] Vgl. Sabisch, Esswein, Meißner, Wyllegalla 1998, S. 16.

zuordnen.[81] Die drei letztgenannten Teilprozesse, die leistungsbezogene Entwicklung sowie die Produktions- und Markteinführung, fallen dagegen in den Verantwortungsbereich privatwirtschaftlicher Unternehmen.[82] Die Ursache für die Ausbildung dieser beiden Verantwortungsbereiche liegt in den unterschiedlichen Ausrichtungen und Zielsetzungen von Unternehmen und Forschungseinrichtungen.[83]

Für Hochschulen und andere öffentliche Forschungseinrichtungen gehören die Erzeugung neuen Wissens und die Entwicklung neuer Technologien zu den Kernaufgaben. Die Vermarktung der Forschungsergebnisse ist indessen nicht explizit die Aufgabe derartiger Einrichtungen, sodass i.d.R. keine effizienten Vermarktungsstrukturen und keine ausreichende Wissensbasis über Nutzungspotenziale vorhanden sind, um die entwickelten Technologien am Markt umzusetzen.[84] Dagegen liegen die Ziele von wirtschaftlich unabhängig agierenden Unternehmen im Angebot und Verkauf von Leistungen zur Generierung von Umsätzen und letztendlich in der Erwirtschaftung von Gewinn. Zur Erreichung dieser Zielstellungen haben unternehmerische Einheiten Organisations- und Wissensstrukturen ausgebildet, die sich erheblich von den Strukturen in Forschungseinrichtungen unterscheiden und eine möglichst effiziente Vermarktung von Entwicklungsergebnissen gewährleisten.[85]

Forscher und Wissenschaftler in den Instituten (Technologieproduzenten) beherrschen zwar die Technologien, sind aber i.d.R. nicht vollständig über Nutzungsmöglichkeiten und Problemlösungspotenziale informiert. Unternehmen als potenzielle Anwender von Technologien (Technologienachfrager) kennen zwar die Märkte und die Wünsche ihrer Kunden, verfügen allerdings häufig über geringeres Wissen hinsichtlich neuer Technologien. Aus diesem Grund ist ein Transfer an potenzielle Anwender erforderlich,[86] um „wissenschaftlich-technische Ergebnisse zur Nutzung und wirtschaftlichen Verwertung zu bringen".[87]

---

[81] Vgl. OECD 1993, § 224-§ 233; BMBF 2000, S. 38. Forschungseinrichtungen können in diesem Zusammenhang grundsätzlich sowohl öffentliche als auch privatwirtschaftliche Einrichtungen sein.

[82] Vgl. Maselli 1997, S. 35.

[83] Vgl. Sabisch 1999, S. 37; Wippler 1998, S. 15.

[84] Vgl. Maselli 1997, S. 198.

[85] Vgl. Nathusius 1980, S. 8; Vest 1994, S. 7.

[86] Vgl. BMBF 2002a, S. 7. Ziel der Politik ist es, den Transfer zwischen Wissenschaft und Wirtschaft zu fördern, das Schlagwort lautet: "Wissen schafft Märkte".

[87] Pleschak 2003, S. 1. Vgl. bzgl. der Ausweitung industrieller Innovation Sabisch, Esswein, Meißner, Wyllegalla 1998, S. 27.

Die unterschiedlichen Zielsetzungen von Forschungseinrichtungen und Unternehmen, die Ungleichverteilung des relevanten technologischen bzw. betriebswirtschaftlichen Wissens und die Differenzierung der Verantwortungsbereiche erfordern bestimmte Mechanismen, um eine effiziente Verwertung der Erkenntnisse zu gewährleisten.[88] Derartige Mechanismen regeln den Übergang von neuen Wissensinhalten und Technologien zwischen unterschiedlichen organisatorischen Einheiten (Personen, Abteilungen, Institutionen) und werden als Mechanismen des Technologietransfers bezeichnet.[89] Häufig werden externe Dienstleister als Intermediäre bzw. Transfermittler eingesetzt, die den Abgleich der wirtschaftlichen und wissenschaftlichen Interessen der Technologieproduzenten und Technologieanwender sicherstellen.[90]

In Abbildung 5 werden die Verantwortungsbereiche und Phasen des Technologietransfers sowie die beteiligten Akteure zusammenfassend dargestellt.[91]

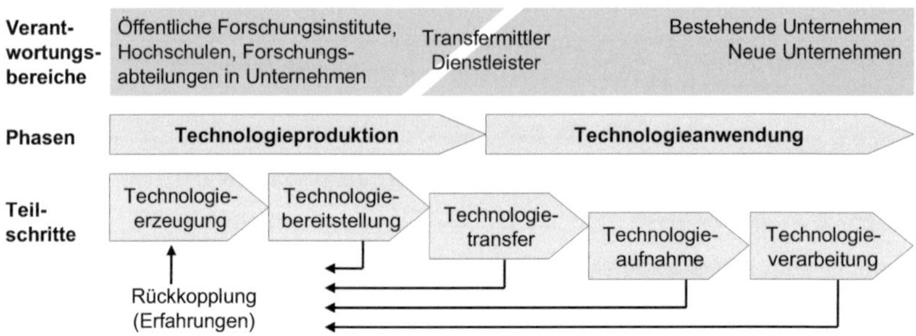


**Abbildung 5: Phasenmodell des Technologietransfers**

Wie aus Abbildung 5 ersichtlich wird, beinhaltet der Technologietransferprozess stets verschiedene Aspekte der Rückkopplung, im Zuge derer die Technologieproduzenten an den Erfahrungen der Anwender bei der Umsetzung von Technologien partizi-

[88] Vgl. Hayek 1952, S. 111 ff. Der Autor beschreibt die dezentrale Verteilung von Wissen unter Individuen; ihm zufolge erfolgt die Verwertung von geteiltem Wissen am effizientesten über den Markt- und Wettbewerbsmechanismus.
[89] Vgl. Sabisch, Esswein, Meißner, Wyllegalla 1998, S. 27; Pleschak 2003, S. 1.
[90] Vgl. Abramson, Encarnacao, Reid, Schmoch 1997, S. 2.
[91] Die Abbildung basiert auf dem „Phasenmodell des Technologietransfers" (vgl. Beer 2000, S. 41) und dem „Grundmodell des Technologietransfers" (vgl. Sabisch, Esswein, Meißner, Wyllegalla 1998, S. 26); vgl. zudem auch Geschka, Alter, Schwerdtner 1975, S. 9 ff.; Sabisch 1999, S. 37; Wippler 1998, S. 15.

pieren. Dies ermöglicht es Forschungseinrichtungen, industriell relevante Problemstellungen zu erkennen und in technologische Weiterentwicklungen einfließen zu lassen. Sowohl für die anwendungsorientierte Forschung als auch für die Grundlagenforschung ergibt sich dadurch eine höhere wirtschaftliche und gesellschaftliche Relevanz der Forschungsinhalte.[92]

### 2.2.3 *Spin-offs als Form des Technologietransfers*

Der Transfer[93] von Technologien aus Hochschulen und anderen öffentlich finanzierten Forschungseinrichtungen erfolgt mit Hilfe verschiedener Mechanismen, die in Tabelle 1 überblicksartig dargestellt werden; Spin-off-Gründungen sind demzufolge lediglich ein Instrument neben zahlreichen weiteren Transferinstrumenten.[94]

| Transferform | Erläuterung |
|---|---|
| Spin-offs | Ausgründungen durch Wissenschaftler von Forschungseinrichtungen |
| Forschungskooperationen und Verbundprojekte | Zusammenarbeit zwischen Forschungseinrichtungen und Unternehmen im Rahmen von gemeinsamen Projekten |
| Auftragsforschung | Angebot von Dienstleistungen, unmittelbare Auftragsforschung für Unternehmen |
| Lizenzen und Patente | Lizenzierung und/oder Verkauf von Forschungsergebnissen und Patenten an Unternehmen |
| Tangibler Technologietransfer | Integration von neuen Technologien über den Erwerb neuer Maschinen und Anlagen durch die Unternehmen |
| Informationstransfer | Austausch von Informationen über Publikationen, Konferenzen, Patentveröffentlichungen, Datenbanken etc. |
| Netzwerke | Wissensaustausch in Netzwerken und/oder im Rahmen informeller Kontakte |
| Personalmobilität | Personaltransfer, Austausch von Mitarbeitern zwischen Forschungseinrichtungen und Industrie, Einstellung von qualifiziertem F&E-Personal durch Unternehmen |
| Aus- und Weiterbildung | Schulungen, Lehrgänge und andere Bildungsangebote an Forschungseinrichtungen |

**Tabelle 1: Formen des Technologietransfers**

[92] Die Rückkopplung im Technologietransferprozess führt zu einer Erhöhung der Wirksamkeit von Innovationssystemen; vgl. Pleschak 2003, S. III.

[93] Prinzipiell muss der Transfer allerdings nicht über die Grenzen von Sektoren oder Institutionen (öffentliche Forschung, Unternehmen) hinaus gehen, sondern kann auch innerhalb desselben Systems stattfinden.

[94] Vgl. Astor 2003, S. 28 f.; Pleschak 2003, S. 2 und S. 4; Beibst, Lautenschläger 2002, S. 1; Fritsch, Henning, Slavtchev, Steigenberger 2007, S. 26 f.; Sabisch, Esswein, Meißner, Wyllegalla 1998, S. 26; Abramson, Encarnacao, Reid, Schmoch 1997, S. 2.; Lee 1996, S. 850. In einer Studie des BMBF (2002a, S. 61 f.) wird darauf aufmerksam gemacht, dass die einseitige Ausrichtung der öffentlichen Forschung auf Spin-offs als Transferkanal dazu führen kann, dass andere Aufgaben wie etwa die Grundlagenforschung, die Ausbildung, die Personalmobilität und die Kooperation mit Unternehmen vernachlässigt werden.

Die wesentliche Problematik des Technologietransfers besteht darin, dass die Übertragung von Wissen und Technologien generell sehr stark an jene Personen gebunden ist, die an der Erzeugung beteiligt sind.[95] Die zwangsläufig vorliegenden Informationsasymmetrien zwischen Technologieproduzenten und -anwendern verstärken diesen Effekt und führen zu hohen Transaktionskosten, bedingt durch Such-, Informations- und Kommunikationskosten.[96] Dies gilt insbesondere für Inventionen mit hohem Komplexitätsgrad und für kurzfristige partnerschaftliche Beziehungen, in denen kein ausgeprägtes Vertrauensverhältnis zwischen den Organisationen besteht.[97]

Ausgründungen aus Forschungsinstituten zählen, neben der Personalmobilität und der Aus- und Weiterbildung, zu den Transferformen mit den geringstmöglichen Informationsasymmetrien, da ein sog. „Transfer über Köpfe“[98] stattfindet. Hierbei werden sowohl die Technologien als auch das an deren Entstehung beteiligte Personal „transferiert“. Dieses Zusammenfallen von Personal- und Technologietransfer führt zu einer Reduzierung von Schnittstellen, zu einer Erhöhung der Effizienz des Austauschs und schafft günstige Voraussetzungen für eine effektive und effiziente Umsetzung von wissenschaftlichen Neuerungen in innovative Produkte und Dienstleistungen.[99]

Im Falle von Spin-off-Gründungen vereinen die beteiligten Entrepreneure sowohl die Erfinder- als auch die Unternehmerfunktion in sich und sind als Forscher oder Techniker an der Erzeugung des Wissens beteiligt, das sie wiederum als Technologieanwender einer Verwertung zuführen.[100] Spin-offs durch Wissenschaftler werden daher zu den direktesten und effizientesten Formen des Transfers von Technologien aus der öffentlichen Forschung gerechnet, wofür die folgenden Ursachen ausschlaggebend sind:[101]

---

[95] Vgl. Röpke 1999, S. 6.
[96] Vgl. Maselli 1997, S. 199 und 200 f.
[97] Vgl. Luhmann 1973, S. 7 f.
[98] Pleschak 2003, S. 11; vgl. auch Fritsch 2005, S. 22.
[99] Vgl. Firtsch, Henning, Slavtchev, Steigenberger 2007, S. 24; Fontes 2005, S. 340; Heukeroth, Pleschak 2003, S. 75; Pleschak 2003, S. 11; Röpke 1999, S. 6.
[100] Vgl. Maselli 1997, S. 11, Schneider, Zieringer 1991, S. 94, North 1990, S. 75 f. Vgl. zur Person des Spin-off-Gründers auch Szyperski, Klandt 1981, S. 1 f. und Szyperski 1990, S. 5.
[101] Vgl. Sabisch, Esswein, Meißner, Wyllegalla 1998 S. 17 und S. 26 f. und S. 37; Beibst, Lautenschläger 2002, S. 1; Pleschak 2003, S. 2 f. und S. 11; Astor 2003, S. 28 f.

a) Die wirtschaftliche Verwertung der neuen Entwicklungen durch deren Erforscher bzw. Erfinder vermeidet Informationsasymmetrien, reduziert Schnittstellen und Transaktionskosten, vermeidet zeitliche Verzögerungen bei der Adaption der Technologien und beschleunigt im Idealfall den Innovationsprozess.

b) Die Spin-off-Gründer nehmen als Wissenschaftler bei der Entstehung und Anwendung neuer Technologien eine besondere Stellung ein. Spin-offs haben tendenziell die Möglichkeit, neue wissenschaftlich-technische Erkenntnisse mit einem zeitlichen Vorteil gegenüber anderen Unternehmen zu nutzen und daraus vermarktungsfähige Produkte und Leistungen zu generieren.

Der Anspruch, dass im Rahmen einer Spin-off-Gründung ein Technologietransfer stattfindet, beinhaltet nicht notwendigerweise, dass physische Gegenstände, Technologien (Maschinen, Ausrüstungen, Bauteile, Werkstoffe etc.) oder kodiertes Wissen („codified knowledge") in Form von Patenten oder Forschungsberichten transferiert werden.[102] Objekte des Transfers können auch Erfahrungen und personengebundenes Wissen („tacit knowledge") sein.[103] Auf diesen Aspekt geht die Unterscheidung zwischen tangiblem und intangiblem Technologietransfer ein.[104] Dementsprechend werden als tangible Spin-offs jene Ausgründungen verstanden, bei denen anwendungsreife Inventionen transferiert werden und das Know-how der Gründer bereits in Entwicklungsarbeiten eingeflossen ist. Intangible Spin-offs sind jene Gründungen, die vor allem auf innovativem Know-how aufbauen und bei denen „lediglich" ein Wissens- und Erfahrungstransfer stattfindet bzw. „nur die Idee zu einer technologischen Neuerung [...] weiterverfolgt wird".[105]

Dabei gilt allerdings, dass technologisches Wissen, selbst wenn es sich um vollständig kodiertes Wissen in Form von Publikationen oder Patentschriften handelt, überaus personengebunden ist.[106] Für die Nutzung des Wissens ist stets weiteres unausgedrücktes Wissen erforderlich, über welches oft ausschließlich Personen verfügen,

---

102 Vgl. Fritsch 2005, S. 22; Sabisch, Esswein, Meißner, Wyllegalla 1998, S. 26. In der angelsächsischen Literatur wird zwischen „codified knowledge" und „tacit knowledge" unterschieden; vgl. hierzu Pirnay, Surlemont, Nlemvo 2003, S. 359 f.

103 Vgl. Maselli 1997, S. 27.

104 Die Unterscheidung geht zurück auf Welles, Waterman 1964, S. 106-110.

105 Maselli 1997, S. 27.

106 Vgl. Pavitt 1991, S. 109 ff; Grupp 1997, S. 175.

die an der Erzeugung des Wissens mehr oder weniger direkt beteiligt waren.[107] Dieser Effekt verstärkt sich mit steigender Neuigkeit des Transfergegenstandes, sodass die Bedeutung einer expliziten Wissenskodierung, z.B. in Form von Patenten, mit zunehmendem Neuigkeitsgrad tendenziell abnimmt.[108]

Unabhängig davon, ob es sich um eine tangible oder eine intangible Ausgründung handelt, kann der Übergang der Aktivitäten von der Forschungseinrichtung auf das entstehende Spin-off zu unterschiedlichen Zeitpunkten im F&E-Prozess vollzogen werden. Üblicherweise wird die Grundlagenforschung innerhalb der Forschungsorganisation durchgeführt, während in den anschließenden Phasen – angewandte Forschung und Entwicklung – eine Übertragung von Technologien und Know-how auf das Spin-off vollzogen wird.[109] In Abbildung 6 werden verschiedene Möglichkeiten des Technologietransfers dargestellt.[110]

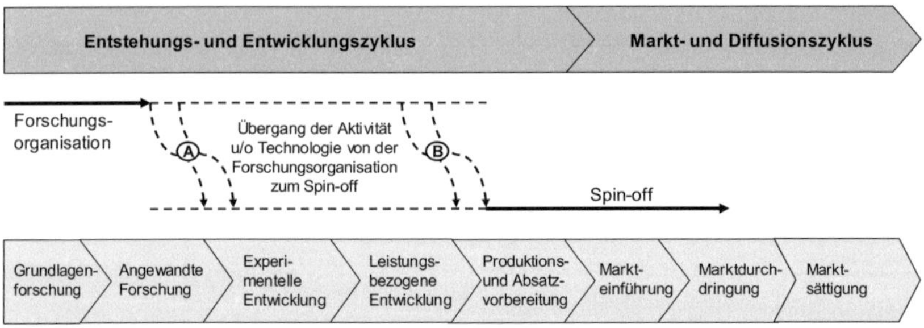


**Abbildung 6: Übergang der Verantwortungsbereiche im Rahmen des Innovationsprozesses**

Ein früher Zeitpunkt des Technologietransfers (A in Abbildung 6) impliziert, dass die Gründung des Spin-offs in einem Moment erfolgt, in dem die Technologie noch relativ weit von der Marktreife entfernt zu sein scheint. Das Spin-off muss daher erhebliche Aufwendungen betreiben, um die Entwicklung der Gründungsidee bis hin zur Produktions- und Absatzvorbereitung und letztlich zur Markteinführung voranzutreiben. Der Vorteil eines frühzeitigen Transfers bei der Umsetzung der Technologien

[107] Vgl. Dasgupta, David 1994, S. 487 ff.; Steinkühler 1994, S. 109.
[108] Vgl. Kohlbecher 1997, S. 134.
[109] Vgl. Beer 2000, S. 38.
[110] Vgl. Beer 2000, S. 32 und S. 38; Michel 1987, S. 13.

liegt darin, dass bereits in einem frühen Stadium der F&E-Phase eine Integration von Kundenwünschen und Markterfordernissen in die unternehmerischen Entwicklungsarbeiten erfolgen kann. Während Forschungseinrichtungen bei der Erzeugung grundlegenden Wissens nicht zwangsläufig eine starke Einbindung der potenziellen Endkunden vornehmen, sind unternehmerische F&E-Leistungen durch eine ausgeprägte Nachfragerorientierung gekennzeichnet.[111]

Ein später Zeitpunkt des Technologietransfers (B in Abbildung 6) bedingt, dass das Spin-off erst nach kompletter bzw. fast vollkommener Entwicklung der Invention gegründet wird. In diesem Fall wird die Technologie im Rahmen der wissenschaftlichen Einrichtung soweit vorangetrieben, bis sie an der Schwelle zur marktnahen Entwicklung steht. Ausschlaggebend ist dabei, dass die technologischen Erkenntnisse innerhalb der Forschungseinrichtung explizit unter dem Aspekt einer späteren Vermarktung weiterentwickelt werden. Lediglich die Umsetzung der Innovation erfolgt im Rahmen des neugegründeten Unternehmens, was zu vergleichsweise kurzen Entwicklungszeiten und zur Einsparung von unternehmerischen Ressourcen führen kann.[112]

Mit Beginn der produktions- und absatzvorbereitenden Arbeiten, die letztlich zu einem Angebot von Produkten und Leistungen am Markt führen, ist der Technologietransferprozess zunächst abgeschlossen. Aus der Sicht des Spin-offs schließt sich nun ein – für innovative Unternehmen übliches – Vermarktungs- bzw. Adoptionsproblem an. Dabei geht es darum, die Widerstände, die mit der Annahme von Innovationen am Markt einher gehen, zu überwinden und möglichst viele Nachfrager anzusprechen.[113] Dieses allgemeine Problem innovativer Unternehmen ist im Falle von Spin-offs besonders virulent, da diese Unternehmen i.d.R. durch eine außerordentlich hohe Technologieorientierung geprägt sind und daher Fragen der Marktreife einer Technologie und der Berücksichtigung der Kundenanforderungen ausgesprochen erfolgsrelevant sind.

[111] Vgl. Hoppe, Pfähler 2001, S. 129.
[112] Vgl. Heukeroth, Pleschak 2003, S. 79.
[113] Vgl. Gierl 1987, S. 31.

## 2.3 Spin-offs aus der Perspektive der Gründungsforschung

### *2.3.1 Grundbegriffe und Prozess der Unternehmensgründung*

Unter einer Unternehmensgründung wird ein „gegenüber der Umwelt qualitativ abgegrenzte(s) und vorher in gleicher Struktur nicht existente(s) System" verstanden,[114] dessen Handeln auf die Produktion und den Absatz von Leistungen sowie die Gewinnerwirtschaftung ausgerichtet ist.[115]

Anstelle von Unternehmensgründung findet im englischen Sprachgebrauch der Begriff „Entrepreneurship" Verwendung,[116] welcher den sog. „Entrepreneur", also den Unternehmer als Person, in den Vordergrund stellt.[117] Entrepreneurship stellt die Wahrnehmung und Verwirklichung von Marktchancen, das Eingehen von kalkulierbaren Risiken, die Organisation von Ressourcen und schließlich die Generierung von Profiten in den Mittelpunkt.[118] Der Unternehmer schafft neue Faktorkombinationen zur Leistungserstellung und setzt diese am Markt durch.[119] Ein derartiger Unternehmer kann als Innovator im Sinne Schumpeters (1961, S. 95 f.) betrachtet werden, der bestehende Gleichgewichte zerstört und dadurch zu wirtschaftlichem Fortschritt beiträgt.[120]

Die prozessorientierte Sichtweise versteht unter einer Unternehmensgründung den Prozess der „Schaffung einer neuen, autonom agierenden Wirtschaftseinheit durch einen oder mehrere Gründer".[121] Die Gründung wird als zeitlich ausgedehnter Vorgang aufgefasst, der die strukturellen Voraussetzungen für Start, Aufbau und Entwicklung eines Unternehmens schafft.[122] In diesem Sinne basiert eine Unternehmensgründung auf der Kombination von Ressourcen, Technologien und Know-how sowie deren Adaption an spezifische Markterfordernisse.[123]

[114] Szyperski, Nathusius 1977, S. 27. Im Originaltext wird der Begriff „Unternehmungsgründung" verwendet.
[115] Vgl. Schumpeter 1928, S. 476.
[116] In weiten Teilen der Literatur werden beide Begriffe synonym verwendet; vgl. Klandt, Münch 1990, S. 171 f.
[117] Vgl. Klandt 1984, S. 26.
[118] Vgl. Faltlin 1998, S. 3; Jacobsen 2001, S. 39.
[119] Vgl. Leder 1990, S. 6.
[120] Vgl. Schumpeter 1993, S. 75-87. Diese Sichtweise bildet eine wesentliche Grundlage der neuen Unternehmensgründungsforschung; vgl. Beer 2000, S. 55.
[121] Wenz 1993, S. 9.
[122] Vgl. Szyperski, Nathusius 1977, S. 23.
[123] Vgl. Kulicke, Gerybazde 1990, S. 1.

Der unternehmerische Prozess beginnt mit der Bestrebung, bestehende Potenziale und Kenntnisse zu verwerten und ausgehend davon eine konkrete Gründungsalternative sowie eine marktfähige Geschäftsidee zu entwickeln.[124] Im Verlauf dieses Prozesses entsteht auf der Basis latenter Selbstständigkeitsbestrebungen und technologischer sowie struktureller Ressourcen – im Erfolgsfall – eine neue eigenständige Organisationseinheit, welche neue Produkte und/oder Dienstleistungen am Markt anbietet.[125] Dabei kann es durch Informations- und Lernprozesse zu Rückkopplungen und Schleifen kommen, die zu einer ständigen Änderung und Anpassung der Erwartungen, Strategien und Verhaltensweisen führen.[126] Wesentlich ist, dass das Ende des Gründungsprozesses durch einen eingeschwungenen Zustand mit stabilisierten Organisationsabläufen, gesicherten Beziehungen zu Kunden, Zulieferern und Kapitalgebern sowie einem festen Mitarbeiterstamm markiert wird. Dieser Sachverhalt wird in Abbildung 7 verdeutlicht.

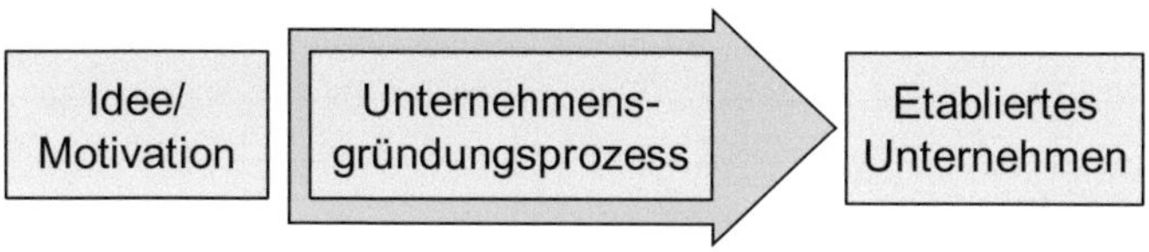


**Abbildung 7: Ausgangs- und Endpunkt des Unternehmensgründungsprozesses**

Obwohl in der Literatur Einigkeit darüber herrscht, dass es sich um einen phasenweise verlaufenden Prozess handelt, existieren je nach Perspektive und Zielstellung der Autoren, unterschiedliche Darstellungsweisen und Einteilungen des Gründungsprozesses. Das Spektrum reicht von zwei bis hin zu zehn verschiedenen Phasen.[127] Am häufigsten ist in der allgemeinen Entrepreneurship-Literatur die Einteilung des Gründungsprozesses in drei Phasen zu finden: Vorgründungs-, Gründungs- und

[124] Vgl. Unterkofler 1989, S. 35.
[125] Vgl. Szyperski, Nathusius 1977, S. 25.
[126] Vgl. Jacobsen 2003, S. 228.
[127] Vgl. Wippler 1998, S. 12 und die dort angegebene Literatur. Beispiele für unterschiedliche Phaseneinteilungen des Gründungsprozesses finden sich z.B. bei Albach (1984, S. 3), der zwei Phasen unterscheidet, bei Kahle und Bouncken (o.J., S. 402), die vier Phasen unterscheiden, sowie bei Daferner (2000, S. 32), der fünf Phasen unterscheidet.

Wachstumsphase.[128] Dieser Konzeption des Gründungsprozesses wird auch in der vorliegenden Arbeit gefolgt.

### 2.3.2 *Bezugsrahmen der Gründungsforschung*

Die Gründungsforschung versucht als eigenständiger Forschungsbereich, Phänomene der Unternehmensgründung zu beschreiben und die Entstehung, die Entfaltung und den Erfolg von Unternehmensgründungen zu erklären sowie Entwicklungsprognosen und konkrete Handlungsempfehlungen zu geben.[129] Sie umfasst nicht nur wirtschaftswissenschaftliche sondern auch wirtschaftsgeografische, soziologische, psychologische, historische und juristische Fragestellungen.[130] Die Themenstellungen der Gründungsforschung reichen von branchenspezifischen Betrachtungen des Gründungsgeschehens – bspw. im Bereich der Biotechnologie und des E-Commerce – bis hin zu transnationalen Vergleichen von Existenzgründungen und deren Erfolgsfaktoren sowie der Analyse von Förder- und Unterstützungsmöglichkeiten.[131]

Diese Heterogenität der Perspektiven innerhalb der Gründungsforschung hat zur Folge, dass eine umfassende und in sich geschlossene Theorie der Unternehmensgründung bis dato nicht vorliegt.[132] An diese Stelle tritt der Bezugsrahmen der Gründungsforschung,[133] der eine Systematik zur Einordnung unterschiedlicher Typen von Unternehmensgründungen und daraus resultierender abweichender Forschungsergebnisse darstellt und als allgemein akzeptiert angesehen werden kann.[134] Der Bezugsrahmen der Gründungsforschung beinhaltet sowohl die Forschungsperspektiven und die Forschungsansätze als auch die Forschungsobjekte (Abbildung 8).[135]

---

[128] Vgl. z.B. Kulicke 1993, S. 74; Brettel, Jaugey, Rost 2000, S. 8; Daferner 2000, S. 32; Unterkofler 1989, S. 38; Wippler 1998, S. 12 ff.; Szyperski, Nathusius 1977, S. 33. Allerdings unterscheiden sich die Bezeichnungen der Phasen und ihre jeweiligen Start- und Endpunkte leicht voneinander.

[129] Vgl. Elfers 1996, S. 6; Szyperski, Nathusius 1977, S. 3 f.; Unterkofler 1989, S. 30.

[130] Vgl. Nathusius 1979, S. 39 ff.; Klandt 1984, S. 21-24; Hunsdiek 1987, S. 10 f.; Elfers 1996, S. 6 f.; Gerdes, Priese, Stephan 1999, S. 4.

[131] Vgl. Müller, Fujiwara, Herstatt 2004, S. 93 ff.; Storz, Frick 1999, S. 310 ff.; Storz 1998, S. 1-14; Preisendörfer 1996, S. 9.

[132] Vgl. Wießner 2001, S. 1; Drumm, Dowling 2003, S. 2; Brüderl, Preisendörfer, Ziegler 1996, S. 20; Gerdes, Priese, Stephan 1999, S. 5.

[133] Vgl. Gartner 1985, S. 696 ff. bzw. für die deutschsprachige Forschung: Müller-Böling, Klandt 1990, S. 135 ff.; Klandt 1996, S. 133 ff.

[134] Vgl. Steinkühler 1994, S. 21 ff.; Scheidt 1995, S. 25 ff.; Werner 2000, S. 51 ff.; Hack, Jost, Jost 2001, S. 43 ff.; Jacobsen 2003, S. 47 ff.; Kugler 2003, S. 8 f.

[135] Abbildung in Anlehnung an Klandt 1996, S. 133 ff. und Knecht 1998b, S. 3.

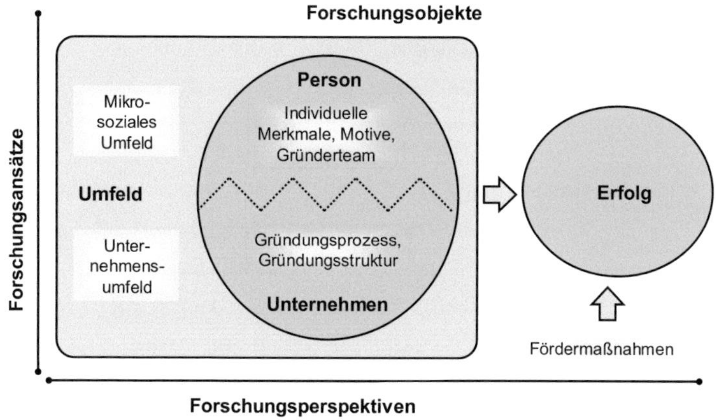


**Abbildung 8: Bezugsrahmen der Gründungsforschung**

Hinsichtlich der Forschungsansätze können nachfrage- bzw. umweltorientierte Ansätze von angebots- bzw. personenorientierten Ansätzen unterschieden werden.[136] Personenorientierte Ansätze legen das Hauptaugenmerk auf die handelnden Akteure und bilden die Grundlage für eine Untersuchung der Merkmale der Gründerpersonen und ihres mikrosozialen Umfelds; betriebs- und angebotsorientierte Ansätze konzentrieren sich auf die Merkmale der Unternehmen und der angebotenen Leistungen; umfeldorientierte Ansätze schließlich fokussieren auf Merkmale des Umfelds, wie z.B. strukturelle Bedingungen und Stimuli.[137]

Hinsichtlich der Forschungsperspektive, aus der die wissenschaftliche Forschung betrieben wird, dominieren zwei Blickwinkel, nämlich die individuelle, einzelwirtschaftliche Sicht, bezogen auf ein Unternehmen oder eine Person, sowie die gesamtwirtschaftliche Sicht, bezogen auf regionale oder nationale Aspekte. Aus gesamtwirtschaftlicher Perspektive stehen Fragen des Gründungsgeschehens im Hinblick auf volkswirtschaftliche Zusammenhänge im Vordergrund, bspw. die Arbeitsmarktforschung. Die einzelwirtschaftliche Perspektive hingegen stellt die Frage in den Mittelpunkt, warum manche Unternehmensgründungen erfolgreich sind und andere nicht: „Why some new firms succeed and others fail?".[138] Entscheidend ist die Fragestellung nicht nur für den Gründer, sondern für alle weiteren Beteiligten, wie

[136] Vgl. Wießner 2001, S. 2; Preisendörfer 1996, S. 10.
[137] Vgl. Steinkühler 1994, S. 21 f.; Turok 1991, S. 30 f.; Müller-Böling, Klandt 1993, S. 135 ff.
[138] Cooper 1995, S. 109.

etwa Geldgeber, Konkurrenten, Zulieferer, Kunden, Mitarbeiter und – im Falle von Ausgründungen – Mutterorganisationen. Diese Frage wird besonders relevant, wenn man bedenkt, dass etwa ein Viertel der Unternehmen eines Gründungsjahrgangs innerhalb von drei Jahren aus wirtschaftlichen Gründen aufgibt.[139]

Die Forschungsobjekte innerhalb des Bezugsrahmens sind die eigentlichen Inhalte der Gründungsforschung, wobei es sich um die Einflussfaktoren auf die Entstehung und den Erfolg von Unternehmensgründungen handelt. Die zentralen Forschungsobjekte sind die Gründerperson und ihr mikrosoziales Umfeld, das Umfeld des Unternehmens, das entstehende Unternehmen selbst und dessen Erfolg.[140] Gartner (1985, S. 696 ff.) sieht zusätzlich noch den Entstehungsprozess des Unternehmens (Gründungsprozess) als expliziten Einflussfaktor, dieser wird allerdings von zahlreichen anderen Autoren in die restlichen Faktorengruppen integriert.[141]

### *2.3.3 Spin-offs als Form der Unternehmensgründung*

Immanentes Wesensmerkmal von Spin-off-Gründungen ist, dass die Unternehmen mit dem Ziel geschaffen werden, neue oder zumindest wesentlich verbesserte Produkte, Problemlösungen, Verfahren oder Dienstleistungen einzuführen und zu vermarkten.[142] Dabei basieren die Schaffung der neuen, selbstständigen Wirtschaftseinheit und die Kombination der produktiven Faktoren auf der Nutzung neuer Technologien und wissenschaftlicher Erkenntnisse.[143]

Produkte und/oder Dienstleistungen beinhalten daher ein erhebliches Maß an technologischem Know-how, sodass es sich bei Spin-offs um innovative technologieorientierte Unternehmen handelt.[144] Anzumerken ist diesbezüglich, dass in der Literatur keine Einigkeit darüber besteht, wann von einer technologieorientierten Ausrichtung eines Unternehmens gesprochen werden kann.[145] Ein zielführender Ansatz liegt in der Unterscheidung zwischen der input- und der outputorientierten Perspektive der Technologieorientierung.

---

[139] Vgl. Kay, May-Strobl, Maaß 2001, S. 103 f.; Gerdes, Priese, Stephan 1999, S. 16; Brüderl, Preisendörfer, Ziegler 1996, S. 267.
[140] Vgl. Wießner 2000, S. 518 f.; Oberschachtsiek 2001, S. 7.
[141] Vgl. Jacobsen 2003, S. 47.
[142] Vgl. Maselli 1997, S. 31.
[143] Vgl. Szyperski, Nathusius 1977, S. 25.
[144] Vgl. Baaken 1989, S. 28.
[145] Vgl. Beer 2000, S. 19.

Die inputorientierte Perspektive bezieht sich auf den Grad an neuem Know-how und den Aufwand für Forschung und Entwicklung, der in die erstellte Leistung einfließt. Von technologieorientierten Spin-offs ist dann zu sprechen, wenn technisch-naturwissenschaftliches Wissen und Erfahrungen aus der Tätigkeit in der Forschungsorganisation die Grundlage für den Aufbau und die Geschäftstätigkeit des neuen Unternehmens darstellen.[146] Da die Betonung auf dem technologischen Know-how, also dem Wissen liegt, zählen nicht nur tangible Spin-offs zu den technologieorientierten Unternehmen, sondern auch intangible, auf Dienstleistungen basierende Spin-offs.[147]

Die outputorientierte Begriffsauslegung zielt auf die Neuigkeit des unternehmerischen Outputs ab und misst die Technologieorientierung an dem Gehalt an technischen Innovationen der erstellten Leistungen.[148] Spin-offs erfüllen das Kriterium der Technologieorientierung, wenn sie mit dem Ziel der Umsetzung innovativer Ideen in neue Produkte und Leistungen gegründet werden.[149] Dies kann sowohl die Durchsetzung einer materiellen Invention zum Zweck der Produktion und des Vertriebs neuer oder zumindest verbesserter Produkte als auch die Vermarktung innovativer Dienstleistungskonzepte im Rahmen intangibler Spin-offs beinhalten. Dabei muss es sich nicht ausschließlich um Weltneuheiten handeln, allerdings um die bewusste Wahrnehmung materieller oder immaterieller technologischer Inventionen.

Durch den Innovationsaspekt unterscheiden sich Spin-offs von Outsourcing-Unternehmen oder klassischen Management-Buy-outs.[150] Sowohl Buy-outs als auch Outsourcing-Unternehmen beruhen in der Regel nicht auf der Nutzung von neuen Erkenntnissen, sondern resultieren aus der Auslagerung von Geschäftszweigen oder der Übernahme einer bestehenden Unternehmung. Die Mehrzahl der Autoren unterscheidet daher grundsätzlich zwischen Spin-offs und Management-Buy-outs.[151]

---

[146] Vgl. Berndts, Harmsen 1985, S. 46 f. sowie Keune, Nathusius 1977, S. 16.

[147] Vgl. Egeln, Gottschalk, Rammer, Spielkamp 2003, S. 57. Dieser Aspekt ist nicht unerheblich, da eine Vielzahl der technologieorientierten Neugründungen im Dienstleistungssektor entsteht.

[148] Vgl. Scheidt 1995, S. 30 ff.

[149] Vgl. Maselli 1997, S. 13.

[150] Spin-offs aus der Forschung sind definitionsgemäß innovative Unternehmen, da sie die Durchführung von Innovationen zum Ziel haben; vgl. Keune, Nathusius 1977, S. 16; Nathusius 1979, S. 236 f.; Maselli 1997, S. 26 und S. 31.

[151] Eine Gleichsetzung der Begriffe erfolgt bei Nadig (1992, S. 5): „Spin-off mittels Management Buyout". Ähnlich auch Geilinger 1991, S. 95-98; Hoffmann, Ramke 1992, S. 26; Berger 1993, S. 10 f.

Neben der Innovativität und der Technologieorientierung lassen sich Spin-offs durch weitere Kriterien beschreiben, die sich auf die Form der Unternehmensgründung beziehen. Zunächst handelt es sich bei Spin-offs per Definition nicht um klassische Neugründungen, sondern um Ausgliederungen aus bestehenden Organisationen, bei denen eine Übertragung eines Teilvermögens einer Organisationseinheit auf eine andere Einheit erfolgt. Die Einbringung kann sämtliche Aktiva und Passiva eines Geschäftszweiges umfassen, kann sich aber auch auf einzelne materielle und/oder immaterielle Objekte beschränken; eine finanzielle Beteiligung der Mutterorganisation an der neuen Einheit wird im Allgemeinen nicht als Kriterium einer Ausgliederung angesehen.[152] Unabhängig von der formalen Einbringung von Werten profitieren Ausgliederungen davon, dass die entsprechenden Mutterorganisationen bereits Erfahrungen am Markt hinsichtlich der Technologie, der Vermarktung und der Organisation gesammelt haben, sodass sich im Vergleich zu reinen Neugründungen die Unsicherheiten hinsichtlich der Leistungsmerkmale, Marktteilnehmer und Kostenstruktur sowie die Ambiguität[153] wesentlich reduzieren.

Ausgründungen schließlich werden als Spezialform von Ausgliederungen betrachtet, bei denen die neue Organisation vorher nicht existiert, sondern erst im Zuge der Einbringung der Vermögensgegenstände gegründet wird.[154] Dies ist bei Spin-offs der Fall, da materielles bzw. immaterielles Vermögen in Form von Technologie, Know-how und/oder Lizenzen auf eine neu entstehende Organisationseinheit übertragen wird.

Ein besonderes Merkmal von Spin-offs besteht darin, dass die Ausgründung mit expliziter oder zumindest stillschweigender Einwilligung der Mutterorganisation erfolgt.[155] Ausgründungen, die gegen den Willen der Mutterorganisation erfolgen, werden im Allgemeinen als „Split-offs" bezeichnet und in der vorliegenden Untersuchung nicht betrachtet.[156] Diese Abgrenzung erfolgt insbesondere deshalb, da die Inkuba-

---

[152] Vgl. Hoffmann, Ramke 1992, S. 26; Maselli 1997, S. 28. Dem widersprechen allerdings einige Autoren, die lediglich von Ausgliederungen sprechen, wenn eine Beteiligung der ausgliedernden Einheit am neu entstandenen Unternehmen besteht; vgl. Neye 1982, S. 365; Bühner 1993, S. 501.

[153] Unter Ambiguität wird in diesem Zusammenhang die Unsicherheit hinsichtlich der weiteren Entwicklung verstanden, deren Verlauf nicht konkret vorhergesagt, sondern lediglich entlang grober Entwicklungspfade, deren Verlauf wiederum unsicherheitsbehaftet ist, vorhergesagt werden kann; vgl. Hack, Jost, Jost 2001, S. 42; Jost 2000, S. 271.

[154] Vgl. Maselli 1997, S. 28; Odenthal 1999, S. 54 ff.

[155] Vgl. Maselli 1997, S. 14.

[156] Vgl. Hunsdiek 1987, S. 152 f.

tions- und Kooperationsbeziehungen zwischen der Mutterorganisation und dem neuen Unternehmen vor, während und nach der Gründung untersucht werden sollen.

Hinsichtlich der rechtlichen und wirtschaftlichen Selbstständigkeit von Ausgründungen wird zwischen selbstständigen und unselbstständigen Unternehmen unterschieden. Ändern sich die Besitzverhältnisse an der neuen Einheit bei deren Ausgründung nicht, so handelt es sich bei den entstehenden Teileinheiten um unselbstständige Unternehmen.[157] Die „Gründer" bleiben abhängig Beschäftigte, zum Beispiel als Manager einer 100%-Tochterfirma.[158] Derartige unselbstständige Gründungen werden aus der vorliegenden Arbeit ausgeklammert.

Spin-offs sind demzufolge selbstständige Ausgründungen, bei denen der Aufbau einer rechtlich und wirtschaftlich eigenständigen unternehmerischen Existenz erfolgt und die Gründer in einem selbstständigen Arbeitsverhältnis stehen.[159] Die Forderung nach Selbstständigkeit und Änderung der Besitzverhältnisse beinhaltet nicht zwingend, dass die Gründer die Mehrheit der Eigenkapitalanteile besitzen. Die Mutterorganisation und andere Kapitalgeber, wie etwa Venture-Capital-Gesellschaften, können sich finanziell am Unternehmen beteiligen.[160] Damit allerdings von einem Schritt in die Selbstständigkeit gesprochen werden kann, sollte der Eigenkapitalanteil des Gründers eine „erhebliche Bedeutung" aufweisen,[161] da andernfalls wesentliche Veränderungen der Motivations- und Anreizstrukturen, die eine selbstständige unternehmerische Existenzgründung kennzeichnen, nicht zu erwarten sind.[162]

Ein weiteres Unterscheidungsmerkmal liegt darin, ob bei einer Ausgründung ein Rückgriff auf bereits bestehende Organisationsstrukturen erfolgt oder nicht. Bei sogenannten originären Gründungen wird eine neue Unternehmensstruktur aufgebaut; es erfolgt zwar die Übertragung einzelner Vermögensgegenstände, jedoch kein Rückgriff auf bereits vorhandene Strukturen.[163] Bei derivativen Gründungen werden bestehende Strukturen in eine neue Unternehmung eingebracht; derartige Gründungen resultieren beispielsweise aus der Übernahme von Unternehmen durch das Management (Management-Buy-out), der partiellen Ausgliederungen von Unterneh-

---

[157] Vgl. Szyperski, Nathusius 1977, S. 26.
[158] Vgl. Arthur D. Little 1988, S. 114; Maselli 1997, S. 29.
[159] Vgl. Beer 2000, S. 22 f.
[160] Vgl. Nathusius 1979, S. 250 f.; Hunsdiek 1987, S. 157 f.
[161] Vgl. Ballwieser, Schmid 1990, S. 300; Brandstein-Zeppelin 1990, S. 23. Der Eigenkapitalanteil der Gründer eines Spin-offs sollte „wenigstens 20 %" betragen; vgl. Maselli 1997, S. 29.
[162] Vgl. Maselli 1997, S. 29 und S. 144 ff.
[163] Vgl. Szyperski, Nathusius 1977, S. 26-30.

mensteilen (partielles Buy-out) oder aus Outsourcing Maßnahmen bestehender Organisationen.[164] Unterschiede zwischen den beiden Formen (originär/derivativ) bestehen nicht nur hinsichtlich des Rückgriffs auf vorhandene Strukturen, sondern auch in Bezug auf das Risiko, den Gestaltungsspielraum und mögliche Hierarchienachteile. Originäre Gründungen weisen geringere Restriktionen und einen breiteren Spielraum bei der Gestaltung des Unternehmens auf, was sich insbesondere dann als Vorteil erweist, wenn die Organisationsstruktur der Mutterorganisation erhebliche Hierarchienachteile zeigt.[165] Derivative Gründungen vermindern das Risiko, da in höherem Maße auf Erfahrungen aus vorhandenen Strukturen zurückgegriffen werden kann.[166]

Wenngleich bei Spin-offs prinzipiell auf vorhandene Strukturen in Form von Forschungsteams zurückgegriffen werden kann, handelt es sich doch um originäre Gründungen. Mit dem Übergang von der gemeinnützigen, nicht-gewinnorientierten Tätigkeit innerhalb der Forschungseinrichtung auf die wirtschaftliche Tätigkeit innerhalb des gegründeten Unternehmens ist zwangsläufig der Aufbau neuer Strukturen, bspw. Buchhaltung und Controlling sowie Marketing und Vertrieb, verbunden.

Schließlich können Spin-offs sowohl als Voll- oder als Nebenerwerbsgründungen stattfinden, entscheidend ist die Tatsache, dass die Gründer selbstständig agieren und ein unternehmerisches Risiko eingehen. Die Unternehmensgründung und -führung muss demzufolge eindeutig außerhalb der abhängigen Beschäftigung stattfinden, was wiederum nicht bedeutet, dass die Gründer nicht weiterhin einer abhängigen Beschäftigung nachgehen können. Die Spin-off-Gründung kann demzufolge auch als Nebenerwerbsgründung stattfinden und neben der abhängigen Beschäftigung ein zweites berufliches Standbein für die Gründer darstellen.[167]

Abbildung 9 fasst die erläuterten Merkmale von Spin-offs als Form der Unternehmensgründung zusammen und grenzt sie von anderen Formen der Unternehmensgründung ab.

---

[164] Unter dem Begriff Outsourcing wird die Auslagerung von Funktionen an externe Partner verstanden; vgl. Szyperski, Schmitz, Kronen 1993, S. 233; Ballwieser, Schmid 1990, S. 299; Hoffmann, Ramke 1992, S. 50 f.

[165] Vgl. Maselli 1997, S. 123 ff.

[166] Vgl. Szyperski, Nathusius 1977, S. 27.

[167] Vgl. Beer 2000, S. 24.

**Abbildung 9: Abgrenzung von Spin-offs zu anderen Formen von Unternehmensgründungen**

## 2.4 Definition von Spin-offs als Betrachtungsobjekte der vorliegenden Arbeit

Abschließend werden die erläuterten Begriffsbestimmungen und Abgrenzungen, die für eine explizite Definition der Untersuchungsobjekte ausschlaggebend sind, zusammengefasst. Danach werden Spin-offs wie folgt definiert:

- Spin-offs sind originäre, rechtlich und wirtschaftlich selbstständige Ausgründungen aus öffentlichen Forschungseinrichtungen, bei denen ein Personen- und Technologietransfer von den Mutterorganisationen stattfindet und die mit dem Ziel gegründet werden, neue Faktorkombinationen auf der Basis von Inventionen und wissenschaftlichen Erkenntnissen am Markt durchzusetzen.

Diese Definition lehnt sich eng an die Auslegung von Pirnay, Surlemont und Nlemvo (2003, S. 356) sowie Klofsten und Jones-Evans (2000, S. 299 ff.) an und basiert auf den folgenden wesentlichen Abgrenzungskriterien:

a) Spin-offs sind Ausgründungen aus öffentlichen Forschungseinrichtungen, bei denen es sich um rechtlich und wirtschaftlich selbstständige Unternehmen handelt. Spin-offs können einerseits auf bestehende Strukturen zurückgreifen, errichten andererseits in nicht unwesentlichem Ausmaß neue Organisations- und Managementstrukturen, sodass es sich um originäre Unternehmensgründungen handelt.

b) Die Gründung von Spin-offs erfolgt im Einvernehmen mit der Mutterorganisation und unter Mitwirkung von technisch-wissenschaftlichen Mitarbeitern aus Einrichtungen der öffentlichen Forschung, wobei diese die Gründung als selbstständige Unternehmer durchsetzen und nach privatwirtschaftlichen Gesichtspunkten führen. Es findet demzufolge ein Personentransfer von der Forschungseinrichtung zum Spin-off statt.

c) Gleichzeitig mit dem Personentransfer erfolgt die Übertragung von tangiblen und intangiblen Vermögensgegenständen. Neben dem Transfer von personengebundenem Wissen und der Nutzung erworbener Kenntnisse und Erfahrungen können Technologien und Geräte sowie Erfindungen und Patente von der Mutterorganisation auf das neue Unternehmen übertragen werden. Spin-offs sind folglich durch einen Technologietransfer gekennzeichnet.

d) Spin-offs werden mit dem Ziel gegründet, neue wissenschaftliche Ergebnisse und Technologien zu nutzen und auf dieser Grundlage neue Faktorkombinationen am Markt durchzusetzen und verbesserte Produkte oder Dienstleistungen anzubieten. Spin-offs sind daher i.d.R. innovative Unternehmensgründungen.

In Bezug auf das zeitgleiche Vorliegen von Personal- und Technologietransfer ist anzumerken, dass in einzelnen neueren Auffassungen des Spin-off-Begriffs der Aspekt des Technologie- und Wissenstransfers wesentlich stärker bewertet wird als jener des Personaltransfers.[168] Erfolgt lediglich ein Technologie- und Wissenstransfer, so werden Erkenntnisse von Unternehmensgründern verwendet, die nicht in einer abhängigen Beschäftigung zur Mutterorganisation stehen oder standen. Am häufigsten erfolgt dies durch die Lizenzierung von Schutzrechten an eine Unterneh-

[168] Vgl. Clarysse, Wright, Lockett, Van de Velde, Vohara 2005, S. 183 ff.; Clarysse, Moray 2004, S. 55 ff.; Vohara, Wright, Lockett 2004, S. 147 ff.; Bekkers, van der Steen 2003, S. 263; Lindholm Dahlstrand 1997, S. 331.

mensgründung.[169] Eine enge Bindung der Gründer an die Invention und deren Werdegang, wie sie bei Wissenschaftlern besteht, liegt in diesem Fall nicht vor.[170] Wird lediglich ein Personentransfer ohne Technologietransfer durchgeführt, so erfolgt keine ökonomische Nutzung aktueller wissenschaftlicher Arbeiten und es erfolgt keinerlei Rückgriff auf relevantes Wissen, das innerhalb der Forschungseinrichtung erworben wurde.[171] Dabei handelt es sich entweder um eine rein theoretisch mögliche Art von Spin-offs oder um nicht innovative Gründungen, die nicht als Spin-offs i.e.S. bezeichnet werden.[172]

Ausgehend von der vorliegenden Begriffsbestimmung von Spin-offs lassen sich unmittelbar die Schwerpunkte der vorliegenden Arbeit ableiten:

a) Die Nutzung wissenschaftlicher und technologischer Erkenntnisse für neue Produkte und Dienstleistungen führt unmittelbar zu einem hohen Innovationsgrad der Kernleistung des Unternehmens.[173] Im Rahmen der Arbeit wird der Frage nachgegangen, wie der Technologietransfer – d.h. der Übergang von der Inventions- in die Innovationsphase – optimal gestaltet werden kann, insbesondere hinsichtlich der Gründungsbasis des Unternehmens und der wettbewerbsorientierten Umsetzung des Markteintrittes.

b) Zusätzlich soll die Frage geklärt werden, welchen Einfluss Spezifik und Erfolg des Markteintritts auf den langfristigen Markterfolg der Spin-offs haben.

c) Die Akzeptanz eines Ausgründungsvorhabens durch die Mutterorganisation impliziert nicht automatisch, dass die Spin-off-Gründer umfangreiche Hilfe bei der Umsetzung der Unternehmensgründung erhalten. Daraus ergibt sich zum einen die Frage, welches Maß an Unterstützung im Hinblick auf eine erfolgreiche Gründung sinnvoll ist und zum anderen die Frage, ob eine Zusammenarbeit zwischen Mutterorganisation und Spin-off nach der Ausgründung die Entwicklung des Unternehmens beeinflusst.

---

[169] Vgl. BMBF 2002a, S. 8.
[170] Vgl. Knecht 1998a, S. 25.
[171] Eine Derartige Gründung liegt z.B. dann vor, wenn Wissenschaftler ein Restaurant oder einen Copy-Shop eröffnen.
[172] Einige Autoren sehen nur den Personaltransfer als Merkmal von Spin-offs; so z.B. Garvin 1983, S. 3; Geilinger 1991, S. 96.
[173] Der Einsatz neuer Mittel (Technologien, Know-how) begünstigt die Entstehung radikaler Innovationen; vgl. Sabisch, Esswein, Meißner, Wyllegalla 1998, S. 11 sowie Kapitel 2.1.2.2.

Die betrachteten Spin-offs stellen eine Subpopulation der heterogenen Kategorie von technologieorientierten Unternehmen dar, die neben wirklichen Technologiepionieren („technology developer") auch Technologieanpasser („technology adopter") umfasst. In der Heterogenität von technologieorientierten Unternehmen liegt eine Ursache dafür, warum die empirische Forschung bisher zu unterschiedlichen und teils widersprüchlichen Ergebnissen gekommen ist.[174] Um diesem Problem zu begegnen ist es sinnvoll, den Fokus auf eine spezifische Untergruppe zu legen, wie dies in der vorliegenden Arbeit durch die Eingrenzung auf innovative Spin-offs aus öffentlichen Forschungseinrichtungen erfolgt.[175]

[174] Diesbezüglich ist nach Hemer, Berteit, Walther und Göthner (2006, S. 21 ff.) insbesondere die Intransparenz des Spin-off-Geschehens an Hochschulen zu bemängeln.

[175] Vgl. Clarysse, Moray 2004, S. 59: "… to focus on a very particular subpopulation of high-tech companies: research- based spin-offs".

# 3 Spin-offs aus der Forschung zur Umsetzung von Innovationen

## 3.1 Der Spin-off-Prozess

### *3.1.1 Grundlegende Erläuterungen zur phasenweisen Betrachtung des Spin-off-Prozesses*

Der Spin-off-Prozess stellt die Synthese von Technologietransfer, Innovations- und Unternehmensgründungsprozess dar. Es handelt sich um einen mehrstufigen Vorgang, der alle Aktivitäten umfasst, die erforderlich sind, um eine Idee, die auf Ergebnissen der öffentlichen Forschung basiert, im Rahmen eines marktfähigen Unternehmens technisch zu realisieren und wirtschaftlich zu verwerten.[176] Die Initiierung dieses Prozesses erfolgt durch die F&E-Arbeiten innnerhalb der Mutterorganisation; als abgeschlossen gilt der Prozess, wenn das Unternehmen die Markteintrittsbarrieren überwunden hat und marktfähige, stabile Verhältnisse aufweist.[177]

In der vorliegenden Arbeit wird grundsätzlich der Einteilung des Gründungsprozesses in drei Phasen gefolgt, und zwar in die Vorgründungs-, Gründungs- und Wachstumsphase.[178] Allerdings werden die Phasen unter Berücksichtigung des Innovationscharakters von Spin-offs im weiteren Verlauf der Arbeit als Inventions-, Innovations- und Marktphase bezeichnet.[179]

Die Inventionsphase beinhaltet alle Vorbereitungsschritte zur Errichtung des Unternehmens bis hin zum tatsächlichen Gründungsentschluss, insbesondere die Vorlaufforschung, die Identifikation und Analyse des Vermarktungspotenzials von Technologien, die Entwicklung von alternativen Geschäftskonzepten und erste Ausführungsplanungen.[180] In der Innovationsphase erfolgt die eigentliche Gründung und Institutionalisierung des Unternehmens.[181] Die technologischen, personellen, finanziellen und strukturellen Ressourcen werden zu einer neuen Organisationseinheit

---

[176] Vgl. Unterkofler 1989, S. 35 f.
[177] Vgl. Unterkofler 1989, S. 39.
[178] Vgl. Kapitel 2.3.1.
[179] Vgl. Clarysse, Wright, Lockett, Van de Velde, Vohara 2005, S. 186.
[180] Vgl. Unterkofler 1989, S. 39; Nlemvo, Pirnay, Surlemont 2002, S. 282; Vohara, Wright, Lockett 2004, S. 151 f.; Clarysse, Wright, Lockett, Van de Velde, Vohara 2005, S. 187.
[181] Vgl. hinsichtlich der Bezeichnung „Institutionalisierungsphase“: Kulicke 1987, S. 74 sowie Wippler 1998, S. 12.

verknüpft.[182] Abgeschlossen wird diese Phase i.d.R. durch den Markteintritt und die erstmalige Generierung von Umsätzen.[183] Auf die Innovationsphase i.e.S. folgt der Übergang in die Marktphase, die zur ökonomischen Realisierung der Innovation, zur Überwindung von Eintrittsbarrieren und zur Schaffung stabiler Verhältnisse dient. Diese erste Entwicklungsphase nach dem Markteintritt dauert üblicherweise drei bis fünf Jahre und geht nahtlos in weitere Entwicklungs- und Wachstumsphasen über.[184]

Das erläuterte Prozessmodell muss als darwinistisches Modell nach Hannan und Freeman (1984, S. 149 ff.) aufgefasst werden, da im Verlauf der einzelnen Phasen und insbesondere an den Übergängen zwischen zwei Teilphasen Selektionsprozesse stattfinden.[185] Erstens weisen nicht alle Forschungsergebnisse zu einem bestimmten Zeitpunkt ein ausreichend hohes Vermarktungspotenzial auf, um überhaupt einen Spin-off-Prozess zu initiieren; zweitens bedarf es eines tragfähigen Geschäftskonzepts und einer ausreichenden Durchsetzungsfähigkeit, um aus einer Geschäftsidee ein eigenständiges Unternehmen zu gründen; drittens sind nicht alle gegründeten Spin-offs in der Lage, Innovationen erfolgreich am Markt umzusetzen und langfristigen wirtschaftlichen Erfolg zu generieren. Es zeigt sich also, dass nachfolgende Phasen im Spin-off-Prozess darauf basieren, dass vorangegangene Phasen erfolgreich durchlaufen werden.[186] Aus diesem Sachverhalt resultiert ein spezifischer Verlauf des Spin-off-Prozesses, welcher schematisch in Abbildung 10 dargestellt wird.[187] Die Trichterform des Prozesses verdeutlicht den darwinistischen Charakter, d.h. die kontinuierlich abnehmende Anzahl von Spin-off-Ideen, Konzepten und schließlich Innovationen.

Abbildung 10 dient der Illustration und entspricht dem idealtypischen Verlauf; in der Realität ist der Spin-off-Prozess durch das Auftreten diverser Rückkopplungen und Schleifen gekennzeichnet. Trotzdem eigenen sich die drei grundlegenden Phasen – Inventions-, Innovations- und Marktphase – sehr gut zur Erläuterung der notwen-

---

[182] Vgl. Vohara, Wright, Lockett 2004, S. 156.
[183] Vgl. Szyperski, Nathusius 1999, S. 31 f.
[184] Vgl. Albach 1984, S. 3 (bzgl. des Zeitraumes von drei bis fünf Jahren). Die Innovationsphase kann auch als Nachgründungsphase oder als Frühentwicklungsphase bezeichnet werden; vgl. Szyperski, Nathusius 1999, S. 31 f.
[185] Vgl. Nlemvo, Pirnay, Surlemont 2002, S. 282.
[186] Vgl. Vohara, Wright, Lockett 2004, S. 151.
[187] Abbildung in Anlehnung an Clarysse, Wright, Lockett, Van de Velde, Vohara 2005, S. 187; Bewerunge 1991, S. 50; Wenz 1993, S. 21; Nlemvo, Pirnay, Surlemont 2002, S. 283; Vohara, Wright, Lockett 2004, S. 152.

digen Aktivitäten und zum Verständnis des Ablaufs. In den folgenden drei Abschnitten werden die Phasen eines Spin-off-Prozesses detailliert beschrieben.

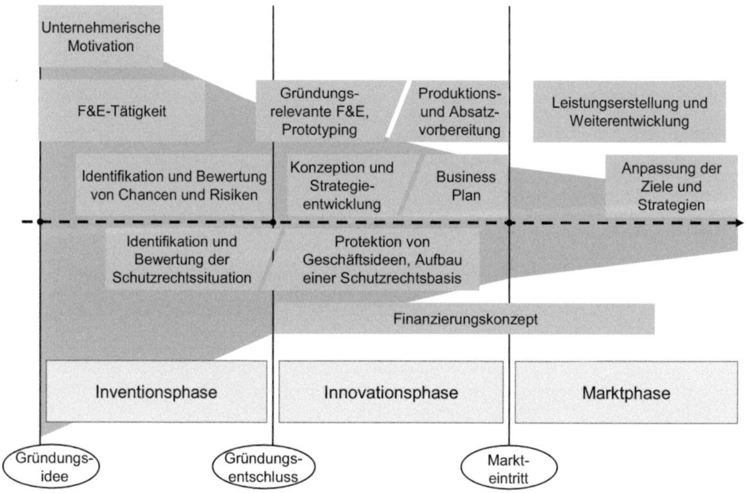


**Abbildung 10: Phasen und Aktivitäten im Gründungsprozess von Spin-offs**

### *3.1.2 Die Inventionsphase im Spin-off-Prozess*

In der ersten Phase des Spin-off-Prozesses, der Inventions- bzw. Vorgründungsphase entsteht und reift der Entschluss eines oder mehrerer Mitarbeiter einer Forschungseinrichtung zur Gründung eines Spin-offs auf der Basis bestehender Forschungsergebnisse, Technologien und Kenntnisse. In dieser Phase geht es für die unternehmerisch agierenden Wissenschaftler darum, die gesetzlichen, ökonomischen, strukturellen und inkubationsspezifischen Rahmenbedingungen einzuschätzen und die Chancen und Risiken einer erkannten Marktlücke auszuloten. Daher wird diese Phase als komplexe „Überlegungs- oder Willensbildungsphase“[188] interpretiert, die angesichts der Neuartigkeit der Technologien und der vielfach schwierig einzuschätzenden Marktchancen von Forschungsergebnissen von unterschiedlich langer Dauer sein kann.[189]

[188] Klandt 1999, S. 47 ff.
[189] Vgl. Kay, May-Strobl, Maaß 2001, S. 77.

Ausgangspunkte für Spin-offs liegen in der wissenschaftlichen Tätigkeit der Gründer an den Forschungseinrichtungen und den dabei erzielten wissenschaftlichen Ergebnissen. Als Voraussetzung einer Spin-off-Gründung muss eine Technologie- oder Wissensbasis in Form wirtschaftlich nutzbaren Know-hows, neuer Erkenntnisse oder verwertbarer Forschungsergebnisse vorhanden sein. Die Prüfung der Gründungsvoraussetzungen beinhaltet insbesondere eine Analyse und Bewertung der relevanten Patentsituation im Hinblick auf die Erfolgschancen der Gründungsidee. Häufig wird von den zu gründenden Spin-offs die Nutzung gewerblicher Schutzrechte der Forschungseinrichtung angestrebt.[190]

Da die Geschäftsidee eines Spin-offs aus der wissenschaftlichen Tätigkeit der Gründer hervorgeht, ist es evident, dass bereits in der Inventionsphase relevante F&E-Arbeiten für die spätere Leistungsentwicklung durchgeführt werden. Dies gilt umso mehr, je stärker der Zusammenhang zwischen der wissenschaftlichen Tätigkeit der Gründer und der unternehmerischen Idee ist. In diesem Punkt unterscheiden sich Spin-offs aus Forschungseinrichtungen von herkömmlichen innovativen Neugründungen. Die Basis der geplanten Unternehmensgründung muss allerdings nicht zwangsläufig zu den Kernkompetenzen der Forschungseinrichtung gehören. Es kann sich dabei auch um Nebenprodukte oder eher zufällige Ergebnisse wissenschaftlicher Arbeit handeln, die außerhalb der hauptsächlichen Forschungsgebiete des Instituts liegen.

Entscheidend für die Inventionsphase sind – neben den verfügbaren Ressourcen – die Selbstständigkeitsüberlegungen und Motive der Gründer, welche den weiteren Verlauf eines Spin-offs, insbesondere dessen Wachstumsorientierung beeinflussen. Fallen unternehmerische Motivation, eine tragfähige technologische Gründungsbasis und günstige Rahmenbedingungen zusammen, so sind in vielen Fällen wahrgenommene Auslöser oder Gründungsanlässe, sog. „trigger events“ von Bedeutung.[191] Diese auslösenden Momente sind eng mit den ursächlichen Motiven einer Gründungsentscheidung verbunden und stellen Impulse dar, die den Spin-off-Prozess in Gang setzen oder beschleunigen.[192] Dabei wird grundsätzlich zwischen positiven und negativen Auslösern unterschieden. Positive Auslöser sind beispielsweise eine günstige Gelegenheit, wie etwa ein konkreter Einstiegsauftrag, ein positives Projekt-

[190] Vgl. BMBF 2002a, S. 40.
[191] Vgl. Jacobsen 2003, S. 227
[192] Vgl. Kay, May-Strobl, Maaß 2001, S. 78 ff.

ergebnis oder die Entdeckung einer zeitlich befristeten Marktlücke. Negative Auslöser sind zum Beispiel akute Probleme mit der bisherigen Beschäftigung, schlechtes Arbeitsklima, drohende Arbeitslosigkeit und andere Deplatzierungseffekte (Vorruhestand).[193]

Im günstigen Fall kommt es nach einer Abwägung der Chancen, Risiken, Unterstützungsmöglichkeiten und Barrieren zu einem tatsächlichen Gründungsentschluss und zur Formulierung einer konkreten Geschäftsidee. Dadurch wird das Ende der Inventionsphase markiert und der Übergang in die Innovationsphase eingeleitet.

### *3.1.3 Die Innovationsphase im Spin-off-Prozess*

In der Innovationsphase bzw. Umsetzungsphase wird das Spin-off-Unternehmen institutionalisiert, d.h. die technologischen, personellen, finanziellen und strukturellen Ressourcen werden zu einer neuen Organisationseinheit verknüpft.[194] Am Anfang dieses Abschnitts stehen in erster Linie konzeptionelle Arbeiten zur Konkretisierung der Gründungsidee und zur Ausgestaltung des Leistungsangebotes.[195] Die Konzeption des Spin-offs beinhaltet eine kritische Beurteilung der Gründungsbasis, sowohl hinsichtlich der technologischen Unsicherheiten und der grundsätzlichen Machbarkeit als auch hinsichtlich Wirtschaftlichkeit, Finanzierbarkeit und Wettbewerbsfähigkeit. Dabei erfolgt eine Adaption der Forschungsergebnisse und Prototypen an unternehmerische Realitäten und Kundenbedürfnisse mit dem Ziel, vermarktbare Leistungen zu entwickeln.[196]

Die Analyse der Wettbewerbsfähigkeit ist von entscheidender Bedeutung, um neben der Umsetzbarkeit der Idee auch deren Marktakzeptanz zu gewährleisten. Ausschlaggebend ist die Identifikation eines relevanten Kundennutzens und eines wahrnehmbaren Wettbewerbsvorteils gegenüber konkurrierenden Angeboten. Dieser Aspekt der Spin-off-Konzeption stellt für die Gründer eine besondere Herausforderung dar, da sie sich üblicherweise in ihrer Rolle als Forscher nicht explizit mit der

---

[193] Derartige Gründungsanlässe können auch als positive bzw. negative Gründungsmotive bezeichnet werden; vgl. Jacobsen 2003, S. 227.

[194] Vgl. Kulicke 1987, S. 74; Wippler 1998, S. 12.

[195] Vgl. Klandt 1999, S. 60. Dabei kann zwischen der Vorgründungsphase – inkl. Selbstständigkeitsüberlegungen, Ideensuche und Grobkonzept – und der eigentlichen Gründungsphase unterschieden werden.

[196] Vgl. Brüderl, Preisendörfer, Ziegler 1996, S. 160 ff.; Preisendörfer 1996, S. 23 ff.; Bartholomä, Rosch, Trogisch 1993, S. 29.

Wettbewerbsfähigkeit von Produkten oder Dienstleistungen auseinander setzen müssen.

Die Konzeption des Spin-offs mündet gewöhnlich in einem Business Plan, in dem das unternehmerische Gesamtkonzept im Detail beschrieben wird und eine systematische Analyse von Ressourcenverfügbarkeit, Finanzierbarkeit, Machbarkeit und Wettbewerbsfähigkeit der Geschäftsidee erfolgt.[197] Zudem werden sowohl regionale und standortspezifische als auch makroökonomische und konjunkturelle Rahmenbedingungen analysiert. Für den internen Gebrauch stellt der Business Plan ein wesentliches Steuerungs- und Kommunikationselement einer Spin-off-Gründung dar, für den externen Gebrauch dient er vornehmlich der Erläuterung des Geschäftskonzepts gegenüber Kapitalgebern.

Schließlich erfolgt die eigentliche Gründung des Unternehmens, d.h. die vertragliche Manifestierung und – in Abhängigkeit von der Rechtsform des Unternehmens – die Eintragung des Spin-offs ins Handelsregister.[198] Damit werden die rechtlichen Rahmenbedingungen und der Standort des Unternehmens festgelegt.[199] Zudem werden in dieser Phase unternehmerisch kalkulierte Beziehungen zu Kunden und wichtigen Stakeholdern des Spin-offs aufgebaut und vertraglich geregelt.

Aufbauend auf den F&E-Ergebnissen und Technologien sind in dieser Phase eine Reihe von Aktivitäten zur Produktions- und Absatzvorbereitung notwendig, um aus der ursprünglichen Ausgründungsidee ein tatsächliches Leistungsangebot zu entwickeln. Dies beinhaltet sowohl die Bereitstellung von Produktionskapazitäten als auch den Aufbau unternehmerisch kalkulierter Netzwerke (zu potenziellen Kunden, Partnern und Mitarbeitern) sowie die Beschaffung relevanter Informationen (über Patentsituation, Technologie, Markt, Kunden, Wettbewerber und Lieferanten).[200] Mit dem Angebot der ersten Produkte und/oder Dienstleistungen am Markt ist die Reali-

---

[197] Der Aufbau eines Business Plans ist nicht Gegenstand dieser Arbeit. Im Wesentlichen besteht ein Business Plan aus einem Executive Summary, d.h. einer Zusammenfassung, der Leistungsbeschreibung, der Darstellung des Gründerteams, Ausführungen zu Markt, Kunden, Konkurrenten, Beschreibung des Marketing- und Vertriebsplans, Darlegung von Rechtsform und Struktur des Unternehmens sowie einer ausführlichen Finanzplanung, einer Meilensteinplanung und einer Chancen/Risken-Abwägung; vgl. dazu u.a. Witt, Merz 2008, S. 291 ff.; Witt 2005, S. 17-26; Dowling 2003, S. 239-260.

[198] Vgl. Kahle, Bouncken o.J., S. 404.

[199] Vgl. Pleschak, Berteit, Ossenkopf, Stummer 2002, S. 10.

[200] Vgl. zum Aufbau relevanter Netzwerke in der Vorgründungs- und Gründungsphase: Kahle, Bouncken o.J., S. 402 ff.

sierung der Spin-off-Idee erfolgt und die Innovationsphase kann als abgeschlossen betrachtet werden.

### *3.1.4 Die Marktphase im Spin-off-Prozess*

Mit dem Markteintritt und der Generierung der ersten Umsätze verändern sich die Aufgaben, die auf ein Spin-off-Unternehmen zukommen.[201] Die Realisierung der Ausgründungsidee und der dafür erforderliche Technologie- und Wissenstransfer finden im Rahmen der vorhergehenden Innovationsphase i.e.S. statt, sodass in der Marktphase die Vermarktung der Innovation im Vordergrund steht.[202] Grundsätzlich geht es für die Spin-off-Unternehmer nach dem Markteintritt darum, sämtliche erforderlichen Aktivitäten zu unternehmen, die notwendig sind, den Bestand und das Wachstum des Unternehmens zu sichern.[203]

Das Leistungsangebot eines Spin-offs muss kontinuierlich an die Nachfrage- und Wettbewerbsbedingungen der Zielmärkte angepasst werden. Dies beinhaltet eine technologische Weiterentwicklungen der ursprünglichen Gründungsidee auf der Basis kontinuierlicher F&E und eine Angleichung der Produkt-Markt-Kombination an die Nachfrage- und Konkurrentenstruktur in der Branche. Obwohl sich Spin-offs nach dem Markteintritt nicht mehr grundlegend von anderen technologieorientierten jungen Unternehmen unterscheiden, resultieren aus der engen Verbindung zur wissenschaftlichen Gemeinschaft und zur Mutterorganisation erheblich günstigere Voraussetzungen für weitergehende F&E-Kooperationen. Üblicherweise agieren Mutterorganisationen und Ausgründungen im selben Technologiefeld, sodass Entwicklungspartnerschaften für beide Parteien grundsätzlich sinnvoll erscheinen. Zusätzlich ist davon auszugehen, dass Spin-offs gegenüber anderen innovativen Unternehmensgründungen deutlich geringere Hemmnisse gegenüber F&E-Kooperationen mit anderen Partnern aus der Wissenschaft aufweisen.[204]

---

[201] Vgl. Kulicke 1987, S. 7.

[202] Die gängige Bezeichnung dieser Phase im klassischen Unternehmensgründungsprozess ist „Wachstumsphase“; vgl. Kulicke 1987, S. 7. Allerdings sind in der Literatur auch abweichende Bezeichnungen gebräuchlich, z.B. „Frühentwicklungsphase“, „Expansionsphase“ und „Strukturentwicklungsphase“; vgl. Wippler 1998, S. 12; Klandt 1999, S. 60;

[203] Vgl. Kulicke 1987, S. 7. Zu den erforderlichen Aktivitäten zählen neben der Weiterentwicklung und Anpassung der Innovation auch die Umgestaltung der Organisationsstruktur, der Aufbau einer Marketing- und Vertriebsstruktur sowie die Deckung des Kapitalbedarfs.

[204] Vgl. Janz, Ebling, Gottschalk, Peters, Schmidt 2002; BMBF 2002a, S. 47.

Hinsichtlich der Organisationsstruktur stellt der Übergang von einer häufig fast basisdemokratischen Struktur aus Gründungs- und Vorgründungszeiten zu einer professionellen hierarchischen Struktur das Spin-off-Gründungsteam vor besondere Herausforderungen.[205] Im Allgemeinen ist in der Lebensphase nach der Gründung ein personelles Wachstum des Spin-offs zu verzeichnen, das sich analog zur Umsatzentwicklung verhält und mittels Personalmanagement gesteuert werden muss. Die Rekrutierung von geeigneten Mitarbeitern wird zu einer der Hauptaufgaben des Spin-off-Managements, da sich ein Mangel an qualifiziertem Personal als hauptsächlicher Hemmfaktor für die weitere Entwicklung des Unternehmens erweisen könnte.[206] Zudem führen die Transaktionsbeziehungen mit Kunden und anderen Marktteilnehmern zu einer wesentlich stärkeren Gewichtung nicht entwicklungs- und leistungserstellungsbezogener Aufgaben im Unternehmen. Damit rückt die „normale" unternehmerische Problemorientierung (Management, Marketing, Personalführung, Finanzierung)[207] in den Mittelpunkt der Aufgaben des Spin-off-Unternehmers.

## 3.2 Stakeholder von Spin-off-Innovationen

### *3.2.1 Interessensgruppen von Spin-off-Innovationen im Überblick*

Der Spin-off-Prozess ist durch die wechselseitige Einflussnahme unterschiedlicher Interessensgruppen gekennzeichnet, welche bereits vor der eigentlichen Gründung beginnt und sich durch den gesamten unternehmerischen Prozess bis in die Marktphase des Spin-offs zieht. Typische Interessensgruppen, sog. Stakeholder, sind neben der Mutterorganisation und dem Spin-off-Gründer(team) auch externe Parteien, wie etwa Kapitalgeber, Kunden, Mitarbeiter, lokale Gründerzentren und öffentliche Behörden.[208] All diese Gruppen üben in den verschiedenen Phasen einer Spin-off-Gründung unterschiedlich starke Einflüsse auf die Ausgestaltung des Gründungsprozesses aus, was in Abbildung 11 dargestellt wird.

---

[205] Vgl. Ripsas o.J., S. 13.
[206] Vgl. Janz, Ebling, Gottschalk, Peters, Schmidt 2002. 40 % bis 50 % der KMU benennen dieses Hemmnis.
[207] Insbesondere die Kapitalbeschaffung stellt generell eines der Hauptprobleme von Spin-offs dar; vgl. z.B. Kay, May-Strobl, Maaß 2001, S. 37.
[208] Vgl. Consiglio, Antonelli o.J., S. 4.

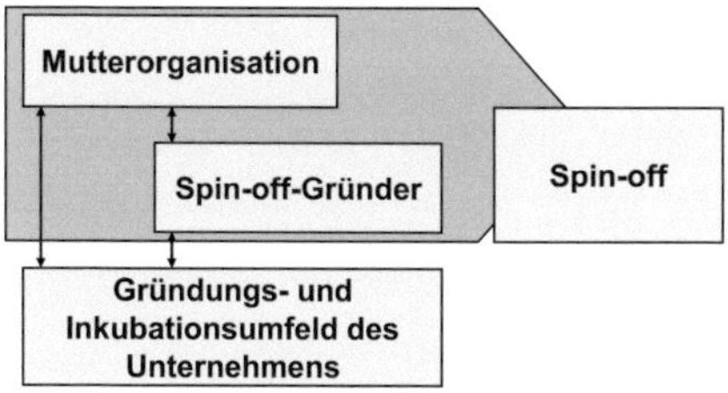


**Abbildung 11: Stakeholder im Spin-off-Prozess**

Die Spin-off-Gründer stellen die zentralen Figuren im Gründungsprozess dar. Bei ihnen handelt es sich um Mitarbeiter von Forschungsorganisationen, deren Ziel darin besteht, Technologien umzusetzen oder schlichtweg Ideen zu verwirklichen und auf dieser Grundlage unternehmerisch tätig zu werden. Die Forschungseinrichtung bildet den Ausgangspunkt, da im Rahmen der dort stattfindenden F&E-Arbeiten das Wissen und die Technologien entstehen, welche im Rahmen der Unternehmensgründung umgesetzt werden. Zusammen mit dem externen Umfeld des entstehenden Unternehmens schafft die Forschungseinrichtung die Rahmenbedingungen für die Entscheidung, ein Unternehmen zu gründen und für die Entstehung und Entwicklung des Spin-offs.[209]

Voraussetzung für den Erfolg einer Spin-off-Gründung ist ein Abgleich der unterschiedlichen Interessen und Motive der Hauptakteure im Spin-off-Prozess: der Forschungsinstitute und der Gründer. Ein Interessensabgleich kann z.B. dann erfolgen, wenn die Institute über Lizenzerträge aus der Nutzung von Schutzrechten oder über Erfahrungsrückflüsse aus der Verwertung von Forschungsresultaten profitieren. Die Gründer können ebenfalls in vielseitiger Weise von der Zusammenarbeit mit den Mutterorganisationen profitieren, insbesondere durch die Nutzung von Ressourcen, Infrastruktur und Kontakten.

Um ein umfangreiches Verständnis für die Entstehung erfolgreicher Spin-off-Gründungen zu schaffen, werden die beiden Hauptakteure im Spin-off-Prozess, die öffentliche Forschung sowie die dort tätigen Wissenschaftler, als potenzielle und tatsächliche Gründer, in den folgenden Kapiteln detailliert betrachtet.

---

[209] Vgl. Scheidt 1995, S. 112.

### 3.2.2 Öffentliche Forschung als Ausgangspunkt von Spin-off-Gründungen

Die Mutterorganisation eines Spin-offs ist jene F&E-Einrichtung, in der die Gründer zuletzt beschäftigt waren und in der die Forschungsergebnisse entwickelt und/oder Kenntnisse erworben wurden, die im Zuge der Gründung kommerziell genutzt werden.[210]

Neben dem Begriff der Mutterorganisation ist in der angelsächsischen Literatur der Begriff des „incubators“ (engl. Brutkasten) verbreitet, der von Cooper (1975, S. 529 ff. und 1985, S. 75 ff.) geprägt wurde. Grundsätzlich stellt ein Inkubator eine organisatorische Einheit zur Unterstützung von Unternehmensgründungen dar.[211] Dabei kann es sich sowohl um eine eigenständige Einrichtung als auch um eine Angliederung an eine bestehende Organisation handeln, wie z.B. Hochschul-Inkubatoren.[212] Vielfach wird der Begriff des Inkubators im Zusammenhang mit Technologie- und Gründerzentren benutzt.[213] Die hauptsächliche Funktion eines Inkubators liegt in der Organisation und Bereitstellung von betriebswirtschaftlichen, strukturellen oder finanziellen Unterstützungsmaßnahmen für neue Unternehmen und nicht in der Entwicklung marktrelevanter wissenschaftlicher Technologien.

Aufgrund der dargelegten Unterschiede wird in der vorliegenden Arbeit zwischen Inkubatoren und Mutterorganisationen von Spin-offs unterschieden. Die Mutterorganisation kann im Verlauf eines Spin-off-Prozesses verschiedene Inkubatorfunktionen übernehmen, muss dies aber nicht zwangsläufig tun.

Mutterorganisationen von Spin-offs im Sinne der vorliegenden Arbeit sind Hochschulen und andere öffentliche Forschungseinrichtungen, in denen die technologische und wissenschaftliche Basis der Unternehmensgründungen gelegt wird.[214] Ein Blick auf die komplexe Forschungslandschaft in Deutschland macht deutlich, welches unternehmerische Potenzial in wissenschaftlichen Einrichtungen steckt. Obwohl ein großer Teil der Forschungsaufwendungen in Deutschland innerhalb der Unter-

---

[210] Vgl. Egeln, Gottschalk, Rammer, Spielkamp 2003, S. 80. Die Autoren führen zusätzlich noch den Begriff der Herkunftseinrichtung ein, womit explizit die letzte Beschäftigungsstätte des Gründers gemeint ist; in der vorliegenden Arbeit wird lediglich der Begriff der Mutterorganisation verwendet.
[211] Vgl. Beer 2000, S. 240; Knecht 1998a, S. 21.
[212] Vgl. Wippler 1998, S. 124.
[213] Vgl. Seeger 1997, S. 41 ff.; Steinkühler 1994, S. 5; Rice, Abetti 1993, S. 102 ff.; Smilor, Gill 1986, S. 1.
[214] Nach der für diese Arbeit geltenden Definition sind Unternehmensgründungen durch Studenten und Absolventen von Hochschulen nicht als Spin-offs im engeren Sinne zu sehen.

nehmen getätigt wird, liegen insbesondere die Grundlagenforschung und Teile der angewandten Forschung weitgehend in den Händen der öffentlichen wissenschaftlichen Einrichtungen.[215] Vielfach sind es Themen mit hohem Innovationsgehalt und beträchtlichen Nutzen- und Risikopotenzialen, mit denen sich staatliche wissenschaftliche Einrichtungen befassen. Tabelle 2 zeigt die Struktur der öffentlichen Forschung in Deutschland.[216]

| Forschungseinrichtungen | | Anzahl und Erläuterung |
|---|---|---|
| Hochschulen und universitäre Forschungseinrichtungen | Universitäten und Hochschulen | 383 Universitäten und Hochschulen (Zusätzlich 115 Hochschulen in privater Trägerschaft) |
| | An-Institute von Hochschulen | Genaue Zahl nicht bekannt. Aufgabe: Erforschung in wirtschaftsnahen Bereichen, d.h. zwischen angewandter Forschung und marktrelevanter Produktentwicklung angesiedelt. Bindeglied zwischen Wirtschaft und Hochschulen. |
| Außeruniversitäre Forschungseinrichtungen | Institute der Max-Planck-Gesellschaft | 79 Institute, Forschungsstellen, Labore und Arbeitsgruppen. Grundlagenforschung außerhalb der Hochschule mit institutioneller Grundfinanzierung. Biologisch-medizinische, chemisch-physikalisch-technische und geisteswissenschaftliche Forschung |
| | Institute der Fraunhofer-Gesellschaft | 56 Forschungsinstitute. Angewandte Forschung, Vertragsforschung und strategische Forschung; v.a. im naturwissenschaftlichen Bereich. Umsetzung von Forschung in innovative Produkte, Verfahren und Dienstleistungen. |
| | Einrichtungen der Helmholtz-Gemeinschaft | 15 Großforschungseinrichtungen. Verzahnung von Grundlagenforschung und industrieller Anwendung. Großforschungsgeräte, Forschungsinfrastruktur, Forschergruppen. |
| | Blaue-Liste-Einrichtungen bzw. Einrichtungen der Leibniz-Gemeinschaft | 82 Forschungseinrichtungen. Forschungseinrichtungen mit Service-Funktion. |
| | Bundes- und Landesforschungseinrichtungen | Ca. 50 Bundeseinrichtungen und 167 Landeseinrichtungen mit Forschungsaufgaben. F&E-Aufgaben im Kontext des jeweiligen Ministeriums oder Ressorts. |
| | Akademien der Wissenschaften | 8 Akademien der Wissenschaft. Interdisziplinäre Forschung, Pflege der Wissenschaft und der wissenschaftlichen Foren. |

**Tabelle 2: Struktur der öffentlichen Forschung in Deutschland**

Tabelle 2 zufolge existieren in Deutschland derzeit etwa 800 staatlich finanzierte Forschungseinrichtungen; dazu zählen neben den 380 Hochschulen sowie den An-Instituten auch über 400 außeruniversitäre Forschungsinstitute und Forschungseinrichtungen.[217] Die außeruniversitäre Forschungslandschaft gliedert sich in die Max-Planck-Gesellschaft, die Fraunhofer-Gesellschaft, die Helmholtz-Gemeinschaft,

[215] Im Jahr 1995 wurden in Deutschland 66 % der nationalen Gesamtausgaben für Forschung und Entwicklung im Bereich der Wirtschaft erbracht; die Hochschulen haben einen Anteil von 19 % und außeruniversitäre Forschungseinrichtungen einen Anteil von 15 % an den nationalen Gesamtausgaben für F&E; vgl. Sabisch, Esswein, Meißner, Wyllegalla 1998, S. 15.

[216] Vgl. BMBF 2008, S. 77 ff.; BMBF 2002b, S. 21-199.

[217] „An-Institute" sind rechtlich selbstständige Einrichtungen an Hochschulen, welche organisatorisch, personell und räumlich mit diesen verknüpft sind, aber keinen integralen Bestandteil der Hochschule bilden und deren Aufgabe in der Forschung in wirtschaftsnahen Bereichen liegt; vgl. hierzu BMBF 2000, S. 38.

die Blaue-Liste-Einrichtungen, die Akademien der Wissenschaft und verschiedene Einrichtungen der Ressortforschung auf Bundesebene, Forschungseinrichtungen der Länder und sonstige, überwiegend öffentlich finanzierte Forschungsinstitute.

In welchem Maße die Forschungsgegenstände einer wissenschaftlichen Einrichtung kommerziell nutzbar und im Rahmen von Spin-off-Gründungen verwertbar sind, hängt davon ab, wie sehr eine Forschungseinrichtung auf die Grundlagenforschung oder auf die angewandte Forschung ausgerichtet ist und wie sehr die Mitarbeiter in der Lage sind, Marktchancen für eigene Technologieentwicklungen zu erkennen. In der Konsequenz ist das Gründungsgeschehen an Instituten der angewandten Forschung deutlich höher ist als an Instituten, die ausschließlich Grundlagenforschung betreiben.[218]

Die Gründung von Spin-offs führt aus der Sicht der Institute i.d.R. zu einem teilweisen oder vollständigen Ausscheiden von kompetenten Mitarbeitern. Damit geht ein Verlust von personengebundenem Know-how einher, der nicht ohne weiteres zu kompensieren ist.[219] Dies kann mitunter erhebliche Einschnitte in der Forschungsarbeit der wissenschaftlichen Organisation zur Folge haben, da zum Beispiel Arbeitsprozesse neu strukturiert oder neue Mitarbeiter eingestellt und qualifiziert werden müssen. Zudem bedingt eine Ausgründung i.d.R., dass die Mutterorganisation eine Technologie oder Know-how auf das Spin-off überträgt, was die Gefahr birgt, dass sich Spin-offs – zumindest zeitweilig – zu Konkurrenten der Mutterorganisation entwickeln können.[220] In diesem Fall werden die Unternehmen als horizontale Spin-offs bezeichnet.[221] Allerdings sind unmittelbare Konkurrenzbeziehungen zwischen Spin-off und Inkubator selbst bei regionaler Nähe nicht zwingend notwendig.[222]

---

[218] Vgl. Mauroner 2007, S. 100 f.

[219] In diesem Zusammenhang wird auch von Trägern idiosynkratischen Wissens gesprochen, wobei dieses Wissen personengebunden ist und nur durch „training on the job" erworben werden kann; vgl. Williamson 1975, S. 62.

[220] Vgl. Szyperski, Klandt 1981, S. 28 und S. 32. Die Gefahr von Konkurrenzbeziehungen wird dadurch verstärkt, dass Spin-offs sowohl in regionaler als auch in technologischer Hinsicht meist in ähnlichen Märkten wie die Mutterorganisation tätig sind; mehr als 60% der Ausgründungen arbeiten in ähnlichen Märkten und mit ähnlichen Technologien wie deren Mutterorganisationen; vgl. Cooper 1985, S. 82 und 1970, S. 59.

[221] Vgl. Garvin 1983, S. 3; Maselli 1997, S. 111. Wenn die beiden Organisationen in einander vor- oder nachgelagerten Märkten arbeiten, werden die Ausgründungen als vertikale Spin-offs bezeichnet; agieren sie weder auf den gleichen Märkten noch auf einander vorgelagerten bzw. nachgelagerten Märkten, so werden die Ausgründungen als laterale Spin-offs bezeichnet.

[222] Vgl. Maselli 1997, S. 35.

Angesichts der Konsequenzen von Ausgründungen stellt sich aus der Sicht einer Forschungseinrichtung die Frage nach den Motiven für die Unterstützung von Spin-offs. Hierbei sind im Wesentlichen vier Gruppen von Motiven zu nennen:

a) Ausgründungen bieten ihren Mutterorganisationen die Möglichkeit einer strategischen Neu- und/oder Umorientierung, d.h. die Chance, sich im Forschungsmarkt inhaltlich neu aufzustellen oder sich aus einzelnen Forschungsbereichen zurückzuziehen, um sich strategisch auf bestimmte Themengebiete zu konzentrieren.[223] Dies gilt insbesondere dann, wenn es sich bei den zu transferierenden Kompetenzen und Technologien um Kernthemen einer Mutterorganisation handelt.[224]

b) Die Ausgründung von Spin-offs eröffnet einer Forschungseinrichtung die Option, ein strategisches Netzwerk aus Unternehmen aufzubauen und Kooperationspartner für zukünftige Forschungsprojekte zu gewinnen. Grundsätzlich gehen die durch den Personaltransfer exportierten Kompetenzen nicht vollständig verloren, sondern können durch langfristige Kooperationsbeziehungen erhalten bleiben.[225] Der beidseitige Transfer von Wissen erlaubt es einem Forschungsinstitut, marktrelevante Informationen zu erhalten und Technologien im industriellen Umfeld zu verifizieren.[226]

c) Die Erzielung finanzieller Vorteile durch die Vergabe von Technologielizenzen, die Gewährung von Nutzungsrechten für Patente oder die finanzielle Beteiligung an der Entwicklung des Unternehmens zählt zu den direkten Zielsetzungen einer Mutterorganisation im Rahmen eines Spin-off-Prozesses. Dabei hat sich in der Praxis gezeigt, dass rein finanzielle Beweggründe bei der Generierung von Spin-offs eine eher untergeordnete Rolle spielen.[227]

d) Die Gründung von Spin-offs wirkt sich positiv auf das Ansehen und die Akzeptanz einer Forschungseinrichtung in der Region aus. Rege unternehmerische

[223] Vgl. zu Spin-offs als „Desinvestition": Woo, Willard, Daellenbach 1990, S. 1.
[224] Dies gilt insbesondere dann, wenn eine durch interne Realisierung der Innovation innerhalb der Mutterorganisation keine komparativen Konkurrenzvorteile erzielbar sind, insbesondere bei zu geringem erwarteten Geschäftsvolumen der Innovation; vgl. hierzu Maselli 1997, S. 289 sowie Bewerunge 1991, S. 49.
[225] Vgl. Brockhoff 1999, S. 28; Meyer 1994, S. 17.
[226] Dieser Aspekt wird als „window of technology" bezeichnet; vgl. Sabisch 1999, S. 19 ff.; Szyperski, Klandt 1981, S. 22 f.
[227] Vgl. Mauroner 2007, S. 108.

Aktivitäten an einer Forschungsorganisation verschaffen ihr aus der Sicht von F&E-Partnern und Fördermittelgebern tendenziell ein positives marktorientiertes Image. Einrichtungen, die Ausgründungen ermöglichen und unterstützen, ziehen zudem verstärkt innovativ denkende und selbstständig motivierte Mitarbeiter an.[228]

### 3.2.3 *Spin-off-Gründer*

Bei Spin-offs aus der öffentlichen Forschung handelt es sich um Verselbstständigungen von Beschäftigten aus wissenschaftlichen Einrichtungen.[229] Die Spin-off-Gründer sind ausschlaggebende Handlungsträger bei der Verwertung von Technologien im Rahmen von Produkt- oder Dienstleistungsideen.[230] Als potenzielle Gründer sind verschiedene Personengruppen von Bedeutung: Wissenschaftliche Mitarbeiter, leitende Forscher und Professoren, Post-Docs, Doktoranden sowie Techniker stellen die Hauptgruppen potenzieller Spin-off-Gründer dar, ausschließlich administrativ tätige Mitarbeiter sind dagegen eher von nachrangiger Bedeutung.[231] Die erstgenannten Personen sind aufgrund ihrer Tätigkeiten unmittelbar an der Entstehung neuer wissenschaftlicher Erkenntnisse und der Entwicklung neuer Technologien beteiligt, die im Zuge von Unternehmensgründungen verwertet werden können.

Gründungen durch Studenten oder Absolventen einer Hochschule sind im Rahmen innovativer Unternehmensgründungen nicht unerheblich, da auch diese Personengruppen in der Lage sind, akademisches Wissen zu verwerten, das sie im Zuge ihres Studiums oder ihrer Diplomarbeit erlangt haben.[232] Der wesentliche Unterschied von akademischen und studentischen Unternehmensgründungen zu Spin-offs liegt im Grad des Technologie- und Wissenstransfers und im Involvement der Mutterorganisation. Beides dürfte bei Ausgründungen von Mitarbeitern wesentlich stärker ausgeprägt sein als bei Gründungen durch Studenten und Absolventen, bei denen keine

---

[228] „Wenn Sie sich selbstständig machen wollen, arbeiten Sie für uns, und wir werden Ihnen behilflich sein", aus Keune, Nathusius 1977, S. 51. Vgl. ebenso Maselli 1997, S. 36; Rasmusen 1989, S. 205-222; Gaitanides, Wicher 1985, S. 421 f.; Nathusius 1979, S. 246.
[229] Vgl. Heukeroth, Pleschak 2003, S. 75.
[230] Vgl. Schumpeter 1993, S. 110-139.
[231] Vgl. Beer 2000, S. 17.
[232] Vgl. Beer 2000, S. 17.

abhängige Tätigkeit an einer Universität besteht.[233] Daher werden in der vorliegenden Arbeit lediglich jene Unternehmen als Spin-offs bezeichnet, die von Mitarbeitern von Forschungseinrichtungen gegründet werden.

Ein pragmatischer Grund für diese Abgrenzung besteht darin, dass Unternehmen in forschungs- und wissensintensiven Wirtschaftszweigen fast ausschließlich durch Hochschulabsolventen gegründet werden, sodass eine Abgrenzung von Spin-offs zu anderen innovativen Unternehmen schwer fallen dürfte, wenn Ausgründungen von Studenten und Absolventen ebenfalls als Spin-off bezeichnet werden würden.[234]

Die gewählte Abgrenzung bedeutet nicht, dass es sich zwangsläufig um „ehemalige" Mitarbeiter der Forschungseinrichtung handeln muss.[235] Entscheidend ist, dass die Gründer auf Erkenntnisse und Technologien zurückgreifen, mit denen sie sich als Angehörige ihrer Mutterorganisation beschäftigten.[236] Die Gründer können zum Zeitpunkt der Gründung daher prinzipiell immer noch in einem abhängigen Beschäftigungsverhältnis stehen.[237]

Die generelle Befähigung zur Gründung eines Unternehmens stellt einen wesentlichen Aspekt des für Spin-off-Gründer erforderlichen Humankapitals dar. Die Gründungsfähigkeit beschreibt die Herausbildung unternehmerischer Verhaltensweisen und die Eignung zur Gründung und Führung eines Unternehmens unter wirtschaftlichen Aspekten, d.h. die Fähigkeit, Innovationen zu entwickeln und kreativ und marktorientiert umzusetzen.[238] Ausschlaggebend dafür ist, dass die Spin-off-Gründer im Zuge ihrer wissenschaftlichen Tätigkeit neben technologischem Wissen auch bereichsübergreifendes, unternehmerisch relevantes Know-how erwerben und sich mit dem nötigen Wissen hinsichtlich Management, Führung, Marketing und Akquisi-

---

[233] In verschiedenen Studien werden alle Unternehmensgründungen durch Akademiker, die auf neuem Wissen und neuen Technologien aus der öffentlichen Forschung basieren, als Spin-offs bezeichnet; vgl. Egeln, Gottschalk, Rammer, Spielkamp 2002, S. 10; sowie Callan 2001 und OECD 2000.

[234] Vgl. Egeln, Gottschalk, Rammer, Spielkamp 2002, S. 10. Einer Erhebung des ZEW zufolge erfolgen knapp 60 % der Gründungen in den forschungs- und wissensintensiven Branchen durch Akademiker. Dieser Auffassung zufolge zählen auch studentische Gründungen, die in Vorlesungen erworbenes Wissen nutzen, zu Spin-offs. Die forschungs- und wissensintensiven Branchen umfassen die Hightech-Industrie sowie technologieorientierte und wissensintensive Dienstleistungen.

[235] Abweichend davon sind andere Autoren der Auffassung, dass es sich um „ehemalige" Angehörige der Mutterorganisation handeln sollte; vgl. Nathusius 1979, S. 239.

[236] Vgl. Mahar, Coddington 1965, S. 141.

[237] Vgl. Beer 2000, S. 18; sowie die Ausführungen in Kapitel 2.3.3.

[238] Vgl. Pleschak 2003, S. 10 und S. 12.

tion ausstatten.[239] Diese Faktoren bestimmen die Fähigkeit, ein Unternehmen zu gründen und zu führen.[240] Da die Mehrzahl der Gründer aus dem ingenieur- und naturwissenschaftlichen Bereich stammt,[241] ist dieses, nicht direkt auf die Technologie bezogene, zusätzliche Know-how als Engpassfaktor erfolgreicher Spin-off-Gründungen anzusehen.

Das Wesensmerkmal von Spin-off-Gründern besteht darin, ausgehend von der Forschungstätigkeit wirtschaftliche Chancen zu erkennen und für deren Umsetzung bestimmte Risiken einzugehen.[242] Sie verändern ihre berufliche und soziale Situation, indem sie von einer abhängigen Beschäftigung in die Selbstständigkeit wechseln und Unternehmer werden.[243] Mit dem Schritt in die Selbstständigkeit vereinen die Gründer verschiedene unternehmerische Rollen, wie die des Inventors, Kombinators, Risikoträgers und marktorientierten Unternehmensführers und geben im Gegenzug ein sicheres Gehalt, eine geregelte Arbeitszeit und eine sichere Altersversorgung auf.[244] Damit ist eine gewisse Risikobereitschaft verbunden, die mit der Erwartung einhergeht, die berufliche Situation zu verbessern.

Hinsichtlich der Motivation der Spin-off-Gründer ist grundsätzlich zwischen positiven und negativen Beweggründen zu unterscheiden. Negative Beweggründe drängen die Gründer eher unfreiwillig in die Selbstständigkeit und führen zu sog. „restructuring driven“ Spin-offs, die darauf ausgelegt sind, Einkommen und Beschäftigung zu sichern.[245] Im Gegensatz dazu führen positive Gründungsmotive idealtypisch zu sog. „entrepreneurial“ Spin-offs, die stärker auf Wachstum und die Umsetzung von Innovationen im Sinne Schumpeters ausgerichtet sind und dafür häufig ein hohes Risiko in Kauf nehmen.

Im Gegensatz zu den in Kapitel 3.1.2 erläuterten kurzfristigen Gründungsimpulse („trigger events“) handelt es sich bei den Motiven einer Gründung um mittel- und langfristige Überlegungen und Abwägungen der Gründer hinsichtlich ihrer eigenen beruflichen Karriere. Die wichtigsten positiven Motive für Spin-off-Gründer, unternehmerisch tätig zu werden, sind Selbstbestimmung und Unabhängigkeit sowie die

[239] Vgl. Scheidt 1995, S. 112; Szyperski, Klandt 1981, S. 28 ff.
[240] Vgl. Allen, Norling 1991, S. 99; Cooper 1985, S. 77.
[241] Vgl. BMBF 2002a, S. 35.
[242] Vgl. Klandt 1984, S. 31. Vgl. zur Perspektive der Innovationsforschung Thom 1980, S. 57 ff.
[243] Vgl. Schaeper, Kühn, Witzel 2000, S. 80 ff. zu diskontinuierlichen Erwerbskarrieren und deren Bedeutung für die Biografie.
[244] Vgl. Kriegesmann 2000, S. 397 ff.
[245] Vgl. ADT 1998, S. 33; Bühler, Hinz 1996, S. 125 ff.

Verbesserung der Einkommenssituation.[246] Hinzu kommt der Wunsch, eigene Forschungsarbeiten wirtschaftlich umzusetzen und sich nicht allein auf die Invention zu beschränken.

Die Verbundenheit der Wissenschaftler mit der eigenen Forschungsarbeit ist für eine engagierte wissenschaftliche Tätigkeit sicherlich Voraussetzung, kann allerdings auch zu Frustration und Unzufriedenheit führen, falls es zu Meinungsverschiedenheiten im Forschungsteam kommt oder das Forschungsthema an der wissenschaftlichen Einrichtung zurückgefahren oder abgesetzt werden soll.[247] Diese Unstimmigkeiten und die befristeten Arbeitsverträge von Forschern an staatlichen Einrichtungen können zur (Zwang-) Motivation führen, Forschungsthemen außerhalb der Einrichtung weiter zu verfolgen.[248]

## 3.3 Strategien, Rahmenbedingungen und Typen von Spin-off-Gründungen

### *3.3.1 Einflussmöglichkeiten der Mutterorganisation im Spin-off-Prozess*

Eine Forschungseinrichtung nimmt durch das Angebot diverser Unterstützungsleistungen und die Bereitstellung von Ressourcen einen wesentlichen Einfluss darauf, ob es einzelnen Spin-offs gelingt, sämtliche Teilphasen im Gesamtprozess erfolgreich zu durchlaufen und die kritischen Übergänge zwischen den Teilphasen zu bewältigen.[249]

Zunächst beinhaltet die in der vorliegenden Arbeit verwendete Definition von Spin-offs[250] die Forderung, dass eine derartige Ausgründung mit expliziter Unterstützung oder zumindest stillschweigender Akzeptanz der Mutterorganisation erfolgt.[251] In aller Regel sind Forschungseinrichtungen daran interessiert, den Gründungsprozess einvernehmlich zu gestalten, zumal es fragwürdig erscheint, ob grundsätzlich zu verhindern ist, dass sich Wissenschaftler aus Instituten ausgründen. Das konsequente

---

[246] Vgl. BMBF 2002a, S. 45. Danach sind für über 90 % der Gründer von Spin-offs aus der öffentlichen Forschung Selbstbestimmung und Unabhängigkeit und für ca. 65 % die Verbesserung der Einkommenssituation wichtige Motive (Mehrfachnennungen möglich).
[247] Vgl. Keune, Nathusius 1977, S. 52 und S. 57 f.
[248] Vgl. Maselli 1997, S. 38 f.; Roberts 1991a, S. 43 ff.; Cooper 1985, S. 75 ff.
[249] Vgl. Abbildung 10 auf S. 43.
[250] Vgl. Kapitel 2.4.
[251] Vgl. Maselli 1997, S. 14.

Verbot einer Ausgründung dürfte in erheblichem Maße zu Motivationsproblemen, zu einer tatsächlichen oder inneren Kündigung des Mitarbeiters oder einer sog. Split-off-Gründung führen.[252]

<table>
<tr><th colspan="2">Einfluss in der Inventionsphase</th></tr>
<tr><th>... auf die Gründungsneigung</th><th>... auf die Gründungsfähigkeit</th></tr>
<tr><td colspan="2">Wissensvermittlung durch Coaching und betriebswirtschaftlich relevante Seminare</td></tr>
<tr><td colspan="2">Aussicht auf finanzielle Beteiligung und Kooperation zwischen Spin-off und Mutterorganisation</td></tr>
<tr><td colspan="2">Erfahrungserwerb durch Industriekontakte, eigenverantwortliche Abwicklung von Projekten und Übernahme von Führungsfunktionen</td></tr>
<tr><td>Günstige vertragliche Regelungen, z.B. Wiedereinstellungszusagen und Anreize beim Ausscheiden</td><td>Ressourcenunterstützung, z.B. durch Zugang zu technologischer Infrastruktur</td></tr>
<tr><td>Förderliches Gründungsklima und positive Einstellung der Institutsleitung</td><td>Transparenz der Förder- und Unterstützungsmöglichkeiten</td></tr>
<tr><th colspan="2">Einfluss in der Innovationsphase</th></tr>
<tr><td colspan="2">Bewertung von Technologien im Hinblick auf Vermarktungspotenzial und Umsetzbarkeit</td></tr>
<tr><td colspan="2">Analyse der Schutzrechtssituation, Bewertung bestehender Patente, entgeltliche oder unentgeltliche Nutzung von Patenten und/oder Technologielizenzen der Mutterorganisation und ggf. Aufbau einer Spin-off-relevanten Schutzrechtsbasis[253]</td></tr>
<tr><td colspan="2">Zusammenarbeit bei der Konzeption der Unternehmensgründung und der Erstellung des Geschäftsplans</td></tr>
<tr><td colspan="2">Entgeltliche oder unentgeltliche Nutzung von technischer Infrastruktur, Räumlichkeiten, Geräten etc. der Mutterorganisation</td></tr>
<tr><td colspan="2">Nutzung bestehender Kontakte zu Projektpartnern der Forschungseinrichtung zur Überwindung von Markteintrittsbarrieren für das neugegründete Unternehmen</td></tr>
<tr><td colspan="2">Finanzielle Beteiligung der Mutterorganisation am Unternehmen und Unterstützung beim Zugang zu Fremdkapital</td></tr>
</table>

**Tabelle 3: Einfluss der Mutterorganisation in der Inventions- und Innovationsphase**

Öffentliche Forschungseinrichtungen stellen üblicherweise eine Infrastruktur bereit, um das Gründungspotenzial unter den Mitarbeitern zu aktivieren und die Gründungsfähigkeit der potenziellen Unternehmer zu verbessern.[254] Dies beinhaltet Infor-

[252] Vgl Maselli 1997, S. 302 und das dort betrachtete Fallbeispiel ITK.

[253] Die potenziellen Gründer besitzen das technische Know-how, die entsprechenden Schutzrechte gehören i.d.R. allerdings den Instituten. Vor allem im Hinblick auf Kapitalgewinnung, aber auch als Basis für ein unabhängiges Unternehmen ist es erforderlich, die geistigen Eigentumsrechte zu übertragen oder spezielle Nutzungsvereinbarungen zwischen Institut und Spin-off zu regeln. Vgl. Recknagel 2003, S. 6 f.

[254] Vgl. BMBF 2002a, S. 47 ff. Die empirische Studie ergab, dass 33 % der Spin-offs Unterstützung durch die wissenschaftliche Einrichtung erhalten. Allerdings werden im Rahmen der Studie auch Unternehmensgründungen von Studenten und Absolventen als Spin-offs eingeordnet. Werden lediglich die Gründungen durch wissenschaftliche Mitarbeiter betrachtet, dürfte dieser Prozentsatz sehr viel höher ausfallen. Dies deutet sich dadurch an, dass die Unterstützung mit zunehmender

mations- und Aufklärungsmaßnahmen zur Vermittlung des gründungsrelevanten Wissens, Initiativen zu Generierung marktfähiger Unternehmensideen und geeignete Maßnahmen zur Überwindung von Gründungshemmnissen.[255] Darüber hinaus kann die Mutterorganisation vertragliche Regelungen schaffen, um den Gründern unternehmerische Freiräume zur Entwicklung des Geschäftskonzeptes zu gewähren, z.B. in Form von Teilzeitbeschäftigung und Sonderurlaub.[256] Auch im Rahmen der Innovationsphase sind die Unterstützungsleistungen der Mutterorganisation von erheblicher Relevanz, da mit Hilfe konkreter ressourcenbezogener Beihilfen der Gründungsprozess beschleunigt und Kosten und Risiken reduziert werden können. Tabelle 3 stellt die Einflussmöglichkeiten einer Forschungseinrichtung im Rahmen der Inventions- und Innovationsphase zusammenfassend dar.[257]

Nach dem Markteintritt, d.h. in der sog. Marktphase, verändert sich die Rolle der Mutterorganisation erheblich. Im Falle intensiver Kooperationsbeziehungen kann sich zwischen einem ausgegründeten Unternehmen und der Mutterorganisation eine langfristige F&E-Partnerschaft entwickeln, von der beide Organisationen profitieren. Andererseits nimmt der Einfluss der Mutterorganisation auf das Spin-off stetig ab, wenn sich zwischen beiden Organisationen keine Kunden-Lieferanten- oder sonstigen Kooperationsbeziehungen entwickeln. Das Spin-off löst sich in diesem Fall vollständig von der Muttereinrichtung. In jedem Fall stellt eine Spin-off-Ausgründung für ein Forschungsinstitut eine strategische Entscheidung dar, die erhebliche strukturelle, personelle und organisatorische Veränderungen bedingt und möglicherweise beträchtliche Kosten und Aufwendungen verursacht. Dabei besteht bis weit in die Marktphase eines Spin-off-Projektes eine hohe Unsicherheit bzgl. des langfristigen Erfolges.[258]

Intensität des Transfers ansteigt. Spin-offs, die Technologien verwerten, erhalten wesentlich häufiger Unterstützung (42 %) als jene die Kompetenzen verwerten (28 %).

[255] Vgl. Meyer, Autio 2004, S. 671 f. Bezüglich der relevanten Rahmenbedingungen für Spin-offs kann zwischen gründungsspezifischen und -unspezifischen Maßnahmen unterschieden werden; vgl. Kriegesmann 2000, S. 412 ff.

[256] Vgl. Roberts 1991b, S. 297.

[257] Die Inventionsphase wird in diesem Zusammenhang auch als Vorgründungsphase bezeichnet; vgl. Kriegesmann 2000, S. 412 ff.; Egeln, Gottschalk, Spielkamp, Rammer 2002, S. 48 ff.; Vohara, Wright, Lockett 2004, S. 150 ff.

[258] Vgl. Mustar 2001, S. 169.

### 3.3.2 *Typische Spin-off-Strategien von Forschungseinrichtungen*

Grundsätzlich unterscheiden sich die strategischen Ansätze der Forschungsorganisationen im Zusammenhang mit Spin-off-Vorhaben hinsichtlich des kurz-, mittel- und langfristigen Anspruchs an die Zusammenarbeit mit den Ausgründungen und im Ressourceneinsatz, der für die Bewältigung der einzelnen Phasen im Spin-off-Prozess erforderlich ist. Typischerweise lassen sich drei Strategien voneinander abgrenzen:[259]

a) die nicht-selektive Spin-off-Strategie zeichnet sich durch einen geringen Ressourceneinsatz und ein geringes Involvement der Mutterorganisation aus;

b) die unterstützende Spin-off-Strategie zielt auf den Aufbau stabiler Unternehmensgründungen als Alternative zur Lizenzierung von Technologien und Schutzrechten;

c) die exit-orientierte Spin-off-Strategie betrachtet Spin-offs als strategische Investition mit hohen finanziellen Ertragsmöglichkeiten.

Forschungseinrichtungen, die eine nicht-selektive Spin-off-Strategie (a) anstreben, verfolgen die Zielsetzung, das eigene Image und die regionale Verankerung durch die Unterstützung möglichst vieler Unternehmensgründungen positiv zu beeinflussen.[260] Diese Strategie ist nicht primär darauf ausgerichtet, durch Spin-offs einen finanziellen Ertrag für die Mutterorganisation zu generieren. Die Hauptaufgabe der Mutterorganisation und entsprechender „Transferbüros“ liegt in der Inventionsphase v.a. in der Schaffung eines unternehmerischen Bewusstseins unter den Mitarbeitern und nicht in der Identifikation und Bewertung von Geschäftsideen.[261] Demzufolge wird der Spin-off-Prozess nicht proaktiv durch die Mutterorganisation gesteuert, sondern geht hauptsächlich von den Gründern aus, z.B. nach Beendigung einer Promotion oder im Zusammenhang mit dem Auslaufen eines Arbeitsvertrages. Die Evaluierung der Gründungsideen, die für den Übergang von der Inventions- in die Innovationsphase notwendig ist, basiert in diesem Modell eher auf formalen Selektionskriterien

---

[259] Vgl. Clarysse, Wright, Lockett, Van de Velde, Vohara 2005, S. 184. Andere Autoren sprechen von vier „Archetypen“ der Spin-off-Unterstützung, wobei die Unterschiede zur dreistufigen Abgrenzung nur gradueller und nicht prinzipieller Natur sind; vgl. Degroof, Roberts 2004, S. 333.

[260] Vgl. Clarysse, Wright, Lockett, Van de Velde, Vohara 2005, S. 193.

[261] Vgl. Clarysse, Wright, Lockett, Van de Velde, Vohara 2005, S. 201.

und nicht auf markt- und wettbewerbsstrategischen bzw. finanziellen Aspekten. Die Innovationsphase selbst ist dadurch gekennzeichnet, dass kaum proprietäre Technologien herangezogen werden, sodass der Ressourcenbedarf der Unternehmen gering bleibt und von Seiten der Forschungseinrichtung durch die Bereitstellung von entsprechender Infrastruktur abgedeckt werden kann. Die Ressourcenunterstützung ist aus finanzieller und organisatorischer Sicht eher gering und artikuliert sich darin, dass Platz in Gebäuden und Laboren sowie Betreuung und Coaching angeboten werden. Die mangelnde Selektion und die geringe Ressourcenunterstützung führen tendenziell dazu, dass aus einer Forschungseinrichtung eine hohe Anzahl an relativ kleinen Spin-offs entstehen kann, die im Allgemeinen nicht durch Wagniskapital finanziert werden. Dementsprechend besteht von Seiten der Mutterorganisationen ein eher nachrangiges Interesse an langfristigen Kooperationen mit den Ausgründungen. Diese Strategie wird in der angelsächsischen Literatur als „low selective model".[262]

Im Gegensatz dazu nimmt die Mutterorganisation bei der sog. unterstützenden Spin-off-Strategie (b), deren Ziel darin besteht, stabile Unternehmen und potenzielle F&E-Partner aufzubauen, eine wesentlich aktivere Rolle ein. Spin-offs werden aufgrund von gemeinsamen Überlegungen der Forschungseinrichtungen und der Gründer initiiert, z.B. als Alternative zur Vertragsforschung und Lizenzierung von Technologien oder aufgrund einer strategischen Neuorientierung der Mutterorganisation. Der Ressourcenaufwand für die F&E-Einrichtungen ist entsprechend hoch, da eine umfangreiche Unterstützung der Spin-off-Gründer erfolgt. In der Inventionsphase erfolgt eine Validierung der Gründungsideen und eine Beurteilung der Technologie- und Patentsituation, in der Innovationsphase werden sowohl strukturelle und organisatorische sowie z.T. personelle und finanzielle Ressourcen bereit gestellt. Häufig erfolgt die Insitutionalisierung des Spin-offs in Zusammenarbeit mit lokalen Partnern, z.B. Technologie- und Gründerzentren. Das Investitionsvolumen im Rahmen derartiger Spin-off-Projekte ist in der Regel nicht groß genug für Wagniskapitalgesellschaften, sodass die Finanzierung auf öffentlicher Förderung, Bankkrediten, Eigenkapital und Beteiligungen basiert.[263] Eine wesentliche Zielsetzung der Mutterorganisation im Rahmen der unterstützenden Spin-off-Strategie besteht im Aufbau potenzieller F&E-Kooperationspartner, die in ähnlichen – vor- oder nachgelagerten – Märkten und Technologiebereichen aktiv sind. Daher sind ein entsprechend größeres Engage-

[262] Vgl. Clarysse, Wright, Lockett, Van de Velde, Vohara 2005, S. 193.
[263] Vgl. Clarysse, Wright, Lockett, Van de Velde, Vohara 2005, S. 197.

ment der Mutterorganisation in allen Phasen des Spin-off-Prozesses und eine Einbindung der Ausgründung in das Netzwerk der Forschungseinrichtung zu erwarten.

Exit-orientierte Spin-off-Prozesse (c) unterscheiden sich grundlegend von den beiden erstgenannten Strategien. Die Zielsetzung besteht in der Ausgründung finanziell hochattraktiver und stark wachsender Spin-offs und der Generierung finanzieller Rückflüsse für die Forschungseinrichtung. Die Initiative zur Gründung exit-orientierter Spin-offs geht überwiegend von der Mutterorganisation und externen Stakeholdern aus, sodass von Beginn des Prozesses mehrere Partner eingebunden sind.[264] Im Rahmen der Inventionsphase erfolgt eine Validierung strategischer und finanzieller Aspekte, insbesondere eine Abwägung, ob die durch eine Ausgründung erzielbaren finanziellen Rückflüsse höher sind als die Einnahmen, die mittelfristig durch Vertragsforschung in dem Technologiebereich erzielbar sind. Diese Überlegungen gehen häufig mit der strategischen Positionierung bestimmter Forschungsthemen innerhalb der Einrichtung einher. Die Innovationsphase ist durch eine ausgedehnte Validierung der Schutzrechtsbasis, eine professionelle Business-Plan-Erstellung und einen sehr hohen Ressourcenbedarf gekennzeichnet. Der Ressourcenaufwand des ausgründenden Instituts entsteht durch die Bereitstellung von Personal, Technologien und Infrastruktur sowie die gezielte Weiterentwicklung der technologischen Spin-off-Basis im Rahmen von Tests und Prototyping. In der Regel wird der Aufwand durch eine Beteiligung am Unternehmen kompensiert bzw. von externen Stakeholdern und Wagniskapitalgebern getragen. Der Einfluss externer Partner nimmt im Verlauf des Prozesses zu, da oft bereits zu einem frühen Zeitpunkt externes Management in das Spin-off eingebunden wird bzw. ein relativ früher Börsengang des Unternehmens erfolgt.[265] In der Marktphase erwarten sowohl die Mutterorganisation als auch externe Beteiligte ein starkes und schnelles Wachstum des Spin-offs, eine internationale Ausrichtung und einen Rückfluss der Investitionen.

Bei den erläuterten drei Strategietypen handelt es sich um eine idealtypische Betrachtung verschiedener Spin-off-Prozesse. In der Realität sind aufgrund mangelnder Ressourcen und Kompetenzen der Akteure häufig Mischformen zu beobachten.[266] Trotzdem stellen die Strategiemodelle eine gute Möglichkeit zur Charakterisierung

---

[264] Vgl. Clarysse, Wright, Lockett, Van de Velde, Vohara 2005, S. 198.
[265] Vgl. Clarysse, Wright, Lockett, Van de Velde, Vohara 2005, S. 198.
[266] Clarysse, Wright, Lockett, Van de Velde, Vohara 2005, S. 198.

und Einordnung unterschiedlicher Spin-off-Prozesse dar. Tabelle 4 fasst die Merkmale der drei Spin-off-Strategien zusammen.

| Strategie | Zielsetzungen | Inventions-phase | Innovations-phase | Markt-phase |
|---|---|---|---|---|
| **Nicht-selektive Spin-off-Strategie** | Image und regionale Verankerung der Mutterorganisation (MO) | Initiative geht von den Gründern aus | Kurze Umsetzungsphase, geringer Ressourcenaufwand für die MO | Geringe Kooperation zwischen MO und Spin-off (SO) |
| **Unterstützende Spin-off-Strategie** | Aufbau stabiler SO und deren strategische Einbindung als F&E-Partner der MO | Initiative geht sowohl von den Gründern als auch von der MO aus | Aufwändige Validierung der Technologie, hoher Ressourcenaufwand, | Technologische Zusammenarbeit und F&E-Kooperationen zwischen MO und SO |
| **Exit-orientierte Spin-off-Strategie** | Aufbau stark wachsender SO und Generierung finanzieller Einnahmen | Initiative geht von der MO und externen Stakeholdern aus | Sehr aufwändige Validierung der Technologie, sehr hoher Ressourcenaufwand, Einbindung externer Partner | Wachstum des Unternehmens, Return of Invest für die MO |

**Tabelle 4: Charakterisierung von Spin-off-Strategien**

Aus den Erläuterungen der verschiedenen Spin-off-Strategien wird deutlich, dass diese in sehr enger Wechselwirkung mit zwei weiteren Aspekten stehen, nämlich dem externen Gründungsumfeld und der Typologie der Spin-off-Unternehmen. Diese Aspekte werden in den folgenden Abschnitten einer detaillierten Betrachtung unterzogen.

### *3.3.3 Einfluss der Umfeldbedingungen auf die Spin-off-Strategie*

Das gründungsrelevante Umfeld von Spin-offs wird sowohl durch bestehende Forschungseinrichtungen, Unternehmen und öffentliche Institutionen als auch durch sonstige unternehmerisch relevante Rahmenbedingungen gekennzeichnet.[267] Insofern erscheint es naheliegend, dass zwischen der Spin-off-Strategie und den vorherrschenden Umfeldbedingungen ausgeprägte Wechselbeziehungen bestehen.

Clarysse, Heirman und Degroof (2001, S. 92) unterscheiden drei typische Umfeldsituationen für Spin-off-Gründungen und zeigen, dass unterschiedliche Umfeldbedin-

[267] Vgl. Kapitel 3.2.4.

gungen die Entwicklungsgeschwindigkeit von Spin-offs und die Dauer der einzelnen Lebensphasen beeinflussen.[268]

Das unaufmerksame Umfeld („unaware environement“) ist durch extreme Knappheit sowohl an Kapital als auch an gründungsrelevanten Erfahrungen gekennzeichnet.[269] Dadurch verlängert sich die Inventions- und Innovationsphase von Spin-offs erheblich. Die Suche nach Kapital und die Notwendigkeit der Generierung von Umsätzen blockieren die technologische und wettbewerbsstrategische Entwicklung der Ausgründungen in erheblichem Maße. Die Entwicklung und Weiterentwicklung von Innovationen wird häufig vernachlässigt, da zunächst das wirtschaftliche Überleben des Unternehmens gesichert werden muss. F&E-Einrichtungen verfolgen in unterentwickelten Regionen häufig eine nicht-selektive Spin-off-Strategie, um die Regionalentwicklung durch neue innovative Unternehmen zu fördern, Arbeitsplätze zu sichern und zu schaffen und die Verankerung der Forschungsinstitution zu festigen.[270] Die mangelnde Selektion führt in Verbindung mit der unzureichenden Ressourcenbasis häufig zur Entstehung kleiner existenzsichernder Low-Tech-Gründungen, sog. „self employment oriented“ Spin-offs, deren vornehmliche Zielsetzung in der Sicherung von Arbeitsplätzen liegt.

Ein aufgeschlossenes Umfeld („aware environment“) ist dadurch gekennzeichnet, dass das Interesse an Spin-off-Aktivitäten grundsätzlich vorhanden ist und Wachstumskapital sowie elementare Unterstützungsstrukturen zur Verfügung stehen.[271] In Ermangelung ausgeprägter Gründungsnetzwerke muss die Mutterorganisation zwangsläufig eine proaktive Rolle im Spin-off-Prozess einnehmen (sog. unterstützende Spin-off-Strategie) und in erheblichem Maß Gründungs- und Entwicklungsunterstützung leisten. In diesem Fall wird von „technology push“ Unternehmen gesprochen, da die Initiative zur Gründung nicht vom Marktumfeld sondern der F&E-Einrichtung ausgeht.

Ein innovatives und unterstützendes Umfeld („supportive environment“) ist durch die ausreichende Verfügbarkeit von Wagniskapital und professionalisierten Unterstützungsleistungen für Gründungsvorhaben gekennzeichnet.[272] In einer derartigen Re-

---

[268] Vgl. dazu auch Roberts 1991a, S. 46-99; Saxenian 1994, S. 1-9.
[269] Vgl. Clarysse, Heirman, Degroof 2001, S. 92.
[270] Vgl. Clarysse, Wright, Lockett, Van de Velde, Vohara 2005, S. 207.
[271] Vgl. Clarysse, Heirman, Degroof 2001, S. 89.
[272] Vgl. Clarysse, Heirman, Degroof 2001, S. 89.

gion existieren ausreichend externe Stakeholder, die in der Lage sind, sich im Rahmen von Spin-off-Vorhaben zu engagieren. Dadurch sind die Voraussetzungen für exit-orientierte Spin-off-Modelle gegeben, da neben der Mutterorganisation eine Reihe weiterer externer Partner und Geldgeber in den Spin-off-Prozess mit eingebunden werden können. Dies begünstigt die Entstehung von sog. „business pull" Spin-offs, bei denen die Initiierung des Spin-off-Prozesses in erster Linie aufgrund des Marktpotenzials und der Marktakzeptanz der Technologie erfolgt.

Abbildung 12 verdeutlicht die Zusammenhänge zwischen den bestehenden Umfeldbedingungen (linke Seite) und den idealtypischen Spin-off-Strategien der Forschungseinrichtungen (rechte Seite).[273]

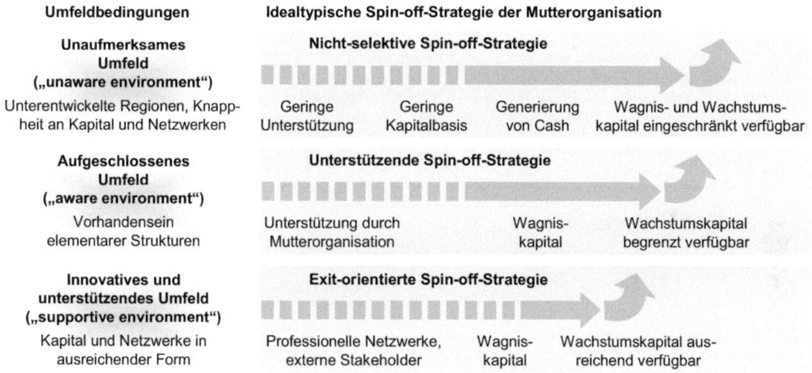


**Abbildung 12: Wechselwirkungen zwischen Umfeldbedingungen und Spin-off-Strategie**

### *3.3.4 Typologisierung von Spin-offs aus der Forschung*

In den vorangegangenen Kapiteln wurde dargelegt, dass ausgehend von den Spin-off-Strategien der Mutterorganisationen und den Motiven der Gründer verschiedene Arten von Spin-offs resultieren, die sich erheblich in ihren Entwicklungsbedingungen, Ressourcenkonfigurationen und Zielsetzungen unterscheiden. Eine Taxonomie der Spin-off-Typen erscheint erforderlich, um einerseits die Komplexität und Heterogenität der Unternehmen zu erfassen und andererseits ein Verständnis dafür zu schaffen,

[273] Vgl. Clarysse, Heirman, Degroof 2001, S. 92; Clarysse, Wright, Lockett, Van de Velde, Vohara 2005, S. 185.

wie ressourcenbezogene Typologien entstehen und wie sie mit der langfristigen Entwicklung der Unternehmen interagieren.

Die Multidimensionalität der anfänglichen Ressourcenkonfiguration von Spin-off-Gründungen stellt eine Herausforderung bei der Erstellung einer Taxonomie dar.[274] In der Literatur existieren verschiedene Ansätze zur Charakterisierung von Unternehmensgründungen, wie z.B. die Identifikation strategischer Gruppen nach Covin, Prescott und Slevin (1990, S. 485 ff.) oder die Formulierung von Archetypen der organisationalen Übergänge nach Miller und Friesen (1980, S. 268 ff.). In der vorliegenden Arbeit wird ein ressourcenbasierter Ansatz verfolgt, d.h. es werden jene Merkmale für eine Charakterisierung herangezogen, die prinzipiell geeignet sind, einen wettbewerbsstrategischen Vorteil für Spin-off-Unternehmen zu begründen.[275] Anzumerken ist, dass die Ressourcen nicht statisch sind, da sowohl die Spin-offs als auch die Mutterorganisationen grundsätzlich dazu in der Lage sind, diese während der Gründung zu spezialisieren und zu variieren.[276] Trotzdem stellt eine ressourcenbasierte Betrachtung des Spin-off-Prozesses eine geeignete Herangehensweise zur Typologisierung von Spin-offs dar. Ausschlaggebend sind die folgenden drei wettbewerbsrelevanten Ressourcenkategorien:[277]

- finanzielle Ressourcen,
- Humanressourcen,
- technologische Ressourcen.

Finanzielle Ressourcen beschreiben die Kapitalquellen, auf die Spin-offs zurückgreifen können, z.B. Eigenkapital der Gründer und Finanzmittel von Investoren. Ausreichende finanzielle Mittel sind eine wichtige Voraussetzung für ein effizientes Durchlaufen des Spin-off-Prozesses; finanzielle Engpässe hingegen behindern die zügige Entwicklung des Leistungsprogramms („liability of newness").[278] Eine besondere Bedeutung im Zusammenhang mit Spin-offs kommt der Finanzierung durch

[274] Vgl. Heirman, Clarysse 2004a, S. 249.
[275] Wettbewerbsstrategisch relevante Merkmale müssen nicht imitierbar, nicht substituierbar und nicht übertragbar sein; vgl. hierzu Barney 1991, S. 99-120.
[276] Vgl. Teece, Pisano, Shuen 1997, S. 509-533; Brush, Green, Hart 2001, S. 64-78.
[277] Vgl. Heirman, Clarysse 2004a, S. 249.
[278] Vgl. Lee, Lee, Pennings 2001, S. 615-640; Schoonhoven, Eisenhardt, Lyman 1990, S. 177-207.

Wagniskapitalgesellschaften (Venture Capital) zu, diese stellen nicht nur finanzielle Ressourcen bereit, sondern i.d.R. auch Managementexpertise und Legitimation.[279]

Humanressourcen stellen eine weitere kritische Ressourcenkategorie von Spin-offs dar, zumal das Humankapital in vielen Fällen die einzige Ressource zu Beginn des Gründungsprozesses darstellt.[280] Die Humanressourcen umfassen im Wesentlichen die Ausbildung und Erfahrungen, die Kompetenzen und Netzwerkeinbindungen sowie die unternehmerisch relevanten Persönlichkeitsaspekte der Gründer bzw. des Gründerteams. Insbesondere die Größe und eine interdisziplinäre Zusammensetzung des Gründungsteams sind ausschlaggebend für die Unterscheidung verschiedener Spin-off-Typen.

Technologische Ressourcen beinhalten Infrastruktur, Gebäude, Maschinen, Anlagen und verfügbare Technologielinien des Spin-off-Unternehmens. Entscheidend ist nicht das Eigentum, sondern der Zugang zu den Ressourcen, der eine Voraussetzung für die Erstellung innovativer Produkte und Dienstleistungen auf Hochtechnologiemärkten ist. Dabei können Spin-offs in der Regel bereits auf Vorlaufarbeiten und zielgerichtete F&E-Arbeiten zurückgreifen, in deren Rahmen die Gründungsidee entwickelt wurde.[281] Die Entwicklungsreife der Gründungsidee stellt somit ein wesentliches Kriterium der Technologiedimension dar. Weitere Merkmale sind die technologische Fokussierung auf Produkte oder Dienstleistungen sowie der Innovationsumfang der Gründungsidee (Imitator- oder Innovatorstrategie).[282] Zudem unterscheiden sich Spin-offs erheblich in der Breite des geplanten Leistungsspektrums, während eine Gruppe auf spezielle Nischenapplikationen setzt, zielt eine andere Gruppe auf eine breite Plattform als Lösungsansatz für verschiedenste Applikationen.[283]

Im Hinblick auf eine Tyologisierung von Spin-offs lassen sich die Ressourcenkonfigurationen idealtypischerweise verschiedenen Umfeldbedingungen, Strategien und Gründungsmotiven zuordnen. Abbildung 13 gibt einen abschließenden Überblick über die drei grundlegenden Spin-off-Typen und kennzeichnet deren Ressourcenkonfigurationen sowie die Umfeldbedigungen, die Strategien der Mutterorganisation und die charakterisitischen Motive der Spin-off-Gründer. Abbildung 13 stellt somit

[279] Vgl. Hellmann, Puri 2002, S. 169-197.
[280] Vgl. Roberts 1991a, S. 47 ff.; Shane, Stuart 2002, S. 155.
[281] Vgl. Heirman, Clarysse, Van den Haute 2003, S. 7.
[282] Vgl. Lee, Lee, Pennings 2001, S. 615-640.
[283] Vgl. Meyer, Tertzakian, Utterback 1997, S. 88-111.

eine überblicksartige Zusammenfassung der Abschnitte 3.2.3 sowie 3.3.1 bis 3.3.4 dar.

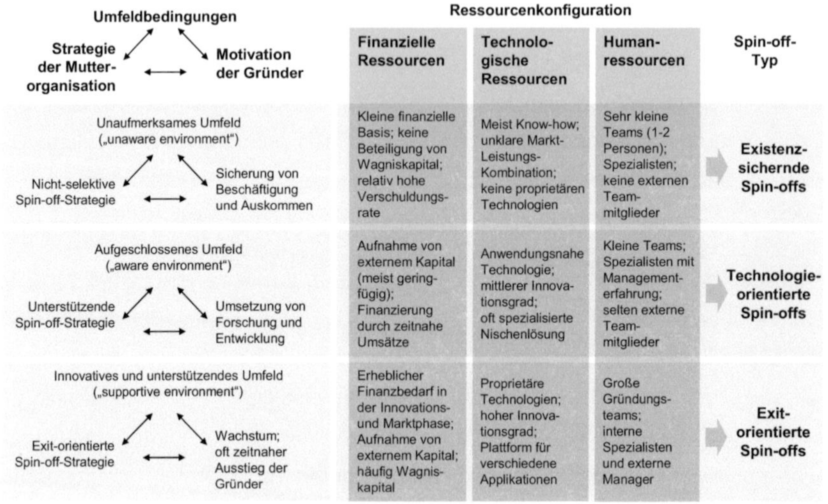


**Abbildung 13: Spin-off-Typologie**

Der erste Typ der existenzsichernden Spin-offs beinhaltet Unternehmen, die vergleichbar mit herkömmlichen Kleinunternehmen und Dienstleistungsgründungen sind.[284] Die Zielsetzung der Spin-off-Gründer besteht v.a. in der Sicherung des Überlebens des Unternehmens und damit des Einkommens und der eigenen Unabhängigkeit.[285] Als lokal agierende, serviceorientierte Unternehmen streben derartige Spin-off-Gründungen in der Regel kein oder ein sehr langsames Wachstum an, erreichen aber aufgrund des geringen Ressourceneinsatzes die Gewinnschwelle meist innerhalb des ersten Jahres.[286] Unter diese Kategorie fallen die in Kapitel 3.2.3 angeführten „restructuring driven" Spin-offs.

Technologieorientierte Spin-offs dagegen verfolgen im Allgemeinen das Ziel, (proprietäre) Technologien und Kompetenzen umzusetzen und auf dieser Basis ein profi-

---

[284] Vgl. Birley, Westhead 1994, S. 7 ff.
[285] Vgl. Lumpkin, Dess 1996, S. 135 ff.
[286] Vgl. Roberts 1991a, S. 166 ff.; Clarysse, Wright, Lockett, Van de Velde, Vohara 2005, S. 191.

tables Unternehmen aufzubauen.[287] Derartige Unternehmen verzeichnen in der Umsetzungsphase ein geringes Wachstum, welches erst nach der Etablierung am Markt zunimmt. Zu dieser Gruppe gehören die in Kapitel 3.2.3 angeführten „entrepreneuerial" Spin-offs.

Exit-orientierte Spin-off-Unternehmen werden mit der vorrangigen Zielsetzung gegründet, einen möglichst hohen finanziellen Nutzen für die beteiligten Stakeholder – Gründer, Mutterorganisation und externe Partner – zu schaffen. Um dieses Ziel zu erreichen, wird i.d.R. die Entwicklung innovativer Produkte auf Basis einer proprietären Technologie für globale Zielmärkte angestrebt.[288] Aufgrund des hohen Innovationsgrades und der häufig geringen Entwicklungsreife der technologischen Basis sowie des globalen Aktionsraumes sind erhebliche finanzielle Ressourcen zur Verwirklichung der Gründungsidee notwendig.[289] Dementsprechend verzögert sich der Zeitpunkt, zu dem die Gewinnschwelle erreicht wird.

Existenzsichernde und exit-orientierte Spin-off stellen die beiden Extrema der Typologisierung dar,[290] die sich sehr stark in ihren Ressourcenkonfigurationen und Zielsetzungen unterscheiden. Technologieorientierte Spin-offs stellen eine hybride Gruppe dar, die Merkmale der beiden anderen Gruppen aufweisen kann. Von den existenzsichernden Spin-offs unterscheiden sich die technologieorientierten Spin-offs v.a. in Bezug auf die technologischen Ressourcen, da sie nicht nur auf Know-how und Serviceleistungen setzen, sondern anwendungsreife Technologien, Prozesse und/oder Produkte anbieten.

---

[287] Vgl. Clarysse, Wright, Lockett, Van de Velde, Vohara 2005, S. 191.
[288] Vgl. Heirman, Clarysse, Van den Haute 2003, S. 16.
[289] Vgl. Clarysse, Wright, Lockett, Van de Velde, Vohara 2005, S. 191.
[290] Bisherige Studien haben gezeigt, dass nur eine Minderheit der forschungsbasierten Gründungen dem exit-orientierten Typ zuzuordnen ist; vgl. Heirman, Clarysse 2004a, S. 258.

# 4 Ein theoretisches Modell zur Erklärung der Umsetzung von Innovationen durch Spin-offs aus der Forschung

Das Ziel der vorliegenden Arbeit liegt in der Formulierung einer erklärenden Theorie der optimalen Umsetzung von wissenschaftlichen Forschungsergebnissen im Rahmen innovativer Spin-off-Gründungen. In den vorhergehenden Kapiteln wurde deutlich, dass es sich bei Spin-off-Gründungen sowohl um Unternehmensgründungsprozesse als auch um Innovationsprozesse handelt, an deren Ende selbstständig am Markt agierende Einheiten und kommerziell verfügbare technologische Neuerungen stehen. Um den Erfolg von Spin-offs zu erklären und in einen weiterreichenden Bezugsrahmen einzubetten, wird im folgenden Unterabschnitt (4.1) die Erfolgsfaktorenforschung als Ausgangspunkt der Problembewältigung dargelegt. Daraufhin wird ein Erklärungsmodell entworfen, das den Innovations- und Markterfolg von Spin-offs beschreibt (4.2). Die einzelnen Einflussgruppen des Erklärungsmodells werden im Anschluss daran mittels eines eklektischen Ansatzes erörtert (4.3, 4.4 und 4.5).

## 4.1 Erfolgsfaktoren der Spin-off-Gründung

Die Entrepreneurshipforschung versucht, die Entstehung und Entwicklung von Unternehmen aus unterschiedlichen Perspektiven zu erklären und konkrete Handlungsempfehlungen zu geben. Wesentliche Erklärungsbeiträge für die vorliegende Fragestellung sind vom Ansatz der Erfolgsfaktorenforschung zu erwarten, welcher den Erfolg bzw. den Misserfolg von Unternehmensgründungen ins Blickfeld rückt und darauf abzielt, Ursache-Wirkungs-Zusammenhänge zu erkennen und potenzielle Begründungen dafür zu liefern, warum manche Unternehmen erfolgreicher sind als andere.[291]

Die Erfolgsfaktorenforschung räumt jenen Forschungsobjekten einen breiten Raum ein, die besonderen Einfluss auf den Erfolg von Unternehmen haben und Erklärungsansätze für den Gründungserfolg bieten können.[292] Daraus resultieren spezifische Erfolgsfaktorenmodelle, welche empirisch untersuchbare Faktoren zueinander in Beziehung setzen und dabei zwischen unabhängigen und abhängigen Objekten

[291] Vgl. Elfers 1996, S. 6.
[292] Vgl. z.B. Picot, Laub, Schneider 1989, S. 143 f., S. 180 und S. 227; Wippler 1998, S. 108 ff.; Hack, Jost, Jost 2001, S. 43 ff.

unterscheiden. Im Allgemeinen stellt der Erfolg von Unternehmensgründungen die zentrale abhängige Größe in der theoriegeleiteten empirischen Forschung dar. Die weiteren Forschungsobjekte, etwa die Gründerperson(en) und deren Umfeld, die Gründungsidee sowie weitere betriebliche Faktoren und Ressourcen, der Markt und das Umfeld des Unternehmens, werden als unabhängige Variablenblöcke angesehen.[293]

Eine Verknüpfung der verschiedenen Forschungsansätze erfolgt mit Hilfe des in Kapitel 2.3.2 erläuterten Bezugsrahmens der Unternehmensgründungsforschung.[294] Demzufolge wird der Erfolg einer Unternehmensgründung durch verschiedene Kategorien von Einflussfaktoren bestimmt: die Gründer, die entstehende Organisation und die umgebende Umwelt.[295]

Bei den ersten beiden Kategorien handelt es sich um interne Faktoren, welche die personellen, technologischen, finanziellen und strukturellen Ressourcen kennzeichnen und unmittelbar auf den Erfolg des Spin-off-Gründungsprozesses einwirken. Die umgebende Umwelt setzt sich aus den externen Einflussfaktoren zusammen, welche mittelbar auf den Erfolg einwirken und sowohl die technologischen und wirtschaftlichen Rahmenbedingungen als auch die Unterstützung durch das ausgründende Forschungsinstitut beinhalten.[296] Abbildung 14 stellt diese Zusammenhänge dar.[297]

Im Verlauf der unternehmerischen Tätigkeit sind vom Spin-off-Gründer naturgemäß eine Vielzahl operativer und strategischer Entscheidungen zu treffen, wie die verfügbaren Ressourcen kombiniert werden, um bestmöglich auf die Ausprägung und die Änderung der externen Gegebenheiten zu reagieren. Einzelne Faktorgruppen verändern im Laufe des Spin-off-Gründungsprozesses ihre Bedeutung für den unternehmerischen Erfolg. Aus diesem Grund muss ein Erfolgsfaktorenmodell dynamisch angelegt sein und die Lebensphasen eines Spin-offs berücksichtigen.[298]

---

[293] Klandt (1996, S. 5 und S. 133 ff.) ermittelt in seiner Untersuchung von 81 Studien, die im Zeitraum von 1974 bis 1995 veröffentlicht worden sind, verschiedene Gruppen von Forschungsobjekten: „Unternehmer", „mikrosoziales Umfeld des Unternehmers", „Unternehmung", „Unternehmungsumfeld" und „Erfolg". Vgl. auch Müller-Böling, Klandt 1993, S. 135 ff.; Brüderl, Preisendörfer, Ziegler 1996, S. 10; Wießner 2001, S. 1 f.

[294] Vgl. Gartner 1985, S. 696 ff. sowie Kugler 2003, S. 8 f.; Jacobsen 2003, S. 47 ff.; Hack, Jost, Jost 2001, S. 43 ff.; Scheidt 1995, S. 25 ff.; Werner 2000, S. 51 ff.; Steinkühler 1994, S. 21 ff.

[295] Vgl. Klandt 1996, S. 133 ff.

[296] Vgl. Kulicke 1987, S. 257.

[297] Abbildung verändert entnommen aus Kulicke 1987, S. 286.

[298] Vgl. Kapitel 3.1 sowie Werner 2000, S. 52.

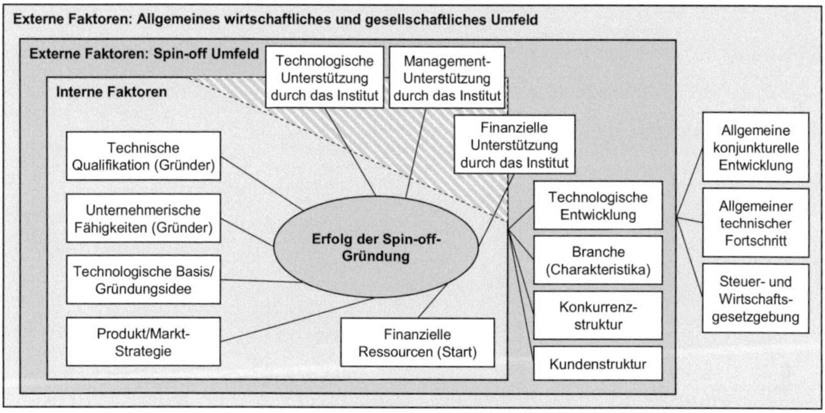


**Abbildung 14: Modell der internen und externen Erfolgsfaktoren einer Spin-off-Gründung**

Ein strategischer Engpass und zugleich eine Besonderheit von forschungsbasierten Spin-offs ist die Transformation der technologischen Gründungsidee in eine marktfähige Technologie oder Dienstleistung. Es ist daher eine gemeinsame Betrachtung des Innovationsprozesses und der unternehmerischen Erfolgsfaktoren vorzunehmen, da nur auf diese Weise der Spin-off-Prozess vollständig beschrieben werden kann.

In der Inventionsphase erfolgt die Identifizierung tragfähiger Ideen und vermarktbarer Erfindungen, die zur Initiierung des Gesamtprozesses führen. In dieser ersten Phase sind vor allem die Merkmale der Gründerperson und der zu entwickelnden Spin-off-Idee entscheidend für den Verlauf der Gründung. Die Weiterentwicklung der Idee, d.h. deren Realisierung und Vermarktung erfolgen in der Innovationsphase. In dieser Phase sind in erster Linie das Gründungsteam und das unmittelbare Inkubationsumfeld von Bedeutung, allerdings nehmen Anzahl und Verschiedenartigkeit der Einflussfaktoren stark zu, da zusätzliche interne und externe Ressourcen akquiriert und kombiniert werden, die zur Umsetzung der Gründungsidee erforderlich sind. Mit dem Markteintritt des Spin-offs gelten für das Unternehmen ähnliche Gesetze wie für vergleichbare technologieorientierte Gründungen, externe Einflussfaktoren sowie entsprechende unternehmerische Reaktionen und strategische Entscheidungen gewinnen zunehmend an Bedeutung.[299]

299 Vgl. Roberts 1991a, S. 247.

Abbildung 15 fasst die Erläuterungen hinsichtlich der Einflussfaktoren in den verschiedenen Spin-off-Phasen zusammen und verdeutlicht die Bedeutung der Transformation der Gründungsidee in eine Innovation als Engpassfaktor des Prozesses und Schwerpunkt der vorliegenden Arbeit.

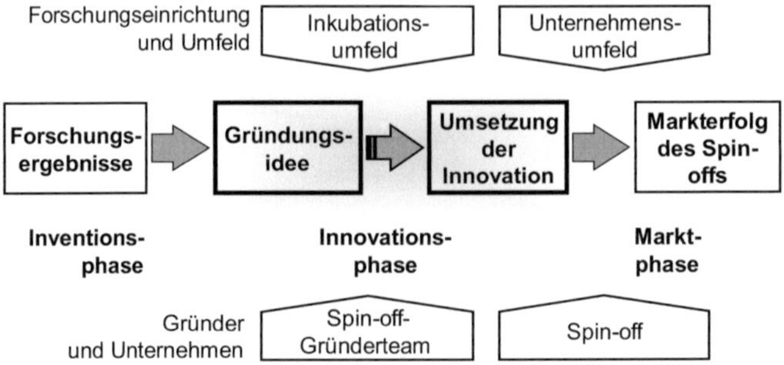


**Abbildung 15: Einflussfaktoren und Engpass im Spin-off-Prozess**

## 4.2 Modell zur Erklärung der Umsetzung von Innovationen durch Spin-offs

Um das Untersuchungsspektrum in einen größeren Bezugsrahmen einzubinden, werden die theoretischen Erklärungsansätze zum langfristigen Erfolg von Spin-off-Innovationen dargelegt. Aufbauend auf den vorangegangenen konzeptionellen Überlegungen hinsichtlich der Einflussgrößen im Spin-off-Prozess wird ein Erklärungsmodell für den Erfolg von Spin-off-Gründungen formuliert, dessen einzelne Komponenten in den weiteren Unterkapiteln (4.3, 4.4 und 4.5) schrittweise erläutert werden.

Die Zielstellung der vorliegenden Arbeit liegt weder darin, den langfristigen Erfolg einer forschungsbasierten Spin-off-Gründung vollständig zu erklären, noch darin, ein allumfassendes Modell für den Erfolg technologieorientierter Unternehmensgründungen zu entwerfen, welches sämtliche relevanten Einflussgrößen auf unternehmerische Entscheidungen und Prozesse beinhaltet. Vielmehr entspricht es der Zielstellung, den direkten Innovationserfolg als Resultat einer gewählten Gründungs- und Inkubationsstrategie und dessen direkten Zusammenhang mit dem langfristigen

Markterfolg des Unternehmens zu ermitteln. Hierfür wird ein Modell zur Erklärung des langfristigen Markterfolges von innovativen Spin-off-Gründungen entworfen, an das folgende Anforderungen gestellt werden:[300]

a) Das Modell soll zwischen internen und externen Einflussfaktoren auf den Erfolg unterscheiden, wobei lediglich die internen Faktoren unmittelbar durch die Spin-off-Unternehmung beeinflusst werden können.

b) Das Modell soll neben dem Erfolg des Spin-offs und den entsprechenden Einflussfaktoren eine zeitliche Dimension beinhalten und damit den unterschiedlichen Lebensphasen einer Spin-off-Gründung Rechnung tragen, ausgehend von der Ideenfindung über den Markteintritt bis hin zur Etablierung des Unternehmens am Markt. Die Zeitdimension spiegelt den Spin-off-Gründungsprozess wider.

c) Das Modell soll der herausragenden Bedeutung der innovativen Spin-off-Idee gerecht werden, welche die technologische Basis des Spin-offs darstellt und im Zuge des Spin-off-Gründungsprozesses umgesetzt werden soll.

Abbildung 16 zeigt das grundlegende Modell zur Erklärung der erfolgreichen Umsetzung von Innovationen im Rahmen von Spin-offs. Diese Darstellung stellt eine Vorwegnahme der nachfolgenden Ausführungen in den Kapiteln 4.3, 4.4 und 4.5 dar und dient der besseren Verständlichkeit der Zusammenhänge zum gegenwärtigen Zeitpunkt. Ausgehend davon wird in drei Schritten sukzessive ein theoretisches Modell entwickelt, das sämtliche empirisch zu untersuchenden Konstrukte der vorliegenden Arbeit beinhaltet.

Das Erklärungsmodell in Abbildung 16 macht darüber hinaus deutlich, dass der langfristige Erfolg des Spin-offs neben der Gründungsbasis, der Innovation und der Mutterorganisation von zahlreichen weiteren Faktoren abhängig ist, die nicht Gegenstand der vorliegenden empirischen Untersuchung sind.

---

300 Vgl. Jacobsen 2003, S. 129 ff.; Werner 2000, S. 52; Steinkühler 1994, S. 25; Roberts 1991a, S. 247; Kulicke 1987, S. 286.

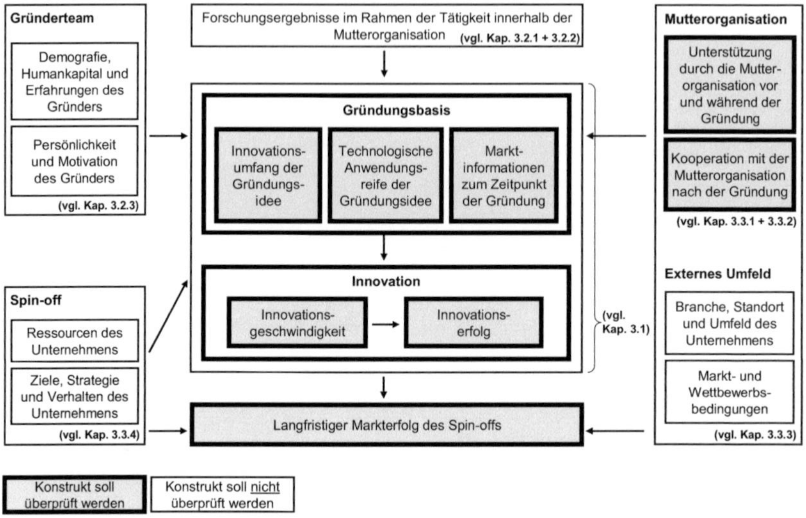


**Abbildung 16: Modell zur Erklärung des Erfolgs von Spin-off-Gründungen**

Den angegebenen Kapitelnummern in Abbildung 16 ist zu entnehmen, auf welchen vorhergehenden Überlegungen die einzelnen Bestandteile des Modells basieren. Sowohl das Humankapital, die Persönlichkeitsmerkmale und die Motivation des Gründerteams als auch unternehmerische Ressourcen, Strategien und Verhaltensweisen sowie das lokale, regionale, kunden- und wettbewerbsspezifische Umfeld des neuen Unternehmens haben einen wesentlichen Einfluss auf den langfristigen Erfolg eines Spin-offs am Markt. Diese Einflussgrößen sind in der Vergangenheit häufig Gegenstand empirischer und theoretischer Untersuchungen gewesen, weswegen in dieser Arbeit, im Sinne einer Reduzierung der Komplexität und einer damit verbundenen Erhöhung der Aussagekraft, darauf verzichtet wird. Weiterhin sollte der Einfluss stochastischer Prozesse im Gründungsprozess, die im Modell nicht berücksichtigt werden, nicht unterschätzt werden.[301]

Analog zur Argumentation in Kapitel 3 wird unterstellt, dass die Forschungsaktivitäten bzw. die Erfahrungen aus der wissenschaftlichen Tätigkeit den Ausgangspunkt des Spin-off-Prozesses darstellen und somit in direkter Verbindung zur Gründungsbasis stehen. Die Spin-off-Gründungsbasis selbst wird im Hinblick auf ihre Umset-

[301] Vgl. Jacobsen 2003, S. 129-132.

zung vor allem durch den Innovationsumfang und die Anwendungsreife der Idee sowie durch die Transparenz des anvisierten Zielmarktes charakterisiert. Die Ausprägungen dieser Merkmale wirken sich darauf aus, wie die Gründungsidee vom Markt akzeptiert wird. Der gesamte Transformationsprozess der Idee in marktfähige Produkte und/oder Dienstleistungen wird vom Verhalten der Mutterorganisation beeinflusst, insbesondere von der Unterstützung während der Gründung sowie der Kooperation nach der Gründung. Schließlich wirkt sich die Markteinführung der Gründungsidee, d.h. die Umsetzung der Innovation unmittelbar auf den langfristigen Markterfolg des Spin-offs aus.

Das dargestellte Erklärungsmodell des langfristigen Markterfolges von Spin-offs kann in den Kontext bestehender Erfolgsmodelle eingebunden werden und gewährleistet eine nachvollziehbare und objektive Bestimmung des langfristigen Markterfolges als abhängige Größe. Es stellt keinen Widerspruch zum bisher geltenden Bezugsrahmen der Gründungsforschung dar, da sich sämtliche zu untersuchenden Einflussfaktoren eindeutig einer der Kategorien Person, Unternehmen oder Umfeld zuordnen lassen. Unterschiede bestehen in erster Linie hinsichtlich der Ausgangs- und Marktbedingungen, der Innovationsorientierung und der Motivation der Gründungen. Dies lässt allerdings nicht darauf schließen, dass für Spin-offs grundlegend andere Wirkungsmodelle gelten als für herkömmliche Unternehmen. Die unterschiedlichen Wesensmerkmale sind nicht grundsätzlicher, sondern gradueller Natur und somit ein wesentlicher Bestandteil der Erfolgsfaktorenforschung aus betriebswirtschaftlicher Perspektive.[302]

Die Unterscheidung zwischen internen und externen Einflussfaktoren auf den Spin-off-Gründungsprozess beruht im Wesentlichen auf der unterschiedlichen Beeinflussbarkeit durch das Gründungsteam bzw. das Unternehmen selbst.[303] Konkret bedeutet dies, dass die interne Dimension – hier die Spin-off-Gründungsbasis – durch Entscheidungen des Gründungsteams aktiv beeinflusst wird, wohingegen die externe Dimension – hier die Inkubationsstrategie – im Wesentlichen durch Entscheidungen der Mutterorganisation bestimmt wird, bzw. das Gründerteam das eigene Verhalten den äußeren Umständen anpasst. Allerdings ist keine überschneidungsfreie Trennung der internen und externen Faktoren gegeben, da die Mutterorganisation auch

---

[302] Vgl. Steinkühler 1994, S. 21.
[303] Vgl. Kulicke 1987, S. 286.

Einfluss auf Entscheidungen hinsichtlich der Unternehmensstrategie nehmen kann und das Spin-off-Gründungsteam wiederum die Inkubationsstrategie der Mutterorganisation beeinflussen kann.

Im Folgenden werden zunächst die internen und danach die externen Einflussfaktoren betrachtet. Dieses Vorgehen erscheint zielführend, da im Verlauf einer Unternehmensgründung zunächst die Frage nach den zur Verfügung stehenden Ressourcen und daraufhin die Frage nach der Kombination der Ressourcen unter Berücksichtigung der Rahmenbedingungen gestellt wird. Abbildung 17 verdeutlicht den Aufbau der theoretischen Argumentation

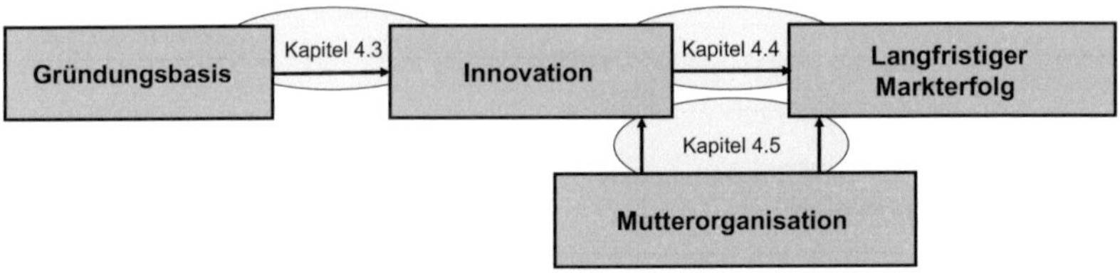


**Abbildung 17: Aufbau der theoretischen Argumentation**

## 4.3 Die Spin-off-Gründungsbasis und deren Umsetzung

Die Spin-off-Gründungsbasis berührt eine Vielzahl betrieblich relevanter Funktionsbereiche und ist daher als mehrdimensionales Phänomen zu verstehen, wobei in klassischer Weise zwischen den Dimensionen „Markt“ und „Technologie“ unterschieden wird.[304] Die Technologiedimension wird durch den Innovationsumfang der Gründungsidee bzw. den Grad der Neuartigkeit und das Ausmaß, in dem neue wissenschaftliche Erkenntnisse genutzt werden, beschrieben. Die Marktdimension dagegen wird durch die Transparenz des Zielmarktes beschrieben und gibt Auskunft über die Verfügbarkeit von Marktinformationen und über Kenntnisse der allgemeinen Markt-, Kunden- und Wettbewerbsstruktur. Dieser Aspekt ist von Bedeutung, da es sich bei Spin-offs um Neugründungen handelt, die per se auf für sie neuen Märkten agieren. Zusätzlich wird die Spin-off-Idee durch einen weiteren Aspekt beschrieben, der als

[304] Vgl. Hauschildt, Salomo 2005, S. 11. Dabei beziehen sich die Autoren auf die sog. „Vieldimensionalität von Innovationen“.

Entwicklungsdimension bezeichnet werden kann und aus der Verfügbarkeit der internen Ressourcen und der Anwendungsreife der Idee resultiert.[305] Im Gegensatz zu den vorab erörterten Marktinformationen handelt es sich dabei um produkt- bzw. leistungsbezogene Ausprägungen der Anwendungsreife der Spin-off-Idee, weshalb eine Zweiteilung der technologie- und wissensbezogenen Ausgangsbasis in Anwendungsreife und Marktinformationen angebracht erscheint.

Demzufolge werden im Rahmen der vorliegenden Arbeit die folgenden drei Dimensionen der Spin-off-Gründungsbasis und ihre Bedeutung für die Umsetzung von Spin-off-Innovationen betrachtet:

- Technologiedimension: Innovationsumfang der Gründungsidee (Kapitel 4.3.1);
- Entwicklungsdimension: technologische Anwendungsreife der Gründungsidee (Kapitel 4.3.2);
- Marktdimension: verfügbare Marktinformationen zum Zeitpunkt der Gründung (Kapitel 4.3.3).

### *4.3.1 Der Innovationsumfang der Spin-off-Gründungsidee*

Der Wissens- und Technologietransfer von der Forschungseinrichtung auf das neue Unternehmen stellt einen wesentlichen Aspekt der Spin-off-Basis dar, der sowohl die Strategie des entstehenden Unternehmens als auch den Innovationsprozess bis hin zum Markteintritt grundlegend beeinflusst. Für den Erfolg von Spin-off-Gründungsvorhaben ist entscheidend, in welchem Ausmaß neue Technologien als Grundlage für den weiteren Innovations- bzw. Unternehmensgründungsprozess genutzt werden. Es geht demnach um den Grad der Neuartigkeit einer Spin-off-Idee gemessen am Spektrum vorhandener Leistungen, der im Rahmen dieser Arbeit als „Innovationsumfang" bezeichnet wird.[306]

Grundsätzlich kann der Innovationsumfang aus verschiedenen Perspektiven erörtert werden, einerseits wird bereits von einer Innovation aus der Sicht eines Unternehmens gesprochen, wenn es sich um eine unternehmensinterne Veränderung handelt, d.h. wenn ein bestehendes Unternehmen erstmals eine bestimmte Produktpalette

---

[305] Vgl. Danneels, Kleinschmidt 2001, S. 366. Die Autoren beziehen sich auf den internen und externen „Ressourcenfit" als unterschiedliche Dimensionen von Innovationen.

[306] Vgl. Hauschildt, Salomo 2005, S. 4.

anbietet. Eine tatsächliche Neuerung aus der Sicht des Marktes liegt allerdings nur dann vor, wenn sich die Veränderung auf einen bestimmten Markt oder Teilmarkt, eine Branche oder eine Region bezieht.[307] Aus der ersten Sichtweise, der betriebsspezifischen Mikroperspektive eines Unternehmens, drückt der Innovationsumfang den Unterschied vor und nach einer vorsätzlichen Veränderung der Produkte und/oder Prozesse innerhalb des Unternehmens aus.[308] Aus der zweiten Sichtweise, der branchenspezifischen Makroperspektive, werden die Unterschiede der Produkte und Prozesse eines Unternehmens gegenüber dem Wettbewerb erfasst. Im Rahmen dieser Arbeit wird vorwiegend auf der Basis der internen Perspektive des Unternehmens d.h. der betriebsspezifischen Mikroperspektive argumentiert.[309]

Daraus ergibt sich die Notwendigkeit einer differenzierten Betrachtung der Merkmale von Innovationsprojekten, die im Rahmen von Spin-offs bewältigt werden.[310] Konstituierende Merkmale von Innovationen und innovativen Ideen sind deren Neuigkeitsgrad, Komplexität, Konfliktgehalt, Unsicherheit und Risiko.[311] Abbildung 18 stellt die Zusammenhänge zwischen den konstituierenden Merkmalen dar.[312]

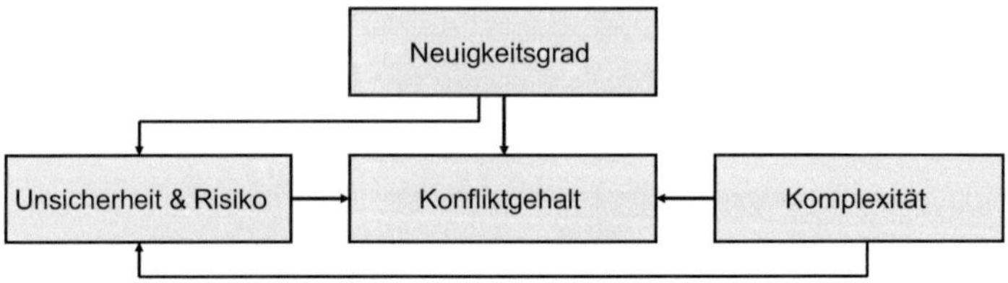


**Abbildung 18: Merkmale von Innovationen**

Der Neuigkeitsgrad stellt das bestimmende Merkmal einer Innovation dar.[313] Entscheidend im Hinblick auf den Markterfolg einer Innovation sind der Fortschrittsaspekt und die Alleinstellung gegenüber dem Wettbewerb, d.h. die erzielte qualitative Verbesserung in Bezug auf bestehende konkurrierende Lösungen, Produkte oder

[307] Vgl. Thom 1980, S. 24.
[308] Vgl. Salomo 2003, S. 403; Schlaak 1999, S. 36 f.
[309] Vgl. Hauschildt, Salomo 2005, S. 3 ff.
[310] Vgl. Thom 1980, S. 31.
[311] Vgl. Thom 1980, S. 23 ff.
[312] Abbildung in Anlehnung an Thom 1980, S. 31.
[313] Dies ergibt sich bereits aus der etymologischen Analyse: erneuern = lat. „innovare".

Dienstleistungen.[314] Erst ein zu erwartendes ausreichendes Verbesserungspotenzial macht es für potenzielle Anwender lukrativ, die Innovation zu akzeptieren.

Die Komplexität einer Neuerung stellt ein weiteres entscheidendes Merkmal einer innovativen Idee dar. Allgemein wird die Komplexität eines konkreten oder abstrakten Gegenstandes durch die Anzahl der Elemente im System (Produkt, Dienstleistung) und ihre Interaktionshäufigkeit bestimmt.[315] Bezogen auf die Gründungsidee bedeutet dies, dass mit zunehmender Komplexität die technologischen und nicht-technologischen Informationen zunehmen, die zur Entwicklung und Umsetzung der Idee in marktreife Leistungen erforderlich sind.[316]

Es besteht ein naturgemäßer Zusammenhang zwischen Neuigkeitsgrad und Komplexität einer unternehmerischen Idee auf der einen Seite und dem mit der Umsetzung der Idee einhergehenden Risiko und Konfliktpotenzial auf der anderen Seite. In Ermangelung von Vorgängern und artverwandten Produkten steigen die Unsicherheiten bei der Entwicklung und gleichzeitig der Bedarf an Informationen und Know-how. Das Dilemma liegt nun darin, dass mit einer Verbreiterung der Informationsbasis auch das Konfliktpotenzial bei der Produktentwicklung tendenziell ansteigt.

Insofern stellt sich die berechtigte Frage, ob die postulierte Vorbedingung realistisch ist, dass ein höherer Innovationsumfang bei einem Spin-off-Vorhaben – sowie ganz allgemein in Produkt- oder Prozessentwicklungen – auch einen höheren ökonomischen Innovationserfolg bzw. einen höheren Markterfolg verspricht als ein niedrigerer Innovationsumfang. Diese Fragestellung ist durchaus nicht einfach zu beantworten, zumal empirische Ergebnisse ein uneinheitliches Bild zeigen. Untersuchungen zum Zusammenhang zwischen Innovationsumfang und Innovationserfolg kommen sowohl zu positiven Befunden als auch zu Nicht- oder Negativ-Befunden.[317] In einigen Befunden ist ein umgekehrt u-förmiger Zusammenhang zwischen der Innovationshöhe und dem Innovationserfolg zu erkennen.[318] Der Theorie der optimalen Innovationshöhe zufolge resultiert diese Funktion aus der linear steigenden Ertragserwartung und dem überproportional zunehmendem Risiko.[319] Sowohl ein zu geringer als auch ein zu hoher Innovationsumfang sind im Hinblick auf einen wirtschaftlichen Unternehmens-

[314] Vgl. Thom 1980, S. 23.
[315] Vgl. Fitzsimmonis, Kouvelis, Mallick 1991, S. 403.
[316] Vgl. Schoonhoven, Eisenhardt, Lyman 1990, S. 177 ff.
[317] Vgl. Hauschildt, Salomo 2005, S. 5 f; Brockhoff 1999, S. 237; Schlaak 1999, S. 100 ff.
[318] Vgl. Avlonitis, Phapastathopoulou, Gounaris 2001, S. 338.
[319] Vgl. Kotzbauer 1992, S. 123.

erfolg suboptimale Ausgangsbedingungen. Interessant ist hierbei, dass v.a. die hohe Erklärungsbedürftigkeit und das hohe Scheiterungsrisiko eines sehr hohen Innovationsumfanges einen negativen Einfluss auf die Erfolgsbeurteilung ausüben.[320] Ein mittlerer Innovationsumfang dagegen verringert das Risiko des Scheiterns v.a. aufgrund der Anpassung an bestehende Normen und Regeln sowie der Berücksichtigung von Pioniererfahrungen und Markterfordernissen.[321]

Neben den genannten theoriegeleiteten Erklärungen kann nicht ausgeschlossen werden, dass die unterschiedlichen Untersuchungsergebnisse auf methodische Defizite zurückzuführen sind. Radikale Innovationen haben eine wesentlich längere Projektlaufzeit als inkrementale Neuerungen, weswegen sie vielfach in empirischen Untersuchungen, die auf subjektiven Abschätzungen des „bis dato“ Erfolges basieren, nicht erfasst werden bzw. gar nicht erfasst werden können.[322] Radikale Innovationen sind in diesem Sinne Ausreißer, die sich nur unzureichend mit inkrementalen Produkt- oder Prozessinnovationen vergleichen lassen.

Ungeachtet der divergierenden empirischen Befunde werden Innovativität und Innovation im Allgemeinen als ausschlaggebend für Aufbau, Erhalt und Ausbau der Wettbewerbsfähigkeit eines Unternehmens im Markt gesehen.[323] Neue, einzigartige und schwer imitierbare Produkte und Leistungen stellen einen komparativen Wettbewerbsvorteil dar, der von Spin-offs angestrebt wird, um erfolgreich in einen Markt einzutreten. Spin-offs sind per se in einer komfortablen Position, da sie auf einem Technologie- und Wissensvorsprung gegenüber anderen Unternehmen aufbauen und diese Ausgangslage nutzen können, um Marktpotenziale zu erschließen und langfristig zu sichern. Dabei gilt es, die bestehenden Wettbewerbsvorteile im Sinne einer strategischen Vorgehensweise zu erhalten und auszubauen, um die Wettbewerbsstellung langfristig zu sichern. Schlaak (1999, S. 100 ff.), der in seiner Literaturauswertung 35 amerikanische und deutsche Studien betrachtet, kommt zu der folgenden Beobachtung: Wenn der Innovationsumfang mit Blick auf die am Markt

---

[320] Vgl. Frank, Kessler, Korunka, Lueger 2002, S. 133; Goebel 1990, S. 174.

[321] Vgl. Salomo, Cratzius 2005, S. 83 ff.; Poutsma 2001, S. 56.

[322] Vgl. Hauschildt, Salomo 2005, S. 12.

[323] Almus, Nerlinger (1998, S. 19) stellen fest, dass junge innovative Unternehmen signifikant höhere Wachstumsraten aufweisen als junge Unternehmen mit traditionellen Produkten. Fritsch (2005, S. 24 f.) zeigt, dass das Beschäftigungswachstum und Überlebensraten von Unternehmen in wissensintensiven Wirtschaftszweigen höher ausfallen als von Unternehmen in nicht wissensintensiven Branchen.

tätigen Wettbewerber bestimmt wird, dann ist der Zusammenhang zwischen dem Innovationsumfang und dem Markterfolg überwiegend positiv.[324]

Ausgehend von diesen Überlegungen ergibt sich die Notwendigkeit einer ausführlichen theoriegeleiteten und differenzierten Betrachtung des Zusammenhangs zwischen dem Innovationsumfang auf der einen Seite und dem Erfolg des Markteintritts auf der anderen Seite, insbesondere hinsichtlich der beiden abhängigen Variablen Innovationsgeschwindigkeit (a) und Innovationserfolg (b).[325]

**a.) Zusammenhang zwischen Innovationsumfang und Innovationsgeschwindigkeit**

Spin-offs überführen bestehende Ressourcen, die in Form von Forschungsergebnissen vorliegen, in innovative Neukombinationen, die vom Markt als neuartig bzw. einzigartig wahrgenommen werden. Spin-offs und ihre Produkte und Leistungen zeichnen sich dementsprechend durch einen hohen Erstmaligkeitscharakter aus, wodurch sich für die Abnehmer eine temporäre Nichtvergleichbarkeit mit bestehenden Produkten und Leistungen ergibt.[326] Daraus resultiert, dass Spin-offs gegenüber ihren Transaktionspartnern auf der Abnehmerseite einen erheblichen Informationsvorsprung haben. Die Informationsdifferenz steigt mit Zunahme des Innovationsumfanges ebenfalls an und führt aus der Perspektive der Transaktionskosten zu einer Verminderung von Effizienz und Effektivität der Transaktionsbeziehungen zwischen Spin-off und Kunden.[327]

Diese Problematik verschärft sich aus der Sicht der Abnehmer mit zunehmender Spezifität der Leistungen und der damit einher gehenden sinkenden Zahl der zur Auswahl stehenden Anbieter sowie des generellen Reputations- und Legitimationsproblems von Neugründungen.[328] Der Gefahr opportunistischen Verhaltens und der Abschöpfung übermäßiger Quasi-Renten durch das Spin-off beugen die Abnehmer entweder durch eine umfangreiche Informationsbeschaffung oder durch vertikale Integration von Leistungen vor, wie dies aus der Sicht der Transaktionskostentheorie

[324] Vgl. Schlaak 1999, S. 100 ff.
[325] Der langfristige Markterfolg als Resultat von Innovationsgeschwindigkeit und -erfolg wird in Kapitel 4.4 thematisiert.
[326] Vgl. Picot, Laub, Schneider 1989, S. 360 ff.
[327] Helm (2001, S. 109 ff.) geht davon aus, dass der Nutzen komplexer Innovationen und ausgeprägter Innovationsumfänge aus der Sicht der Abnehmer schwer zu beurteilen ist.
[328] Vgl. Williamson 1975, S. 26-30.

sinnvoll wäre.[329] Beides beinhaltet einen Bedarf an Zeit und Ressourcen, was tendenziell die Dauer erhöht und den kurzfristigen Erfolg des Markteintritts verringert.

Mit einer Erhöhung des Innovationsumfanges der Spin-off-Gründungsidee nimmt der Informationsbedarf nicht nur aus der Sicht der Abnehmer, sondern auch aus der Sicht der Leistungserbringer tendenziell zu. Damit erhöht sich das Maß an neuen Informationen, die bei der Verarbeitung beachtet werden müssen.[330] Unsicherheit und Komplexität des Produkt- bzw. Leistungsangebotes nehmen ebenfalls zu, gleichzeitig weiten sich die Informations- und Wissensaspekte aus, die für die Leistungserstellung erforderlich sind.[331] Dies bedingt eine Aufteilung des Prozesses auf mehrere Beteiligte bzw. Arbeitsschritte, was wiederum potenzielle Fehlerquellen bei der Informationsweitergabe und -verarbeitung verursacht.[332] Die Beherrschung komplexer Innovationsprozesse erfordert erhöhte Koordinationsaufwendungen, um die verschiedenen Arbeitsschritte abzustimmen, was sich unter Umständen verzögernd auf die Markteintrittsgeschwindigkeit auswirken kann.[333] Grundsätzlich werden Produktentwicklung und Markteintritt durch einen hohen Innovationsumfang dementsprechend erschwert. Die Bewältigung der Komplexität und die Vermeidung von Entwicklungsrisiken erfordern Anpassungsprozesse und zusätzlichen Einsatz von Ressourcen, die Zeit benötigen und Kosten verursachen.[334]

Neuartigkeit, Erklärungsbedürftigkeit, Komplexität und Unsicherheit von Leistungen mit hohem Innovationsumfang erhöhen den erforderlichen Ressourceneinsatz für die Innovationsaktivitäten und wirken sich i.d.R. negativ auf die Effizienz des Innovationsprozesses und die zu erwartenden kurzfristigen Innovationserträge aus.[335]

- Im Ergebnis wird unterstellt, dass mit zunehmendem Innovationsumfang der Spin-off-Idee tendenziell eine geringere Innovationsgeschwindigkeit realisiert wird.

---

[329] Vgl. Williamson 1975, S. 61-63; siehe exemplarisch Schumann 1987, S. 212-216.
[330] Vgl. Blaeser-Benfer 2005, S. 22 f.
[331] Vgl. Schoonhoven, Eisenhardt, Lyman 1990, S. 178.
[332] Vgl. Göpfert 1998, S. 140; Specht, Möhrle 2002, S. 137 ff.
[333] Vgl. Kühne 2002, S. 9; Katz, Casey, Aiman-Smith 2005, S. 49.
[334] Vgl. Hauschildt, Salomo 2005, S. 7; Salomo, Cratzius 2005, S. 72.
[335] Vgl. Pleschak, Werner, Wupperfeld 1997, S. 48; Goebel 1990, S. 174 ff.; Schoonhoven, Eisenhardt, Lyman 1990, S. 177 ff.

Dieser Nachteil kann von einem Spin-off akzeptiert werden, solange langfristig höhere Innovationserträge in Aussicht stehen.[336] Hohe Innovations- und Komplexitätsumfänge stellen für Spin-offs einen intangiblen Schutz vor Imitationen und gleichzeitig Differenzierungsmerkmale gegenüber konkurrierenden Angeboten und „me too"-Produkten dar.[337]

### b.) Zusammenhang zwischen Innovationsumfang und Innovationserfolg

Mit Erweiterung der zeitlichen Perspektive verschiebt sich das Augenmerk von der Innovationsgeschwindigkeit hin zum Innovationserfolg bzw. der Erlangung eines Wettbewerbsvorteils. Der ressourcenbasierte Ansatz führt die individuelle Erfolgssituation von Unternehmen auf die spezifisch verfügbaren Ressourcen zurück.[338] Als Quelle dauerhafter Wettbewerbsvorteile werden jene Ressourcen und Fähigkeiten identifiziert, deren Eigenschaften in der Werthaltigkeit, Seltenheit, Inimitabilität und begrenzten Substituierbarkeit liegen.[339] Der Innovationsumfang einer Spin-off-Idee kann als Ressource in diesem Sinn aufgefasst werden, da er die Ausgangsbasis eines Veredelungsprozesses darstellt, bei dem Forschungsergebnisse und Wissen die Inputfaktoren bilden und Produkte und Leistungen die Outputfaktoren.[340] Aus der Sicht des dynamischen Ansatzes, der eine Weiterentwicklung des traditionellen ressourcenbasierten Ansatzes darstellt, werden Innovationsprozesse – und demzufolge auch der Innovationsumfang als herausragendes Merkmal des Prozesses – als idiosynkratische dynamische Fähigkeiten betrachtet, welche direkt Einfluss auf die Wettbewerbsposition des Unternehmens nehmen.[341]

Die Bedeutung des Innovationsumfangs als Quelle von Wettbewerbsvorteilen wird bereits von Schumpeter (1934) erkannt. Im Sinne der daran anknüpfenden industrieökonomischen Überlegungen zur Wettbewerbsstrategie nach Porter (1980) sind Innovationen eine wesentliche Möglichkeit zur Differenzierung. Ein hoher Innovationsumfang kann tendenziell zu Pioniervorteilen führen und Markteintrittsbarrieren für Wettbewerber aufbauen. Eine hohe Innovativität und ein hoher Neuigkeitsgrad der Leistungen stellen einen wirksamen Schutz vor Nachahmung dar und sind – da im

[336] Vgl. Hauschildt, Salomo 2005, S. 7.
[337] Vgl. McEvily, Chakravarthy 2002, S. 289.
[338] Vgl. Teece, Pisano, Shuen 1997, S. 509-533.
[339] Vgl. Penrose 1959; Wernerfelt 1984; Barney 1991, S. 99 ff.; Peteraf 1993, S. 179-191; Slater 1996, S. 79 ff.; Barney, Wright, Ketchen 2001, S. 625-641.
[340] Vgl. Freiling 2004, S. 7; Bausch, Rosenbusch 2006, S. 127.
[341] Vgl. Chandler, Hanks 1998, S. 353 ff.; Eisenhardt, Martin 2000, S. 1105 ff.; Brush, Greene, Hart 2001, S. 64 ff.

Prinzip unabhängig von der wirtschaftlichen Größe des Unternehmens – insbesondere für Neugründungen ein geeignetes Mittel, um sich gegen ein wirtschaftlich stärkeres Umfeld zu behaupten und langfristige Wettbewerbsvorteile zu erzielen und zu erhalten.[342] Ein hoher Innovationsumfang einer Spin-off-Idee ist demzufolge kurzfristig ein Weg, um mit neuartigen Produkten und Dienstleistungen erstmalig einen Markt zu erschließen bzw. in einen bestehenden Markt trotz der Marktmacht der vorhandenen Wettbewerber einzudringen, und langfristig ein Mittel, um den F&E-basierten Technologievorsprung zu erhalten und gegen Alternativprodukte und neue Wettbewerber geschützt zu sein.[343]

Ein hoher Innovationsumfang beinhaltet jedoch neben der Gefahr eines Scheiterns am Markt, das insbesondere in hoch dynamischen Branchen zu bestehen scheint,[344] einen weiteren nachteiligen Effekt. Dieser besteht in der Gefahr von Pioniernachteilen, sog. „first mover disadvantages", die sich aus dem Imitationsverhalten von Wettbewerbern und schnellen Veränderungen von Technologien und Kundenbedürfnissen ergeben.[345]

Mit Blick auf die Erzielung von Wettbewerbsvorteilen kann trotz der möglichen negativen Effekte auf den unmittelbaren Markteintritt von einer positiven Wirkung eines hohen Innovationsumfangs auf den Innovationserfolg ausgegangen werden.

- Es kann folglich angenommen werden, dass ein zunehmender Innovationsumfang der Gründungsidee mittelfristig zu einer Verbesserung der Wettbewerbsposition des Spin-offs führt und letztendlich einen höheren Innovationserfolg zur Folge hat.

Damit wird der Argumentation von Schlaak (1999, S. 107 ff.) gefolgt, der betont, dass sich ein hoher Innovationsumfang nachteilig auf die unmittelbare Umsetzung auswirken kann, aber letztlich eine bedeutende Quelle von Wettbewerbsvorteilen darstellt.

In diesem Zusammenhang ist zu erwähnen, dass die Erfolgswirkung eines bestimmten Innovationsumfangs sehr stark vom problemspezifischen Einsatz des Instrumentariums des Innovationsmanagements abhängig ist.[346] Ein Aspekt, der für

[342] Vgl. Langerwisch 2000, S. 463.
[343] Vgl. Bausch, Rosenbusch 2006, S. 126 ff.; Porter 2004, S. 49 ff.
[344] Vgl. Eisenhardt, Martin 2000, S. 1105 ff.
[345] Vgl. Lieberman, Montgomery 1988, S. 41 ff.
[346] Vgl. Hauschildt, Salomo 2005, S. 9.

komplexe Spin-off-Projekte in besonderer Weise zutrifft. Soll der Einfluss des Innovationsumfangs im Kontext der Instrumente des Innovationsmanagements geprüft werden, so ist dieser in geeigneter Weise zu isolieren, wie dies in der vorliegenden Arbeit geschieht.[347]

### *4.3.2 Die technologische Anwendungsreife der Spin-off-Gründungsidee*

Die produktive Nutzung innovativer Geschäftsideen – insbesondere von Forschungsergebnissen – bedarf eines Transformationsprozesses, der eine Reihe unterschiedlicher Aufgaben beinhaltet.[348] Zunächst müssen technologische Unklarheiten bezüglich der Umsetzung in marktfähige Produkte reduziert bzw. beherrscht werden, Anwendungspotenziale erwogen und/oder Technologien und Prototypen in vermarktbare Produkt- und Dienstleistungskonzepte überführt werden.[349] Zudem ist es aus der Sicht des Gründungsunternehmens erforderlich, die Unsicherheiten bezüglich des anvisierten Zielmarktes möglichst gering zu halten, um das Ausmaß der Kontrolle über die Marktprozesse zu erhöhen. Aus transaktionskostenorientierter Sicht besteht Unsicherheit bezüglich der objektiven Zustände des Marktes und bezüglich des Verhaltens der Transaktionspartner.[350] Die Ungewissheit bezüglich der objektiven Zustände des Marktes resultiert aus Entwicklungs- und Markteinführungsrisiken, die sich im Idealfall mit Erfolgswahrscheinlichkeiten belegen lassen.[351] Hinsichtlich des Verhaltens der Transaktionspartner besteht dagegen eine nicht objektiv abschätzbare Ungewissheit, die von Williamson (1985, S. 56 ff.) als strategische Verhaltensunsicherheit bezeichnet wird und die wahrgenommene Markttransparenz widerspiegelt, auf die in Kapitel 4.3.3 eingegangen wird. Zunächst erfolgt eine eingehende Auseinandersetzung mit den technologischen Entwicklungs- und Markteinführungsrisiken, die sich in der Anwendungsreife der Spin-off-Idee als erfolgsrelevantem Gründungsaspekt niederschlagen.

Unabhängig vom Innovationsumfang der Geschäftsidee bestehen zum Zeitpunkt der Unternehmensgründung bestimmte Risiken bezüglich der produkt- und dienstleis-

[347] Entsprechend wird im Rahmen der Operationalisierung in Kapitel 6.3.3.2. vorgegangen.
[348] Vgl. Autio 1997, S. 263-281.
[349] Vgl. Fontes 2005, S. 340.
[350] Vgl. Maselli 1997, S. 118.
[351] Vgl. Knight 1965, S. 19 f.; Unsicherheit ist ein Oberbegriff für Risiken und Ungewissheit, während Risiken mit objektiven oder subjektiven Eintrittswahrscheinlichkeiten versehen sind, ist dies bei Ungewissheit nicht der Fall.

tungsbezogenen Anwendbarkeit von neuen Technologien. Diese Unsicherheiten sind Ausdruck der technologischen Anwendungsreife der Spin-off-Idee. Unterschiedliche Spin-offs können zum Gründungszeitpunkt in verschiedenen Stadien der Produkt- und/oder Leistungsentwicklung angelangt sein, in Abhängigkeit von produktrelevanten Aktivitäten und Aufwendungen, die vor der Gründung geleistet worden sind.[352] Aus der Sicht des zu gründenden Spin-offs handelt es sich bei den Vorgründungsaktivitäten[353] um Aspekte der physischen bzw. technologischen Ressourcenausstattung[354] und um Quellen potenzieller Wettbewerbsvorteile.[355] Spin-off-Gründer sind in der Lage, bereits im Vorfeld der Unternehmensgründung intensiv an der Entwicklung und Weiterentwicklung der Gründungsidee zu arbeiten. Dies kann zu einem Zeitpunkt geschehen, zu dem die Gründer organisatorisch der Forschungseinrichtung angehören. Daraus resultieren im Vergleich zu herkömmlichen Unternehmensgründungen erhebliche Wettbewerbsvorteile, da die Ideen in einem technologisch befruchtenden Umfeld möglichst anwendungsnah entwickelt werden und dies aus der Sicht des Spin-offs äußerst ressourcenschonend geschehen kann.

Das technologische Risiko, das bei der Umsetzung von forschungsbasierten Ideen besteht, kann im Rahmen der wissenschaftlichen und projektspezifischen Tätigkeit der späteren Gründer innerhalb der Mutterorganisation in erheblichem Maße abgeschwächt werden. Die Entwicklungs- und Marktreife der Invention erhöht sich und damit reduziert sich aus der Sicht des Anbieters das Risiko eines Fehlschlags.[356] Aufgrund des fortgeschrittenen Stadiums im Produktentwicklungszyklus und der dadurch vorhandenen Erfahrungen wird eine ex ante Abschätzung der technologischen Risiken erheblich erleichtert.[357]

Eine hohe technologische Anwendungsreife der Gründungsidee reduziert aus Unternehmenssicht die bei der Produktentwicklung anfallenden Transaktionskosten und führt zu einer Verbesserung der Gesamtkostenbetrachtung.[358] Eine ausgeprägte Anwendungsreife der Idee dezimiert die Entwicklungs-, Informations- und Suchprozesse bis zur marktreifen Leistung bzw. zum fertigen Produkt und ermöglicht einem

---

352 Vgl. Heirman, Clarysse, van den Haute 2003, S. 7.
353 Heirman, Clarysse, van den Haute (2003, S. 7) bezeichnen diese Aktivitäten als „pre-founding efforts".
354 Vgl. Barney 1991, S. 99-120.
355 Vgl. Heirman, Clarysse, van den Haute 2003, S. 7.
356 Vgl. Maselli 1997, S. 40.
357 Vgl. Hunsdiek 1987, S 79 ff.
358 Vgl. Picot, Schneider, Laub 1989, S. 45-49 und S. 364 f.

Spin-off daher einen zeitnahen Markteintritt. Dementsprechend hat die Anwendungsreife einen unmittelbaren Einfluss auf die Marktakzeptanz und die damit einhergehende Legitimation des Spin-offs.[359]

Ausgehend von den obigen Ausführungen wird unterstellt, dass eine hohe technologische Anwendungsreife der Gründungsidee insgesamt zu einer Verkürzung der Markteintrittsdauer bzw. zu einer Erhöhung der Innovationsgeschwindigkeit und zu einer Optimierung des gesamten Innovationsprozesses führt. Mittel- bis langfristig unterliegt die technologische Anwendungsreife gewissen Abnutzungseffekten, die sich aufgrund des technologischen Wandels und aufgrund von Imitationsbestrebungen des Wettbewerbs ergeben.[360] Im Hinblick auf den unmittelbaren Markteintritt bietet eine hohe technologische Anwendungsreife dem Spin-off die Möglichkeit, zeitnah finanzielle Rückflüsse zu generieren und frühzeitig Marktanteile zu sichern.[361] Durch die konsequente Nutzung von Pioniervorteilen – sog. „first mover advantages" – ist das Spin-off in der Lage, sich gegenüber dem unmittelbaren Wettbewerb in eine günstige Position zu bringen und die eigenen Erfolgsaussichten zu verbessern.[362]

Die technologische Anwendungsreife ist, für sich genommen, eine wettbewerbsrelevante Ressource von Spin-offs, jedoch kein hinreichendes Element für die Nachhaltigkeit eines Wettbewerbsvorteils sondern als notwendiges bzw. verstärkendes Merkmal für den Erfolg einer innovativen Idee am Markt anzusehen.

- Insgesamt kann also unterstellt werden, dass die Höhe der technologischen Anwendungsreife der Gründungsbasis einen positiven Einfluss auf die Innovationsgeschwindigkeit und den Innovationserfolg hat.

### *4.3.3 Die verfügbaren Marktinformationen zum Zeitpunkt der Spin-off-Gründung*

Wie bereits im vorangegangenen Abschnitt angedeutet wurde, ist es erforderlich, die Markt- bzw. Umweltunsicherheit getrennt von der technologischen Unsicherheit zu betrachten, obwohl beide Konstrukte in einem engen Zusammenhang zueinander

[359] Vgl. Schmelter 2004, S. 473.
[360] Vgl. Grant 1991, S. 123.
[361] Vgl. Heirman, Clarysse 2004a, S. 250.
[362] Vgl. Schoonhoven, Eisenhardt, Lyman 1990, S. 177-207.

stehen. Unabhängig von der Anwendungsreife bzw. der technologischen Entwicklungsreife der Produkt- oder Dienstleistungsidee existieren externe Umweltunsicherheiten im Zusammenhang mit technologischen Neuerungen, z.B. produktionstechnischen Veränderungen und Bedarfsverschiebungen, die eine Leistungsbeziehung obsolet werden lassen können.[363] Diese Unsicherheiten führen dazu, dass sowohl die Verwertungsmöglichkeiten von Inventionen als auch die Reaktionen der Marktteilnehmer (Kunden, Wettbewerber) erst in der Phase des Markteintritts vollständig offenbart werden.[364]

Aufgabe der Unternehmer ist es, angemessen auf die bestehenden Unsicherheiten zu reagieren.[365] Marktunsicherheiten werden im Allgemeinen definiert als Unklarheiten bezüglich der Zusammensetzung und der Präferenzen des Kundenkreises sowie als Unsicherheiten im Hinblick auf das zu erwartende Wettbewerberverhalten und mögliche Konkurrenzprodukte und Substitutionsleistungen im Markt.[366] Treten Marktunsicherheiten in erhöhter Form auf, wird dadurch das Ausmaß der Kontrolle der Gründungs- und Markteintrittsprozesse erheblich reduziert, sodass lediglich ein suboptimaler Markteintritt möglich wird.[367] Unsicherheiten bezüglich des anvisierten Zielmarktes können durch Informationsgewinnung im Vorfeld der Gründung reduziert werden, wobei unter Marktinformationen organisierte und strukturierte Informationen über den Markt verstanden werden.[368]

Wird der Sichtweise des ressourcenbasierten Ansatzes gefolgt, so wird deutlich, dass unvorhergesehene externe Ereignisse prinzipiell in der Lage sind, den Wettbewerbsvorteil der aus bestimmten Ressourcenkombinationen resultiert zu mindern bzw. gänzlich aufzuheben.[369] Für Spin-offs besteht, ähnlich wie für herkömmliche Unternehmen auch, einerseits die Forderung, die betrieblichen Ressourcen auf die Stärken zu konzentrieren und andererseits die Notwendigkeit, in geeigneter Weise auf Veränderungen der Umwelt zu reagieren.[370] Andernfalls ist es denkbar, dass

---

[363] Vgl. Dietl 1993, S. 128.
[364] Vgl. Carbonell, Rodriguez 2006, S. 5.
[365] Vgl. Chen, Reilly, Lynn 2005, S. 199-212.
[366] Vgl. Boyd, Dess, Rasheed 1993, S. 204-227.
[367] Vgl. Fontes 2005, S. 340.
[368] Vgl. Li, Calantone 1998, S. 13 ff.
[369] Vgl. Barney 1991, S. 99-121.
[370] Vgl. Helm 1997, S. 69.

unternehmerische Stärken unter geänderten bzw. entgegen den Erwartungen stehenden Umfeldbedingungen zu Schwächen transformieren.[371]

Aus diesen Gründen erscheint es notwendig, die Marktinformationsbasis und speziell das Ausmaß der verfügbaren Marktinformationen zum Gründungszeitpunkt als wettbewerbsrelevanten Faktor im Sinne der ressourcenbasierten Theorie zu betrachten.[372] Dabei verstärkt die Spezifik von Spin-offs die Notwendigkeit der expliziten Betrachtung von Marktinformation als Gründungsressourcen. Derartige ex ante Abschätzungen von Marktreaktionen gehören nicht zu den Kernaufgaben von Wissenschaftlern, die in staatlichen Forschungsorganisationen beschäftigt sind. Gleichwohl werden Abschätzungen von technologischen Unsicherheiten und anwendungsbezogenen Risiken im Rahmen von Forschungsprojekten gefordert und stellen daher kein Novum für Wissenschaftler-Unternehmer dar. Dies gilt allerdings nicht in gleicher Form für die explizite Erfassung umfangreicher Marktinformationen über Wettbewerber, Lieferanten und Kunden. Insofern stellt die Reduzierung der Marktunsicherheit einen kritischen Faktor im Wettbewerb mit anderen Technologieunternehmen dar.

Gerade das technologische Umfeld von Spin-offs, das durch rasante Veränderungen der marktseitigen Anforderungen und der technischen Möglichkeiten gekennzeichnet ist, erfordert den Aufbau und die Nutzung von Marktinformationsbasen im Verlauf des Gründungsprozesses. Unter sich schnell verändernden Umfeldbedingungen steigt zum einen das Risiko, Marktchancen zu verpassen, und zum anderen erhöht sich die Bedeutung einer effizienten Nutzung der für den Markteintritt zur Verfügung stehenden Ressourcen. Meyer und Utterback (1995, S. 297 ff.) stellen fest, dass insbesondere unter hoher Marktunsicherheit eine hohe Markteintrittsgeschwindigkeit weder mit Effizienz noch mit Erfolg gleichzusetzen ist. Marktunsicherheit könnte danach als moderierender Aspekt auf die theoretischen Zusammenhänge zwischen Innovationshöhe, Innovationsgeschwindigkeit und Markterfolg einwirken. Im Rahmen dieser Arbeit wird allerdings davon abgesehen, da die Wirkungsrichtung des moderierenden Faktors Marktunsicherheit aufgrund der bestehenden empirischen Forschung nicht eindeutig begründet werden kann.[373] Vielmehr wird die Fähigkeit der

---

[371] Vgl. Reed, De Fillippi 1990, S. 88-102.
[372] Vgl. Penrose 1959, S. 54 ff.; Barney 1991, S. 101 ff.
[373] Vgl. Tatikonda, Montoya-Weiss 2001, S. 151-172; Kessler, Bierley 2002, S. 2-12; Carbonell, Rodriguez 2006, S. 5.

Gewinnung und Nutzung von Marktinformationen als unternehmerische Ressource angesehen. Eine zweckmäßige und ausgeprägte Informationsbasis hinsichtlich markt- und technologierelevanter Aspekte stellt das Resultat gut funktionierender Informationsflüsse im Spin-off dar.[374] Umfangreiche Marktinformationen wirken dem Risiko entgegen, aufgrund des bestehenden Zeit- und Wettbewerbsdrucks vorschnell falsche Entscheidungen zu treffen und erhöhen die Wahrscheinlichkeit eines marktadäquaten Verhaltens der Spin-off-Gründer.[375]

Wie aus dieser Diskussion deutlich wird, sind umfangreiche und möglichst lückenlose Marktinformationen Voraussetzung für den erfolgreichen, zeit- und ressourceneffizienten Markteintritt von Spin-offs in Hochtechnologiemärkte.

- Es kann demzufolge unterstellt werden, dass die Höhe der Marktinformationen einen positiven Einfluss auf die Innovationsgeschwindigkeit und den Innovationserfolg hat.

Marktinformationen stellen eine wettbewerbsrelevante Ressource von Spin-offs und zugleich eine notwendige, aber nicht hinreichende Bedingung für die effiziente, zügige und erfolgreiche Umsetzung von Innovationen zum bestmöglichen Zeitpunkt dar.[376]

Abschließend wird nochmals auf die erforderliche Trennung der gründungsspezifischen Faktoren „Anwendungsreife der Idee“ und „Marktinformationen“ hingewiesen. Die Abgrenzung orientiert sich an den Argumentationen von Williamson (1985, S. 56 ff.) und Dietl (1993, S. 128): Während die Anwendungsreife einer innovativen Idee deren technologisches Entwicklungsstadium wiedergibt, artikulieren sich in der Höhe der Marktinformationen die Aktivitäten zur Reduzierung der externen Umweltunsicherheiten.

### *4.3.4 Erstes vorläufiges theoretisches Modell*

Es wurden Einflussfaktoren auf die Umsetzung von Innovationsvorhaben im Rahmen von Spin-offs erörtert, die von der Spezifik der Gründungsbasis abhängen, d.h. vom

---

[374] Vgl. Moos 2006, S. 75; Walter, Auer, Ritter 2006, S. 547.

[375] Vgl. Tatikonda, Montoya-Weiss 2001, S. 151-172. Vgl. zum strategischen Risiko aufgrund mangelnder Markttransparenz auch Buchholz 1998, S. 36.

[376] Vgl. Gerpott 1994, S. 62.

Innovationsumfang, von der Anwendungsreife und von den Marktinformationen. Die genannten Aspekte der Gründungsbasis beeinflussen jeweils sowohl die Innovationsgeschwindigkeit als auch den Innovationserfolg. Die Bestimmungsgrößen können in einem ersten vorläufigen theoretischen Modell zusammengefasst werden, das in Abbildung 19 gezeigt wird.

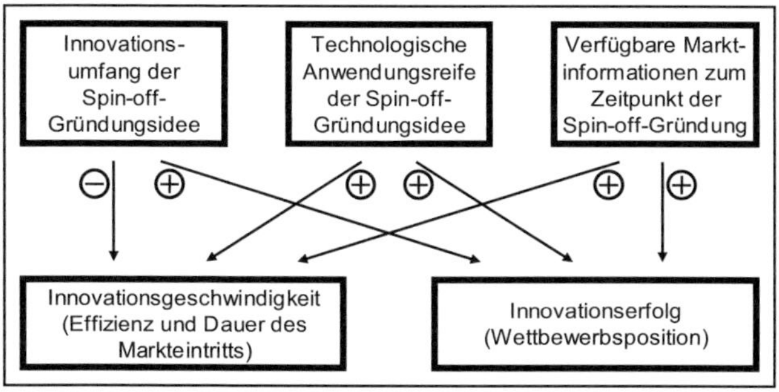


**Abbildung 19: Erstes vorläufiges theoretisches Modell**

In den folgenden Abschnitten 4.4 und 4.5 erfolgt eine sukzessive Erweiterung des in Abbildung 19 dargestellten vorläufigen Modells zum theoretischen Gesamtmodell der vorliegenden Arbeit.

## 4.4 Die Markteinführung von Spin-off-Innovationen und der langfristige Markterfolg

Im vorangegangenen Kapitel wurde dargelegt, inwieweit die Spin-off-Gründungsbasis ausschlaggebend für die erfolgreiche Umsetzung von Innovationsvorhaben am Markt sein kann. Es besteht demzufolge ein Zusammenhang zwischen spezifischen Merkmalen der Spin-off-Basis und der Innovationsgeschwindigkeit sowie dem Innovationserfolg. In den folgenden Abschnitten erfolgt eine ausführliche Erläuterung, inwieweit Innovationsgeschwindigkeit und Innovationserfolg zusammenhängen und inwieweit beide Gesichtspunkte Quellen des langfristigen Markterfolges von Spin-off-Gründungen sind.

### 4.4.1 *Theoretische Aspekte der Umsetzung von Innovationen*

Grundsätzlich liegt das Ziel von Innovationsaktivitäten im Rahmen einer Spin-off-Gründung darin, den Markteintritt erfolgreich zu gestalten, die langfristige Wettbewerbsfähigkeit des Unternehmens zu sichern und damit die Grundlage für die Erzielung von Gewinnen und nachhaltiges Unternehmenswachstum zu schaffen. Bereits Josef Schumpeter (1928) und Johann Heinrich von Thünen (1966) führten Wirtschaftswachstum und Wohlstand auf Inventions- und Innovationsaktivitäten zurück und sahen darin die bedeutendste Unternehmerfunktion.[377]

Um ein Spin-off in eine erfolgversprechende Position zu führen, müssen die Innovationen die Eignung haben, sich von konkurrierenden und bereits am Markt verfügbaren Angeboten positiv abzuheben.[378] Diesbezüglich ist zunächst die Erörterung der marktseitigen Einflussfaktoren ausschlaggebend, insbesondere von Merkmalen wie Marktvolumen, Marktattraktivität und Wettbewerbskräften. Diese Faktoren stellen die externen Determinanten des Wettbewerbs- und Innovationsverhaltens von Unternehmen dar.[379] Der den Innovationsaktivitäten zugrunde liegende Strategieprozess bezieht im Idealfall die externen Chancen und Risiken sowie die internen Stärken und Schwächen mit ein. Demnach hängt der Innovationserfolg davon ab, ob es gelingt, bei den gegebenen externen Rahmenbedingungen eine positive Wahrnehmung bei potenziellen Kunden zu erzielen und damit eine günstige Position gegenüber bestehenden Konkurrenzleistungen einzunehmen.[380]

Das Wettbewerbskräftemodell von Porter (1980, S. 25 ff.) befasst sich damit, in der Konstellation von Unternehmen, Kunden und Wettbewerbern nach Quellen von Wettbewerbsvorteilen zu suchen. In Anlehnung an dieses Modell wird der Kosten-Nutzen-Aspekt als entscheidend für die Wettbewerbsfähigkeit von Spin-off-Innovationsaktivitäten angesehen. Danach müssen Spin-offs in der Lage sein, das Potenzial neuer Technologien an den Wünschen der Nachfrager auszurichten, um sich wahrnehmbar von konkurrierenden Angeboten abzuheben (Abbildung 20).[381]

---

[377] Vgl. Schumpeter 1928, S. 476 ff.; Schumpeter 1961, S. 95 f.; Thünen 1966, Teil II/I, § 7, S. 83-89.
[378] Vgl. Kotler 1986, S. 279 f.; Aaker 1988, S. 37.
[379] Vgl. Thiele 1997, S. 27.
[380] Vgl. Porter 1980, S. 25 f.
[381] Vgl. Hauschildt 1993, S. 7 ff.; zum strategischen Dreieck siehe: Porter 1980, S. 25 f.

**Abbildung 20: Strategisches Dreieck als Basis der Wettbewerbsstrategie von Spin-off-Gründungen**

Wie in Abbildung 20 deutlich wird, führen drei Wege zur Profilierung des Spin-offs gegenüber bestehenden Wettbewerbern: Kostenführerschaft, Differenzierung und Nischenstrategie. Die Kostenführerschaft zielt darauf ab, den Abnehmern angemessene Leistungen zu besonders günstigen Preisen bzw. Nutzungskosten anzubieten. Demzufolge konzentriert sich die Innovationstätigkeit auf die Reduzierung der Aufwendungen der Kunden. Die Differenzierungsstrategie zielt hingegen darauf ab, Alleinstellungsmerkmale mit einzigartigem Kundennutzen und ohne vergleichbares Konkurrenzangebot im Markt anzubieten bzw. durch einzigartige Kernleistungen und/oder zusätzliche Leistungen eine wirkungsvolle Abgrenzung gegenüber Konkurrenzangeboten zu erzielen.[382] Der dritte Strategietyp wird durch die Dimension des Aktionsraumes bestimmt, nämlich die Konzentration auf ein Marktsegment. Dabei werden Leistungen nicht für den Gesamtmarkt sondern angepasst für Teilmärkte entwickelt, unter der Annahme der geringeren Konkurrenzintensität auf kleinen Marktsegmenten. Letztlich beruht die Wettbewerbsfähigkeit der Innovation allerdings auf dem alternierenden oder kombinatorischen Einsatz der beiden erstgenannten Strategietypen.[383]

Die generischen Wettbewerbsstrategien nach Porter (1980, S. 67 ff.) stellen einen wichtigen Anknüpfungspunkt für die Konzeption markt- und wettbewerbsorientierter Innovationsstrategien von Spin-offs dar. Danach empfiehlt sich für die Innovationstätigkeit eine Konzentration auf herausragende Leistungsmerkmale oder auf minimalen Ressourceneinsatz bei ausreichenden Leistungsmerkmalen. Allerdings wird

---

[382] Vgl. Nieschlag, Dichtl, Hörschgen 1997, S. 90.
[383] Vgl. Porter 1980, S. 67 ff.

die alternierende Betrachtung von Kostenvorteilen und Leistungsdifferenzierung von der Literatur stark angezweifelt, bzw. wird die ressourcenminimale Leistungserbringung als unabdingbare Bedingung angesehen. Insofern kann es bei der Umsetzung von Innovationen nicht ausschließlich um die Optimierung eines einzelnen Aspekts – Kosten oder Leistung – gehen, sondern vielmehr um einen optimalen Mix der Wettbewerbsfaktoren im Hinblick auf Ressourcen, Kundenanforderungen und Umfeldbedingungen. Dieser wertorientierte Ansatz rückt die Verknüpfung von Leistungsqualität und Kosten in den Mittelpunkt und zieht zur Beurteilung der Leistung die eingesetzten Ressourcen hinzu.[384] Dem liegt gleichzeitig eine Verknüpfung von markt- und ressourcenorientierter Ausrichtung zur Überwindung von Markteintrittsbarrieren und zur Sicherung des langfristigen Unternehmenserfolges zugrunde.

In Anlehnung an das strategische Dreieck lassen sich langfristige Wettbewerbsvorteile auf eine Verbesserung des Kosten-Nutzen-Verhältnisses zurückführen. Dabei sind unter dem „Nutzen" jene Leistungsattribute zu subsumieren, die aus der Sicht der Abnehmer einen Nutzen stiften, also z.B. Funktionalität, Leistungs- und Servicequalität, Lieferzeit und Image. Dementsprechend fallen unter die Kosten sowohl Anschaffungs- und Nutzungskosten als auch darüber hinaus gehende Kosten, wie z.B. Transaktions-, Zusatz- und Entsorgungskosten, oder nicht-monetäre Größen, wie z.B. die im Rahmen der Anschaffung aufzubringende Zeit.[385]

Diese mikroökonomisch-orientierte Auffassung bietet Ansatzpunkte, um Quellen für Wettbewerbsvorteile von Innovationen und Neuprodukten zu identifizieren.[386] Allerdings greift der Trade-off zwischen Kosten und Nutzen für Spin-offs auf der Basis neuer technologieorientierter Gründungsideen zu kurz. Häufig werden neuartige Leistungen angeboten, die aufgrund ihrer Einzigartigkeit erhebliche Wettbewerbsvorteile aufweisen und aus Kundensicht erhebliche strategische Potenziale bergen bzw. die sich an spezialisierte Märkte richten, in denen der Preiswettbewerb nur eine untergeordnete Rolle spielt.

Alleinstellungsmerkmale und Wettbewerbsvorteile unterliegen langfristig einer gewissen Abnutzung, dadurch dass sich die technologischen Rahmenbedingungen verändern und seitens der Konkurrenz Substitutions- und Imitationsanstrengungen unter-

[384] Vgl. Raffée, Wiedmann 1987, S. 372.
[385] Vgl. Pfahler, Böhnlein 2004, S. 476 ff.
[386] Vgl. Varian 1994, S. 101.

nommen werden.[387] An dieser Stelle wird der Bogen zum Wettbewerbsfaktor Zeit gespannt, der dazu beiträgt, die Dichotomie von Preis und Qualität aufzubrechen.[388] Sowohl neue als auch etablierte Unternehmen stehen einer zunehmenden Dynamik gegenüber, deren hauptsächliche Ursachen in der Verkürzung der Produktlebenszyklen und der gleichzeitigen Fragmentierung und Globalisierung der Märkte begründet sind.

Die Fragmentierung der Märkte in kleinere und sich unterschiedlich entwickelnde Segmente und die damit einhergehende Individualisierung von Kaufentscheidungen stellen Innovationsaktivitäten vor besondere Herausforderungen. Standardprodukte mit langer Lebensdauer reichen nicht aus, um Wettbewerbspositionen langfristig zu halten. Der steigende Innovationsdruck stellt eine Chance für den Markteintritt von Spin-offs dar, führt allerdings tendenziell zu einer Verkürzung der Amortisationszeit und zur Notwendigkeit schneller Produktneueinführungen und Leistungsverbesserungen, die von den Spin-offs beherrscht werden müssen.[389] Durch die gestiegenen Anforderungen und die zunehmende Komplexität verlängern sich allerdings die Entwicklungsprozesse von Innovationen. Diese Verlängerung der Entwicklungszyklen bei gleichzeitiger Verkürzung der Produktlebenszyklen stellt zusätzliche Anforderungen an die Qualität und Geschwindigkeit von Innovationsaktivitäten.[390] Zusätzlich trägt die Globalisierung und Internationalisierung der Märkte dazu bei, dass sich Innovatoren zunehmend Imitationen einzelner Leistungsmerkmale oder kompletter Produkte gegenüber sehen. Innovations- und Pioniervorteile geraten durch Imitationsprodukte immer kurzfristiger unter Druck, sodass die Erhöhung der Innovationsgeschwindigkeit eine Möglichkeit darstellt, Pionierrenten zu sichern.[391]

Diese Entwicklungen führten und führen dazu, dass sich Konzepte der Zeitoptimierung von Innovations-, Entwicklungs- und Fertigungsprozessen zunehmender Popularität erfreuen, wie z.B. „time based competition“, „speed management“ und „fast cycle management“.[392] Sämtliche Konzepte betonen den Faktor Zeit für die Erlangung und Erhaltung von Wettbewerbsvorteilen und langfristigen Erfolgspoten-

---

[387] Vgl. Helm 1997, S. 78 ff.
[388] Vgl. Kaluza, Blecker 2000, S. 17; Milling, Schwellbach, Thun 2000, S. 432.
[389] Vgl. Zernott 2004, S. 5 f.
[390] Diese Entwicklung wird als „Zeitfalle“ bezeichnet; vgl. Pfeiffer, Metze, Schneider, Amler 1991, S. 44 ff.
[391] Vgl. Moos 2006, S. 75.
[392] Vgl. Schwellbach 2002, S. 32 f.

zialen.[393] Schnelligkeit bei der Produkteinführung gewährleistet Aktualität und Novität gegenüber konkurrierenden Angeboten und erhöht den Kundennutzen.

Neben dem Kosten-Nutzen-Aspekt bietet der Faktor Zeit für Spin-off-Gründungen demzufolge einen zusätzlichen Ansatzpunkt zur erfolgreichen Umsetzung innovativer Leistungen im Markt und zum Aufbau von Wettbewerbsvorteilen.[394] Dies trägt zur Erhöhung des Gesamtnutzens bei und schafft damit die Grundlage für den langfristigen Erfolg. Der Zusammenhang der Wettbewerbsfaktoren Qualität, Kosten und Zeit im Rahmen des sog. „magischen Dreiecks“ und deren Bezug zur Innovationsaktivität von Spin-off-Gründungen wird in Abbildung 21 dargestellt.[395]

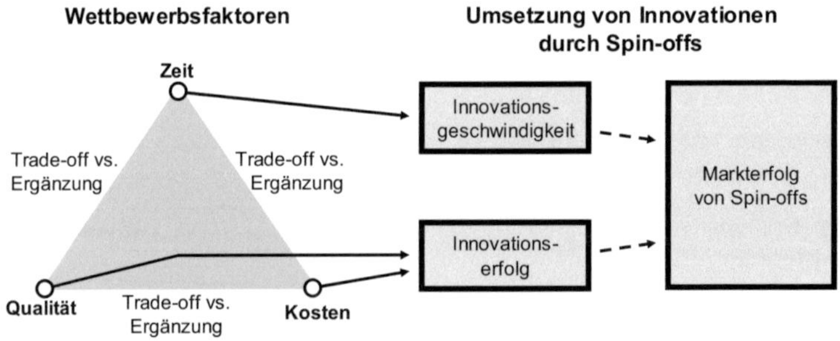


**Abbildung 21: Magisches Dreieck der Wettbewerbsfaktoren und Bezug zur Umsetzung von Innovationen durch Spin-offs**

Ausschlaggebend für die vorliegende Arbeit ist, dass die Gestaltung der Innovationsgeschwindigkeit den Spin-off-Gründungen die Möglichkeit zur Erzielung von Wettbewerbsvorteilen bietet und zur Optimierung des Kosten-Nutzen-Verhältnisses der angebotenen Leistung beiträgt. Dieser Kosten-Nutzen-Aspekt artikuliert sich sowohl in der technologischen Qualität als auch in der Gesamtnutzenwahrnehmung durch den Kunden und charakterisiert den Innovationserfolg der Spin-off-Gründung.

In den folgenden beiden Unterabschnitten wird dargelegt, dass die Innovationsgeschwindigkeit und der Innovationserfolg notwendige Bedingungen für die erfolg-

[393] Vgl. Milling 1990, S. 769.
[394] Vgl. Rosenthal, Tatikonda 1993, S. 13.
[395] Abbildung in Anlehnung an Sommerlatte, Mollenhauer 1992, S. 27.

reiche unternehmerische Tätigkeit eines Spin-offs am Markt darstellen. Hierzu werden die beiden Aspekte der Innovationsumsetzung – Innovationsgeschwindigkeit und Innovationserfolg – einzeln und umfassend hinsichtlich ihrer Bedeutung für den langfristigen Markterfolg von Spin-offs analysiert.

### *4.4.2 Die Bedeutung der Innovationsgeschwindigkeit*

Die Innovationsgeschwindigkeit eines Spin-offs resultiert aus der Fähigkeit, Innovationen rasch in Produkte und/oder Dienstleistungen umzusetzen und auf den Markt zu bringen. Diese Befähigung ist typischerweise in jenen Unternehmen vorhanden, die über die notwendigen strukturellen und personellen Ressourcen verfügen, sog. „speed related facilitators“, wie z.B. überlappende Prozessaktivitäten, multifunktionale Projektteams und starke Führungspersönlichkeiten in den Projektteams.[396] Im Vergleich zu etablierten Unternehmen profitieren Spin-off-Gründungen von flachen Strukturen und der emotionalen und fachlichen Nähe der Teammitglieder zum Kernprodukt und können daher hohe Innovationsgeschwindigkeiten realisieren. Positiv wirken sich zudem die innerhalb der Mutterorganisation geleisteten technologischen Vorleistungen auf die Dauer und Effizienz der Umsetzung der Innovation aus.

Eine hohe Innovationsgeschwindigkeit versetzt Spin-offs in die Lage, eine Strategie umzusetzen, die „...Wert generiert und nicht gleichzeitig von einem aktuellen oder potenziellen Konkurrenten umgesetzt wird, und weder aktuelle noch potenzielle, zukünftige Unternehmen die Vorteile dieser Strategie duplizieren können.“[397] Spin-offs sind grundsätzlich in der Lage, einen möglichst frühen bzw. optimalen Markteintrittszeitpunkt zu realisieren und bestehende Wettbewerber mit innovativen Produkten und Leistungen zu überraschen bzw. einen größeren Dispositionsspielraum hinsichtlich des Markteintrittszeitpunktes auszuschöpfen.[398]

Damit vereint das Konzept der Innovationsgeschwindigkeit die allgemein anerkannten Merkmale einer strategischen Ressource und verfügt über die wesentlichen Eigenschaften eines relevanten Wettbewerbsfaktors: Wert generierend, rar, schwer

---

[396] Vgl. Kessler, Chakrabarti 1996, S. 1158.
[397] Volery 2005, S. 13.
[398] Gemünden (1993, S. 86) schreibt in diesem Zusammenhang: „Ob man früh oder spät auf den Markt geht, hängt nicht nur von der zuvor betrachteten Entwicklungsdauer ab, sondern auch davon, wie früh man startet.“

bzw. nicht imitier- und substituierbar.[399] Der Markteintrittszeitpunkt wird dabei als resultierende Größe aufgefasst, die von vorgelagerten Aktivitäten im Rahmen des Innovationsprozesses abhängt.[400]

Grundsätzlich werden in der Literatur hinsichtlich des Markteintrittszeitpunktes drei Strategien unterschieden: Pionier, früher Folger und später Folger. Der Pionier tritt als erster in einen bestimmten Markt ein und die beiden Folger zu späteren Zeitpunkten; Folger können dabei sowohl Imitationen als auch technologische Weiterentwicklungen bestehender Produkte auf den Markt bringen.[401] Die Markteintrittszeitpunkte der Strategietypen lassen sich dem idealtypischen Marktlebenszyklus zuordnen, was in Abbildung 22 dargestellt wird.[402]

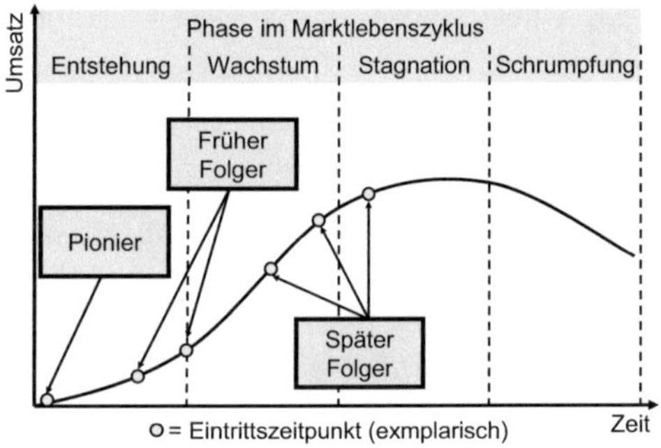


**Abbildung 22: Markteintrittszeitpunkte im Marktlebenszyklus**

Vielfältige theoretische und empirische Untersuchungen zur Vorteilhaftigkeit der Markteintrittsstrategien haben gezeigt, dass eine generell überlegene Stoßrichtung nicht existiert.[403] Vielmehr ist der situative Kontext bei der Wahl des optimalen Ein-

---

[399] Vgl. Barney 1991, S. 99; Slater 1996, S. 80.
[400] Buchholz (1998, S. 21 ff.) versteht unter „Produktinnovationszeit" die Zeit, die von der Initiierung einer Produkt- bzw. Dienstleistungsidee über die Entwicklung bis hin zur Markteinführung verstreicht.
[401] Vgl. Schmelter 2004, S. 475.
[402] Vgl. Höft 1992, S. 205; vgl. zum Marktlebenszyklus: Bullinger 1994, S. 108 ff.
[403] Vgl. Gemünden 1993, S. 86 ff.; Perillieux 1995, S. 270 ff. Beide Untersuchungen kommen zu der Auffassung, dass generell nicht von der Überlegenheit der Pionierstrategie auszugehen ist; dagegen bevorzugen andere Autoren wie z.B. Pfeiffer und Weiß (1990, S. 13 und S. 25 ff.) die Position des Pioniers, wohingegen Boulding und Christen (2003, S. 371 ff.) Argumente für Nachteile einer Pionier-Strategie liefern.

trittszeitpunktes entscheidend, insbesondere das technologische und wettbewerbliche Umfeld.[404]

Für Spin-offs eigenen sich im Allgemeinen Pionier- und Frühe-Folger-Strategien. Zum einen basieren sie – bezogen auf den Anfangszeitpunkt der Entwicklung – auf technologischen Pionierleistungen; zum anderen agieren sie i.d.R. in einem Wettbewerbsumfeld, das von hoher technologischer Dynamik und sich ständig verändernden Nachfragerbedürfnissen geprägt ist.[405]

Die Pionierstrategie zielt auf die Erlangung einer Quasimonopolstellung ab, aus der das Spin-off als einziger Anbieter Monopolrenten generieren kann.[406] Derartige exponierte Wettbewerbspositionen müssen langfristig durch den Aufbau von Markteintrittsbarrieren gegenüber Folgern verteidigt werden, z.B. in Form schwer nachvollziehbarer, komplexer Innovationsprozesse oder Qualifizierung der Mitarbeiter und Nutzung intangiblen Wissens.[407] Üblicherweise wird ein Spin-off dann als Pionier in einen Markt eintreten, wenn es die Technologieführerschaft inne hat und in der Lage ist, hohe Innovationsgeschwindigkeiten zu realisieren.[408]

Insofern kann die Innovationsgeschwindigkeit letztlich als Wert generierende Ressource aufgefasst werden, die einen nachhaltigen und schwer imitierbaren Wettbewerbsvorteil begründet. Im Folgenden wird zunächst detailliert erläutert, warum (a) eine hohe Innovationsgeschwindigkeit zu höherem Erfolg hinsichtlich der Qualität und Wettbewerbsposition der Leistung führt, bevor (b) auf den Zusammenhang zwischen Innovationsgeschwindigkeit und langfristigem Markterfolg eingegangen wird.

**a.) Innovationsgeschwindigkeit und Innovationserfolg**

Innovationsgeschwindigkeit wird im Allgemeinen positiv mit Kundennutzen, Qualität, technologischer Performance und Image assoziiert.[409] Spin-offs, die Innovationen schnell auf den Markt bringen, schaffen für ihre Kunden einen Zusatznutzen hinsicht-

---

[404] Vgl. Gerpott 1994, S. 61 f.; Buchholz 1998, S. 30. Die strategische Option des bestmöglichen Zeitpunktes eines Markteintrittes wird häufig als „Right Timer“ bezeichnet, z.B. bei Buchholz 1998, S. 37.

[405] Vgl. Filippini, Salmaso, Tessarola 2004, S. 199; Carbonell, Rodriguez 2006, S. 1; Staiger, Bendler 2006, S. 56; Langerak, Hultink 2006, S. 203.

[406] Vgl. Kesting 2003, S. 35.

[407] Vgl. Buchholz 1996, S. 190 f.; Buchholz 1998, S. 25; Porter 1999, S. 32 ff.

[408] Vgl. Rhumbler 1992, S. 32; Fischer 2001, S. 447. Böcker und Helm (2003, S. 133) weisen darauf hin, dass diese Strategie mit erhöhten Markterschließungskosten und Marktentwicklungskosten einhergeht, da Erfahrungen alter Technologiezyklen häufig nur bedingt nutzbar sind.

[409] Vgl. Carbonell, Rodriguez 2006, S. 3.

lich des Zeit-, Novitäts- und häufig auch Qualitätsaspektes. Daraus resultieren Differenzierungspotenziale gegenüber dem Wettbewerb. Der Kundennutzen resultiert aus der Neuheit bzw. der Einzigartigkeit der Innovation und der damit zusammenhängenden Überlegenheit gegenüber Konkurrenzangeboten.[410] Eine kurze Entwicklungszeit gewährleistet, dass sich die angebotenen Leistungen an momentanen Kundenwünschen orientieren und bei ihrer Entstehung neueste und aktuelle Marktanforderungen berücksichtigt werden können.[411] Die Leistungen sind „zeitgemäß", d.h. sie sind auf dem aktuellen technologischen Stand („cutting edge technology").[412] Ein weiterer Aspekt ist die positive Wahrnehmung von Innovatoren durch den Markt. Spin-offs, die in der Lage sind, kurze Entwicklungszeiten zu realisieren und Innovationen schnell auf den Markt zu bringen, profitieren vom Image des Technologieführers und Innovators, das sie auf ihre Produkte und Dienstleistungen übertragen können.[413]

Eine radikale Erhöhung der Innovationsgeschwindigkeit kann allerdings dazu führen, dass Entwicklungszeiten zu stark verkürzt werden, was negative Auswirkungen auf Qualität, Anwendungsreife und Beständigkeit der angebotenen Leistungen haben kann.[414] Dadurch nimmt der Kundennutzen ab.[415] Die Erhöhung der Innovationsgeschwindigkeit muss allerdings nicht zwangsläufig zu weniger Sorgfalt im Innovationsprozess und zu geringerer Qualität der Leistungen führen.[416]

- Aus diesem Grund gilt grundsätzlich die Hypothese, dass Innovationsgeschwindigkeit und Innovationserfolg positiv zusammenhängen.

**b.) Innovationsgeschwindigkeit und langfristiger Markterfolg**

Aus langfristiger Perspektive ist bei der Frage nach der Vorteilhaftigkeit hoher Innovationsgeschwindigkeiten v.a. auf Pioniervorteile hinzuweisen.[417] Demzufolge schafft eine hohe Innovationsgeschwindigkeit die notwendigen Voraussetzungen für die

---

[410] Vgl. Day, Wensley 1988, S. 1-20.
[411] Vgl. Kessler, Chakrabarti 1996, S. 1178.
[412] Vgl. Kessler, Bierly 2002, S. 2 ff.; Atuahene-Gima 2003, S. 359 ff.
[413] Vgl. Smith 1990, S. 11.
[414] Vgl. Smith 1990, S. 11.
[415] Vgl. Crawford 1992, S. 188 ff.
[416] Vgl. Calantone, Schmidt, di Benedetto 1997, S. 179 ff.
[417] Boulding und Christen (2003, S. 372) weisen darauf hin, dass Pioniervorteile nur im Zusammenhang mit Unterschieden in der Ressourcenausstattung von konkurrierenden Unternehmen auftreten können, da frühe Markteintritte ansonsten problemlos von Wettbewerbern imitiert werden können.

Erlangung einer dominanten Marktposition und die Etablierung des Unternehmens am Markt.[418]

Für die langfristige Sicherung von Wettbewerbsvorteilen ist es in dieser Hinsicht entscheidend, wie sehr der Entwicklungs- und Markteinführungsprozess imitierbar ist. Zumindest zeitweilig sichert ein effizienter und schneller Innovationsprozess dem Spin-off einen Vorsprung gegenüber der Konkurrenz, da der Prozess und die zugrunde liegende Ressourcenkombination nicht ohne weiteres imitierbar sind.[419]

Eine hohe Innovationsgeschwindigkeit ist die Grundlage dafür, frühe Eintrittszeitpunkte zu realisieren und auf dieser Basis eine große Zahl an Freiheitsgraden bzgl. der Wahl profitabler Absatzsegmente, Preis- und Distributionsstrategien zu haben.[420] Gegenüber etablierten Unternehmen im Markt und potenziellen Imitatoren können aufgrund der frühen Phase im Marktzyklus Eintrittsbarrieren in Form von Kundenbindung und -loyalität, Ressourcensicherung oder Technologiestandards aufgebaut werden.[421] Diese Vorteile müssen, um einen nachhaltigen Effekt zu erzielen, in die Wachstumsphase des Marktes bzw. des Unternehmens hinübergerettet werden. Gelingt dies, sind Innovationspioniere in der Lage, dem Wettbewerb tendenziell einen Schritt voraus zu sein, z.B. was die Einführung von verbesserten Produkten und Leistungen der zweiten Generation anbelangt, die auf frühen Kundenrückmeldungen basieren.[422]

Die Fähigkeit, eine Pionierstrategie durchzusetzen und Innovationen rasch bzw. innerhalb des dafür vorgesehenen Zeitrahmens auf den Markt zu bringen, wird im Allgemeinen mit höherem wirtschaftlichen Erfolg in Verbindung gebracht, insbesondere höheren Umsätzen, höheren Wachstumsraten und höherem Profit.[423] Langfristige Pioniervorteile können realisiert werden, wenn mit der schnelleren Entwicklung keine erheblichen Kostennachteile einhergehen, welche die Spin-off-Innovation im Wettbewerb verteuern würden.[424] Der Zusammenhang zwischen Innovations-

---

[418] Vgl. Langerak, Hultink 2006, S. 203 f.
[419] Vgl. Boulding, Christen 2003, S. 374.
[420] Zu den Freiheiten bei der Preisfindung vgl. Smith 1990, S. 11 und zu den Freiheiten bei der Wahl profitabler Marktsegmente und Marktpositionen vgl. Niedrich, Swain 2004, S. 468 ff.
[421] Vgl. Golder, Tellis 1993, S. 158 ff.
[422] Vgl. Meyer, Purser 1993, S. 41 ff.
[423] Vgl. Cooper, Kleinschmidt 1994, S. 381 ff.; Pearce 2002, S. 191 ff.; Carbonell, Rodriguez 2006, S. 3. Im Gegensatz dazu kann Griffin (2002, S. 291-304) keinen Zusammenhang zwischen kürzeren Entwicklungszeiten und höherer Produktperformance erkennen.
[424] Vgl. Boulding, Christen 2003, S. 374.

geschwindigkeit und Entwicklungskosten hängt stark von der Organisations- und Kostenstruktur des Spin-offs ab. Einerseits werden höhere Entwicklungsgeschwindigkeiten mittels finanzieller und personeller Ressourcenaufwände realisiert, andererseits gehen mit einer Erhöhung der Geschwindigkeit gewisse Effizienz- und Motivationsvorteile einher.[425] Kessler und Chakrabarti (1996, S. 1177) zufolge gilt für den Großteil der Unternehmen, dass eine Erhöhung der Innovationsgeschwindigkeit mit einer Verbesserung der Entwicklungskostenstruktur einhergeht. Zumindest aus langfristiger Perspektive wird der höhere Ressourcenbedarf durch die Erhöhung der Effizienz und die Reduktion anderweitiger Kosten kompensiert, sodass ein zügiger Innovationsprozess mit relativ geringeren Entwicklungskosten assoziiert wird.

Das Ausmaß des Zusammenhanges zwischen Innovationsgeschwindigkeit und Markterfolg wird darüber hinaus von verschiedenen externen Faktoren bestimmt, insbesondere der Stärke der Wettbewerber und der Akzeptanz der Nachfrager.

- Zusammenfassend kann allerdings davon ausgegangen werden, dass Spin-offs, die in der Lage sind, hohe Innovationsgeschwindigkeiten zu realisieren, einen höheren Markterfolg erzielen.

### *4.4.3 Die Bedeutung des Innovationserfolges*

Die Zielsetzung eines Spin-offs beinhaltet die Umsetzung der Gründungsidee in innovative Produkte und/oder innovative Dienstleistungen und deren Einführung in den Markt. Diese Intention umfasst nicht nur die Markteinführung an sich, sondern gleichzeitig das Streben nach einer marktorientierten Realisierung von Nachfragerbedürfnissen bei gleichzeitig wettbewerbsorientiertem Abgleich zwischen Qualität und Kosten, um sich gegenüber bestehenden Leistungsalternativen und konkurrierenden Anbietern durchzusetzen. Das Ausmaß, zu dem dieses komplexe Zielsystem erreicht werden kann, bestimmt den Innovationserfolg des Spin-offs. Dieser Innova-

[425] Murmann (1994, S. 236 ff.) geht davon aus, dass die theoretischen Zusammenhänge zwischen Entwicklungsgeschwindigkeit und Entwicklungskosten einer u-förmigen Funktion folgen. Eine Erhöhung der Geschwindigkeiten reduziert die Kosten bis zu einem optimalen Punkt, danach steigen die Kosten wieder an. Links des Optimums sind die Zeiten so stark verkürzt, dass die organisatorischen Kapazitäten dies nicht mehr leisten können und sich die Kosten stark erhöhen, rechts des Optimums werden die Kosten durch stark ausgeprägte Lernprozesse, mangelnde Motivation und fehlende Arbeitseffizienz erhöht; vgl. dazu auch Gupta, Brockhoff, Weisenfeld 1992, S. 11-18.

tionserfolg stellt die Grundlage für den Aufbau langfristiger Wettbewerbsvorteile dar, die wiederum notwendige Bedingungen für den Markterfolg eines Spin-offs sind.[426]

Im Allgemeinen begründet sich die Auffassung, dass innovative Produkt- und/oder Leistungseinführungen zum Markterfolg von Unternehmen beitragen, in dem damit erzielbaren Wettbewerbsvorteil. Die Neuartigkeit von Innovationen, die Vorteilhaftigkeit hinsichtlich Funktionalität, Qualität und/oder Kosten ist durch Wettbewerber nicht bzw. nicht ohne weiteres imitierbar. Demzufolge wird das Spin-off in die Lage versetzt, eine günstige Marktposition einzunehmen, Markterfahrungen zu sammeln, Kundenloyalität zu erwerben und Eintrittsbarrieren gegenüber Imitatoren und potenziellen Wettbewerbern aufzubauen.

Von zentraler Bedeutung für die Performance einer Spin-off-Innovation ist die technologische Qualität hinsichtlich der Kernfunktion und der Erfüllung der Kundenwünsche. Eine herausragende Qualität trägt dazu bei, evtl. vorhandene Eintrittsbarrieren zu überwinden und sich gegenüber Wettbewerbern positiv abzuheben.[427] Cho und Pucik (2005, S. 556) identifizieren unterschiedliche Forschungsstränge, die sich intensiv mit dem Zusammenhang zwischen Qualität und Unternehmensperformance auseinandersetzen, und obgleich die Studien auf drei unterschiedlichen Datenbasen beruhen – dem „American Customer Satisfaction Index“ (ACSI), der „Profit Impact of Marketing Strategies“ Datenbank (PIMS) und der „Equity Trend Quality Assessment“ Datenbank (EQA) – zeigt sich ein gleichförmiger, eindeutig positiver Zusammenhang zwischen Leistungsqualität und Unternehmenserfolg.[428]

Die technologische Qualität der Innovation stellt den Kern des Innovationserfolges dar, da sie Ausgangspunkt für die Durchsetzung markt- oder ressourcenbezogener Wettbewerbsvorteile ist.

- Es wird davon ausgegangen, dass der Innovationserfolg, der sich in der Umsetzung innovativer Leistungen am Markt artikuliert, eine notwendige wenn

[426] Vgl. Carbonell, Rodriguez 2006, S. 3.
[427] Vgl. Porter 2004, S. 49 ff.
[428] Vgl. die Untersuchung von Phillips, Chang, Buzzell (1983, S. 26-43) als Beispiel für eine Studie auf der Basis der PIMS Datenbank, Ittner, Larcker (1996, S. 1-37) als Beispiel für eine Studie auf der Basis des ACSI und Aaker, Jacobson (1994, S. 191-201) als Beispiel für eine Studie auf der Basis der EQA Datenbank. Dabei zeigt sich, dass der Zusammenhang weitgehend unabhängig von der Operationalisierung der Konstrukte ist. In den PIMS-Studien wird der Erfolg mittels des ROI gemessen, in den ACSI wird der Erfolg mittels Kundenzufriedenheit und Kundentreue gemessen, in den EQA-Studien wird der Erfolg mittels Aktienkursen und anderen ökonomisch-orientierten Erfolgsindikatoren gemessen.

auch nicht hinreichende Bedingung für den langfristigen Markterfolg eines Spin-offs darstellt.

### 4.4.4 Zweites vorläufiges theoretisches Modell

Im ersten vorläufigen Modell (Kapitel 4.3.4) wurden die Einflüsse der Spezifik einer konkreten Spin-off-Gründungsbasis auf deren Umsetzung dargelegt; das nun herausgearbeitete zweite vorläufige Modell erweitert die Betrachtung des Innovationsprozesses v.a. in zeitlicher Hinsicht. Während sich das erste Teilmodell auf den kurzfristigen Markteintrittserfolg der Innovation und dessen Determinanten konzentriert, werden im zweiten vorläufigen Modell (siehe Abbildung 23) darauf aufbauend die Zusammenhänge zwischen der Umsetzung der Innovation und dem langfristigen Markterfolg erläutert.

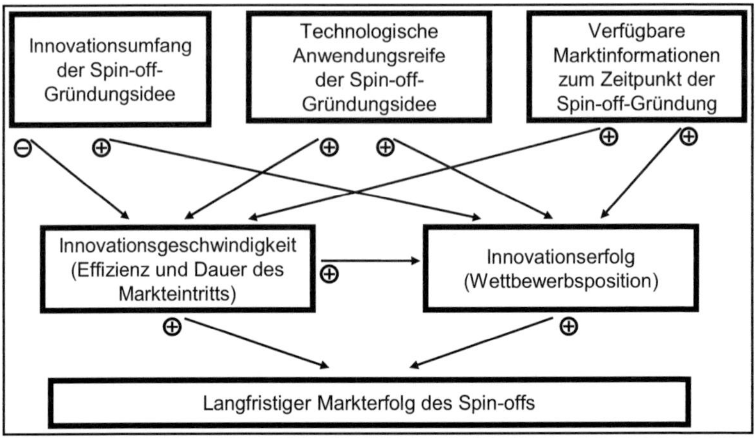


**Abbildung 23: Zweites vorläufiges theoretisches Modell**

Im folgenden Abschnitt 4.5 erfolgt die Erweiterung des in Abbildung 23 dargestellten vorläufigen Modells zum theoretischen Gesamtmodell der vorliegenden Arbeit.

## 4.5 Einfluss der Beziehungen zur Mutterorganisation auf Umsetzung und Erfolg von Spin-off-Innovationen

Wie bereits dargelegt wurde, ist bei der Betrachtung von Einflussfaktoren auf den Spin-off-Prozess grundsätzlich zwischen internen und externen Faktoren zu unterscheiden.[429] Während die Spin-off-Basis und die Umsetzung der Idee eindeutig den unternehmensinternen Faktoren anzurechnen sind, können die nachfolgend diskutierten Einflussgrößen nur indirekt durch die Spin-off-Gründer selbst beeinflusst werden. Aus diesem Grund werden die von der Mutterorganisation ausgehenden Einflussfaktoren als externe Einflüsse auf den Spin-off-Prozess behandelt.

Zur Erleichterung des Verständnisses wird in Kapitel 4.5.1 zunächst auf die generellen Einflussmöglichkeiten der Mutterorganisation und den Aufbau eines spin-off-fördernden Fundaments an Forschungseinrichtungen eingegangen. Im Anschluss daran erfolgt in Kapitel 4.5.2 eine theoriegeleitete Erörterung der Bedeutung der Inkubationsunterstützung auf den Spin-off-Prozess. Dabei wird in Anlehnung an den Begriff des „Inkubators" die Wirkung der von der Mutterorganisation bereitgestellten Rahmenbedingungen und Unterstützungsmaßnahmen analysiert.[430] Schließlich werden in Kapitel 4.5.3 die Kooperationsbeziehungen zwischen Spin-offs und Mutterorganisationen in der Marktphase erläutert und die daraus entstehenden Vorteile von Spin-offs gegenüber herkömmlichen technologieorientierten Unternehmensgründungen analysiert.

Abbildung 24 veranschaulicht den soeben erläuterten Aufbau und verdeutlicht zudem, dass sich die Analyse des Einflusses der Mutterorganisation am phasenweisen Aufbau des Spin-off-Prozesses orientiert.[431] Allerdings ist es augenscheinlich, dass die zu behandelnden Aspekte in einem unmittelbaren zeitlichen und inhaltlichen Zusammenhang zueinander stehen. Die hier durchgeführte separate Betrachtung der Einflussfaktoren erfolgt zur besseren Beherrschung der Komplexität der Problemstellung und einfacheren Nachvollziehbarkeit der Überlegungen.

---

[429] Vgl. Kapitel 4.2 sowie Kulicke 1987, S. 286.
[430] Vgl. Knecht 1998a, S. 19.
[431] Vgl. Beer 2000, S. 163.

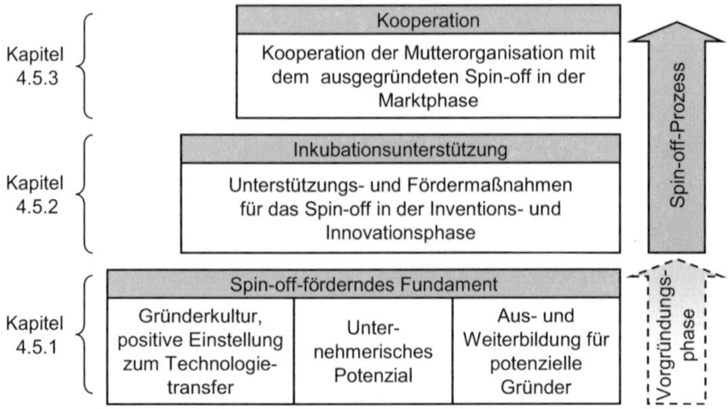


**Abbildung 24: Aufbau der Spin-off-Förderung an Forschungseinrichtungen**

### *4.5.1 Zum generellen Einfluss der Forschungsorganisationen auf die Entstehung von Spin-offs*

Forschungseinrichtungen sind grundsätzlich imstande, die gründungsrelevanten Rahmenbedingungen effizient und förderlich zu gestalten, um ein günstiges Fundament für Spin-off-Gründungen zu legen.[432] Um diese Rahmenbedingungen – und im weiteren Verlauf der Arbeit die Inkubationsunterstützung und die Kooperationsbeziehungen – zu erörtern, ist es hilfreich, die institutionellen Beziehungen zwischen Spin-off und Mutterorganisation aus der theoretischen Perspektive der Neuen Institutionenökonomik zu betrachten.

Spin-offs und die entsprechenden Mutterorganisationen können als Organisationen im Sinne der Neuen Institutionenökonomik aufgefasst werden, da es sich um zweckgebundene Gruppierungen von Einzelpersonen handelt.[433] Entscheidend ist die Verfolgung einer gemeinsamen übergeordneten Zielsetzung. North (1990, S. 5) beschreibt dies folgendermaßen: „They are groups of individuals bound by some common purpose to achieve objectives". Die Beziehungen zwischen Organisationen werden durch sog. Institutionen geregelt, d.h. durch Spielregeln menschlichen Verhaltens bzw. genauer „[...] jegliche Art von Beschränkungen, die Menschen zur

[432] Vgl. Beer 2000, S. 139; Cooper 1985, S. 75 ff.; Szyperski, Klandt 1980, S. 354 ff.

[433] Als Organisationen in diesem Sinne können öffentliche Körperschaften, Verbände, Parteien, Unternehmen sowie Einrichtungen des Bildungs- und Forschungswesens verstanden werden.

Gestaltung menschlicher Interaktionen ersinnen […].“[434] Diese Regeln, von Davis und North (1971, S. 6) als „institutional environment“ bezeichnet, können als die Ausgangsbasis von Spin-off-Gründungsprojekten angesehen werden,[435] wobei zwischen formellen Regeln (z.B. Vertragsrechten), informellen Regeln (z.B. Konventionen, Normen) und Instrumenten zur Durchsetzung der Regeln unterschieden werden kann.[436]

Der Spin-off-Prozess und dessen Initiierung werden letztlich durch die institutionellen Rahmenbedingungen der Forschungseinrichtungen (Institutionen) beeinflusst.[437] Dies beinhaltet sowohl grundlegende (informelle) stimulierende Bedingungen für Unternehmertum als auch gezielte (formelle) Unterstützungsmaßnahmen zur Förderung des Gründungsklimas.

Eine Voraussetzung für die Gründung von Spin-offs liegt im Vorhandensein eines unternehmerischen Potenzials der Forschungsgegenstände der Mutterorganisation. Es handelt sich dabei im institutionenökonomischen Sinn eher um eine informelle grundlegende Vorbedingung als um eine formelle Regelung. Unternehmerisches Potenzial scheint umso mehr gegeben, je stärker innerhalb einer Einrichtung anwendungsnahe Problemstellungen bearbeitet werden und je intensiver der Forscheralltag durch Kooperationen mit Unternehmen geprägt ist. Grundsätzlich sollte diese Vorbedingung in sämtlichen ingenieur-, natur-, wirtschafts- und sozialwissenschaftlich orientierten Einrichtungen gegeben sein. Entscheidend ist dabei nicht unbedingt, ob aus der alltäglichen wissenschaftlichen Arbeit anwendungsreife Verfahren oder Prototypen entstehen, sondern ob die Forscherarbeit Impulse für gründungsrelevante Ideen zu liefern vermag.

Die (potenziellen) Unternehmensgründer werden durch ihre wissenschaftliche Arbeit an grundlagen- und anwendungsorientierten Forschungsprojekten in die Lage versetzt, das für die Spin-off-Gründung notwendige Know-how zu akquirieren.[438] Hinzu kommt, dass aus der vorangehenden beruflichen Tätigkeit der Gründer nicht nur wissenschaftliche Kenntnisse, sondern auch mehr oder weniger umfangreiche Erfahrungen in Personalführung und Projektmanagement resultieren, was sich als hilfreich

---

[434] North 1992, S. 4. Vgl. dazu auch Maselli 1997, S. 17; Erlei 1998, S. 24 ff.; Meyer, Völker 1998, S. 6 f.; Beer 2000, S. 139.
[435] Vgl. Richter 1990, S. 572; Maselli 1997, S. 17.
[436] Vgl. Dietl 1993, S. 71 ff.; North 1993, S. 20.
[437] Vgl. Beer 2006, S. 140; Nerdinger 1999, S. 19 f.; Maselli 1997, S. 17.
[438] Vgl. Schmelter 2004, S. 476.

für eine spätere unternehmerische Tätigkeit erweisen sollte.[439] Zusätzlich werden potenzielle Spin-off-Unternehmer durch die Forschungseinrichtungen in Form der dort angebotenen Aus- und Weiterbildungsmaßnahmen und Förderangebote geprägt. Deutlich wird im Rahmen dieser Argumentation, dass die Forschungsinstitutionen in der Lage sind, einen erheblichen Einfluss auf die Persönlichkeit und den Wissens- und Erfahrungsschatz der Gründer zu nehmen.[440] Cooper (1985, S. 77) betont in diesem Zusammenhang: „The new firm typically depends upon what the founder knows and can do. That is often related to what the founder learned to do in the incubator organization."[441]

Die Etablierung von Aktivitäten zur Spin-off-Förderung setzt eine reflektierte Wahrnehmung von Technologietransfer und Unternehmertum innerhalb der Forschungsorganisation voraus. Beer (2000, S. 145) bezeichnet diese „Gründerkultur" als Fundament jeglicher Spin-off-Förderung und letztlich als Voraussetzung erfolgreicher Innovationen durch Spin-offs. Es handelt sich bei der Unternehmensgründerkultur allerdings nicht um einzelfallbezogene Maßnahmen zur Unterstützung konkreter Spin-off-Vorhaben, sondern um übergreifende intraorganisationale Rahmenbedingungen, welche interessierte Personengruppen ermuntern, sich mit einer unternehmerischen Selbstständigkeit als berufliche Option zu beschäftigen.[442]

Es wird als unzweifelhaft angesehen, dass ein spin-off-förderndes Fundament die Grundvoraussetzung für Spin-off-Aktivitäten ist (vgl. Abbildung 24 auf S. 108).[443] Die unternehmerische Kultur sowie die Aus- und Weiterbildung gründungsinteressierter Mitarbeiter bilden die Basis für weiterführende Unterstützungsmaßnahmen konkreter Gründungsvorhaben. Grundsätzlich erfolgt die Abgrenzung mit Bezug auf den Spin-off-Prozess: Allgemeine gründungsbezogene Rahmenbedingungen zielen eher auf potenzielle bzw. latente Gründer, während sich konkrete Inkubationsbedingungen an den Bedürfnissen konkreter Spin-off-Gründer bzw. Spin-off-Gründungsteams orientieren. Allerdings sei darauf hingewiesen, dass eine überschneidungsfreie Abgrenzung zwischen den Rahmenbedingungen einer Spin-off-Gründung und den gründungsrelevanten Inkubationsbedingungen weder möglich noch sinnvoll erscheint.

---

[439] Vgl. Scheidt 1995, S. 112.
[440] Vgl. Beer 2006, S. 138 f.
[441] Vgl. auch Allen, Norling 1991, S. 99.
[442] Vgl. Stevenson, Gumpert 1998, S. 108 f.; Beer 2000, S. 146.
[443] Knecht (1998a, S. 26 ff.) bezieht sich insbesondere auf Hochschulen als Mutterorganisationen.

Das spin-off-fördernde Fundament und die entsprechenden Findungs- und Entscheidungsphasen im Gründungsprozess bilden nicht den Gegenstand dieser Arbeit. Der Schwerpunkt liegt vielmehr auf den Phasen, die nach einer konkreten Entscheidung zur unternehmerischen Selbstständigkeit der Spin-off-Gründer folgen. In den anschließenden beiden Kapiteln erfolgt die Betrachtung des Einflusses der Mutterorganisation in der Innovations- und Marktphase.

### *4.5.2 Inkubationsunterstützung der Mutterorganisation*

Ausgangspunkt der nachfolgenden Erläuterungen zum Einfluss von Inkubationsunterstützung und entsprechenden Förderstrategien ist die Vermutung, dass eine enge Zusammenarbeit zwischen Spin-off-Gründern und Mutterorganisation in der Vorgründungs- und Gründungsphase die Entwicklung des ausgegründeten Unternehmens beeinflusst.

Die Ausgestaltung der Inkubationsbeziehungen zwischen Spin-offs und Forschungseinrichtungen lässt sich mit Hilfe von theoretischen Ansätzen der Wirtschaftswissenschaften untersuchen. Dabei haben sich die Transaktionskostentheorie, die Systemtheorie und die Kontingenztheorie sowie die ressourcenbasierte Sichtweise als brauchbare Perspektiven für die Erklärung derartiger Inkubationsbeziehungen erwiesen. Die einzelnen Theorien sollen im Folgenden nicht vollständig dargestellt werden, sondern vielmehr als Erklärungsansätze für die angesprochene Problemstellung dienen.

Im Rahmen der Transaktionskostentheorie – einem Zweig der Neuen Institutionenökonomie – werden die Austauschbeziehungen zwischen Organisationen und die dabei entstehenden Transaktionskosten in den Mittelpunkt gestellt.[444] Transaktionskosten entstehen bei der Bestimmung, dem Austausch, der Überwachung und der Durchsetzung von Verfügungsrechten.[445] Ziel des transaktionskostentheoretischen Ansatzes ist die Ermittlung effizienter Organisationsformen für die Abwicklung bestimmter Transaktionen im Hinblick auf entscheidungsrelevante Produktions- und Transaktionskosten.[446] Die alternativen Organisationsformen liegen im Spektrum

[444] Vgl. Williamson 1985, S. 72-79.
[445] Vgl. Tietzel 1981, S. 210.
[446] Vgl. Wegehenkel 1981, S. 21.

zwischen Markt und Hierarchie, wobei die Kooperation eine hybride Organisationsform zwischen beiden Extremen darstellt.

Da aber die grundsätzliche Entscheidung gegen eine hierarchische Einbindung des Spin-offs bereits mit der Entscheidung zur Ausgründung gefallen ist, lässt sich die Transaktionskostentheorie nur in begrenztem Maße zur Erklärung der Inkubationsbeziehungen heranziehen. Es geht demzufolge nicht um den Leistungsaustausch bzw. um die Abwägung zwischen Eigenfertigung und Fremdbezug, sog. „make or buy“-Entscheidungen, sondern um die Aufrechterhaltung bestehender Kontakte und die Durchführung gemeinsamer Maßnahmen im Zuge des Spin-off-Innovationsprozesses.[447]

Die Transaktionskostentheorie kann insofern einen Erkenntnisgewinn liefern, als dass sie die Zusammensetzung der Transaktionskosten im Allgemeinen beschreibt. Diese setzen sich aus Such-, Bewertungs-, Verhandlungs-, Vereinbarungs-, Koordinations-, Entscheidungs-, Anpassungs-, Änderungs- und Beendigungskosten zusammen.[448] Da sich ein Spin-off und die entsprechende Mutterorganisation aus augenscheinlichen Gründen bereits vertraut sind, ist zumindest für die Such- und Bewertungskosten und zum Teil auch für die Verhandlungs-, Vereinbarungs- und Koordinationskosten davon auszugehen, dass diese geringer ausfallen als zwischen zwei beliebigen Transaktionspartnern.[449] Insofern erscheint aus der spezifischen Sicht eines Spin-offs die eigene Mutterorganisation als optimaler – weil transaktionskostenminimaler – Anbieter von inkubationsunterstützenden Leistungen, sofern eine derartige Zusammenarbeit grundsätzlich möglich ist und andere Kosten die transaktionskostenminimierenden Effekte nicht überkompensieren.

Ein weiterer Erkenntnisgewinn ist vom Kontingenzansatz zu erwarten, der inhaltlich eine mehrdimensionale Weiterentwicklung der Organisationsforschung darstellt, in dem Sinne, dass versucht wird, möglichst alle zur Erfassung der Organisationssituation notwendigen Dimensionen zu berücksichtigen.[450] Der Kontingenzansatz geht davon aus, dass Effektivität und Effizienz der Organisationsstruktur durch ex-

---

[447] Vgl. Otto 2004, S. 147.
[448] Vgl. Albach 1988, S. 1159 ff.
[449] An dieser Stelle sei allerdings angemerkt, dass die Höhe der Transaktionskosten im Allgemeinen schwierig zu erfassen ist. Meist wird durch andere Faktoren auf die Höhe der Transaktionskosten geschlossen, z.B. Unsicherheit, Spezifität, Komplexität und Häufigkeit der Transaktion; vgl. Picot, Dietl 1990, S. 183.
[450] Vgl. Staehle 1973, S. 60; Kieser, Kubicek 1983, S. 57.

terne Einflussfaktoren bedingt sind, weshalb dieser Ansatz häufig auch als Situationsansatz bezeichnet wird.[451] Werden Inkubationsbeziehungen zwischen Spin-off und Mutterorganisation als interorganisationale Organisationsstrukturen aufgefasst, so können mit Hilfe kontingenztheoretischer Überlegungen Ursache-Wirkungs-Zusammenhänge zwischen den Situationsmerkmalen und der Effizienz der Inkubationsunterstützung unterstellt werden. Damit können Ursachen für die Initiierung und Beibehaltung von Inkubationsbeziehungen zwischen Ausgründung und Forschungsinstitut ermittelt werden, wobei sowohl die Spin-off-Gründer als auch die relevanten Personen innerhalb der Mutterorganisation in der Lage sind, auf Umwelteinflüsse entsprechend zu reagieren und die Inkubationsstrategie zu adaptieren.[452] Abbildung 25 zeigt den verhaltenswissenschaftlich erweiterten Kontingenzansatz zur Beschreibung der Inkubationsbeziehungen zwischen Spin-off und Mutterorganisation, der das Gründungsklima als intervenierende Variable beinhaltet.[453]

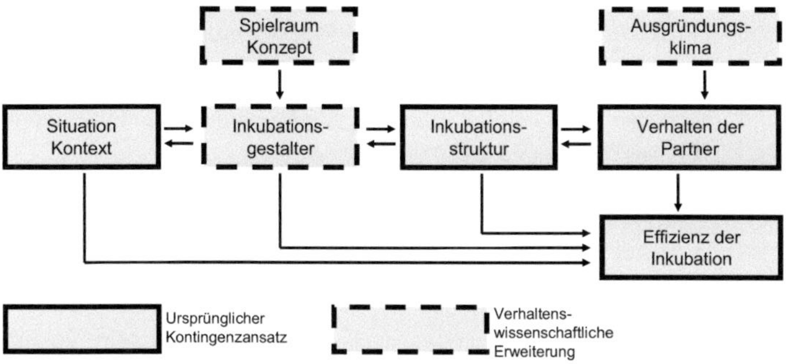


**Abbildung 25: Verhaltenswissenschaftlich erweiterter Kontingenzansatz zur Beschreibung der Inkubationsbeziehungen zwischen Spin-off und Mutterorganisation**

Die Inkubationsunterstützung erfordert einen „Fit" in zweifacher Hinsicht: Einerseits muss Übereinstimmung zwischen den beiden Organisationen und deren jeweiliger

---

451 Vgl. Staehle 1973, S. 147.
452 Vgl. Segler 1981, S. 229 ff.
453 Abbildung in Anlehnung an Staehle 1989, S. 58. Nach Staehle (1973, S. 63) und Schreyögg (1978, S. 229) besteht in der ursprünglichen Form des Kontingenzansatzes ein rein deterministischer Zusammenhang zwischen Kontextvariablen und optimalen Beziehungen, während die Einflussmöglichkeiten der Partner nur eingeschränkt berücksichtigt werden. Die Weiterentwicklung um verhaltenswissenschaftliche Aspekte behebt diesen Mangel durch die Integration personaler, absichtsgeleiteter Faktoren.

Umwelt erzielt werden und andererseits bedarf es einer Übereinstimmung zwischen den beiden Organisationen.[454] Diese Bedingungen bilden den situativen Rahmen, der entscheidend für die Effizienz und Stabilität der Inkubationsbeziehungen ist.[455]

In der Praxis erweist es sich als schwierig, den situativen Bedingungsrahmen von Inkubationsbeziehungen vollständig abzubilden, sodass es zu einer subjektiven, vom Untersuchungsgegenstand geprägten Auswahl der zu berücksichtigenden Kontextfaktoren kommt.[456] Dieses hohe Maß an Subjektivität und die mangelnde theoretische Fundierung reduzieren die Allgemeingültigkeit der Forschungsergebnisse und deren Beitrag zur Theoriebildung.[457] Allerdings bietet der situative Ansatz viel Spielraum für die Einbeziehung von unterschiedlichen Kontingenzen und stellt daher einen hilfreichen Ansatz dar, die Ausgestaltung der komplexen Inkubationsbeziehungen zwischen Spin-off-Unternehmen und Forschungseinrichtungen in Abhängigkeit von verschiedenen Umweltsituationen zu erklären.[458]

Große Nähe zum Kontingenzansatz weißt die Systemtheorie auf, die generell zum Verständnis komplexer Sachverhalte herangezogen werden kann und ähnlich wie der Kontingenzansatz einen umfassenden ganzheitlichen Anspruch verfolgt.[459] Die Inkubationsunterstützung des Spin-offs durch die Mutterorganisation kann aufgrund der gegenseitigen Beeinflussung der beiden Partner als ein System verstanden werden, das in ein umgebendes Supersystem eingebunden ist und über mehr oder weniger offene Systemgrenzen verfügt. Ausschlaggebend sind einerseits eine gemeinsame Ziel- oder Zweckorientierung, die z.B. in der Umsetzung von Innovationsvorhaben bestehen kann, und andererseits das Vorhandensein verschiedener Anpassungsprozesse im Hinblick auf die effiziente Erreichung der angestrebten Ziele. Tendenziell wird von der Systemtheorie die Vorteilhaftigkeit flexibler Beziehungen betont, da sich diese schnell an die sich ständig ändernden wettbewerblichen Umweltbedingungen anpassen lassen.[460]

---

[454] Vgl. Sydow 1993, S. 210.
[455] Vgl. Wegmeth 2002, S. 109.
[456] Vgl. Staehle 1981, S. 223; Wegmeth 2002, S. 110.
[457] Vgl. Wegmeth 2002, S. 110.
[458] Vgl. Staehle 1989, S. 51; Picot 1991, S. 157.
[459] An dieser Stelle sei auf die einschlägige Literatur zur Systemtheorie verwiesen, z.B. Grochla 1970; Willke 1993.
[460] Vgl. Staehle 1991, S. 436; Semlinger 1991, S. 17. Vgl. zum „flexiblen Unternehmen“: Haunschild 2004, S. 95 ff.

Aus ressourcenbasierter Perspektive[461] dienen Inkubationsbeziehungen dazu, externe materielle und immaterielle Ressourcen zu akquirieren, die den Spin-offs ähnlich wie interne Ressourcen zur Verfügung stehen.[462] Gerade im Hinblick auf Ausgründungen aus bestehenden Organisationen ist von Bedeutung, dass nicht nur unternehmensinterne Ressourcen sondern auch externe Ressourcen unmittelbar erfolgsrelevant sein können. Ausgründungen sind im Regelfall in der Lage, die aufgrund von begrenzten finanziellen und personellen Ressourcen bestehenden Defizite durch Zusammenarbeit mit der Mutterorganisation und die frühzeitige Einbindung anderer Institutionen auszugleichen.[463] Die Fähigkeit, interorganisationale Beziehungen aufzubauen und zu pflegen, kann in dieser Hinsicht als Wettbewerbsfaktor angesehen werden.[464] Gründer mit ausgeprägten formellen und informellen Netzwerken haben gegenüber Gründern ohne derartige Netzwerkverbindungen einen Wettbewerbsvorteil, sofern sie in der Lage sind, materielle und immaterielle Vorteile aus den Netzwerkbeziehungen zu ziehen.[465] Dies gilt in hohem Maße für Spin-offs, deren Ideen- und Innovationsquellen nicht ausschließlich innerhalb der eigenen Organisation zu finden sind, sondern auch auf der Interaktion und dem Informationsaustausch mit externen Partnern – insbesondere der Mutterorganisation – basieren.[466] Inkubationsbeziehungen spielen demzufolge eine bedeutende Rolle für die Überwindung von Engpässen, die bei der Umsetzung unternehmerischer Vorhaben bestehen.[467]

Insofern dienen transaktionskosten-, kontingenz- und systemtheoretische sowie ressourcenbasierte Überlegungen als Grundlage für die Untersuchung der Inkubationsbeziehungen zwischen Spin-off und Mutterorganisation. Mit Hilfe des Transaktionskostenansatzes werden die Inkubationsbeziehungen unter den Gesichtpunkten minimaler Transaktionskosten erklärt. Dabei kann festgestellt werden, dass eine hohe Komplexität und eine hohe Unsicherheit des Innovationsvorhabens tendenziell Ursachen für ausgeprägte Beziehungen zwischen Spin-off und Forschungseinrichtung sind. Der situative Ansatz stellt eine sinnvolle Erweiterung dar, da er berücksichtigt, dass die Inkubationsbeziehungen externen Einflüssen unterliegen und verschiedene Formen der Zusammenarbeit, je nach Situation, zu effizienten Beziehun-

[461] Vgl. Teece, Pisano, Shuen 1997, S. 509 ff.
[462] Freiling (2004, S. 7) bezeichnet den ressourcenbsierten Ansatz, der um die Einbeziehung externer Ressourcen erweitertet wird, als „kompetenzenbasierten Ansatz".
[463] Vgl. Leineweber, Schumann, Schätzl, Steinle 2004, S. 163.
[464] Vgl. Kogut 2000, S. 405 ff.; Omta, Trienekens, Beers 2001, S. 1-6.
[465] Vgl. Burt 2000, S. 282.
[466] Vgl. Birley 1985, S. 107 ff.; Aldrich, Zimmer 1986, S. 3-23.
[467] Vgl. Baum, Calabrese, Silverman 2000, S. 267 ff.

gen führen können. Die Systemtheorie weißt auf die Zweckdienlichkeit flexibler Beziehungen im Umfeld sich verändernder Umwelt- und Rahmenbedingungen hin. Die ressourcenbasierte Sichtweise schließlich lässt den Schluss zu, dass zur Bewältigung der Aufgaben im Innovationsprozess sowohl eigene Ressourcen als auch Ressourcen aus dem Inkubationsumfeld des Spin-offs herangezogen werden können.[468]

In der Praxis drückt sich die Inkubationsunterstützung des Spin-offs durch die Mutterorganisation in einem Bündel unterschiedlicher Maßnahmen aus, deren Gemeinsamkeit darin besteht, dass sie Informations- und Ressourcendefizite des Spin-offs aufheben oder zumindest mindern bzw. die Wettbewerbsposition der Gründung verbessern.[469] Inkubationsunterstützung erfolgt insbesondere durch den Transfer von expliziten und impliziten Ressourcen bzw. Routinen und die Übertragung von Legitimität auf das Spin-off. Hervorzuheben sind die folgenden übergeordneten Zielstellungen der Inkubationsunterstützung:[470]

- Erkennen von Opportunitäten;
- Zugang zu Ressourcen;
- Sicherung von Reputation.

### a. ) Erkennen von Opportunitäten

Die Unterstützung von konkreten Spin-off-Vorhaben durch die Mutterorganisation in der Inventions- und Innovationsphase ermöglicht zum einen die Identifikation von marktreifen Geschäftsideen und zum anderen die Evaluierung von Gründungsideen und Businessplänen mit Experten in relevanten Technologiefeldern. Der Wettbewerbsvorteil von Spin-offs besteht in dieser Hinsicht im frühzeitigen Erkennen von Marktchancen und der Umsetzung von Innovationen, bevor Wettbewerber dazu in der Lage sind.[471] Spin-off-Gründer verfügen i.d.R. über eine hohe Bandbreite an technologisch-relevanten Informationen, wobei Informationen über Kerntechnologien häufig zu einem – bezogen auf den Markt – relativ frühen Zeitpunkt verfügbar sind.[472] Der Informationsvorsprung resultiert sowohl aus der beruflichen Tätigkeit der Gründer innerhalb der Mutterorganisation als auch aus der Inkubationsunterstützung

[468] Vgl. Beer 2000, S. 159; Sanchez, Heene 1996, S. 39 ff.
[469] Vgl. Larson 1992, S. 76 ff.
[470] Vgl. Teichert, Rost 2004, S. 374.
[471] Vgl. Uzzi 1996, S. 674 ff.; Nicolaou, Birley 2003a, S. 338.
[472] Vgl. Aldrich, Rosen, Woodward 1986, S. 355 ff.

durch die Mutterorganisation.[473] Dies führt einerseits zu einer Reduzierung der Transaktionskosten für die Spin-off-Gründer, die bei der Suche und Beschaffung von Informationen auftreten, und andererseits zu einer Reduzierung der Ambiguität aus der Sicht der Spin-off-Gründer und mindert demzufolge das Risiko einer Unternehmensgründung.[474]

### b. ) Zugang zu Ressourcen

Für die Umsetzung von Ideen ist ein breites Spektrum an Startressourcen notwendig, über das Spin-offs – ähnlich wie klassische Unternehmensgründungen – zum Teil nur begrenzt verfügen. Die Mutterorganisation eines Spin-offs ist diesbezüglich in der Lage, wirkungsvolle Unterstützungsmaßnahmen zu leisten, indem bestimmte Ressourcen zu günstigen Konditionen bereit gestellt werden bzw. der Zugang zu Ressourcen erleichtert wird.[475] Dazu zählen neben tangiblen Ressourcen, wie finanzielle Mittel, Infrastruktur und Geräte, auch intangible Ressourcen, wie etwa Erfahrungen, Kontakte und wettbewerbsrelevante Informationen. Neben der Bereitstellung von Räumlichkeiten, Infrastruktur und Kapital sowie dem Zugang zu entsprechenden Finanzierungsquellen kann die Unterstützung auch durch eine entsprechend wohlgesinnte Patent- und Lizenzpolitik geschehen.[476] Die Inkubationsunterstützung durch die Mutterorganisation führt zu einer Reduzierung von Kosten und Risiken der Unternehmensgründung. Spin-offs werden dadurch in die Lage versetzt, anfängliche Engpasssituationen, die aus der geringen (suboptimalen) Startgröße resultieren (sog. „liability of smallness"), zu überwinden.[477] Zudem werden Effizienz und Geschwindigkeit bei der Umsetzung der Innovationen erhöht, was dazu beiträgt, dass Spin-offs die Zeitvorsprünge in Wettbewerbsvorteile transformieren können.

### c. ) Sicherung von Reputation

Spin-offs aus der Forschung sind in der Regel auf Hochtechnologiemärkten tätig, in denen häufig eine enge Beziehung zwischen Kunden und Lieferanten existiert. Spin-off-Gründungen können sich, da es sich um Neugründungen handelt, nicht auf Referenzkunden und bestehende Leistungsnachweise berufen, was aus der Kunden-

---

[473] Die Ergebnisse einer Sonderauswertung des Mannheimer Innovationspanels des ZEW zeigen, dass Spin-offs gegenüber innovierenden KMU deutlich geringere Hemmnisse im Bereich der Marktkenntnisse und der technologischen Informationen haben; vgl. BMBF 2002a, S. 47.

[474] Vgl. Hack, Jost, Jost 2001, S. 37 ff.

[475] Vgl. Aldrich, Rosen, Woodward 1986, S. 355 ff.; Gulati 1998, S. 619 ff.

[476] Vgl. Beibst, Lautenschläger 2002, S. 26 f.

[477] Vgl. Larson 1992, S. 76 ff. Vgl. zur sog. "liability of smallness": Stinchcombe 1965, S. 142 ff.

perspektive zu Unsicherheiten bezüglich der Qualität und Zuverlässigkeit der angebotenen Leistungen führt („liability of newness").[478] Zudem handelt es sich häufig um Vertrauensgüter mit oft erheblichen Informationsasymmetrien, die sowohl ex-ante als auch ex-post auftreten können. Diese Informationsasymmetrien können durch die Unterstützung von Spin-off-Vorhaben durch die Mutterorganisation abgebaut werden. Die Unterstützung durch die Mutterorganisation dient als Ersatzindikator für Reputation, und zwar insbesondere dann, wenn es sich bei der ausgründenden Einrichtung um eine anerkannte Institution innerhalb der wissenschaftlich-technischen Gemeinschaft handelt.[479] Reputation dient dem Abbau von nachfragerseitigen Unsicherheitsproblemen bezüglich der angebotenen Leistung und der Reduzierung von Informationsasymmetrien bei der Umsetzung von Innovationen.[480] Reputation drückt sich in Ansehen und Vertrauenswürdigkeit der Organisation aus. Insbesondere bei Vertrauensgütern ist das Commitment einer vertrauenswürdigen Organisation von erheblicher Bedeutung für die Akzeptanz von Innovationen und die Wettbewerbsfähigkeit von Spin-offs.[481]

Die Wirkung von Unterstützung als Indikator für Reputation bezieht sich nicht ausschließlich auf das Vertrauen der Kunden gegenüber dem Leistungsanbieter, sondern auch auf das Vertrauen potenzieller Investoren, Lieferanten und Mitarbeiter in das Potenzial des neuen Unternehmens.[482] Die Zusammenarbeit mit der Mutterorganisation ist für Kapitalgeber ein Indikator für Legitimität und damit eine Möglichkeit, Unsicherheit und Investitionsrisiko, trotz bestehender Informationsasymmetrien, zu verringern.[483] Analog dazu wirkt die Inkubationsunterstützung als eine Art Vertrauensvorschuss für qualifizierte Fachkräfte und Lieferantennetzwerke.[484] Aufgrund der bisherigen Forschung kann unterstellt werden, dass die Inkubationsunterstützung eines Spin-offs durch dessen Mutterorganisation zu einer Erhöhung von Legitimation, Reputation und Glaubwürdigkeit der neugegründeten Organisation führt. Falls es dem Spin-off gelingt, die Reputation der etablierten Mutterorganisation für sich zu nutzen, sollte sich das positiv auf die Umsetzung von Innovationsvorhaben und die

---

[478] Vgl. Stinchcombe 1965, S. 142 ff.; Hannan, Freeman 1984, S. 149 ff.; Laub 1991, S. 239 f.
[479] Vgl. Nicolaou, Birley 2003a, S. 338; Schmelter 2004, S. 476.
[480] Vgl. Helm 2001, S. 84 f.
[481] Vgl. Porter 2004, S. 49 ff.
[482] Vgl. Sorensen, Stuart 2001, S. 1546 ff.
[483] Vgl. Pichotta 1990, S. 4.; Pleschak, Wupperfeld 1995, S. 22; Stedler 1996, S. 73. Vgl. speziell zum Abbau von Informationsasymmetrien: Ewers, Wein 1993, S. 35 f.; Maselli 1997, S. 90.
[484] Vgl. Schmelter 2004, S. 476.

Unternehmensentwicklung auswirken.[485] Abbildung 26 fasst die eben diskutierten Aspekte zusammen.

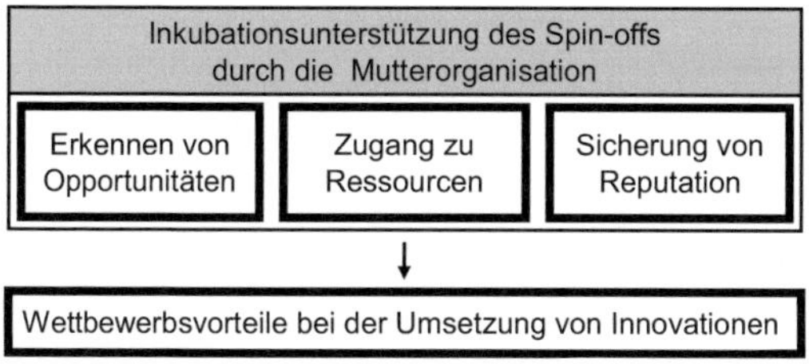


**Abbildung 26: Haupteffekte der Inkubationsunterstützung**

Das Aktivitätsniveau der Mutterorganisation bei der Inkubationsunterstützung einer konkreten Ausgründung wird in erheblichem Umfang davon beeinflusst, ob und wie sehr es gelingt, die Spin-off-Gründung in die langfristige Strategie der Forschungsorganisation einzubinden. Insofern sind der Ausgleich der Interessen und das gegenseitige Lernen relevante Aspekte für die Etablierung erfolgreicher und beständiger Inkubations- und Kooperationsbeziehungen zwischen Spin-off und Mutterorganisation.[486] Die Grundmotivation des Handelns beider Organisationen liegt in der Verbesserung oder Erhaltung der eigenen Wettbewerbsposition. Daher kann davon ausgegangen werden, dass die Mutterorganisation eine intensive Inkubationsunterstützung dann gewährt, wenn sie sich mittel- und langfristige Vorteile durch die Spin-off-Gründung verspricht. Dies gilt insbesondere aufgrund der Tatsache, dass Verbindlichkeit und Wert der transferierten Informationen grundsätzlich zunehmen, je stärker und länger anhaltend die Netzwerkbeziehungen sind.[487] Tendenziell bedingt eine umfangreiche Inkubationsunterstützung damit eine Intensivierung der Kooperationsbeziehungen zwischen Spin-off und Mutterorganisation im weiteren Verlauf des Spin-off-Prozesses.

- Grundsätzlich kann folglich unterstellt werden, dass eine ausgeprägte Inkubationsunterstützung eines Spin-offs durch dessen Mutterorganisation zu einer Erhöhung der Innovationsgeschwindigkeit und des Innovationserfolges sowie

[485] Vgl. Brüderl, Preisendörfer, Ziegler 1996, S. 52 f.; Stuart, Ha, Hybles 1999, S. 314 ff.
[486] Auf diese Aspekte wurde bereits in Kapitel 3 eingegangen.
[487] Vgl. Rindfleisch, Moorman 2001, S. 1-16.

zugleich zu einer Stärkung der Kooperationsbeziehungen zwischen Spin-off und Mutterorganisation führt.

### *4.5.3 Post-Spin-off-Kooperation zwischen Spin-off und Mutterorganisation*

Spin-offs und die entsprechenden Mutterorganisationen kooperieren in aller Regel nicht nur vor, sondern auch nach dem Markteintritt des Unternehmens, wobei die Kooperationsbeziehungen unterschiedlich ausgeprägt sein können. Durch Erhaltung der persönlichen und fachlichen Beziehungen zu ehemaligen Kollegen sind Spin-off-Gründer generell in der Lage, die jeweilige Mutterorganisation in ihre Geschäftstätigkeiten einzubeziehen und damit den hohen Innovationskosten und -unsicherheiten zu begegnen.[488] Insbesondere jenen Spin-offs, die über begrenzte finanzielle und personelle Ressourcen und über beschränkte Zugänge zu produkt- oder leistungsspezifischen Mitteln verfügen, kommt die Einbindung der Mutterorganisation zugute.[489] Kooperationsbeziehungen zu externen Partnern – insbesondere zur Mutterorganisation – haben strategische Bedeutung für die Entwicklung von Spin-offs, da sie deren materielle und immaterielle Kapazitäten zur Entwicklung neuer und/oder verbesserter Produkte erweitern und sich tendenziell positiv auf die Wahrscheinlichkeit eines Innovationserfolges auswirken.[490]

Die Netzwerkperspektive stellt die sozialen Beziehungen zwischen Akteuren ins Zentrum,[491] und hat sich als geeigneter theoretischer Ansatz erwiesen, die Bedeutung von Kooperationen bei der Erzielung einer günstigen Wettbewerbssituation zu erklären.[492] Netzwerkansätze untersuchen die Einflüsse von Beziehungen zu internen und externen Partnern auf die Entstehung von neuen Unternehmen,[493] deren Überleben in frühen Gründungsphasen[494] sowie die unternehmerische Performance.[495]

Zur Charakterisierung von Netzwerkbeziehungen entwickelte Granovetter (1973, S. 1360 ff.) das Konzept der Netzwerkkonfiguration („embeddedness"), welches sich

---

[488] Vgl. Leineweber, Schumann, Schätzl, Steinle 2004, S. 163.
[489] Vgl. Helm 2001, S. 82; Otto 2004, S. 141.
[490] Vgl. Peters, Becker 1999, S. 1295.
[491] Vgl. Granovetter 1973, S. 1360 ff.; Birley 1985, S. 107 ff.; Nicolaou, Birley 2003a, S. 333 ff. und 2003b, S. 1702 ff.
[492] Vgl. Nicolaou, Birley 2003a, S. 336.
[493] Vgl. Steier, Greenwood 2000, S. 163 ff.
[494] Vgl. Shane, Stuart 2002, S. 154 ff.
[495] Vgl. Lee, Lee, Pennings 2001, S. 615 ff.

auf die Tatsache bezieht, dass ökonomisches Handeln durch die Struktur von Netzwerken und Beziehungen beeinflusst wird.[496] Darin unterscheidet er zwei komplementär zueinander stehende Dimensionen der Netzwerkkonfiguration einer organisatorischen Einheit, nämlich die relationale und die strukturelle Dimension.[497]

Die strukturelle Dimension kennzeichnet die Qualität und Dichte der Netzwerkstruktur zwischen einer Menge von mehr als zwei Akteuren, wobei insbesondere die Redundanz der Netzwerkbeziehungen von Bedeutung ist.[498] In Netzwerken mit hoher Redundanz bestehen mehr Kontakte als unbedingt notwendig sind, um alle Akteure mit dem Netzwerk zu verbinden, während in Netzwerken mit geringer Redundanz viele Lücken, sog. „structural holes“, vorhanden sind. Hoch redundante Netzwerke gewährleisten einen schnellen Informationsaustausch, einen höheren Grad an Vertrautheit unter den Akteuren und ein geringeres Risiko bezüglich der Transaktionspartner.[499] Im Rahmen der vorliegenden Arbeit ist die strukturelle Dimension nicht von Bedeutung, da sich diese Dimension auf Netzwerke von mindestens drei Akteuren bezieht.

Die relationale Dimension der Netzwerkkonfiguration dagegen charakterisiert die Qualität und Tiefe der Beziehungen zwischen zwei Akteuren und kann daher zur Charakterisierung der Verbindungen zwischen Spin-off und Mutterorganisation herangezogen werden.[500] In diesem Sinne fungieren Netzwerkbeziehungen zwischen den beiden Partnern als informelle Institutionen zur Senkung von Unsicherheit und ermöglichen den Austausch von Informationen, Werten und Normen.[501]

Reziprozität (Wechselseitigkeit) und Vertrauen stellen die beiden grundlegenden Charakteristika der relationalen Dimension der Netzwerkkonfiguration dar, wobei beide Konzepte zur sog. „Beziehungsstärke“ zusammengefasst werden.[502] Starke Beziehungen sind durch Intensität, Vertrautheit, Dauerhaftigkeit und Wechselseitigkeit gekennzeichnet, während schwache Verbindungen typischerweise eine gerin-

---

[496] Vgl. Granovetter 1973, S. 1360 ff.
[497] Vgl. Granovetter 1992, S. 25 ff.; sowie Bathlet, Glückler 2002, S. 160; Aldrich, Zimmer 1986, S. 3 ff.
[498] Vgl. Borgatti, Jones, Everett 1998, S. 1-36.
[499] Vgl. zur Kommunikation in redundanten Netzwerken: Hansen 1999, S. 82 ff.; vgl. zur Vertrautheit in redundanten Netzwerken: Steier, Greenwood 2000, S. 163 ff.
[500] Die Kombination von zwei Akteuren und ihren Beziehungen zueinander wird dabei als Dyade bezeichnet.
[501] Vgl. Granovetter 1992, S. 26 ff.
[502] Vgl. Scholten 2006, S. 38.; Teichert und Rost (2004, S. 375) bezeichnen starke Beziehungen als „Bonding“ und schwache Beziehungen als „Bridging“.

gere Dauer und emotionale Nähe aufweisen und oft zufälliger Natur sind.[503] Diese Aspekte werden zusammenfassend in Tabelle 5 dargestellt, wobei die Systematik nicht den Anspruch auf Vollständigkeit erhebt, sondern lediglich die wichtigsten Merkmale zur Typologisierung der Netzwerkbeziehungen zwischen Spin-off und Mutterorganisationen beinhaltet.[504]

| Merkmal | Ausprägung: Schwache Beziehung | Ausprägung: Starke Beziehung |
|---|---|---|
| **Formalisierungsgrad** | Lose Kontakte | Formale Kooperation |
| **Dauer der Zusammenarbeit** | Begrenzte, sporadische Zusammenarbeit | Zeitlich unbegrenzte, dauerhafte Beziehung |
| **Art der Bindung (Bindungsintensität)** | Lose Vereinbarungen, austauschbare Beziehungen, geringe soziale Intensität | Vertraglich geregelte Beziehungen, Wechselseitigkeit, hohes Vertrauensniveau, hohe Intensität |
| **Kapitalmäßige Verflechtung** | Keine kapitalmäßige Bindung | Kapitalmäßige Bindung |
| **Wertschöpfungsbezug** | Beratung, Beschaffung, F&E, Marketing/Akquisition, Personalmanagement etc. | |
| **Nutzen** | Erkennen von Chancen, Ausweitung der Informationsbasis | Transfer von Ressourcen und komplexen Informationen |

**Tabelle 5: Relationale Dimension der Beziehungskonfiguration zwischen Spin-off und Mutterorganisation**

Hinsichtlich des Formalisierungsgrades können die Beziehungen von Spin-offs zu Wissenschaftsinstitutionen in Kontakte und Kooperationen unterschieden werden, wobei unter Kontakten Beratungsleistungen, Gutachten sowie Überlassung von Geräten und Einrichtungen und unter Kooperationen gemeinsame F&E-Projekte und Auftragsforschung verstanden werden. Auf welche zeitliche Dauer die Beziehungen angelegt sind, ergibt sich zum Teil aus dem erforderlichen Formalisierungsgrad. Reine Kontakte bedürfen keiner langfristigen Planung, gemeinsame F&E-Vorhaben hingegen sind mittel- bzw. langfristiger Natur und erfordern dadurch einen höheren Formalisierungsgrad der Beziehungen.[505]

Die Art der Bindung und die kapitalmäßige Verflechtung zwischen Spin-off und Mutterorganisation lassen Rückschlüsse auf das Engagement bzw. die Abhängigkeit der beteiligten Organisationen zu. Lose Vereinbarungen haben im Gegensatz zu

[503] Vgl. Gulati 1995, S. 619 ff.; Hansen 1999, S. 82 ff.; Elfring, Hulsink 2003, S. 409 ff.
[504] Vgl. Batjargal 2003, S. 535 ff.; Gulati, Higgins 2003, S. 127 ff.; Rowley, Behrens, Krackhardt 2000, S. 369 ff.; Wegmeth 2002, S. 20; Podolny, Baron 1997, S. 674 ff.
[505] Vgl. Otto 2004, S. 147.

schriftlichen Verträgen keinen obligatorischen Charakter und lassen darauf schließen, dass die Kooperationsbeziehungen für die beteiligten Organisationen von geringer Bedeutung sind. Dem transaktionskostentheoretischen Ansatz zufolge ist die Bindungsintensität zweier Einheiten innerhalb einer Hierarchie sehr hoch, im Markt sehr gering und bei den hybriden Ausprägungen, entsprechend der verschiedenen Formen der Kooperation, im dazwischen liegenden Kontinuum anzusiedeln.[506] Ein sehr starker bindender Charakter kommt einer kapitalmäßigen Verflechtung der Organisationen zu, in der Form, dass sich die Forschungsorganisation an der Ausgründung beteiligt.[507] Diese Option wird bei strategisch bedeutenden Zusammenarbeiten bzw. bei einem hohen Ressourceneinsatz der Forschungseinrichtung bevorzugt, da sie zu einer Stabilisierung der Kooperation beiträgt.[508]

Ein weiteres Merkmal zur Beschreibung von Kooperationsbeziehungen stellt der Wertschöpfungsbezug dar. Die Zusammenarbeit zwischen Spin-off und Mutterorganisation kann sich auf verschiedene Funktionsbereiche des Unternehmens beziehen, wobei sich neben Forschung und Entwicklung weitere Felder für kooperative Beziehungen eignen, z.B. Personalbeschaffung, Marketing und Akquisition. Insgesamt ist davon auszugehen, dass die Bindung der Organisationen mit steigender Anzahl der Funktionsbereiche zunimmt.[509]

Angesichts der unterschiedlichen Formalisierungsgrade, Intensitäten und Ausprägungen der Zusammenarbeit zwischen Spin-off und Forschungseinrichtung stellt sich die Frage nach dem Nutzen von Kooperationen im Hinblick auf die Durchführung von Innovationsaktivitäten. Grundsätzlich können sowohl starke als auch schwache Beziehungen zwischen Ausgründung und Forschungseinrichtung einträglich sein, jeweils abhängig von den Rahmenbedingungen und den ressourcenbezogenen Defiziten des Spin-offs.[510]

Schwache, informelle und lockere Beziehungen können von Spin-offs in großer Zahl eingegangen werden und sind v.a. für den Zugang zu heterogenen Informations- und Wissensquellen verantwortlich.[511] Derartige Beziehungen eignen sich insbesondere

---

[506] Vgl. Vizjak 1990, S. 28.
[507] Vgl. Wegmeth 2002, S. 21.
[508] Der Umfang der Beteiligung ist abhängig von den Statuten der Forschungseinrichtung und liegt i.d.R. unter 25 %.
[509] Vgl. Wegmeth 2002, S. 22.
[510] Vgl. Teichert, Rost 2004, S. 375.
[511] Vgl. Mitsuhashi 2003, S. 321 ff.

für die Entdeckung von Marktchancen, die Ausweitung der Wissensbasis und Impulse für die Verbesserung des Leistungsspektrums.[512]

Starke, dauerhafte und enge Beziehungen sind dagegen für den Austausch komplexer und verbindlicher Informationen, die Beschaffung von Ressourcen und den Aufbau komplementärer Kompetenzen geeignet.[513] Derartige Verbindungen können von Spin-offs nicht in beliebig großer Zahl eingegangen werden, sondern sind auf wichtige Partner beschränkt, zu denen i.d.R. die Mutterorganisation zählt. Grundsätzlich gilt, dass die Bedeutung von starken und belastbaren Beziehungen der Transferpartner mit der Zunahme der Komplexität des Wissens- und Technologietransfers ebenfalls ansteigt.[514] Die Übertragung von komplexen Informationen und/oder Technologien mit hohem Wertschöpfungsbezug, bspw. relevante Informationen für die Produktentwicklung, erfordert eine enge Anbindung des Spin-offs an die Mutterorganisation. Derartiges Wissen liegt häufig implizit in Verbindung mit Personen, Institutionen und Technologien vor („tacit knowledge") und ist nur sehr schwer im Rahmen lockerer Verbindungen transferierbar.[515] Helm (2001, S. 83) betrachtet die Schaffung einer gemeinsamen Vertrauensbasis und den Aufbau zweckdienlicher Kommunikations- und Koordinationsstrukturen als unabdingbare Voraussetzungen für erfolgreiche Innovationskooperationen.[516] Damit geht ein relativ hoher Formalisierungsgrad der partnerschaftlichen Zusammenarbeit einher.

Aufgrund der besonderen Stellung der ausgründenden Forschungseinrichtung im Spin-off-Prozess und der bereits gefestigten sozialen Kontakte sowie aufgrund der Komplexität des Wissens- und Technologietransfers können intensive und starke Beziehungen zwischen Spin-off und Mutterorganisation als förderlich für die Umsetzung von Innovationsvorhaben und den Auf- und Ausbau von Wettbewerbsvorteilen angesehen werden.

Das wesentliche Ziel für die Beibehaltung der Beziehungen zur ausgründenden Institution und den Aufbau einer interorganisationalen Zusammenarbeit ist die Einbindung der Forschungseinrichtung in die Innovationsaktivitäten des Spin-offs. Während die Beziehungen zwischen Ausgründung und Mutterorganisation in der Inventions-

---

[512] Vgl. Granovetter 1992, S. 26 ff.; Elfring, Hulsink 2003, S. 409 ff.
[513] Vgl. Granovetter 1992, S. 26 ff.; siehe hierzu auch Elfring, Hulsink 2003, S. 409 ff.
[514] Vgl. Hansen 1999, S. 82 ff.
[515] Vgl. Hippel 1988, S. 63 ff.
[516] Siehe hierzu auch Robertson, Gatignon 1998, S. 515 ff.

und Innovationsphase vorwiegend der Ideen-, Ressourcen- und Legitimitätsgewinnung dienen, erhalten die Kooperations- und Netzwerkbeziehungen in der weiteren Unternehmensentwicklung zunehmend strategische Bedeutung. Mit der Vernetzung der Innovationsaktivitäten geht die Erwartung positiver Effekte auf die Wettbewerbsfähigkeit und den langfristigen ökonomischen Erfolg des Unternehmens einher.[517] Eine Kategorisierung der einzelnen Beweggründe fällt aufgrund der v-ielfältigen und sich zum Teil überlagernden Zielstellungen sehr schwer. Gleichwohl wird im Folgenden eine Einteilung der zu erwartenden positiven Effekte und Zielstellungen von Kooperationsbeziehungen zwischen Spin-offs und Mutterorganisationen unternommen, die sich im Wesentlichen an den von Rotering (1993, S. 32 ff.) vorgeschlagenen Kategorien orientiert:

- Ressourceneffizienz bei der Umsetzung der Innovation;
- Qualität und Timing bei der Umsetzung der Innovation;
- Überwindung potenzieller Markteintritts- und Wachstumsbarrieren.

### a. ) Ressourceneffizienz bei der Umsetzung der Innovation

Durch Kooperation mit der Mutterorganisation lassen sich für das Spin-off tendenziell die Kosten für Innovationsvorhaben senken. Dabei stehen, anders als bei zwei produzierenden Partnerorganisationen, nicht Skaleneffekte und Fixkostendegression im Vordergrund,[518] sondern Synergieeffekte in der Entwicklung und Nutzung spezialisierter Technologielinien.[519] Die Zusammenarbeit mit einer Forschungseinrichtung stellt in vielen Fällen die einzige Möglichkeit des Zugriffs auf hoch spezialisierte Ressourcen und kostspielige Infrastrukturen dar. Diese Ressourcen sind zwar nicht innerhalb des Unternehmens angesiedelt, allerdings ist das Spin-off in der Lage, diese nutzbar zu machen und dadurch die eigenen technologischen Kapazitäten zu erweitern. Derartige Ressourcen werden als „firm addressable resources“ bezeichnet.[520] Intensive Kooperationsbeziehungen tragen zu einer Stabilisierung der Zusammenarbeit bei, wodurch sich langfristig die F&E-Effizienz erhöht und die Kosten, Zeiten und Risiken von Produkt- und Prozessentwicklungen begrenzt werden können.[521]

---

[517] Vgl. Teichert, Rost 2004, S. 374.
[518] Vgl. zu Skaleneffekten und Fixkostendegression z.B. Ropella 1989, S. 253 ff.
[519] Vgl. zum Thema Synergieeffekte z.B. Ansoff 1987, S. 72.
[520] Vgl. Sanchez, Heene 1997, S. 17.
[521] Vgl. Teichert, Rost 2004, S. 374.

Synergiepotenziale ergeben sich nicht nur in der Entwicklung, sondern auch in nicht-technischen Funktionsbereichen wie etwa Marketing, Projektakquisition und Personalwirtschaft. In diesen Bereichen profitieren Spin-offs i.d.R. von den Forschungsorganisationen.

**b. ) Qualität und Timing bei der Umsetzung der Innovation**

Kooperationsbeziehungen tragen dazu bei, dass der Wissens- und Technologietransfer von der Forschungseinrichtung zum Spin-off konserviert und institutionalisiert wird. Die Nähe zur Wissenschaft gewährleistet eine erstklassige und effiziente Versorgung mit Informationen und neuen Erkenntnissen. Durch die Kooperation wird das Spin-off in das Forschungsnetzwerk und die wissenschaftliche Gemeinschaft eingebunden, woraus sich Informationsvorsprünge gegenüber Wettbewerbern mit weniger guten Beziehungen zur Wissenschaft ergeben. Generell gelten Wissens-Spill-over und organisationales Lernen als wesentliche Funktionen von Netzwerkbeziehungen.[522] Ganz konkret kann die Mutterorganisation die Rolle eines Erstkunden („lead users"[523]) für die Leistungen des Spin-offs übernehmen und dadurch die Produktentwicklung unterstützen.[524]

Der ständige Wissenstransfer führt zu einer Unterstützung der Entscheidungsprozesse im Unternehmen und zu einer Verkürzung der Entwicklungszeiten. Innovationen können zeitnah bzw. zum optimalen Zeitpunkt auf den Markt gebracht werden. Dieser Timing-Aspekt gewinnt insbesondere im Hinblick auf kurze Amortisationszeiten (sog. „pay off"-Perioden[525]) zunehmend an Bedeutung.

**c. ) Überwindung potenzieller Markteintritts- und Wachstumsbarrieren**

Auf High-Tech-Märkten existieren unter Umständen erhebliche Markteintrittsbarrieren, die von bestehenden Marktteilnehmern durch hohe Investitionsvolumina und bestehende Standards aufgebaut wurden bzw. aufgrund des mangelnden Zugangs

---

[522] Vgl. Badaracco 1991, S. 23 ff.; Powell, Koput, Smith-Doerr 1996, S. 116 ff.; Dyer, Singh 1998, S. 660 ff.

[523] Als „Lead User" werden besonders innovative Anwender neuer Produkte und Dienstleistungen verstanden, die Markttrends schneller als andere Unternehmen aufgreifen und aus diesem Grund in die Gestaltung von Innovationsprozessen einbezogen werden können; vgl. dazu Breuer, Schwamborn 1993, S. 845-847; Hippel 1988, S. 102 ff.; Hippel 1986, S. 791 ff.

[524] Vgl. Degroof, Roberts 2004, S. 350.

[525] Vgl. Bullinger 1991, S. 8 f.

zu spezifischen Technologien bestehen.[526] Derartige Barrieren können durch Kooperation mit der Forschungseinrichtung reduziert oder gänzlich überwunden werden.

Kooperationsbeziehungen führen zudem zum Aufbau von Legitimität und zu einer Reduktion der nachfragerseitigen Unsicherheiten, die ansonsten erhebliche Beeinträchtigungen der Innovations- und Wachstumspotenziale des Unternehmens darstellen.[527] Hinzu kommt, dass die Einbindung in die wissenschaftliche Gemeinschaft zu einer Reihe positiver Nebeneffekte führt, die das Wachstum des Unternehmens befördern. Die Zusammenarbeit mit der Forschungseinrichtung erleichtert den Zugang zu qualifizierten Fachkräften, zu Projektpartnern, zu Vertriebs- und Beschaffungskanälen und anderweitigen Partnerorganisationen. Eine detaillierte Diskussion der Reputationseffekte ist bereits in Kapitel 4.5.2 erfolgt und soll daher an dieser Stelle unterbleiben. Abbildung 27 fasst die eben diskutierten Aspekte zusammen.

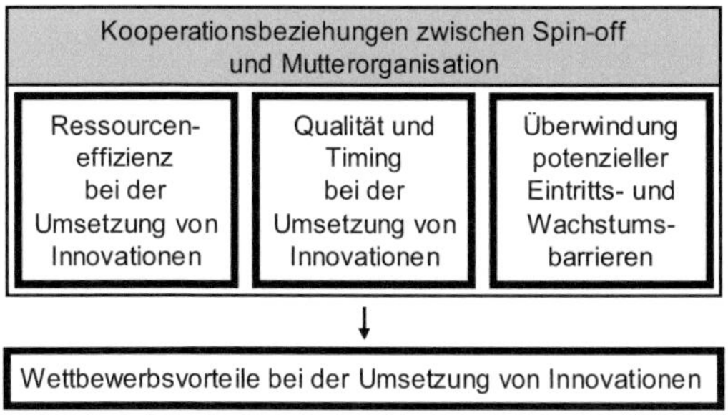


**Abbildung 27: Haupteffekte der Post-Spin-off-Kooperation**

Bei der Ausgestaltung der Kooperationsbeziehungen ist darauf zu achten, dass trotz enger Beziehungen zur Mutterorganisation die Eigenständigkeit und Autonomie des Spin-offs erhalten bleibt.[528] Der Verlust von Eigenständigkeit und der Mangel an eigener Identität stellen die Gefahren von intensiven Kooperationsbeziehungen dar. Für die Sicherung des langfristigen wirtschaftlichen Erfolgs kommt es darauf an, dass das Spin-off vom Markt als autarkes Unternehmen mit eigenständigen Leistungen wahrgenommen wird. Es muss an dieser Stelle allerdings darauf hingewiesen wer-

[526] Vgl. zu Markteintrittsbarrieren z.B. Perillieux 1987, S. 69; Porter 1980, S. 22.
[527] Vgl. Helm 2001, S. 84 f.
[528] Vgl. Boden, Fröstl 1993, S. 11.

den, dass die Bedeutung von Kooperationsbeziehungen zur Mutterorganisation stark von der Ausrichtung des Spin-offs abhängt. Während exit-orientierte Spin-offs i.d.R. eine schnelle Loslösung von der Mutterorganisation anstreben, favorisieren technologieorientierte und existenzsichernde Spin-offs i.d.R. die Festigkeit von lang anhaltenden Kooperationsbeziehungen.[529]

Zusammenfassend kann davon ausgegangen werden, dass die positiven Effekte einer engen Kooperation in der Phase nach der rechtlichen Gründung des Unternehmens überwiegen. Intensive Kooperationsbeziehungen und starke Bindungen zwischen Spin-off und Mutterorganisation führen zu einer Verbesserung der Wettbewerbsfähigkeit des Spin-offs und zu einer Erhöhung der Qualität der innovativen Leistungen und wirken sich positiv auf den wirtschaftlichen Erfolg des Unternehmens aus.

- Es ist demzufolge davon auszugehen, dass neben der kurz- bis mittelfristigen Umsetzung der Innovation (Innovationserfolg) auch der langfristige Markterfolg des Spin-offs positiv von der Intensität der Kooperationsbeziehungen beeinflusst wird.

### *4.5.4 Endgültiges theoretisches Modell*

Die Einflüsse der Spezifik einer konkreten Spin-off-Gründungsbasis auf deren Umsetzung wurden bereits im ersten vorläufigen Modell dargestellt, im zweiten vorläufigen Modell wurde dieser Prozess um den langfristigen Markterfolg erweitert. Dieses Modell wird nun um Aspekte der Beziehungen zwischen Spin-off und Mutterorganisation in den verschiedenen Phasen des Gründungsprozesses ergänzt. Eine ausgeprägte Inkubationsunterstützung durch die Mutterorganisation kann generell zu einer wesentlichen Optimierung des Markteintritts und zu einer effizienten Gestaltung des Innovationsprozesses führen. Ebenfalls überwiegen die positiven Effekte intensiver Kooperationsbeziehungen zwischen einem Spin-off und der Mutterorganisation auf die Effizienz des Markteintritts, die Wettbewerbsfähigkeit der Spin-off-Innovation und den langfristigen Markterfolg des Spin-offs. Das theoretische Modell der vorliegenden empirischen Untersuchung wird in seiner endgültigen Version in Abbildung 28 gezeigt.

---

[529] Vgl. zu den Typen von Spin-off-Gründungen die Ausführungen in Kapitel 3.3.4.

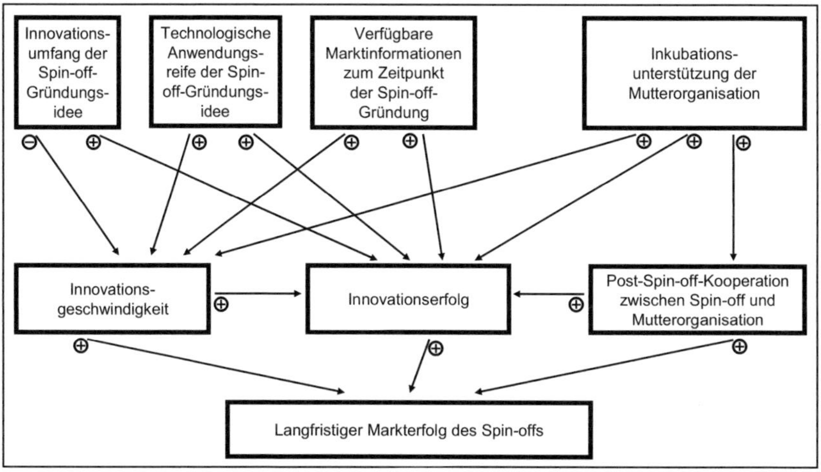


**Abbildung 28: Theoretisches Modell zur Erklärung der Umsetzung von Innovationen durch Spin-offs**

# 5 Stand der Forschung und Formulierung der Hypothesen

## 5.1 Grundlegende Erläuterungen zum Stand der empirischen Spin-off-Forschung

Die Empirie zu forschungsbasierten Spin-offs ist vielfältig und weist eine hohe thematische und methodische Bandbreite auf. Das Spektrum reicht von Analysen des Spin-off-Gründungsgeschehens[530] über Untersuchungen zur Gründungsneigung von Wissenschaftlern und zur Gründungsintensität an Forschungseinrichtungen,[531] bis hin zu Untersuchungen des Transferprozesses[532] und Studien zur Typologisierung von Spin-offs.[533]

Ausmaß und Differenziertheit der empirischen Forschung werden durch die vorangegangenen Ausführungen im Rahmen der Begriffsdefinitionen (Kapitel 2) und der Genese (Kapitel 3) sowie der theoretischen Erarbeitung des Modells (Kapitel 4) belegt. Die dortigen Argumentationen beruhen sowohl auf den theoretischen Überlegungen der zitierten Autoren als auch auf den empirischen Ergebnissen der zitierten Studien. Empirie und Theorie sind demnach bereits in die Problemdefinition und die Erarbeitung des Erklärungsmodells eingeflossen. Dieses Vorgehen erscheint für eine Problemstellung im Bereich der Entrepreneurshipforschung zweckmäßig, die stark durch eklektische Ansätze und eine hohe Bedeutung der Erfolgsfaktorenforschung geprägt ist.

Zusätzlich zur bereits verwendeten Literatur gibt es mehrere aktuelle und umfassende Überblicke über den Stand der Forschung zu Spin-offs aus Universitäten und anderen öffentlichen Forschungseinrichtungen. An dieser Stelle sei auf die folgenden ausführlichen Literaturüberblicke verwiesen:

- Phan und Siegel (2006);
- Helm und Mauroner (2007);

---

[530] Vgl. Kriegesmann 2000, S. 397 ff.

[531] Vgl. Mauroner 2007, S. 96 ff.; Renault 2006, S. 227 ff.; Golla, Halter, Fuegistaller, Klandt 2006, S. 209 ff.; O'Shea, Allen, Chevalier 2005, S. 994 ff.; Smilor, Matthews 2004, S. 111 ff.; Lockett, Wright, Franklin 2003, S. 185 ff.; Knecht 1998a, S. 48 ff.; Kassicieh, Radosevich, Banbury 1997, S. 248 ff.; Berndts, Harmsen 1985; Szyperski, Klandt 1981; Szyperski, Klandt 1980.

[532] Vgl. Pleschak 2003, S. 1; Chiesa, Piccaluga 2000, S. 329 ff.; Bellini, Pammolli, Piccaluga 2000, S. 16 f.; Sabisch, Esswein, Meißner, Wyllegalla 1998, S. 27; Szyperski, Klandt 1983, S. 9.

[533] Vgl. Mustar, Renault, Colombo, Piva, Fontes, Lockett, Wright, Clarysse, Moray 2006, S. 289 ff.; Leitch 2003; Clarysse, Quince, Vohara, Heirman, Van de Velde 2002; Steffensen, Rogers, Speakman 2000, S. 93 ff.; Berndts, Harmsen 1985.

- Djokovic und Souitaris (2008).

Phan und Siegel (2006) analysieren eine umfangreiche Auswahl an neuerer Literatur zu Strategien und Möglichkeiten des Technologietransfers mit dem Ziel der Identifikation möglichst effektiver Transfermechanismen. Den Autoren zufolge stellen Spin-offs, neben Lizenzvereinbarungen zwischen Forschungseinrichtungen und Unternehmen, einen wesentlichen Transfermechanismus dar. Bei der Bewertung des Transfererfolges nehmen die Autoren die Perspektive von Universitäten und Forschungseinrichtungen ein, sodass der Fokus nicht auf der Gründung und Etablierung erfolgreicher Unternehmen sondern auf der Stärkung des Technologietransfers, z.B. in Form einer Erhöhung der Ausgründungsintensität liegt.[534] Phan und Siegel (2006, S. 132) zufolge befinden sich Universitäten im globalen Wettbewerb untereinander, der sich nicht auf die Erzeugung von Wissen beschränkt, sondern gleichfalls die Vermarktung des Wissens einbezieht. Den Autoren zufolge wird die Effektivität des Technologietransfers durch ein Geflecht institutioneller, organisatorischer und individueller Rahmenbedingungen beeinflusst, die im jeweiligen Kontext der Forschungseinrichtungen und im Zusammenhang mit der Art der Technologie- und Wissensbasis betrachtet werden müssen.

Der Literaturüberblick von Helm und Mauroner (2007) betrachtet Spin-offs vorwiegend aus der Perspektive der Unternehmensgründung und baut auf den grundlegenden Erkenntnissen der Entrepreneurshipforschung auf. Dabei werden 71 Studien zu Einfluss- und Erfolgsfaktoren im Spin-off-Prozess mit Hilfe des allgemein anerkannten Bezugssystems der Unternehmensgründung von Gartner (1985, S. 696 ff.) eingeordnet und analysiert. Es zeigen sich zwei wesentliche Aspekte: Zum einen kann der Spin-off-Gründungsprozess als Sonderform eines allgemeinen Unternehmensgründungsprozesses aufgefasst und in Vorgründungs-, Gründungs- und Wachstumsphase unterteilt werden.[535] Zum anderen zeigt der Überblick, dass der unternehmerische Erfolg von Spin-off-Gründungen von drei miteinander verknüpften Klassen von Einflussfaktoren abhängt, (1) der Gründerperson und dem mikrosozialen Umfeld, (2) dem Unternehmensumfeld und der Mutterorganisation sowie (3) unternehmensinternen Faktoren. Dabei zeigt sich, dass bezüglich einzelner Teil-

[534] Vgl. Phan, Siegel 2006, S. 124.
[535] Vgl. Clarysse, Moray 2004, S. 55 ff.

aspekte ein Mangel an empirischen Studien besteht, insbesondere hinsichtlich der letztgenannten Faktorenkategorie bzw. hinsichtlich des Spin-off-Impulses und der unternehmerischen Umsetzung von Forschungsergebnissen.[536]

Djokovic und Souitaris (2008, S. 225 ff.) beziehen 63 Literaturbeiträge zu Spin-offs in ihre Übersicht ein und kategorisieren die Literatur in makro- und mikrophänomenologische Untersuchungen. Mikrophänomenologische Studien konzentrieren sich auf Merkmale, Beziehungen und Interaktionen der handelnden Personen in Spin-off-Prozessen, wobei im Wesentlichen ein Konsens hinsichtlich der Bedeutung von Humankapital und Netzwerkbeziehungen für die Entstehung und den Erfolg von Spin-offs besteht. Der Schwerpunkt makrophänomenologischer Studien liegt in der Analyse der Effektivität des Technologietransfers mittels Spin-offs und der Umfeld- und Marktbedingungen für Spin-off-Gründungsvorhaben. Djokovic und Souitaris (2008, S. 239 ff.) ziehen die Schlussfolgerung, dass Widersprüche zwischen verschiedenen empirischen Implikationen bestehen, je nachdem ob die Studien aus der Perspektive der Forschungseinrichtungen oder der Unternehmen durchgeführt werden. Dieser Antagonismus wirft mehrere, empirisch zu betrachtende Fragestellungen auf, nämlich ob Technologietransferstellen marktbezogene Aspekte ausreichend berücksichtigen, ob die gewählten Transfermechanismen wirklich effektiv sind und inwiefern eine Diskrepanz zwischen quantitativen und qualitativen Zielstellungen im Spin-off-Geschehen besteht. In summa bemängeln die Autoren, dass eine geringe Anzahl an Spin-off-Studien auf umfangreichen theoretischen Überlegungen basiert, was insbesondere für Studien zur Rolle von Mutterorganisationen, Inkubatoren und Gründerzentren gilt.[537] Herangezogene theoretische Konzepte sind im Wesentlichen die ressourcenbasierte Theorie, die „social network theory“, die „organizational theory“ und die „evolutionary theory“.[538] Bemerkenswerterweise sprechen sich die Autoren dafür aus, im Rahmen der empirischen Spin-off-Forschung eine stärkere Akzentuierung der unternehmerischen Entität und des Produktentwicklungs- und Innovationsprozesses vorzunehmen sowie Fragestellungen des Entrepreneurship und der effizienten Vermarktung stärker zu berücksichtigen.[539]

---

[536] Vgl. Heukeroth, Pleschak 2003, S. 75 ff.
[537] Vgl. Djokovic, Souitaris 2008, S. 240 ff.
[538] Beispiele für theoriegeleitete Studien sind Nicolaou, Birley (2003b): “social network theory”; Clarysse, Moray (2004) und Grandi, Grimaldi (2003): “organizational theory”; Shane (2002): “resource based view”; Shane (2001): “evolutionary theory”.
[539] Vgl. Djokovic, Souitaris 2008, S. 225 ff.

Die folgenden Ausführungen zum Stand der Forschung sollen keinen generellen Überblick über empirische Befunde zu Spin-offs aus öffentlichen Einrichtungen geben, sondern beschränken sich auf relevante Resultate von Untersuchungen, die sich speziell mit dem Erfolg der Umsetzung von Innovationen im Rahmen von Spin-off-Unternehmensgründungen befassen. Von zentraler Bedeutung sind die Themenkomplexe, die bereits in der theoretischen Ausarbeitung die Schwerpunkte bilden:

- Merkmale der Spin-off-Gründungsbasis und deren Erfolgswirkung (Kap. 5.2);
- Markteinführung von Spin-off-Innovationen und deren Erfolgswirkung (Kap. 5.3);
- Inkubationsunterstützung durch die Mutterorganisation und Kooperationsbeziehungen zwischen Spin-off und Mutterorganisation sowie deren Erfolgswirkung (Kap. 5.4).

Im Folgenden werden zu den genannten Aspekten die wesentlichen empirischen Befunde der Literatur vorgestellt und untersucht. Ausgehend vom theoretischen Erklärungsmodell (Kapitel 4) kann im anschließenden Abschnitt (Kapitel 5.5) die Formulierung forschungsleitender Hypothesen vorgenommen werden.

## 5.2 Empirische Befunde zum Einfluss der Spin-off-Gründungsbasis

Die Spin-off-Gründungsbasis wurde in zahlreichen empirischen Studien untersucht, wobei unterschiedliche Merkmale der Gründungsidee und der unternehmerischen Basis operationalisiert wurden. Am häufigsten wurden die Innovativität und die technologische Reife der Gründungsidee untersucht. Der Einfluss der zum Gründungszeitpunkt verfügbaren Informationen über den relevanten Markt wurde ebenfalls in einzelnen Spin-off-Studien ermittelt, wobei die Informationsbasis als Bestandteil der gründungsrelevanten Ressourcenbasis angesehen wird. Die folgende Auflistung in Tabelle 6 zeigt die relevanten empirischen Studien im Überblick und stellt die empirische Datenbasis, die Untersuchungsmethodik, die verwandten Theorien und schließlich die Ergebnisse detailliert heraus.

| Studie | Datenbasis | Methodik | Theorien, Erklärungs-modelle | Resultate |
|---|---|---|---|---|
| Autio 1994 | 35 Spin-offs aus Universitäten (FIN) | Häufigkeits-analysen; Signifikanztest (F-Test) | Lebenszyklus-modelle | Technologietransfermechanismen und Technologieressouren haben Einfluss auf den Verlauf der Vorgründungs- und Gründungsphase des Spin-off |
| Bekkers, van der Steen 2003 | 8 Forschungsein-richtungen, 1 Trans-ferstelle und 6 Spin-offs (NED, USA) | Qualitative Auswertung; Fallstudien | Erfolgsfaktoren-forschung | Spin-offs mit klarer Produktorientierung entwickeln sich besser und schneller als Dienstleistungs-Spin-offs |
| Chiesa, Piccaluga 2000 | 48 Spin-offs aus Universitäten (ITA) | Häufigkeits-analyse | Einfluss von Motivation und Finanzierung | Ausgeprägte Technologieinduzierung der Gründungsidee erschwert Finanzierung, Marktabschätzung und Markteintritt |
| Clarysse, Degroof, Heirman 2003 | 92 Start-ups, groß-teils F&E-basierte Spin-offs (NED) | Häufigkeits-analyse | Ressourcen-basierte Sichtweise | Klare Produkt-Markt-Kombination zum Gründungszeitpunkt beeinflusst die Entwicklung des Spin-offs positiv |
| Dickel, Walter 2007 | 116 Spin-offs aus (GER) | Moderierte Regression | Organisatio-nales Lernen | Qualität der technologischen Basis und Wissensintegration haben einen positiven Einfluss auf die Marktperformance der ersten Leistungen von Spin-offs |
| Egeln, Gottschalk, Rammer, Spielkamp 2002 | 20.000 Unterneh-men; darunter 600 Spin-offs (GER) | Häufigkeits-analyse | Erfolgsfaktoren-forschung | Nutzung von Forschungsergebnissen wirkt sich negativ auf die Bonität aus |
| Egeln, Gottschalk, Rammer, Spielkamp 2003 | 20.000 Unterneh-men; darunter 600 Spin-offs (GER) | Multivariate Regressions-analysen | Erfolgsfaktoren-forschung | Nutzung von Forschungsergebnissen wirkt sich negativ auf die Bonität aus; Nutzung von Patenten wirkt sich positiv auf das Unternehmenswachstum aus |
| Franklin, Wright, Lockett 2001 | 57 Universitäten (UK) | Häufigkeits-analyse | Interne vs. externe Spin-off-Unternehmer | Einbeziehung externer Partner (Kombination interner und externer Gründer) beeinflusst die Performance der Technologieverwertung positiv |
| Gassmann, Escher, Luggen 2003 | Spin-offs aus 10 privaten For-schungszentren (Europa) | Häufigkeits-analyse | Transaktions-kostentheorie, Informations-asymmetrien | Marktakzeptanz, wahrgenommener Kundennutzen und wahrgenommene Leistungsqualität erhöhen den Erfolg |
| Heirman, Clarysse 2004a | 99 F&E-basierte Unternehmens-gründungen (BEL) | Clusteranalyse | Ressourcen-basierte Sichtweise | Ressourcenbasis des Spin-offs beeinflusst die Wahrscheinlichkeit, den Gründungsprozess erfolgreich zu bestehen und die weitere Entwicklung des Spin-offs |
| Heirman, Clarysse 2004b | 99 F&E-basierte Unternehmens-gründungen (BEL) | Clusteranalyse | Ressourcen-basierte Sichtweise | Hohe Entwicklungsreife der Spin-off-Idee verbessert die Innovationsgeschwidigkeit |
| Heirman, Clarysse 2004c | 99 F&E-basierte Unternehmens-gründungen (BEL) | Deskriptive Analyse; Hazard-Modelle | New Product Development | F&E-Basis und intangible Ressourcen haben Einfluss auf die Markteintrittsdauer |
| Heirman, Clarysse, Van den Haute 2003 | 83 F&E-basierte Unternehmens-gründungen (BEL) | Clusteranalyse | Ressourcen-basierte Sichtweise | Ressourcenkonfiguration des Spin-offs zum Gründungszeitpunkt hat Einfluss auf die Unternehmensstrategie |
| Hemer, Berteit, Walter, Göthner 2006 | 20 Spin-offs (GER) | Deskripitve Analyse von Fallstudien | Erfolgsfaktoren-forschung | Erfolgsrelevant für Spin-offs sind Alleinstellung des Produktes, frühzeitige Markterkundung und Marktanalyse |
| Hunsdiek 1987 | 67 Technologie-unternehmen (GER) | Häufigkeits-analyse | Erfolgsfaktoren-forschung | Höhe der Marktinformationen hängt positiv mit dem Erfolg zusammen |
| Lindholm Dahlstrand 1997 | 30 Spin-offs und 30 Start-ups (SWE) | Häufigkeits-vergleiche; Regression | Innovations-systeme; Inku-batoreinfluss | Innovativität der Idee beeinflusst das Wachstum des Spin-offs positiv |
| Markman, Gianiodis, Phan 2006 | 991 Technologie-transferstellen von Universitäten (USA) | Regressions-analyse; Inhalts-analyse | Technologie-transfer | Resistenz und Gleichgültigkeit der Transferstelle gegenüber Spin-offs der Erfinder behindern häufig eine schnelle Kommerzialisierung |
| Markman, Phan, Balkin, Gianiodis 2005 | 128 Technlogie-transferstellen von Universitäten | Lineare Regression | Organisations-theorie, „new venture formation“ | Früher Entwicklungsstand der Spin-off-Innovation wirkt sich negativ auf die Umsetzung der Innovation aus (und wird von Mutterorganisationen nicht favorisiert) |
| Nerkar, Shane 2003 | 128 Start-ups aus dem MIT (USA) | Longitudinale Datenanalyse; Hazard-Modelle | Entrepreneur-ship-Theorie | Nutzung von Patenten und die Radikalität der Technologie erhöhen die Überlebenswahrscheinlichkeit von Spin-offs in Märkten mit geringer Konzentration |
| Picot, Laub, Schneider 1989 | 52 innovative Unternehmens-gründungen (GER) | Häufigkeits-analyse | Transaktions-kostentheorie | Entwicklungsreife der Idee reduziert die Transaktionskosten; Nutzung von Patenten verbessert die Möglichkeiten der Kapitalbeschaffung; Planungsintensität hat keinen signifikanten Einfluss auf Erfolg |

| Studie | Datenbasis | Methodik | Theorien, Erklärungs-modelle | Resultate |
|---|---|---|---|---|
| Riesenhuber, Walter, Auer 2006 | 73 Spin-offs in der frühen Entwick-lungsphase (GER) | Hierarchische Regression | Entrepreneurial Orientation; Unsicherheit | Hohe technische Unsicherheit wirkt sich negativ auf das Umsatzwachstum aus; Verzögerungen in Innovationsprozessen wirken sich negativ auf die Beurteilung des Markteintrittes aus |
| Roberts 1991a | 156 MIT-Spin-offs; 82 Non-MIT-Spin-offs; 196 Start-ups; 129 Gründer; 299 Wissenschaftler; 73 Techniker; 99 junge Technologieunter-nehmen (USA) | Häufigkeits-analyse | Erfolgsfaktoren-forschung | Höherer Technologietransfer, Nutzung von Marktinformationen und Kundenkontakten sind erfolgsrelevant |
| Sanz-Velasco, Saemundsson o.J. | 8 akademische Spin-offs (DAN, FIN, ISL, SWE) | Qualitative Auswertung; Fallstudien | Lerntheorie | Gründer akademischer Spin-offs haben Mangel an unternehmerischem Wissen; dieser kann durch Lernprozesse aus-geglichen werden |
| Schmidt, Riesenhuber 2007 | 73 Spin-offs (GER) | Moderierte Regression | Patentschutz als Bestandteil der Ressourcen-basis | Nutzung von Patenten hat positiven Effekt auf Umsatzwachstum; der Effekt wird durch unternehmerische Orientierung (proaktiv, risikofreudig, innovationsfreudig, wettbewerbsorientiert) verstärkt |
| Shane, Stuart 2002 | 134 Start-ups aus dem MIT (Ziel Ver-marktung von MIT-Lizenzen) (USA) | Hazard-Modelle | Organisations-ökologie; Evolutions-theorie | Technologische Ressourcen beeinflussen den Erfolg von Spin-offs positiv; Nutzung von Patenten verbessert die Möglichkeiten der Kapitalbeschaffung |
| Steinkühler 1994 | 34 Start-ups aus Gründerzentren; 35 andere Start-ups (GER) | Pfadanalyse | Erfolgsfaktoren-forschung | Planungs- und Informationsverhalten führen zu höherem Erfolg; kein signifikan-ter Zusammenhang zwischen Wachstum des Unternehmens und Forschungsnähe der Gründungsidee |
| Tübke 2004 | 88 Organisationen mit Spin-off-Erfah-rung; 123 ohne Spin-off-Erfahrung | Faktoranalyse | Erfolgsfaktoren-forschung | Nutzung vorhandener Markterfahrungen ist ein bestimmender Faktor für Erfolg im Spin-off-Prozess |
| Vohara, Wright, Lockett 2004 | 9 Spin-offs aus 7 verschiedenen Universitäten (UK) | Qualitative Analyse | Ressourcen-basierte Sichtweise, Lebenszyklus-konzepte | Einfluss auf die Fähigkeit, den gesamten Spin-off-Prozess zu durchlaufen (d.h. den Markteintritt zu erreichen) haben: techno-logische Ressourcen, Zugang zu relevan-tem Wissen, Marktverständnis |

**Tabelle 6: Empirische Studien zum Einfluss der Spin-off-Gründungsbasis**

Der in dieser Arbeit vermutete grundsätzliche Zusammenhang zwischen der technologischen Ressourcenbasis eines Spin-offs zum Gründungszeitpunkt und dem Erfolg im Gründungsprozess wird durch die angeführten Studien bestätigt.[540] Arbeiten, in denen ein derartiger Zusammenhang explizit in Frage gestellt wird, konnten nicht identifiziert werden.

Empirische Studien, in denen die Innovativität der Spin-off-Gründungsidee untersucht wird, stellen zum größten Teil einen positiven Zusammenhang zwischen der Innovativität und dem Unternehmenserfolg fest.[541] Die Befunde lassen darauf schließen, dass ein ausgeprägter Innovationsumfang der Spin-off-Idee einen potenziellen

[540] Vgl. Autio 1994, S. 270 ff.; Dickel, Walter 2007; Heirman, Clarysse 2004a, S. 247 ff; Heirman, Clarysse 2004b; Heirman, Clarysse 2004c, S. 12 ff.; Heirman, Clarysse, van den Haute 2003; Shane, Stuart 2002; Vohara, Wright, Lockett 2004.

[541] Vgl. Hemer, Berteit, Walther, Göthner 2006, S. 52 f.; Lindholm Dahlstrand 1997, S. 331 ff.; Roberts 1991a, S. 100 ff.; Schmidt, Riesenhuber 2007; Vohara, Wright, Lockett 2004.

komparativen Wettbewerbsvorteil darstellt und demzufolge positiv mit dem Erfolg korreliert.[542] Zu beachten ist dabei, dass die Operationalisierungen der unabhängigen Variablen wie auch der abhängigen Variablen in den einzelnen Arbeiten sehr unterschiedlich erfolgen. Es wird generell keine Differenzierung zwischen Innovationserfolg, Innovationsgeschwindigkeit und Markterfolg vorgenommen, sodass hierzu keine Aussagen möglich sind.

Chiesa und Piccaluga (2000, S. 336 f.) ermitteln einen negativen Zusammenhang zwischen der Technologieinduzierung der Idee und dem Markteintritt, insbesondere den Möglichkeiten der Finanzierung. Die Autoren begründen dies mit der relativen Schwäche des Innovationssystems und des Wagniskapitalmarktes in Italien. Andere empirische Studien deuten darauf hin, dass eine hohe Innovativität der Gründungsidee zu Nachteilen bei der Bonitätseinstufung und der Unternehmensfinanzierung führen kann.[543] Diese Resultate stellen einerseits keinen Widerspruch zur vermuteten positiven Wirkung auf den Innovationserfolg dar und stützen andererseits den in Kapitel 4.3 vermuteten negativen Zusammenhang zwischen dem Innovationsumfang der Spin-off-Idee und der Innovationsgeschwindigkeit.

Die empirischen Befunde zum Einfluss der technologischen Anwendungsreife der Spin-off-Idee zum Gründungszeitpunkt sind spärlich.[544] Für einzelne Branchen – z.B. die Medizintechnik – zeigt sich, dass die Entwicklungsreife positiv mit der Innovationsgeschwindigkeit und dem Umsetzungserfolg zusammenhängt.[545] In diesem Zusammenhang sei besonders auf die Studie von Clarysse, Degroof und Heirman (2003, S. 91) hingewiesen, die zu dem Ergebnis kommt, dass eine klare Produkt-Markt-Strategie zum Gründungszeitpunkt den Umsetzungserfolg von Spin-off-Innovationen positiv beeinflusst.

Die Arbeiten, welche die Wirkung der Marktinformationen auf den Markteintritt untersuchen, kommen allesamt zu dem Ergebnis, dass ein positiver Zusammenhang zwischen dem Umfang der Marktinformationen und dem Erfolg von Spin-off-Vorhaben

---

[542] Auf derartige Zusammenhänge deuten auch empirische Untersuchungsergebnisse der Innovationsforschung hin; vgl. z.B. McEvily, Chakravarthy 2002, S. 289; Day, Wensley 1988, S. 1-20;

[543] Vgl. Spielkamp, Egeln, Gottschalk, Rammer 2004, S. 153 ff.

[544] Picot, Schneider, Laub (1989, S. 358 ff.) argumentieren, dass eine hohe Entwicklungsreife die Transaktionskosten der Umsetzung von Innovationen senkt.

[545] Vgl. Heirman, Clarysse 2004b, S. 12 ff.; Markman, Phan, Balkin Gianoidis 2005, S. 257.

besteht.[546] Umfangreiche Kenntnisse der Markt- und Kundenanforderungen gehören demzufolge zu den ausschlaggebenden Erfolgsfaktoren im Innovationsprozess.[547] Die Resultate gehen konform mit den Ausführungen in Kapitel 4.3 und den dort postulierten Zusammenhängen zwischen der Höhe der Marktinformationen und dem Markteintritt. In den angeführten Studien erfolgt allerdings keine Differenzierung zwischen Innovationserfolg und Innovationsgeschwindigkeit.

Insgesamt kann festgestellt werden, dass das entwickelte Modell hinsichtlich des Einflusses der Gründungsidee auf den Markteintrittserfolg (Innovationserfolg und -geschwindigkeit) den bisherigen empirischen Befunden nicht widerspricht.

## 5.3 Empirische Befunde zur Markteinführung von Spin-off-Innovationen

Im Gegensatz zu den Merkmalen der Gründungsidee ist die Markteinführung von Spin-off-Innovationen wesentlich seltener Gegenstand empirischer Studien. Zudem findet häufig keine Differenzierung des Spin-off-Erfolgs in kurzfristigen Innovationserfolg und langfristigen Markterfolg statt; vielmehr wird die abhängige Variable durch eine generelle Erfolgsgröße gebildet, wie z.B. die Überlebenswahrscheinlichkeit oder die Marktperformance. Die folgende Übersicht in Tabelle 7 fasst die relevanten empirischen Studien zusammen.

| Studie | Datenbasis | Methodik | Theorien, Erklärungs-modelle | Resultate |
|---|---|---|---|---|
| Lindholm Dahlstrand 1997 | 30 Spin-offs und 30 Start-ups (SWE) | Häufigkeitsvergleiche; lineare Regression | Innovations-systeme | Innovativität der Idee beeinflusst das Wachstum von Spin-offs positiv |
| Nerkar, Shane 2003 | 128 Start-ups aus dem MIT (USA) | Hazard-Modelle | Entrepreneur-ship-Theorie | Radikalität der Technologie erhöht die Überlebenswahrscheinlichkeit von Spin-offs in erster Linie in Märkten mit geringer Konzentration |
| Tübke 2004 | 88 Organisationen mit und 123 ohne Spin-off-Erfahrung | Faktoranalyse | Erfolgsfaktoren-forschung | Nutzung vorhandener Markterfahrungen ist ein entscheidender Faktor für Erfolg im Spin-off-Prozess |
| Hemer, Berteit, Walter, Göthner 2006 | 20 Spin-offs (GER) | Deskripitve Analyse von Fallstudien | Erfolgsfaktoren-forschung | Erfolgsrelevant für die Entwicklung von Spin-offs sind Alleinstellung des Produktes, Spezialisierung auf innovative Marktnische und ständige Strategieanpassung |
| Egeln, Gottschalk, Rammer, Spielkamp 2003 | 20.000 Unternehmen; darunter 600 Spin-offs (GER) | Multivariate Regressions-analysen | Erfolgsfaktoren-forschung | Technologieführerschaft erhöht die Erfolgswahrscheinlichkeit von Spin-offs |

546 Vgl. Hunsdiek 1987, S. 184 f.; Roberts 1991a, S. 309 ff.; Steinkühler 1994, S. 182 ff.; Tübke 2004, S. 144; Vohara, Wright, Lockett 2004, S. 167 ff.

547 Ähnlich sind die Befunde der allgemeinen Innovationsforschung, wie z.B. Goldenberg, Lehmann, Mazursky 2001, S. 70.

| Studie | Datenbasis | Methodik | Theorien, Erklärungs-modelle | Resultate |
|---|---|---|---|---|
| Dickel, Walter 2007 | 116 Spin-offs aus (GER) | Moderierte Regression | Organisationales Lernen | Qualität der technologischen Basis hat positiven Einfluss auf die Marktperformance der ersten Leistungen von Spin-offs |
| Gassmann, Escher, Luggen 2003 | Spin-offs aus 10 privaten Forschungszentren (Europa) | Häufigkeits-analyse | Transaktions-kostentheorie, Informations-asymmetrien | Wahrgenommener Kundennutzen und wahrgenommene Leistungsqualität erhöhen den Spin-off-Erfolg |
| Hunsdiek 1987 | 67 Technologie-unternehmen (GER) | Häufigkeits-analyse | Erfolgsfaktoren-forschung | Technologieführerschaft erhöht die Erfolgswahrscheinlichkeit von Spin-offs |
| Markman, Gianiodis, Phan 2006 | 991 Technologie-transferstellen an Universitäten (USA) | Regressions-analyse; Inhalts-analyse | Technologie-transfer | Markteintrittsdauer von akademischen Spin-offs korreliert negativ mit dem Rückfluss für die Universität |
| Riesenhuber 2007 | 74 Spin-offs (GER) | Moderierte Regression | Technologische Ressourcen; Startkonfigura-tionen | Qualität der technologischen Basis hat positiven Einfluss auf Umsatzwachstum; der Effekt wird durch unternehmerische Orientierung (proaktiv, risikofreudig, wettbewerbsorientiert, innovativ) und Netzwerkeinbindung verstärkt |
| Riesenhuber, Walter, Auer 2006 | 73 Spin-offs in der frühen Entwick-lungsphase (GER) | Hierarchische Regression | Entrepreneurial Orientation; Unsicherheit | Verzögerungen in Innovationsprozessen wirken sich negativ auf die Entwicklungskosten und die Beurteilung des Markteintrittes aus |
| Shane, Stuart 2002 | 134 Start-ups aus dem MIT (Ziel Vermarktung von MIT-Lizenzen) (USA) | Hazard-Modelle | Organisations-ökologie; Evolu-tionstheorie | Technologische Ressourcen beeinflussen den Erfolg von Spin-offs positiv |
| Markman, Gianoidis, Phan, Balkin 2005 | 128 Technlogie-transferstellen von Universitäten (USA) | Lineare Regression | Innovations-geschwindigkeit | Geschwindigkeit der Kommerzialisierung ist eine Voraussetzung für die Performance bei der Vermarktung von neuen Technologien |
| Zahn, Koch, Schaschke 2003 | 30 Spin-offs aus Privatunternehmen (und Akteure im Umfeld) (GER) | Häufigkeits-analyse | Entwicklungs-verläufe und Erfolgsfaktoren | Anfängliche Expansions- und Wachstumsorientierung erhöht die Erfolgswahrscheinlichkeit von Spin-offs |
| Stuart, Abetti 1987 | Start-ups (USA) | Regressions-analyse | Erfolgsfaktoren-forschung | Technologieführerschaft erhöht die Erfolgswahrscheinlichkeit von Start-ups |

**Tabelle 7: Empirische Studien zur Markteinführung von Spin-off-Innovationen**

Der Einfluss der Innovationsgeschwindigkeit im Spin-off-Prozess wurde in der Vergangenheit erstaunlicherweise nur spärlich empirisch untersucht.[548] Lediglich Markman, Gianiodis, Phan und Balkin (2005, S. 1061) stellen fest, dass die Geschwindigkeit der Kommerzialisierung von F&E-Ergebnissen eine der wesentlichen Voraussetzungen für die Performance bei der Vermarktung darstellt. Dabei erfolgt keine explizite Einschränkung auf Spin-offs als Transferinstrument und keine Differenzierung zwischen kurzfristigem Innovations- und langfristigem Markterfolg. Riesenhuber, Walter und Auer (2006, S. 125) ermitteln, dass sich Verzögerungen in Innovationsprozessen negativ auf die Beurteilung des Markteintrittserfolges auswirken. Insgesamt kann somit festgestellt werden, dass die wenigen vorliegenden empirischen Untersuchungen zur Bedeutung der Innovationsgeschwindigkeit in Spin-off-Prozessen konform mit den in Kapitel 4.4 vermuteten Zusammenhängen sind. Darauf deuten auch die vorliegenden empirischen Studien zur Markteinführung von Innova-

[548] Ein vergleichbares Ergebnis stellen auch Carbonell und Rodriguez (2006, S. 1) in ihrer Literaturübersicht zu Innovationsprozessen fest.

tionen hin, wenngleich an dieser Stelle nicht auf den Stand der empirischen Forschung zu Timing-Strategien in Innovationsprozessen eingegangen werden soll.[549]

Vereinzelt liegen empirische Studien vor, die explizit den Zusammenhang zwischen dem Innovationserfolg und dem langfristigen Markterfolg bei Spin-off-Prozessen untersuchen. Dabei wird der Innovationserfolg entweder mit der Erzielung einer Technologieführerschaft oder mit der Realisierung einer hohen technologischen Qualität der Leistung und deren Wahrnehmung durch den Kunden gleichgesetzt, während der Markterfolg durch das Umsatzwachstum oder die generelle Marktperformance operationalisiert wird. Die Resultate zeigen übereinstimmend einen positiven Zusammenhang zwischen Innovationserfolg und langfristigem Markterfolg.[550] Spin-off-spezifische Untersuchungsergebnisse, die den postulierten Zusammenhang in Frage stellen, konnten nicht ermittelt werden.

## 5.4 Empirische Befunde zum Einfluss der Beziehungen zwischen Mutterorganisation und Spin-off

Der Einfluss der Mutterorganisation im Spin-off-Prozess wurde im Rahmen der erklärenden Theorie unter drei Aspekten diskutiert: der Zusammenhang zwischen der Inkubationsunterstützung und der Markteinführung, der Zusammenhang zwischen den Post-Spin-off-Kooperationsbeziehungen und dem Innovations- bzw. Markterfolg sowie der Zusammenhang zwischen der Inkubationsunterstützung und der Post-Spin-off-Kooperation.

Insgesamt lässt sich feststellen, dass eine Vielzahl an empirischen Einzelergebnissen zu verschiedenen Aspekten der Zusammenarbeit zwischen Mutterorganisation und Ausgründung vorliegen. Dabei fällt auf, dass eine nicht unerhebliche Anzahl gegensätzlicher Befunde existiert, was möglicherweise auch auf eine mangelnde

---

[549] Hierzu sei auf die relevante Literatur verwiesen, z.B. Boulding, Christen 2003, S. 371-392; Buchholz 1998, S. 21-40; Kessler, Chakrabarti 1996, S. 1143-1191; Srivastava, Lee 2005, S. 459-481. Darüber hinaus gehen verschiedene Arbeiten speziell auf empirische Ergebnisse zu den Vorteilen einzelner Strategien ein, so z.B. Fischer (2001, S. 443-461) und Lieberman und Montgomery (1988, S. 41-58) auf die Pionierstrategie sowie Hoppe und Lehmann-Grube (2001, S. 419-433) auf die Früher-Folger-Strategie.

[550] Vgl. Dickel, Walter 2007, S. 3; Egeln, Gottschalk, Rammer, Spielkamp 2003; Gassmann, Escher, Luggen 2003, S. 128 ff.; Hemer, Berteit, Walter, Göthner 2006, S. 53; Hunsdiek 1987, S. 184 ff.; Riesenhuber 2007, S. 3; Stuart, Abetti 1987, S. 215 ff.

Differenzierung in Innovations- und Markterfolg zurückzuführen ist. Die Übersicht in Tabelle 8 fasst die relevanten empirischen Studien zusammen.

| Studie | Datenbasis | Methodik | Theorien, Erklärungs-modelle | Resultate |
|---|---|---|---|---|
| Baum, Calabrese, Silverman 2000 | 613 Biotech-Start-ups, großteils Spin-offs (CAN) | Regressions-analyse | Netzwerktheorie | Netzwerkkonfigurationen, die Ressourcen zur Verfügung stellen, beeinflussen die frühe Performance positiv |
| Cesaroni, Moscara, Piccaluga 2004 | 81 Spin-offs (ITA) | Häufigkeits-analyse | Unsicherheiten und Technologie-transfer-Modelle | Unterstützung durch die Mutterorganisation beeinflusst den Spin-off-Prozess grund-legend |
| Chrisman, Hynes, Fraser 1995 | 367 Wissenschaftler (CAN) | Häufigkeits-analyse | Modelle von Spin-off-Gründungen | Spin-offs mit externer Unterstützung wach-sen schneller als Spin-offs ohne externe Unterstützung |
| Clarysse, Quince, Vohara, Heirman, van de Velde 2002 | 43 Inkubatoren an Universitäten (Europa) | Häufigkeits-analyse | Ressourcen-basierte Sichtweise | Inkubationsunterstützung der Mutterorgani-sation beeinflusst den Typ des Spin-offs, insbesondere die Wachstumsorientierung |
| Clarysse, Degroof, Heirman 2003 | 92 Start-ups, groß-teils F&E-basierte Spin-offs (NED) | Häufigkeits-analyse | Ressourcen-basierte Sichtweise | Technologische Inkubationsunterstützung beeinflusst den Spin-off-Prozess |
| Clarysse, Heirman, Degroof 2000 | 56 F&E-Start-ups; 20 Institute (NED, BEL, UK, GER) | Qualitative Analyse | Ressourcen-basierte Sichtweise | Inkubationsunterstützung der Mutterorgani-sation beeinflusst die Lernprozesse innerhalb der Spin-offs |
| Clarysse, Wright, Lockett, Van de Velde, Vohara 2005 | 43 Inkubatoren an Universitäten (Europa) | Häufigkeits-analyse | Ressourcen-basierte Sichtweise | Ausmaß der Inkubationsunterstützung von Spin-offs durch die Mutterorganisation hängt positiv mit Wachstumsorientierung der Spin-offs zusammen |
| Cooper 1985 | 161 Spin-offs (USA) | Häufigkeits-analyse | Erfolgsfaktoren von Inkubatoren | Unterstützungsleistungen der Mutterorgani-sation beeinflussen das gründungsrelevante Wissen der Spin-off-Gründer |
| Degroof, Clarysse 2003 | 47 Spin-offs; 22 Vertreter von Universitäten (BEL) | Clusteranalyse | Ressourcen-basierte Sichtweise | Explizite Unterstützung von Spin-offs durch die Mutterorganisation führt zu einer stärke-ren Wachstumsorientierung der Spin-offs |
| Egeln, Gottschalk, Rammer, Spielkamp 2002 | 20.000 Unterneh-men; darunter 600 Spin-offs (GER) | Häufigkeits-analyse | Erfolgsfaktoren-forschung | Formale Kontakte und Kooperation mit der Wissenschaft wirken positiv auf Wachstum, Produktivität und Bonitätseinstufung; Nut-zung von Forschungsergebnissen wirkt negativ auf die Bonitätseinstufung |
| Egeln, Gottschalk, Rammer, Spielkamp 2003 | 20.000 Unterneh-men; darunter 600 Spin-offs (GER) | Multivariate Regressions-analysen | Erfolgsfaktoren-forschung | Formelle Kontakte zur Wissenschaft wirken sich positiv auf Unternehmenswachstum und Bonität aus |
| Grandi, Grimaldi 2003 | 40 Spin-offs (ITA) | Faktoranalyse; Regressions-analyse | Ressourcen-basierte Sichtweise | Externe Beziehungen, die Frequenz der Interaktion zwischen Gründungsteam und ex-ternen Partnern beeinflussen den Markterfolg |
| Gübeli, Doloreux 2005 | 3 Spin-offs (SWE) | Qualitative Analyse | Evolution von Spin-offs, Spin-off-Prozess | Kooperation mit der Mutterorganisation beeinflusst den Gründungsprozess von Spin-offs und den Markteintritt |
| Heirman, Clarysse 2004b | 99 F&E-basierte Start-ups (BEL) | Clusteranalyse | Ressourcen-basierte Sichtweise | Zusammenarbeit mit Universitäten verringert die Innovationsgeschwindigkeit |
| Heirman, Clarysse 2004c | 99 F&E-basierte Start-ups (BEL) | Clusteranalyse | Ressourcen-basierte Sichtweise | Kooperation mit der Universität verlängert die Markteintrittsdauer (signifikant für Medizin-technik, Telekom, sonstige Technologien, nicht signifikant für Softwareproduktion) |
| Hemer, Berteit, Walter, Göthner 2006 | 20 Spin-offs (GER) | Deskripitve Analyse von Fallstudien | Erfolgsfaktoren-forschung | Abstimmung mit Mutterorganisation und Vernetzung mit Wissenschaft sind erfolgs-relevant für Spin-offs |
| Hering, Vincenti, Heinle 2002 | Analyse von Sekundärdaten | Deskripitve Analyse | Erfolgsfaktoren-forschung | Inkubationsunterstützung der Mutterorgani-sation reduziert die Kosten und die Dauer des Markteintritts |
| Kassicieh, Radosevich, Banbury 1997 | 213 Erfinder und 24 Erfinder-Start-ups aus öffentlichen Forschung (USA) | Varianz-analyse | Traits, Umfeld und Verhaltens-theorie | Transparente Darstellung der Maßnahmen zur Unterstützung durch die Mutterorganisa-tion erleichtert das erfolgreiche Abschließen des Spin-off-Gründungsprozesses |
| Klepper, Sleeper 2005 | 79 Spin-offs (aus Unternehmen der Laserindustrie) (USA) | Häufigkeits-analyse | Evolutions-theorie | Timing des Spin-off-Markteintritts wird durch die Mutterorganisation bestimmt; Loslösung von der Mutter nach der Gründungsphase erhöht die Erfolgswahrscheinlichkeit |

| Studie | Datenbasis | Methodik | Theorien, Erklärungs-modelle | Resultate |
|---|---|---|---|---|
| Kriegesmann 2000 | 530 Wissenschaftler und 106 Institutsleiter außeruniversitärer Forschungseinrichtungen (GER) | Häufigkeitsanalyse | Untersuchung der Rahmenbedingungen | Rahmenbedingungen und Unterstützungsmaßnahmen der Mutterorganisation beeinflussen das gründungsrelevante Wissen der Gründer; kein direkter signifikanter Zusammenhang formeller Kontakte mit dem Erfolg |
| Leitch, Harrison 2004 | 12 CEOs von universitären Spin-offs (UK) | Qualitative Auswertung der Fallstudien | Entwicklung und Phasen von Unternehmen | Unterstützungsmöglichkeiten der Mutterorganisation beeinflussen den Wachstumsverlauf der Spin-offs positiv |
| Leitch, Harrison, Richard 2005 | 1 Spin-off aus einer Universität (UK) | Qualitative Auswertung der Fallstudie | Entwicklung und Phasen von Unternehmen | Unterstützungsmöglichkeiten der Mutterorganisation beeinflussen den Wachstumsverlauf der Spin-offs positiv |
| Lendner 2003 | 138 Inkubatoren an Universitäten (weltweit) | Regressionsanalyse | Ressourcenbasierte Sichtweise | Stärke des Inkubatornetzwerkes hat einen positiven Einfluss auf das Umsatzwachstum des Spin-offs; Bereitstellung organisationaler Ressourcen und Serviceleistungen durch die Mutterorganisation hat keinen Einfluss auf das Umsatzwachstum des Spin-offs |
| Lendner 2004 | 130 Hochschulinkubatoren (weltweit) | Regressionsanalyse | Organisationsmodelle von Inkubatoren | Netzwerke der Inkubatoren beeinflussen die Performance von Spin-offs |
| Lindelof, Lofsten 2005 | 134 Technologieunternehmen, davon 74 Spin-offs aus Universitäten und 60 Corporate Spin-offs (SWE) | Häufigkeitsanalyse | Ressourcenbasierte Sichtweise | Standort innerhalb von Gründungsparks (Ressourcen) beeinflusst die Finanzbasis von Spin-offs positiv |
| Lockett, Vohara, Wright, Bruining 2003 | 98 Universitäten (UK) | Uni- und multivariate Analysen | Ressourcenbasierte Sichtweise | Frühe Performance wird durch die Technologietransferstelle beeinflusst |
| Lockett, Wright 2005 | 48 Universitäten (UK) | Regressionsanalyse | Netzwerktheorie, Ressourenbasierte Sichtweise | Ressourcenbasis von Transferstellen (Inkubationsunterstützung) beeinflusst die Ausprägung von Spin-offs (speziell die Wachstumsorientierung) |
| Morrison, Wetzel 1991 | 1 Spin-off (USA) | Qualitative Auswertung der Fallstudie | Netzwerktheorie | (Management-) Unterstützung durch die Mutterorganisation bzw. eines damit verbundenen Inkubators hat positiven Einfluss auf den Spin-off-Prozess |
| Mustar 1997 | 100 bzw. 102 Spin-offs (1. Studie bzw. 2. Studie) (FRA) | Deskriptive Analyse | Netzwerktheorie, negative Erfolgsfaktoren | Integration in Netzwerke, Kontakt zur Wissenschaft, frühe Integration von Kunden, hohe Investitionen in F&E sind Erfolgsfaktoren für Spin-offs |
| Nicolaou, Birley 2003a | 99 akademische Erfinder, Spin-off-affin (USA) | Regressionsanalyse | Netzwerktheorie: "structural holes" | Inkubationsunterstützung und "Nähe" zur Mutterorganisation beeinflussen die Bildung erfolgsrelevanter Netzwerke |
| Powers, McDougall 2005a | 120 Universitäten (USA) | Regressionsanalyse | Ressourcenbasierte Sichtweise | Umfang der Industrieforschung, fachliche Qualität der Mutterorganisation und Erfahrung der Technologietransferstelle haben positiven Einfluss auf die Wahrscheinlichkeit, dass ein ausgegründetes Spin-off einen Börsengang vollzieht; kein Einfluss geht von der Patentbasis der Mutterorganisation aus |
| Powers, McDougall 2005b | 134 Universitäten (USA) | Multivariate Analyse | Ressourcenbasierte Sichtweise | Unterstützungsmöglichkeiten der Mutterorganisation beeinflussen die Performance des Technologietransfers |
| Roberts 1991a | 156 MIT-Spin-offs; 82 Non-MIT-Spin-offs; 196 Start-ups; 129 Gründer; 99 junge Technologieunternehmen (USA) | Häufigkeitsanalyse | Erfolgsfaktorenforschung | Merkmale der Mutterorganisation erweisen sich als nicht erfolgsrelevant für Spin-offs |
| Romijn, Albu 2002 | 33 Hochtechnologie-Unternehmensgründungen (UK) | Häufigkeitsanalyse; Spearman Rang Korrelation | Umfeldbedingungen und Innovationsfähigkeit | Interaktion mit Forschungseinrichtungen hat positive Wirkung auf die Innovationsfähigkeit von Start-ups |
| Sapienza, Parhankangas, Autio 2004 | 54 Spin-offs aus Technologieunternehmen (FIN) | Lineare Regression; Mehrgruppenanalyse | Netzwerktheorie | Überlappung der Wissensbasis von Mutterorganisation und Spin-off hat einen positiven Einfluss auf das Wachstum des Spin-offs |
| Schaschke 2004 | 25 Spin-offs aus Pivatunternehmen; 10 Inkubatoren; 15 Experten (GER) | Qualitative strukturierte Auswertung; Fallstudie | Erfolgsfaktoren von Corporate Spin-offs; Motivationstheorie | Einbindung in Inkubationsnetzwerke beeinflusst den Erfolg von Spin-offs aus Unternehmen |
| Schmelter 2004 | 70 Spin-offs aus Universität Paderborn (GER) | Regressionsanalyse | Organisationsökologie | Kooperation mit der Universität hat positiven Einfluss auf die Entwicklung des Spin-offs |

| Studie | Datenbasis | Methodik | Theorien, Erklärungs-modelle | Resultate |
|---|---|---|---|---|
| Schmidt, Riesenhuber 2007 | 73 Spin-offs (GER) | Moderierte Regression | Patentschutz als Teil der Ressourcenbasis | Nutzung von Patenten zum Schutz vor Imitationen hat einen positiven Effekt auf das Umsatzwachstum von jungen Unternehmen |
| Scholten 2006 | 18 Spin-offs aus Informationstechnologie, Life-Science, Telekom, Medien, Beratung (NED) | Regressions-analyse | Ressourcen-basierte Sichtweise, Netzwerktheorie | Tangible Unterstützung durch die Mutterorganisation hat einen negativen Einfluss auf das frühe Wachstum von Spin-offs, intangible Unterstützung dagegen einen positiven Einfluss |
| Scholten, Omta, Elfring 2004 | 81 Spin-offs (NED) | Multivariate Analyse | Ressourcen-basierte Sichtweise | Kein direkter Zusammenhang zwischen der Beziehung zur Mutterorganisation und dem Erfolg; relevanter Einfluss auf Glaubwürdigkeit und Akzeptanz des Spin-offs |
| Smilor, Matthews 2004 | 5 Universitäten (USA) | Qualitative Analyse | Benchmark für Technologie-transfer | Finanzielle Beteiligung der Mutterorganisation (oder Inkubator) erhöht die Erfolgswahrscheinlichkeit von Spin-offs; transparente Darlegung der Unterstützungsmaßnahmen erhöht deren Akzeptanz und Nutzung |
| Soetanto, van Geenhuizen 2006 | 41 Spin-offs aus Universitäten (NED) | Regressions-analyse | Ressourcen-basierte Sichtweise | Lose heterogene Netzwerke und eine Kombination von konventionellen Unterstützungsmaßnahmen mit sogenannter "added value"-Unterstützung beeinflussen das Wachstum positiv; ein negativer Einfluss geht von herkömmlichen Maßnahmen aus (Bereitstellung von Räumen, Service, Vergütung, Kapital) |
| Steffensen, Rogers, Speakman 1999 | 6 von 19 SO aus 55 Forschungszentren der University of New Mexico (USA) | Häufigkeits-analysen | Analyse der Konflike zwischen Spin-off und Inkubator | Unterstützung der Spin-offs durch die Mutterorganisation erhöht die Wahrscheinlichkeit einer langfristigen Kooperation zwischen beiden Partnern |
| Steinkühler 1994 | 34 Start-ups aus Gründerzentren; 35 andere Start-ups (GER) | Pfadanalyse | Erfolgsfaktoren-forschung | Finanzielle Beteiligung der Mutterorganisation (oder Inkubator) erhöht die Erfolgswahrscheinlichkeit von Start-ups |
| Vohara, Wright, Lockett 2004 | 9 Spin-offs aus 7 verschiedenen Universitäten (UK) | Qualitative Analyse | Ressourcen-basierte Sichtweise, Lebens-zykluskonzepte | Loslösung des Spin-offs vom Inkubator nach der Gründungsphase ist entscheidend für einen nachhaltigen Erfolg des Spin-offs |
| Walter, Auer, Ritter 2006 | 149 Spin-offs (GER) | Regressions-analyse | Netzwerk-theorie, unter-nehmerische Orientierung | Spin-off-Performance wird durch die Fähigkeit zur Nutzung von Netzwerken (u.a. mit der Mutterorganisation) positiv beeinflusst |
| Yencken 2002 | 10 Spin-offs (AUS) | Qualitative Auswertung der Fallstudien | Integrierendes Modell der Früh-entwicklung | Mutterorganisation ist wichtige Informationsquelle bei Ideenfindung, in späteren Phasen sinkt Bedeutung |
| Zahn, Koch, Schaschke 2003 | 30 Spin-offs aus Privatunternehmen (und Umfeld-Akteure) (GER) | Häufigkeits-analyse | Entwicklungs-verläufe und Erfolgsfaktoren | Unterstützung und Akzeptanz der Mutterorganisation (des Inkubators) beeinflussen den Erfolg von Spin-offs positiv (einvernehmliche Spin-offs sind tendenziell erfolgreicher) |

**Tabelle 8: Empirische Studien zum Einfluss der Mutterorganisation**

Die überwiegende Mehrzahl der Studien verbindet mit der Inkubationsunterstützung der Mutterorganisation grundsätzlich einen höheren Erfolg bzw. insbesondere ein schnelleres Wachstum einer Spin-off-Ausgründung.[551] Einzelne Studien stellen keinen signifikanten Zusammenhang fest[552] oder untersuchen lediglich einen generellen,

[551] Vgl. Leitch, Harrison 2004, S. 257 ff.; Morrison, Wetzel 1991, S. 117 ff.; Powers, McDougall 2005b, S. 1028 ff. Der Zusammenhang wird auch für Spin-offs aus privatwirtschaftlichen Organisationen, sog. „Corporate Spin-offs“ durch zahlreiche empirische Studien bestätigt, vgl. z.B. Sapienza, Parhankangas, Autio 2004, S. 809 ff.; Schascke 2004, S. 91 ff.; Sorrentino, Williams 1995, S. 59 ff.; Thornhill, Amit 2000, S. 25 ff.; Zahn, Koch, Schaschke 2003, S. 164 ff.

[552] Vgl. Kriegesmann 2000, S. 397 ff.; Lockett, Vohara, Wright, Bruining 2003.

ungerichteten Zusammenhang zwischen der Mutterorganisation und dem Spin-off-Prozess.[553]

Scholten, Omta und Elfring (2004, S. 14 f.) stellen fest, dass den Beziehungen des Spin-offs zur Mutterorganisation nicht generell eine Erfolgswirkung zukommt, sondern lediglich von einem positiven Einfluss auf die Glaubwürdigkeit und die Akzeptanz des Spin-offs auszugehen ist.[554] In vergleichbaren Studien ermitteln Soetanto und van Geenhuizen (2006), Scholten (2006) sowie Scholten, Elfring, Omta und Kemp (2005, S. 15), dass klassische tangible Unterstützungsmaßnahmen (Finanzierung, Nutzung von Räumlichkeiten etc.) einen signifikanten negativen Einfluss auf das frühe Wachstum von Spin-offs haben, während intangible Unterstützungsmaßnahmen eine positive Wirkung auf den Wachstumserfolg aufzeigen. Andere empirische Studien gehen allerdings davon aus, dass eine finanzielle Beteiligung der Mutterorganisation am Spin-off die Erfolgswahrscheinlichkeit erhöht.[555] Eine detaillierte Analyse der empirischen Resultate zu den Unterstützungsmöglichkeiten zeigt zudem, dass den Transferstellen innerhalb der Mutterorganisation eine wesentliche Bedeutung bei der Gestaltung von Spin-off-Prozessen zukommt.[556]

Hinsichtlich des Zusammenhangs zwischen Inkubationsunterstützung und Innovationsgeschwindigkeit liegen kaum empirische Resultate vor. Klepper und Sleeper (2005, S. 1291 ff.) ermitteln lediglich, dass das Timing der Markteinführung erheblich durch die Mutterorganisation mitbestimmt wird. Heirman und Clarysse (2004c, S. 19) stellen fest, dass die Zusammenarbeit mit Universitäten und Forschungseinrichtungen mit längeren Markteinführungszeiten assoziiert ist. Dieses Ergebnis scheint dem in Kapitel 4.5 vermuteten Zusammenhang zu widersprechen, die Autoren merken allerdings an, dass es sich in der Regel um sog. „cutting edge“-Technologien handelt, die aufgrund ihrer Neuartigkeit eine intensive und lang andauernde Zusammenarbeit mit Forschungsinstituten erfordern.

Der Zusammenhang zwischen der Inkubationsunterstützung eines Spin-offs und der Intensität der Kooperationsbeziehungen während und nach dem Markteintritt wird kaum empirisch untersucht. Es liegt lediglich eine Studie von Steffensen, Rogers und

[553] Vgl. Cesaroni, Moscara, Piccaluga 2004; Clarysse, Degroof, Heirman 2003.
[554] Zu einem ähnlichen Ergebnis kommt auch Roberts 1991a.
[555] Vgl. Smilor, Matthews 2004; vgl. auch zu Unternhemen aus Technologie- und Gründerzentren Steinkühler 1994, S. 208 ff.
[556] Vgl. Consiglio, Antonelli o.J.; Kassicieh, Radosevich, Banbury 1997; Lockett, Vohara, Wright, Bruining 2003; Smilor, Matthews 2004.

Speakman (1999, S. 93 ff.) vor, die feststellen, dass die Unterstützung des Spin-offs durch die Mutterorganisation in der Gründungsphase die Wahrscheinlichkeit einer langfristigen Kooperation zwischen beiden Partnern signifikant erhöht. Das Ergebnis geht konform mit den Ausführungen in Kapitel 4.5.

Der Einfluss der Kooperationsbeziehungen zwischen Spin-off und Mutterorganisation auf die Entwicklung und den Markterfolg der Ausgründung wurde dagegen in zahlreichen Studien analysiert. Die Resultate gehen übereinstimmend von einem positiven Zusammenhang zwischen der Intensität der Kooperationsbeziehungen zur Mutterorganisation und dem Markterfolg von Spin-offs aus und sind konform mit den Annahmen in Kapitel 4.5.3.[557] Ein Großteil der Studien beschäftigt sich in diesem Zusammenhang mit dem Einfluss von Netzwerken und stellt fest, dass sowohl die Einbindung des Spin-offs in Netzwerke der Mutterorganisation als auch die Einbindung in allgemeine wissenschaftlich-technologische Netzwerke einen positiven Beitrag zum Erfolg leistet.[558] Schließlich weisen zwei Studien auf die Bedeutung der rechtzeitigen Loslösung eines Spin-offs von der Mutterorganisation für den nachhaltigen Markterfolg hin.[559] Diese Resultate beinhalten keinen Widerspruch zur Argumentation in Kapitel 4.5, da unter Loslösung nicht der Verzicht auf Kooperationsbeziehungen, sondern lediglich der Aufbau einer eigenständigen Wahrnehmung zu verstehen ist.

## 5.5 Zwischenfazit und Formulierung der forschungsleitenden Hypothesen

Die detaillierte Betrachtung bisheriger empirischer Studien zu den im Rahmen des theoretischen Erklärungsmodells diskutierten Zusammenhängen ergibt keine offensichtlichen Widersprüche zwischen bestehenden Resultaten und den im Rahmen der vorliegenden Arbeit vermuteten Zusammenhängen. Es bestehen demnach keine grundsätzlichen Vorbehalte gegenüber dem theoretischen Erklärungsmodell des Spin-off-Innovationserfolges, sodass auf dieser Basis die forschungsleitenden Hypo-

---

[557] Vgl. Egeln, Gottschalk, Rammer, Spielkamp 2003; Gübeli, Doloreux 2005; Otto 2004; Schmelter 2004.

[558] Zur Einbindung in die Netzwerke der jeweiligen Mutterorganisation vgl. Lender 2003; Mustar 1997; Walter, Auer, Ritter 2006. Zur Einbindung in allgemeine Innovationsnetzwerke vgl. Baum, Calabrese, Silverman 2000; Schascke 2004; Soetanto, van Geenhuizen 2006.

[559] Vgl. Klepper, Sleeper 2002; Vohara, Wright, Lockett 2004.

thesen formuliert werden können, die im Rahmen der empirischen Studie überprüft werden.

Analog zum Vorgehen bei der Diskussion der bisherigen empirischen Forschungsergebnisse werden die postulierten Forschungshypothesen in drei Kategorien eingeteilt. Die erste Gruppe (a) beinhaltet Beziehungen zwischen ausgewählten Merkmalen der Gründungsbasis des Spin-offs und der Umsetzung der Idee, insbesondere der Effizienz der Realisierung. Die zweite Gruppe von Zusammenhängen (b) bezieht sich auf die Geschwindigkeit und den Erfolg von Innovationsaktivitäten und deren Einfluss auf den langfristigen Markterfolg. Die dritte Gruppe (c) schließlich bezieht sich auf die Bedeutung der Mutterorganisation im Spin-off-Prozess, insbesondere auf erfolgsrelevante Einflüsse der Inkubations- und Kooperationsbeziehungen zwischen Mutterorganisation und Spin-off.

Für jede Kategorie werden Hypothesen formuliert, welche den Einfluss der charakteristischen Merkmale der Gründungsbasis, Innovationsumsetzung, Inkubations- und Kooperationsstrategie auf die abstrakten Größen Innovationsgeschwindigkeit, Innovationserfolg und langfristiger Markterfolg postulieren.

**a.) Hypothesen zum Einfluss der Spin-off-Gründungsbasis**

Spin-offs profitieren grundsätzlich vom Wissens- und Technologietransfer aus den jeweiligen Forschungseinrichtungen und der Einzigartigkeit und Innovativität der Gründungsbasis. Ein hoher Innovationsumfang einer Spin-off-Gründungsidee führt aufgrund der Neuartigkeit, Erklärungsbedürftigkeit, Komplexität und Unsicherheit der angebotenen Produkte und Leistungen zu einem erhöhten Ressourcenbedarf bei der Markteinführung. Dadurch verringert sich tendenziell die Innovationsgeschwindigkeit. Mittel- bis langfristig ist die Neuartigkeit der Idee allerdings die Basis für Wettbewerbsvorteile des Spin-offs im Vergleich mit den bereits am Markt befindlichen Konkurrenten, sodass letztlich ein höherer Innovationserfolg die Folge eines hohen Innovationsumfanges ist.[560]

Spin-offs können zum Gründungszeitpunkt in verschiedenen Stadien der Produktentwicklung angelangt sein, abhängig von den Aktivitäten und Aufwendungen in den

[560] Vgl. Hauschildt, Salomo 2005, S. 7.

Phasen vor der Gründung.[561] Daraus ergibt sich die technologische Anwendungsreife der Gründungsidee als wettbewerbsrelevante Ressource, die positiv mit der Innovationsgeschwindigkeit und dem Innovationserfolg assoziiert ist.

Als weitere wettbewerbsrelevante Ressource konnten die für das Spin-off-Gründerteam verfügbaren Marktinformationen identifiziert werden. Umfangreiche Marktinformationen tragen dazu bei, die Unsicherheiten hinsichtlich der Struktur und des Verhaltens der Abnehmer und Wettbewerber zu reduzieren.[562] Marktinformationen schaffen demzufolge die Voraussetzungen für eine zeit- und ressourceneffiziente Innovationsaktivität und stellen eine notwendige Bedingung für die schnelle und zugleich erfolgreiche Umsetzung von Innovationen dar.

**Forschungshypothesen H1 bis H6**

- H1: Je höher der Innovationsumfang der Spin-off-Gründungsidee zum Zeitpunkt der Gründung, desto geringer ist ceteris paribus die Innovationsgeschwindigkeit.
- H2: Je höher der Innovationsumfang der Spin-off-Gründungsidee zum Zeitpunkt der Gründung, desto höher ist ceteris paribus der Innovationserfolg.
- H3: Je höher die technologische Anwendungsreife der Spin-off-Gründungsidee zum Zeitpunkt der Gründung, desto höher ist ceteris paribus die Innovationsgeschwindigkeit.
- H4: Je höher die technologische Anwendungsreife der Spin-off-Gründungsidee zum Zeitpunkt der Gründung, desto höher ist ceteris paribus der Innovationserfolg.
- H5: Je umfangreicher die Marktinformationen zum Zeitpunkt der Spin-off-Gründung, desto höher ist ceteris paribus die Innovationsgeschwindigkeit.
- H6: Je umfangreicher die Marktinformationen zum Zeitpunkt der Spin-off-Gründung, desto höher ist ceteris paribus der Innovationserfolg.

### b.) Hypothesen zur Markteinführung von Spin-off-Innovationen

Nach der Formulierung von Hypothesen zur direkten Einflussnahme der Ausgangsbedingungen einer Spin-off-Gründung auf die Umsetzung des Innovationsvorhabens,

---

[561] Vgl. Heirman, Clarysse, van den Haute 2003, S. 7.
[562] Vgl. Boyd, Dess, Rasheed 1993, S. 204-227.

werden Annahmen zum Zusammenhang zwischen der Geschwindigkeit der Innovationsaktivität und deren Erfolg formuliert.

Grundsätzlich erzielen Spin-offs, die Innovationen zeitlich effizient auf den Markt bringen, einen Kundennutzen in Bezug auf Zeit- und Novitätsaspekte. Eine hohe Innovationsgeschwindigkeit und eine hohe technologische Qualität hinsichtlich des Leistungsangebotes ermöglichen Spin-offs die Durchsetzung einer Pionierstrategie.[563] Die (technologische) Überlegenheit gegenüber relevanten Konkurrenzangeboten stellt eine wichtige Voraussetzung für die Schaffung einer starken Wettbewerbsposition, die Etablierung des Unternehmens und die Entwicklung einer führenden Marktposition dar.[564] Innovationsgeschwindigkeit und Innovationserfolg tragen zudem dazu bei, sich von bestehenden Wettbewerbern abzuheben und vorhandene Markteintrittsbarrieren zu überwinden. Daher kann unterstellt werden, dass Geschwindigkeit und Erfolg der Innovationsumsetzung einen positiven Einfluss auf den langfristigen Markterfolg von Spin-offs ausüben.

**Forschungshypothesen H7 bis H9**

- H7: Je höher die Innovationsgeschwindigkeit, desto höher ist ceteris paribus der Innovationserfolg des Spin-offs.
- H8: Je höher die Innovationsgeschwindigkeit, desto höher ist ceteris paribus der langfristige Markterfolg des Spin-offs.
- H9: Je höher der Innovationserfolg, desto höher ist ceteris paribus der langfristige Markterfolg des Spin-offs.

**c.) Hypothesen zum Einfluss der Mutterorganisation**

Neben der Gründungsbasis und der Markteinführung der Innovation kommt der ausgründenden Forschungseinrichtung eine besondere Stellung im Spin-off-Prozess zu. Die Mutterorganisation ist grundsätzlich in der Lage, den Entstehungs-, Entwicklungs- und Wachstumsprozess einer ausgegründeten Unternehmung in entscheidender Weise zu beeinflussen.[565] Forschungseinrichtungen können ihren Ausgründungen im Rahmen ihrer Funktion als Inkubatororganisation relevante tangible

[563] Vgl. Boulding, Christen 2003, S. 372.
[564] Vgl. Cho, Pucik 2005, S. 556; Day, Wensley 1988, S. 1-20; Fischer 2001, S. 446; Langerak, Hultink 2006, S. 203 f.
[565] Vgl. Cooper 1985, S. 75 ff.; Szyperski, Klandt 1980, S. 354 ff.

oder intangible Leistungen kostengünstig zur Verfügung stellen. Dadurch sind Spin-offs in der Lage, Innovationsaktivitäten wesentlich zu beschleunigen und Markteintrittsprozesse schneller, effizienter und erfolgreicher zu gestalten.

Eine ausgeprägte Inkubationsunterstützung des Spin-offs durch die Mutterorganisation führt zu einer Einbindung der Forschungseinrichtung in die Innovationsaktivitäten des Spin-offs. Zu Beginn des Spin-off-Prozesses dienen die Beziehungen v.a. der Ressourcennutzung, in den darauffolgenden Phasen gewinnen strategische Aspekte und die Vernetzung von F&E-Aktivitäten zu beiderseitigem Nutzen an Bedeutung. Daher ist davon auszugehen, dass ausgeprägte Inkubationsbeziehungen zwischen Spin-off und Mutterorganisation tendenziell zu intensiven Kooperationsbeziehungen zwischen beiden Partnern führen.

Kooperationsbeziehungen zwischen Spin-off und Mutterorganisation in der Phase nach dem unmittelbaren Markteintritt führen zu einer Vernetzung der Innovationsaktivitäten und haben eine positive Wirkung auf die Entwicklung und Wettbewerbsfähigkeit des Unternehmens.[566] Tendenziell tragen Kooperationsbeziehungen zu einer Erhöhung der Qualität der innovativen Leistungen und letztlich zum Markterfolg der Spin-offs bei.

**Forschungshypothesen H10 bis 14**

- H10: Je ausgeprägter die Inkubationsunterstützung des Spin-offs durch die Mutterorganisation, desto höher ist ceteris paribus die Innovationsgeschwindigkeit.
- H11: Je ausgeprägter die Inkubationsunterstützung des Spin-offs durch die Mutterorganisation, desto höher ist ceteris paribus der Innovationserfolg.
- H12: Je ausgeprägter die Inkubationsunterstützung des Spin-offs durch die Mutterorganisation, desto höher ist ceteris paribus die Post-Spin-off-Kooperation zwischen Spin-off und Mutterorganisation nach dem Markteintritt.
- H13: Je ausgeprägter die Kooperation zwischen Spin-off und Mutterorganisation nach dem Markteintritt, desto höher ist ceteris paribus der Innovationserfolg.

[566] Vgl. Teichert, Rost 2004, S. 374.

- H14: Je ausgeprägter die Kooperation zwischen Spin-off und Mutterorganisation nach dem Markteintritt, desto höher ist ceteris paribus der langfristige Markterfolg des Spin-offs.

Abschließend werden die formulierten Hypothesen H1 bis H14 auf Basis des bereits in Kapitel 4 erläuterten theoretischen Gesamtmodells in Form einer Darstellung zusammengefasst (Abbildung 29), welche die Grundlage für das im folgenden Kapitel zu bildende Strukturmodell der Spin-off-Innovation darstellt.

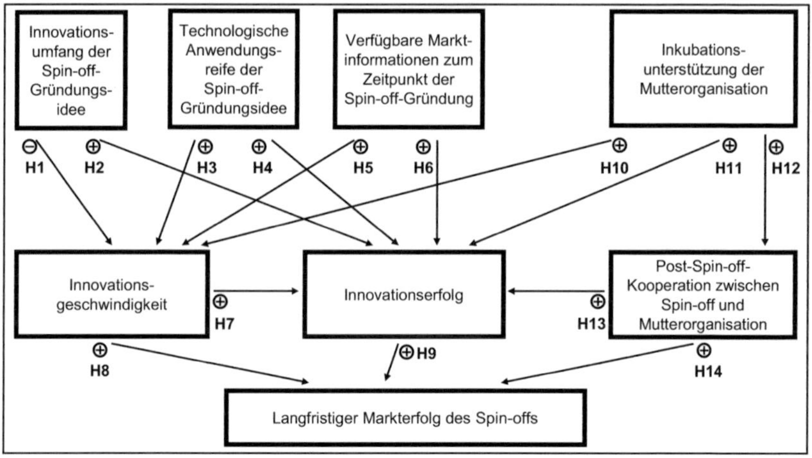


**Abbildung 29: Hypothesenmodell der Umsetzung von Innovationen durch Spin-offs**

# 6 Methodische Grundlagen und Operationalisierung des theoretischen Erklärungsmodells

## 6.1 Problemstellung und Methodik

In Kapitel 4 wurde ein Erklärungsmodell für die erfolgreiche Umsetzung von Innovationen durch Spin-offs hergeleitet und theoretisch begründet. Das Modell besteht ausschließlich aus hypothetischen Konstrukten, die durch abstrakte und zum Teil mehrdimensionale Inhalte beschrieben werden. Diese Konstrukte werden als „latente Variable“ bezeichnet, da sie nicht direkt messbar sind bzw. da nicht ohne weiteres festgestellt werden kann, ob eine bestimmte Ausprägung der Variablen vorliegt oder nicht. Eine derartige Problemstellung erfordert ein schrittweises Vorgehen. Der erste Schritt besteht in der Auswahl einer geeigneten statistischen Methode zur Überprüfung der kausalen Zusammenhänge im Erklärungsmodell. Dabei basiert die Auswahl des methodischen Vorgehens auf zuvor festgelegten Anforderungen hinsichtlich der korrekten und problemadäquaten Wiedergabe der inhaltlichen Zusammenhänge. Der zweite Schritt besteht in der Operationalisierung der latenten Konstrukte, sodass diese in geeigneter Weise durch beobachtbare Indikatoren messbar werden.

Ein geeignetes Verfahren zur Analyse des Erklärungsmodells und zur Überprüfung der Zusammenhangshypothesen muss verschiedene Voraussetzungen erfüllen. Zunächst gilt, dass mit dem Verfahren kausale Beziehungen zwischen mehreren hypothetischen Konstrukten abgebildet werden können, wobei die Konstrukte durch mehrere Indikatoren gemessen werden.[567] Wie bereits aus dem Erklärungsmodell in Kapitel 4 hervorgeht, muss das Verfahren sowohl Beziehungen zwischen unabhängigen und abhängigen Konstrukten als auch Beziehungen zwischen zwei abhängigen Konstrukten zulassen.

Zusätzlich ist zu beachten, dass das Modell eine Reihe von Messfehlern beinhalten kann, die sich bei der Messung nicht unmittelbar beobachtbarer Variablen generell nicht vermeiden lassen.[568] Ursachen von Messungenauigkeiten und Messfehlern liegen z.B. in einer mangelnden Präzision und Zuverlässigkeit der Messinstrumente oder im Auftreten systematischer Fehler bei der Erhebung der Daten, die zu einer

[567] Vgl. Helm 2005, S. 8.
[568] Vgl. Diller 2006, S. 615.

Beeinträchtigung der Validität führen können.[569] Messfehler schränken die Gültigkeit von Modellbeziehungen nicht grundsätzlich ein, müssen allerdings bei der Modellschätzung beachtet werden.[570]

Als weitere Bedingung für den Einsatz des Verfahrens gilt, dass eine gleichzeitige Überprüfung aller Beziehungen zwischen den Konstrukten im Spin-off-Innovationsmodell möglich sein muss, um sämtliche Hypothesen simultan zu prüfen und die globale Güte des Modells darzustellen.

Klassische Regressionsmodelle kommen zwar für die Analyse kausaler Zusammenhänge in Betracht, allerdings bestehen Einschränkungen, wenn Wirkungsbeziehungen zwischen mehreren abhängigen Größen erfasst werden müssen.[571] Pfadmodelle stellen diesbezüglich eine Erweiterung dar, da mit ihnen untersucht werden kann, wie abhängige Variablen auf andere Variablen einwirken.[572] Die Leistungsfähigkeit von Pfadmodellen kann durch die Kombination mit dem faktoranalytischen Denkansatz zur Methode der Strukturgleichungsmodelle erweitert werden.[573]

Strukturgleichungsmodelle können latente Variable enthalten, deren Ausprägungen durch konfirmatorische Faktorenanalysen bestimmt werden. Diese Synthese von konfirmatorischer Faktorenanalyse und dem Verfahren der Regressions- bzw. Pfadanalyse ermöglicht es, komplexe Konstrukte und komplexe Beziehungsstrukturen gleichzeitig abzubilden.[574] Neben den einzelnen Zusammenhängen ist es möglich, eine globale Überprüfung der Modellanpassung an Hand verschiedener Gütekriterien vorzunehmen.[575] Zudem können Messfehler explizit im Modell abgebildet werden,[576] was entscheidend für die Validität und Reliabilität des Modells ist.[577] Aus diesen Gründen erscheint die Strukturgleichungsanalyse für die vorliegende Problemstellung und für die Bewältigung der gestellten Anforderungen an die zu wählende Analysemethode besonders geeignet zu sein.

---

569 Vgl. Schnell, Hill, Esser 1999, S. 143 ff.
570 Vgl. Bortz, Döring 2002, S. 16.
571 Vgl. Backhaus, Erichson, Plinke, Weiber 2006, S. 9 und S. 46 ff.
572 Vgl. Schnell, Hill, Esser 1999, S. 425.
573 Vgl. Jöreskog 1973, S. 85-112; Jöreskog, Sörbom 1982, S. 404-416.
574 Vgl. Helm 1997, S. 110.
575 Vgl. Homburg, Giering 1996, S. 9 f.; Backhaus, Erichson, Plinke, Weiber 2006, S. 379.
576 Vgl. Backhaus, Erichson, Plinke, Weiber 2006, S. 348 ff.
577 Vgl. Homburg, Giering 1996, S. 6 f.; Helm 2001, S. 209.

Ungeachtet der Bedeutung der Strukturgleichungsanalyse für die empirische Wirtschaftsforschung in den letzten 20 Jahren[578] sei an dieser Stelle auf Kritik an der Modellierbarkeit kausaler Zusammenhänge und an der Handhabung von Strukturgleichungsmodellen in der betriebswirtschaftlichen Forschung hingewiesen.[579]

Strukturgleichungsmodelle bestehen aus einem Strukturmodell, das die kausalen Beziehungen von hypothetischen Konstrukten bzw. Variablen untereinander darstellt und empirisch analysiert, und des weiteren aus zwei Messmodellen, dem exogenen und dem endogenen Messmodell, welche die Operationalisierungen der latenten Variablen darstellen. In Abschnitt 6.2 wird die Umsetzung des theoretischen Erklärungsmodells in das Strukturmodell erläutert; in Abschnitt 6.3 wird auf die Operationalisierung der latenten Konstrukte und die Bildung der Messmodelle eingegangen und in Abschnitt 6.4 wird das vollständige Strukturgleichungsmodell dargestellt.

## 6.2 Umsetzung des Spin-off-Innovationsmodells in ein Strukturgleichungsmodell

### *6.2.1 Grundlegende Überlegungen zur empirischen Überprüfung von Strukturmodellen mit Hilfe des linearen Strukturgleichungsansatzes*

Ein Strukturmodell stellt ein Hypothesensystem dar, das konsistente und theoretisch abgeleitete Hypothesen zur Erklärung von komplexen Zusammenhängen zwischen mehreren latenten Konstrukten beinhaltet.[580] Das Gesamtmodell besteht aus unabhängigen (exogenen) und abhängigen (endogenen) Konstrukten, die entsprechend der theoretischen Überlegungen in lineare Beziehungen zueinander gesetzt werden.[581] Um das Modell mit den nicht beobachtbaren latenten Variablen messbar zu machen, ist es notwendig, sowohl für die exogenen Variablen als auch für die endogenen Variablen jeweils ein Messmodell zu definieren. Diese Messmodelle beinhal-

---

[578] Nach Homburg und Klarmann (2006, S. 727) stellt die Strukturgleichungsanalyse die erste und immer noch die einzige Methode dar, die es erlaubt, komplexe Abhängigkeitsstrukturen zu analysieren und gleichzeitig zu berücksichtigen, dass viele Phänomene nicht direkt messbar sind.

[579] Bollen (1989, S. 41-79) beschreibt die Grenzen der Modellierung kausaler Zusammenhänge und bezieht sich darauf, dass ein Modell die Realität nur näherungsweise darstellt. Diller (2006, S. 611-617) kritisiert die seiner Meinung nach zu häufige Anwendung von Strukturgleichungsmodellen in der Marketingforschung, stellt dabei allerdings nicht die Methode selbst in Frage, sondern lediglich deren unreflektierte Anwendung.

[580] Vgl. Backhaus, Erichson, Plinke, Weiber 2006, S. 338 ff.

[581] Vgl. Jöreskog 1993, S. 296. Zu nicht-linearen Modellen sei auf Jöreskog und Yang (1996, S. 57 ff.) hingewiesen.

ten die Operationalisierung der hypothetischen Konstrukte auf Basis messbarer und empirisch erfassbarer Indikatorvariablen, die in theoretischer Verbindung mit der jeweiligen latenten Variable stehen.[582]

Die im Strukturmodell postulierten Zusammenhänge werden auf der Basis der Kovarianzen oder Korrelationen zwischen den Indikatorvariablen geschätzt.[583] Die theoretisch begründete Modellstruktur wird in einem schrittweisen Prozess der empirisch beobachteten Kovarianzmatrix der Indikatorvariablen angepasst, wobei das Ziel der Parameterschätzung in der „...bestmöglichen Reproduktion einer empirisch ermittelten Kovarianzmatrix der Indikatorvariablen“[584] liegt. Grundlage der Analyse sind somit nicht die erhobenen Daten selbst, sondern die daraus ermittelten Matrizen der Kovarianzen und Korrelationen.[585]

Die Schätzung der Beziehungen zwischen latenten Variablen im Strukturmodell basiert auf dem statistischen Verfahren der (multiplen) Regressionsanalyse, die Bestimmung der latenten Konstrukte durch ihre Indikatorvariablen basiert auf dem faktoranalytischen Denkansatz.[586] Grundsätzlich wird mittels der Strukturgleichungsanalyse ein gegebenes Hypothesensystem in seiner Gesamtheit überprüft, weshalb das Verfahren konfirmatorischen Charakter besitzt.[587]

In der Regel stehen im Rahmen der Strukturgleichungsanalyse kausale Abhängigkeiten (Kausalitäten)[588] zwischen bestimmten Merkmalen im Vordergrund.[589] Streng genommen können mit statistischen Verfahren lediglich Beziehungen zwischen Variablen, aber keine Kausalitäten aufgedeckt werden, da die Untersuchung von Kausalitäten „... im strengen wissenschaftstheoretischen Sinn nur mittels [...] kontrollierter

---

582 Vgl. Kroeber-Riel, Weinberg 2003, S. 31.

583 Aus diesem Grund wird häufig auch der Begriff „Kovarianzstrukturanalyse“ als Synonym für „Strukturgleichungsanalyse“ verwendet; vgl. Backhaus, Erichson, Plinke, Weiber 2006, S. 341. Es sei an dieser Stelle allerdings darauf hingewiesen, dass neben der Kovarianzstrukturanalyse mit dem Verfahren der Partielle-Kleinste-Quadrate-Schätzung (PLS-Ansatz; engl. „partial least square“) ein weiterer empirischer Ansatz zur Überprüfung hypothesenbasierter Kausalmodelle vorliegt. Der PLS-Ansatz versucht Fallwerte der Rohdatenmatirx mit Hilfe einer Kleinste-Quadrate-Schätzung möglichst genau zu prognostizieren; vgl. hierzu Ringle 2004, S. 18-29; Backhaus, Erichson, Plinke, Weiber 2006, S. 415.

584 Homburg, Baumgartner 1995a, S. 1093; vgl. auch Homburg, Baumgartner 1995b, S. 164.

585 Vgl. Helm 1997, S. 111; Backhaus, Erichson, Plinke, Weiber 2006, S. 341 f.

586 Vgl. Backhaus, Erichson, Plinke, Weiber 2006, S. 342.

587 Vgl. Backhaus, Erichson, Plinke, Weiber 2006, S. 338.

588 Vgl. zum Begriff der Kausalität im Zusammenhang mit Strukturgleichungsmodellen Bollen (1989, S. 41-79).

589 Im Rahmen der Unternehmensgründungsforschung ist v.a. die Bestimmung der kausalen Ursachen für den Erfolg oder Misserfolg von Unternehmen relevant; vgl. exemplarisch Wießner 2001, S. 1.

Experimente möglich ist."[590] Es wird allerdings allgemein von einer Kausalanalyse gesprochen, wenn mit Hilfe eines Datensatzes postulierte Kausalitäten überprüft werden sollen.[591]

Das nachfolgende Zitat fasst diese grundsätzlichen Überlegungen zusammen und charakterisiert das Verfahren zur Überprüfung von Strukturmodellen in treffender Weise: „Ausgangspunkt kausalanalytischer Modelltests sind im allgemeinen [!] die Varianzen und Kovarianzen experimenteller und nichtexperimenteller Daten, mit denen eine theoretische Struktur, formalisiert als lineares Gleichungssystem, getestet wird. [...] Charakteristisch für die Kausalanalyse ist, daß [!] der methodische Ansatz es erlaubt, explizit zwischen beobachteten und theoretischen Variablen zu trennen, statistisch Substanz- und Meßfehleranteile [!] zu separieren und vermutete kausale Beziehungsstrukturen auf der Ebene von theoretischen Variablen zu testen."[592]

Ausgehend von den obigen Erläuterungen ist es nachvollziehbar, wenn in der betriebswirtschaftlichen Forschung die Begriffe „Strukturgleichungsanalyse", „Kovarianzstrukturanalyse" und „Kausalanalyse" häufig synonym verwendet werden.[593] In der vorliegenden Arbeit werden im Weiteren die Begriffe Strukturgleichungsanalyse und Kausalanalyse verwendet.

### *6.2.2 Konstruktionsregeln und Notation der Strukturgleichungsanalyse*

Ein vollständiges Kausalmodell besteht aus einem Strukturmodell, einem Messmodell der exogenen latenten Variablen und einem Messmodell der endogenen latenten Variablen. In der Forschungspraxis haben sich für die Darstellung von Strukturgleichungsmodellen einige allgemein anerkannte Konstruktionsregeln etabliert, die im Folgenden erläutert werden sollen. Hierzu erfolgt zunächst eine schematische Darstellung eines vollständigen Kausalmodells, um dessen allgemeine Struktur und die Schätzung der Parameter zu verdeutlichen (Abbildung 30).[594] Im weiteren Verlauf des Kapitels wird kurz auf die mathematischen Zusammenhänge, die Konstruktionsregeln sowie die Darstellungs- und Bezeichnungsnormen eingegangen.

---

[590] Homburg, Hildebrandt 1998, S. 17.
[591] Vgl. Backhaus, Erichson, Plinke, Weiber 2006, S. 344.
[592] Homburg, Hildebrandt 1998, S. 17.
[593] Vgl. Ringle 2004, S. 7.
[594] Vgl. Backhaus, Erichson, Plinke, Weiber 2006, S. 341.

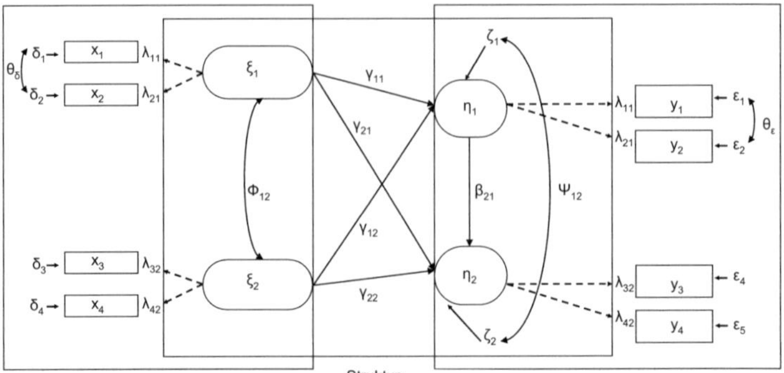


**Abbildung 30: Schematische Darstellung eines Strukturgleichungsmodells**

Wie anhand der schematischen Darstellung deutlich wird und wie bereits erläutert wurde, verbindet die Methode der Kausalanalyse faktoranalytische und regressionsanalytische Ansätze. Die Schätzung der Beziehungen zwischen den latenten Variablen im Strukturmodell entspricht dem statistischen Verfahren der (multiplen) Regressionsanalyse. In formaler Schreibweise wird ein Regressionssystem folgendermaßen dargestellt:[595]

$$\eta = B^* \eta + \Gamma^* \xi + \zeta$$

**Formel 1: Regressionsfunktion in Vektorschreibweise**

In Abbildung 30 und Formel 1 stellt η (Eta) den Vektor der latenten endogenen Variablen, ξ (Ksi) den Vektor der latenten exogenen Variablen und ζ (Zeta) den Vektor der Residuen der latenten endogenen Variablen dar. Die Koeffizientenmatrix B (Beta) kennzeichnet die direkten Beziehungen zwischen den latenten endogenen Variablen, die Koeffizientenmatrix Γ (Gamma) charakterisiert die Beziehungen zwischen den latenten exogenen und den latenten endogenen Variablen.

Die Bestimmung der latenten, nicht direkt erfassbaren Variablen erfolgt über die Messmodelle, wobei die Beziehungen zwischen den latenten Variablen und den

595 Vgl. Backhaus, Erichson, Plinke, Weiber 2006, S. 350.

zugeordneten Indikatoren beim Verfahren der Kovarianzstrukturanalyse durch faktoranalytische Modelle dargestellt werden.[596] Dem formativen Denkansatz zufolge sind die Korrelationen zwischen den direkt messbaren Indikatorvariablen auf den Einfluss des jeweiligen latenten Konstruktes zurückzuführen, weshalb das latente Konstrukt als verursachende Größe aufgefasst werden kann, das den Beobachtungswert der zugeordneten Indikatoren verursacht.[597] Formal werden die Messmodelle durch folgende Gleichungen (Formel 2) dargestellt:

$$x=\Lambda_x*\xi+\delta \qquad y=\Lambda_y*\eta+\varepsilon$$

**Formel 2: Messmodell der latenten exogenen Variablen (links) und der latenten endogenen Variablen (rechts)**

Dabei stellen $\Lambda_x$ (Lambda-x) und $\Lambda_y$ (Lambda-y) die Matrizen der Pfadkoeffizienten und damit die Faktorladungen der Indikatoren auf die latenten exogenen Variablen (x) bzw. die latenten endogenen Variablen (y) dar. Die Koeffizientenmatrizen $\Lambda_x$ und $\Lambda_y$ besitzen die Ordnung (p*m) und (q*n), wobei p die Anzahl der Indikatoren der latenten endogenen Variablen, q die Anzahl der Indikatoren der latenten exogenen Variablen, m die Anzahl der latenten endogenen Variablen und n die Anzahl der latenten exogenen Variablen bezeichnet. Die Variablen x und y sind als Abweichungen vom arithmetischen Mittelwert definiert.

Die Vektoren $\delta$ (Delta) und $\varepsilon$ (Epsilon) stellen die Vektoren der Residualvariablen, d.h. die Messfehler der jeweiligen exogenen und endogenen Indikatorvariablen x und y dar.[598] Die Messfehler sind definitionsgemäß unkorreliert mit den latenten Variablen, Korrelationen zwischen den Residuen der beobachtbaren Variablen sind hingegen zulässig.

Unter der Bedingung, dass die latenten exogenen Variablen voneinander unabhängig sind, entsprechen die Faktorladungen zugleich den Korrelationen zwischen den Indikatorvariablen und den hypothetischen Konstrukten. Das endogene Messmodell stellt ebenfalls ein Faktormodell dar, wobei sich die Korrelationen zwischen den gemessenen Indikatorvariablen auf faktoranalytischem Weg reproduzieren lassen.[599]

---

[596] Vgl. Backhaus, Erichson, Plinke, Weiber 2006, S. 351.
[597] Vgl. Eggert, Fassott 2003, S. 4 f.
[598] Vgl. Backhaus, Erichson, Plinke, Weiber 2006, S. 349 und S. 353.
[599] Vgl. Ringle 2004, S. 13.

Die Matrizen $\Phi$(n*n) und $\Psi$(m*m) in Abbildung 30 stellen die Kovarianzmatrizen von $\xi$ und $\zeta$ dar, die Matrizen $\Theta_\varepsilon$ und $\Theta_\delta$ stellen die Kovarianzmatrizen der Residuen $\varepsilon$ und $\delta$ dar. Es lässt sich nun die Kovarianzmatrix der beobachteten Variablen x und y als Funktion der Elemente der acht Parametermatrizen $\Lambda_x$, $\Lambda_y$, B, $\Gamma$, $\Phi$, $\Psi$, $\Theta_\varepsilon$ und $\Theta_\delta$ ausdrücken.[600] Auf dieser Basis wird die Parameterschätzung vorgenommen, wobei für die Schätzung der Kovarianzmatrix die jeweiligen Schätzer in die Matrizen auf der rechten Seite der Formel 3 eingesetzt werden müssen.

$$\Sigma=\Sigma(\Lambda_x, \Lambda_y, B, \Gamma, \Phi, \Psi, \Theta_\varepsilon, \Theta_\delta)$$

**Formel 3: Kovarianzmatrix der beobachteten Variablen**

Die Zielsetzung besteht nun darin, Parameterschätzungen zu ermitteln, sodass die vom Modell generierte Kovarianzmatrix $\Sigma$ der empirisch ermittelten Kovarianzmatrix S möglichst ähnlich wird.[601] Bei geringen Abweichungen von $\Sigma$ zu S bildet das Kausalmodell die empirischen Daten besonders gut ab. Es ist daher das folgende Minimierungsproblem (Formel 4) zu lösen, wobei F die Diskrepanzfunktion bezeichnet, die sich mittels gängiger Schätzmethoden ableiten lässt:[602]

$$f_S(\Lambda_x, \Lambda_y, B, \Gamma, \Phi, \Psi, \Theta_\varepsilon, \Theta_\delta) = F(S, \Sigma(\Lambda_x, \Lambda_y, B, \Gamma, \Phi, \Psi, \Theta_\varepsilon, \Theta_\delta)) \rightarrow \min!$$

**Formel 4: Minimierungsproblem der Strukturgleichungsanalyse**

Die Auswahl geeigneter Schätzverfahren orientiert sich in der Praxis an bestimmten Kriterien, insbesondere dem Vorliegen multinormalverteilter Messindikatoren, der Skaleninvarianz der Diskrepanzfunktion und der Stichprobengröße.[603] Am häufigsten wird in der empirischen Forschung die Maximum-Likelihood-Methode (ML) verwen-

[600] Vgl. Homburg, Baumgartner 1998, S. 350.
[601] Die Datengrundlage für die Schätzung sämtlicher Modellparameter wird aus den Varianzen und Kovarianzen der beobachteten Indikatorvariablen gebildet.
[602] Vgl. Homburg, Hildebrandt 1998, S. 20 ff.; Backhaus, Erichson, Plinke, Weiber 2006, S. 368. Gängige Schätzmethoden, die z.B. vom Softwarepaket AMOS zur Verfügung gestellt werden, sind die Maximum-Likelihood Methode (ML), die Methode der ungewichteten kleinsten Quadrate (unweighted least squares; ULS), die Methode der verallgemeinerten kleinsten Quadrate (generalized least squares; GLS), die Methode der skalenunabhängigen kleinsten Quadrate (scale free least squares; SLS) und die Methode des asymptotisch verteilungsfreien Schätzers (asymptotically distribution-free; ADF). Die Minimierung erfolgt über einen iterativen Prozess, wobei die Schätzung ausgehend von bestimmten Startwerten so lange angepasst wird, bis Konvergenz erreicht wird. Für die unterschiedlichen Schätzalgorithmen sind nach Backhaus, Erichson, Plinke und Weiber (2006, S. 369 ff.) verschiedene Diskrepanzfunktionen zu minimieren.
[603] Vgl. Backhaus, Erichson, Plinke, Weiber 2006, S. 371.

det,[604] da sie bei ausreichend großem Stichprobenumfang den präzisesten Schätzwert liefert.[605] Das Verfahren stellt Inferenzstatistiken bereit und ermöglicht damit die Durchführung von Signifikanztests, zudem zeigt sich das ML-Verfahren als robust gegenüber Verletzungen der Annahme der Multinormalverteilung.[606] Die vorliegende Arbeit bietet nicht den Raum für eine ausführliche Diskussion bzgl. der Anwendungsbedingungen, Beurteilungskriterien und Zuverlässigkeit von Schätzverfahren, weshalb an dieser Stelle auf die einschlägige Literatur hingewiesen wird.[607]

Als Abschluss dieses Abschnittes werden allgemein anerkannte Regeln für die Konstruktion und Darstellung von Strukturgleichungsmodellen und die Bezeichnung der Elemente und Beziehungen angeführt. Diese tabellarischen Erläuterungen bilden die Basis für das darauffolgende Kapitel, in welchem das Strukturmodell der Spin-off-Innovation generiert wird:

- Tabelle 9 beinhaltet eine Zusammenfassung der Variablenbezeichnungen;[608]
- Tabelle 10 beinhaltet eine Übersicht über allgemein anerkannte Regeln und Konventionen zur Darstellung und Analyse von Strukturgleichungsmodellen;[609]
- Tabelle 11 beinhaltet eine Zusammenfassung der Parametermatrizen.[610]

| Bezeichnung der Variablen in einem vollständigen Strukturgleichungsmodell | |
|---|---|
| $\xi$ (Ksi) | Latente exogene Variable |
| $\eta$ (Eta) | Latente endogene Variable |
| x | Indikatorvariable für eine latente exogene Variable |
| y | Indikatorvariable für eine latente endogene Variable |
| $\delta$ (Delta) | Residualvariable (Messfehler) einer exogenen Indikatorvariable x |
| $\varepsilon$ (Epsilon) | Residualvariable (Messfehler) einer endogenen Indikatorvariable y |
| $\zeta$ (Zeta) | Residualvariable einer latenten endogenen Variable $\eta$ |

**Tabelle 9: Variablenbezeichnungen in einem Strukturgleichungsmodell**

[604] In einer Studie zur Verwendung der Kausalanalyse in der empirischen Forschung ermitteln Backhaus und Büschken (1998, S. 165), dass in 38% der Fälle die ML-Methode als Schätzverfahren eingesetzt wird, in 28% die ULS-Methode und in 38% eine andere Methode.

[605] In der Literatur wird davon ausgegangen, dass ein Stichprobenumfang von n>100, manchmal auch n>200 eine ausreichend große Datenbasis darstellt; vgl. hierzu z.B. Bagozzi, Yi 1988, S. 80; Backhaus, Erichson, Plinke, Weiber 2006, S. 370 f.

[606] Vgl. Völckner 2003, S. 169.

[607] Vgl. insbesondere Ringle 2004, S. 14-17. Bei Backhaus, Erichson, Plinke und Weiber (2006, S. 358-3847) erfolgt eine ausführliche Erläuterung der Beurteilung von Schätzergebnissen inklusive Plausibilitätsbetrachtungen, Zuverlässigkeitsbetrachtungen und einer Diskussion von Gütekriterien zur Beurteilung von Gesamt- und Teilstrukturen.

[608] Vgl. Backhaus, Erichson, Plinke, Weiber 2006, S. 349.

[609] Vgl. Helm 1997, S. 112 f.; Backhaus, Erichson, Plinke, Weiber 2006, S. 361.

[610] Vgl. Backhaus, Erichson, Plinke, Weiber 2006, S. 353.

| Allgemeine Konstruktionsregeln für ein vollständiges Strukturgleichungsmodell und Regeln zur Darstellung von Variablen und Beziehungen | |
|---|---|
| Konstruktion | ▪ Ein vollständiges Strukturgleichungsmodell besteht aus einem Strukturmodell und zwei Messmodellen.<br>▪ Auf der linken Seite steht das Messmodell der latenten exogenen Variablen, welches aus den exogenen Konstrukten (ξ), den Indikatorvariablen (x) und den entsprechenden Beziehungen besteht.<br>▪ Auf der rechten Seite befindet sich das Messmodell der latenten endogenen Variablen, welches aus den endogenen Konstrukten (η), den Indikatorvariablen (y) und den entsprechenden Beziehungen besteht.<br>▪ In der Mitte wird das Strukturmodell dargestellt, welches aus den exogenen Variablen (ξ), den endogenen Variablen (η) und den Beziehungen zwischen den Variablen besteht. |
| Darstellung von Variablen und Beziehungen | ▪ Direkt beobachtbare (messbare) Variable (x und y) werden durch Rechtecke dargestellt.<br>▪ Latente (d.h. nicht beobachtbare) Variable werden mittels Ellipsen (bzw. abgerundete Rechtecke) dargestellt.<br>▪ Residualvariable (Messfehler) werden nicht eingefasst.<br>▪ Zu schätzende Beziehungen zwischen Variablen werden durch Pfeile dargestellt.<br>▪ Kausal zu interpretierende Beziehungen werden mittels gerader Pfeile dargestellt, der Ursprung des Pfeils liegt in der verursachenden Variable und die Spitzte des Pfeils zeigt auf die abhängige Variable. Ein Pfeil hat jeweils eine Variable als Start- bzw. Endpunkt.<br>▪ Der Einfluss von Messfehlern wird ebenfalls durch gerade Pfeile dargestellt, der Ursprung des Pfeils liegt bei der Messfehlervariablen.<br>▪ Beziehungen zwischen messbaren und latenten Variablen werden mittels gestrichelter gerader Pfeile dargestellt. Der Pfeil zeigt von der latenten Variable (unabhängig) auf die messbare Indikatorvariable (abhängig). Damit wird deutlich gemacht, dass es sich um eine kausale Beziehung handelt.<br>▪ Nicht kausal zu interpretierende Beziehungen werden mittels gekrümmter Doppelpfeile dargestellt. Derartige Beziehungen sind ausschließlich zwischen latenten exogenen Variablen (ξ) oder zwischen Messfehlervariablen (δ, ε, ζ) zugelassen. |

**Tabelle 10: Allgemeine Konstruktionsregeln eines Strukturgleichungsmodells**

| Bezeichnung der Parametermatrizen in einem vollständigen Strukturgleichungsmodell | |
|---|---|
| $\Lambda_x$ (Lambda-x) | Matrix (q*n) der kausalen Beziehungen λ zwischen den latenten exogenen Variablen ξ und den entsprechenden Indikatorvariablen x. |
| $\Lambda_y$ (Lambda-y) | Matrix (p*m) der kausalen Beziehungen λ zwischen den latenten endogenen Variablen η und den entsprechenden Indikatorvariablen y. |
| Β (Beta) | Matrix (m*m) der kausalen Beziehungen β zwischen zwei latenten endogenen Variablen η. |
| Γ (Gamma) | Matrix (m*n) der kausalen Beziehungen γ zwischen einer latenten exogenen Variablen ξ und einer latenten endogenen Variablen η. |
| Φ (Phi) | Matrix (n*n) der Kovarianzen zwischen den latenten exogenen Variablen ξ. |
| Ψ (Psi) | Matrix (m*m) der Kovarianzen zwischen den Residualvariablen ζ der latenten endogenen Variablen η. |
| $\Theta_\varepsilon$ (Theta-Epsilon) | Matrix (p*p) der Kovarianzen zwischen den Residualvariablen ε der endogenen Indikatorvariablen y. |
| $\Theta_\delta$ (Theta-Delta) | Matrix (q*q) der Kovarianzen zwischen den Residualvariablen δ der exogenen Indikatorvariablen x. |

**Tabelle 11: Parametermatrizen in einem Strukturgleichungsmodell**

Die Schätzung von linearen Strukturgleichungsmodellen mit latenten Konstrukten und Messmodellen mit empirisch erhobenen Indikatorvariablen macht den Einsatz von Computersoftware erforderlich. Für die Schätzungen, die auf den Kovarianzen und Korrelationen basieren,[611] dominieren die statistischen Softwarepakete LISREL[612]

[611] Darüber hinaus existieren Verfahren der Partielle-Kleinste-Quadrate-Schätzung (PLS; engl. „partial least square"). Auch hierfür gibt es Softwareprogramme, z.B. „LVPLS" (Latent Variable Path Analysis

(Linear Structural Relationships) und AMOS[613] (Analysis of Moment Structures). Insbesondere AMOS hat in den letzten Jahren eine starke Verbreitung in der betriebswirtschaftlichen Forschung erfahren, was vor allem auf die bedienerfreundliche grafische Benutzeroberfläche und die Integration von AMOS als Zusatzmodul im Rahmen des SPSS-Programmes (Statistical Package for the Social Sciences) zurückzuführen ist.[614] Das Softwarepaket AMOS 7.0 wird im Rahmen der vorliegenden Arbeit zur Berechnung der Strukturgleichungsmodelle genutzt.

### *6.2.3 Strukturmodell der Spin-off-Innovation*

Im Strukturmodell werden die Beziehungen zwischen den latenten Variablen dargestellt, welche schließlich mit Hilfe eines regressionsanalytischen Ansatzes untersucht werden sollen. Das Strukturmodell der Spin-off-Innovation basiert auf den ausführlichen theoretischen Erläuterungen in Kapitel 4 und dem Hypothesenmodell in Kapitel 5.5 und wird in Abbildung 31 dargestellt.[615] Es wird in Analogie zu den Vorgaben zur Erstellung eines Pfadmodells (Kapitel 6.2.2) aufgebaut. Das vollständige Strukturgleichungsmodell inklusive der beiden Messmodelle für die exogenen latenten und endogenen latenten Variablen kann erst nach der Operationalisierung der Konstrukte gebildet werden (Kapitel 6.3).

Das in Abbildung 31 dargestellte Strukturmodell verdeutlicht auf anschauliche Weise das Ziel der vorliegenden Untersuchung. Dieses Ziel besteht darin, zu erklären, wie der langfristige Markterfolg eines Spin-offs von der Umsetzung der Spin-off-Innovation abhängt und wie die Umsetzung wiederum von den Merkmalen der Spin-off-Gründungsbasis abhängig ist. Zudem wird der Einfluss der Mutterorganisation in Form von Inkubationsunterstützung und Kooperation berücksichtigt. Für das Verständnis des dargestellten Strukturmodells sind an dieser Stelle einige Erläuterungen notwendig und sinnvoll, die im Folgenden geleistet werden.

---

with Partial-Least-Squares-Estimation), „PLS-Graph“ (Partial-Least-Squares-Graph) oder „SmartPLS“; vgl. Ringle 2004, S. 11.

612 Vgl. das Softwareprogramm LISREL 8.0 von Jöreskog und Sörbom (1996).

613 Vgl. das Softwareprogramm AMOS 6.0 von Arbuckle 2005.

614 Vgl. Hamman, Erichson 2000, S. 203; exemplarisch Gehrer 2005, S. 189; Ludl 2007, S. 87.

615 Es wird darauf hingewiesen, dass aus Gründen der Lesbarkeit in Abbildung 31 die Kurzbezeichnungen der Konstrukte verwendet werden. Inhaltlich besteht Übereinstimmung mit Abbildung 29, in welcher die ausführlichen Konstuktbezeichnungen angeführt sind.

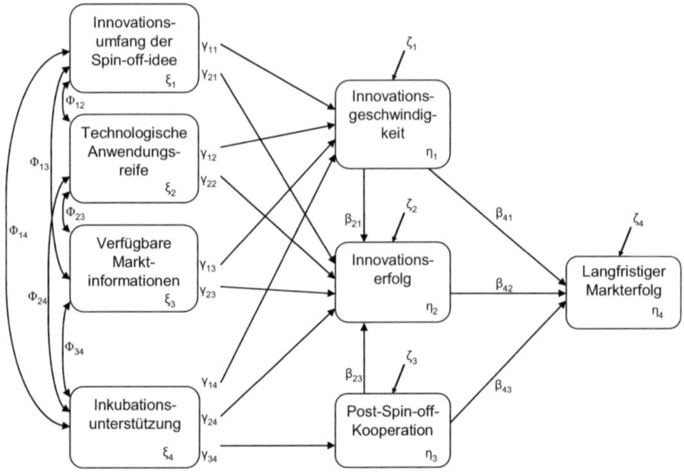


**Abbildung 31: Strukturmodell der Spin-off-Innovation**

Das Strukturmodell bildet den Spin-off-Prozess von der Gründungsidee bis hin zum etablierten Unternehmen ab und beinhaltet dabei ausschließlich jene Variablen, die Bestandteil der empirischen Überprüfung der Zusammenhänge sind. Andere theoretische Konzepte, die in den vorangegangenen Ausführungen diskutiert wurden, werden nicht dargestellt. Allerdings bleiben sowohl der prozessuale Charakter des Modells (Inventions-, Innovations- und Marktphase) als auch die Unterscheidung in interne und externe Einflussfaktoren erhalten.

Auf der linken Seite des Strukturmodells stehen die latenten exogenen Variablen ($\xi_1$ bis $\xi_4$), welche die Ausgangsbasis der Spin-off-Gründung beschreiben. Die standardisierten Pfadkoeffizienten zwischen den latenten exogenen und den latenten endogenen Variablen werden mittels $\gamma_{11}$ bis $\gamma_{34}$ bezeichnet. Diese Beziehungen wurden im vorangegangenen Kapitel 4 ausführlich erläutert. Die Kovarianzen $\Phi_{12}$ bis $\Phi_{34}$ zwischen den latenten exogenen Variablen machen deutlich, dass zwischen verschiedenen exogenen Konstrukten nicht kausal zu interpretierende Zusammenhänge bestehen können. Darauf wurde bereits im theoretischen Teil der Arbeit (Kapitel 4) hingewiesen, eine detaillierte Betrachtung dieser nicht kausalen Zusammenhänge erfolgt im Folgenden.

In Anlehnung an die theoriegeleiteten Ausführungen wird davon ausgegangen, dass zwischen den Konstrukten, welche die technologische Gründungsbasis beschreiben – Innovationsumfang, Anwendungsreife und Marktinformationen – ein Zusammenhang besteht. Dieser Zusammenhang resultiert zum Teil aus der getrennten Betrachtung der Konstrukte Marktinformationen und Anwendungsreife. Es dürfte augenscheinlich sein, dass mit einer Erhöhung der Anwendungsreife in der Regel eine Erhöhung der Marktinformationen einhergeht ($\Phi_{23}$). Trotzdem ist eine separate Darstellung sinnvoll, da sich die Marktinformationen v.a. auf das ökonomische Umfeld der Gründungsidee konzentrieren, die technologische Anwendungsreife dagegen auf das produktbezogene technologische Umfeld. Ferner ist ein Zusammenhang zwischen diesen beiden Konstrukten und dem Grad der Neuartigkeit der Gründungsidee, d.h. dem sog. Innovationsumfang, anzunehmen, was mittels der Beziehungen $\Phi_{12}$ und $\Phi_{13}$ dargestellt wird. Mit Erhöhung des Innovationsumfangs steigen Komplexität und Unsicherheitsfaktoren hinsichtlich Anwendbarkeit und Marktakzeptanz der Gründungsidee tendenziell sukzessive an. Ebenfalls kann davon ausgegangen werden, dass zwischen der Inkubationsunterstützung durch die Mutterorganisation und dem Innovationsumfang, der Anwendungsreife sowie den Marktinformationen ein Zusammenhang besteht ($\Phi_{14}$, $\Phi_{24}$ und $\Phi_{34}$), der sich daraus ergibt, dass die Mutterorganisation in die Entwicklung der Gründungsbasis grundsätzlich einbezogen werden kann.

Auf der rechten Seite des Strukturmodells sind die vier latenten endogenen Variablen ($\eta_1$ bis $\eta_4$) abgebildet, welche die Umsetzung der Innovation, die Kooperation mit der Mutterorganisation und den langfristigen Markterfolg beschreiben. Die standardisierten Pfadkoeffizienten zwischen den endogenen Variablen werden mittels $\beta_{21}$ bis $\beta_{34}$ gekennzeichnet und beschreiben die kausalen Zusammenhänge innerhalb der endogenen Variablen. Diese Beziehungen wurden ebenfalls im theoretischen Teil der Arbeit ausführlich erläutert. Mit $\zeta_1$ bis $\zeta_4$ werden die entsprechenden Messfehlervariablen der latenten endogenen Variablen bezeichnet. Dadurch wird ersichtlich, dass bei diesen latenten Variablen bestimmte Varianzanteile auftreten können, die nicht durch das Modell erklärt werden, sondern auf außerhalb des Modells liegende Einflussfaktoren zurückzuführen sind.

## 6.3 Operationalisierung der Messmodelle

### *6.3.1 Grundsätzliche Erläuterungen zur Operationalisierung der Variablen*

Die empirische Untersuchung der im Gesamtmodell postulierten Zusammenhänge basiert auf latenten Konstrukten, welche den Zustand nicht direkt beobachtbarer, theoretischer Phänomene beschreiben und sich einer direkten Messung entziehen.[616] Derartige latente Konstrukte werden mit Hilfe von Indikatorvariablen operationalisiert. Die Beziehungen zwischen den direkt beobachtbaren Variablen und den Konstrukten werden mit Hilfe einer konfirmatorischen Faktorenanalyse untersucht.

Es ist ersichtlich, dass die Operationalisierung der Variablen von erheblicher Bedeutung für die Qualität und Aussagekraft der gesamten empirischen Studie ist. Die Ergebnisse der Studie hängen in entscheidender Weise davon ab, ob die Indikatoren in der Lage sind, die entsprechenden latenten Konstrukte verlässlich zu messen. Die Qualität der Indikatoren ist daher mit Hilfe entsprechender Gütekriterien bzgl. der Reliabilität, Validität und Objektivität zu prüfen.[617] Diese Aspekte werden in Kapitel 6.3.2 ausführlich diskutiert.

Die Operationalisierung der Konstrukte orientiert sich an den Empfehlungen von Churchill (1979, S. 64 ff.).[618] Sämtliche Items werden auf siebenstufigen Ratingskalen erfasst, die Endpunke der Skalen stellen jeweils eine extreme Antwortmöglichkeit auf die gestellte Frage bzw. eine extreme Zustimmung oder Ablehnung zu einem Statement dar. Diese Endpunkte sind verbal derart beschrieben, dass die Extrempositionen eindeutig ersichtlich sind, was die Erfassung der Fragestellung erleichtert und die Antwortbereitschaft verbessern sollte. Zudem sind alle Ausprägungen mit numerischen Skalenbezeichnungen versehen. Die Verwendung einer siebenstufigen Ratingskala bewirkt, dass die Antwortausprägungen zwangsläufig über einen Mittelpunkt verfügen und es dem Befragten möglich wird, eine neutrale Position einzunehmen.[619] Dies kann dazu führen, dass die Auskunftspersonen aus unterschiedlichen Gründen versuchen, eine Tendenz zu vermeiden und ein undifferenziertes Antwortverhalten annehmen.[620] Diesem Problem kann allerdings, wie es in der vorlie-

---

[616] Vgl. Bagozzi, Fornell 1982, S. 24.
[617] Vgl. Homburg, Giering 1996, S. 6.
[618] Vgl. auch Homburg, Giering 1996, S. 5 ff.
[619] Vgl. Bortz, Döring 2002, S. 175 ff.
[620] Dieses Problem wird von Bortz und Döring (2002, S. 179) als „Ambivalenz-Indifferenz-Problem" bezeichnet.

genden Untersuchung geschieht, durch die Verwendung von Multi-Item-Skalen entgegen gewirkt werden.[621]

Aus messtheoretischer Sicht geben die verwendeten Ratingskalen markierte Abschnitte eines Merkmalskontinuums vor, wobei die Beurteilenden von gleichgroßen Intervallen zwischen den einzelnen Merkmalsausprägungen ausgehen.[622] Die mittels Ratingskalen erzielten Antworten können daher als intervallskaliert interpretiert werden.[623] Diese Forderung ist im Hinblick auf die geplante Untersuchungsmethodik von erheblicher Bedeutung, da es sich bei der Intervallskalierung um eine Grundvoraussetzung für die Schätzung von Strukturgleichungsmodellen handelt.[624]

Die Auswahl der einzelnen Indikatoren für die latenten Variablen orientiert sich zudem an der Problemgerechtigkeit und der Vergleichbarkeit mit vorangegangenen Studien.[625] Um eine problemadäquate Messung zu gewährleisten, ist es evident, dass die Auswahl der Indikatoren eng an die theoretische Argumentation in Kapitel 4 angelehnt ist. Die im Rahmen der theoretischen Argumentation herangezogenen Arbeiten anderer Autoren basieren in weiten Teilen auf empirischen Untersuchungen, die mit ähnlichen Konstrukten und Operationalisierungen arbeiten. Insofern stellt die Verwendung bestimmter Indikatoren in bisherigen Spin-off-Studien ein wichtiges Entscheidungskriterium dar, das zu einer erhöhten Vergleichbarkeit der Untersuchungsergebnisse mit vorangegangenen Studien führt und eine verbesserte Einordnung in die Empirie sicherstellt. Die Verwendung der bereits geprüften Indikatoren sollte zudem eine möglichst eindeutige und widerspruchsfreie Zuordnung gewährleisten.[626] In einzelnen Fällen basiert die Operationalisierung auf der Entwicklung eigener Messinstrumente, was in Ermangelung von Vorgängerstudien eine legitime Vorgehensweise darstellt.[627]

Wie bereits angedeutet, erfolgt die Untersuchung der Validität und Reliabilität im Rahmen der empirischen Studie in Kapitel 7. In eingeschränkter Weise wird durch

---

[621] Vgl. Helm 2001, S. 214.
[622] Vgl. Bortz, Döring 2002, S. 175 ff.; Kroeber-Riel, Weinberg 2003, S. 194.
[623] Vgl. Bortz 2005, S. 24.
[624] Zinnbauer und Eberl (2005, S. 566) weisen zudem darauf hin, dass „...mindestens fünf bzw. eher sieben Skalenpunkte empfohlen ...“ werden, um die kausalanalytischen Annahmen trotz der diskreten Messung nicht zu verletzen.
[625] Vgl. Steinkühler 1994, S. 78.
[626] Vgl. Helm 1997, S. 119.
[627] Bortz (2005, S. 9) weißt darauf hin, dass es „... häufig unumgänglich ist, unter Zuhilfenahme der einschlägigen Literatur über Test- und Fragebogenkonstruktion eigene Messinstrumente zu entwickeln.“

die Tatsache, dass die Mehrzahl der Indikatoren bereits in vorhergehenden Studien anderer Autoren zur Messung gleicher bzw. ähnlicher latenter Konstrukte verwendet wurde, ein Maß an Validität und Reliabilität signalisiert.[628]

In Abhängigkeit von der Richtung der Beziehungen zwischen latenten und beobachtbaren Variablen wird in der Literatur zwischen reflektiven und formativen Modellspezifikationen unterschieden. Im Falle eines reflektiven Messmodells werden die direkt beobachtbaren Indikatoren durch die latente Variable kausal beeinflusst, sodass sich exogene Einflüsse auf die latente Größe gleichzeitig indirekt auf alle reflektiven Indikatoren auswirken.[629] Dadurch ergibt sich eine Korreliertheit der Indikatoren untereinander, die per se als fehlerbehaftete Messungen des Faktors betrachtet werden können.[630] Üben die Indikatoren hingegen einen Effekt auf den Faktor aus, so gilt dieser als Funktion seiner Indikatoren und es handelt sich um eine formative Messung. Die Indikatoren müssen im Falle formativer latenter Variablen nicht untereinander korreliert sein.

In der vorliegenden Arbeit wird dem grundlegenden Ansatz der Kausalanalyse gefolgt, welcher die Verwendung reflektiver Indikatoren nahelegt, da er keine fehlerfreie Messung der latenten Variablen unterstellt, sondern Messfehler zulässt. Die nicht erklärten Anteile der Varianzen der Indikatorvariablen werden als Residuen dargestellt, wodurch unnötige Verzerrungen der Parameterschätzungen vermieden werden.[631] Da reflektive Modelle zudem in der Entrepreneurship-Literatur weiter verbreitet sind als formative Ansätze, erscheint die Verwendung reflektiver Indikatoren plausibel.

Es wird demzufolge unterstellt, dass die Beziehungen zwischen den Indikatoren auf den Einfluss der latenten Variablen zurückzuführen sind. Die latenten Variablen stellen sozusagen verursachende abstrakte Phänomene für die zu beobachtenden Ausprägungen der Indikatoren dar.

Im Strukturmodell (Abbildung 31 auf S. 162) wird mittels der Kovarianzen ($\Phi$) deutlich gemacht, dass die latenten exogenen Variablen nicht unabhängig voneinander sind, was Auswirkungen auf die Zuordnung der Indikatoren zu den einzelnen latenten

---

628 Vgl. Helm 1997, S. 139.
629 Vgl. Zinnbauer, Eberl 2005, S. 566.
630 Vgl. Homburg, Giering 1996, S. 6.
631 Vgl. Helm 1997, S. 138.

Konstrukten hat. Es handelt sich um eine sog. ex ante Zuordnung, die im Vorfeld der empirischen Studie erfolgt. Die vermuteten Zusammenhänge zwischen den Konstrukten bedingen allerdings, dass diese ex ante Zuordnungen nicht ausnahmslos von der empirischen Studie bestätigt werden müssen, sondern sich im Rahmen der Optimierung der Messmodelle angepasste Zuordnungen ergeben können.[632] Im Rahmen der nun folgenden Erläuterungen der Messmodelle und Indikatoren werden diese Zusammenhänge zwischen den Konstrukten weitergehend analysiert.

### *6.3.2 Grundbegriffe der Messung, Reliabilitätsprüfung und Validierung der Konstrukte*

Wie bereits erläutert, basiert die vorliegende Untersuchung von Spin-off-Innovationen auf abstrakten Konstrukten, die sich einer unmittelbaren Messung entziehen und deshalb mit Hilfe direkt erfassbarer Indikatorvariablen gemessen werden. Dabei kommen ausschließlich einfaktorielle Konstrukte zum Einsatz, bei denen ein theoretisches Konstrukt genau einem Faktor entspricht und sich die Indikatoren bereits auf Konstruktebene verdichten lassen.[633] Die latenten Konstrukte werden in allen Fällen durch mehrere Indikatoren gemessen, wodurch extreme Verzerrungen, die bei Messungen mit lediglich einem Indikator auftreten können, vermieden werden. Daher kann in formaler Hinsicht bereits an dieser Stelle von einer guten Modellstruktur gesprochen werden.[634]

Die Verwendung reflektiver Messmodelle[635] unterstellt fehlerbehaftete Messungen der latenten Variablen und vermeidet damit unnötige Verzerrungen der Parameterschätzungen.[636] Messfehler in Form nicht erklärter Varianzanteile der Indikatorvariablen sind zulässig und werden als Residuen ($\delta$ und $\varepsilon$) dargestellt.[637]

Da ausschließlich reflektive Indikatoren verwendet werden, beziehen sich die folgenden Aussagen zur Qualität und Güte von Messmodellen ausschließlich auf reflektive Modelle. Die Qualität der Messung eines latenten Konstruktes durch direkt beob-

---

632 Vgl. Kapitel 7.3.
633 Vgl. Homburg, Giering 1996, S. 6.
634 Vgl. Helm 1997, S. 139.
635 Vgl. Kapitel 6.3.
636 Vgl. Helm 1997, S. 138.
637 Vgl. Homburg, Giering 1996, S. 6.

achtbare Indikatoren lässt sich – neben der Objektivität der Messung – vor allem anhand der Zuverlässigkeit (Reliabilität) und der Gültigkeit (Validität) beurteilen.[638]

Objektivität einer Messung liegt dann vor, wenn keine bzw. eine geringe Abhängigkeit der Messwerte von den messenden bzw. befragenden Personen besteht. Für die vorliegende Untersuchung kann aufgrund der schriftlichen Befragung und der Dateneingabe durch Dritte von einem hohen Maß an Objektivität ausgegangen werden.

Die Reliabilität beschreibt die Genauigkeit und Reproduzierbarkeit der Messung mit latenten Variablen und gibt Auskunft darüber, inwiefern die Messwerte frei von Zufallsfehlern sind.[639] Es kann davon ausgegangen werden, dass die Indikatoren eine reliable Messung des entsprechenden Konstruktes darstellen, wenn ein großer Teil ihrer Varianz durch die Assoziation mit dem Konstrukt erklärt wird und der Einfluss von unsystematischen (zufälligen) Messfehlern gering ist.[640]

Unter Validität wird die „konzeptionelle Richtigkeit einer Messung“[641] verstanden bzw. das Ausmaß, in dem ein Messinstrument das misst, was gemessen werden soll.[642] Validität beschreibt, inwieweit ein Indikator überhaupt in der Lage ist, ein bestimmtes latentes Konstrukt zu messen, ohne dass es dabei zu systematischen Fehlern kommt. Eine valide Messung fordert den Ausschluss sämtlicher Messfehler, sowohl von Zufallsfehlern als auch von systematischen Fehlern, sodass die Reliabilität als notwendige, aber nicht hinreichende Bedingung für die Validität angesehen werden kann.[643] Hinsichtlich des Validitätsbegriffs werden üblicherweise vier Aspekte untersucht, die im Folgenden erläutert werden:[644]

- Augenscheinvalidität;
- Konvergenzvalidität;
- Diskriminanzvalidität;
- Nomologische Validität.

---

638 Vgl. allgemein zu den Gütekriterien von Messvorgängen Schnell, Hill und Esser (1999, S. 145 ff.).
639 Vgl. Gierl 1995, S. 29; Helm 1997, S. 138.
640 Vgl. Homburg, Giering 1996, S. 6.
641 Homburg, Giering 1996, S. 7.
642 Vgl. Schnell, Hill, Esser 1999, S. 148.
643 Vgl. Peter 1979, S. 6.
644 Vgl. exemplarisch Helm 1997, S. 141 ff.

Augenscheinvalidität ist gleichzusetzen mit einer Beurteilung der Plausibilität der zur Messung von Konstrukten verwendeten Indikatoren. Diese Art von Validität liegt bspw. dann vor, wenn Experten eine Skala als zur Messung geeignet einschätzen. Für die vorliegende Untersuchung kann, wie in der Forschungspraxis allgemein üblich, von Augenscheinvalidität ausgegangen werden, da der Pretest der Messinstrumente nicht zu schwerwiegenden Beanstandungen der Fragestellungen führte.[645]

Konvergenzvalidität liegt dann vor, wenn zwischen den Indikatoren eines Konstruktes ein Zusammenhang besteht, selbst wenn die Indikatoren mit verschiedenen Messinstrumenten gemessen werden.[646] Folgt man der strengen Auffassung von Bagozzi und Phillips (1982, S. 468), so ist zur Prüfung der Konvergenzvalidität ein maximaler Unterschied der Messinstrumente erforderlich.[647] Dies ist in der vorliegenden Untersuchung nicht der Fall, da sämtliche Messwerte eines Datensatzes durch Befragung derselben Auskunftsperson mittels Fragebogen erhoben werden. Allerdings hat sich durchgesetzt, dass bereits mehrere Fragen, die verschiedene Indikatoren eines Konstruktes darstellen, ausreichen, um die Konvergenzvalidität eines Messmodells beurteilen zu können.[648]

Diskriminanzvalidität liegt vor, wenn ein geringer Zusammenhang zwischen Indikatoren besteht, die verschiedene latente Konstrukte messen, auch wenn die Indikatoren auf gleichartigen Messinstrumenten basieren.[649] Konvergenzvalidität stellt eine notwendige, aber nicht hinreichende Bedingung für das Vorliegen von Diskriminanzvalidität dar. Insofern erscheint – aufgrund der vorangegangenen Diskussion der Problematiken bei der Konvergenzvalidierung – die Durchführbarkeit der Diskriminanzvalidierung zumindest fraglich.[650] In der Praxis wird daher bei Diskriminierungsfähigkeit der Konstrukte von Diskriminanzvalidität der Messung ausgegangen. Nach Giering (2000, S. 74) orientiert sich die Beurteilung der Diskriminanzvalidität daran, ob die Assoziation zwischen Indikatoren einer latenten Variable größer ist als die Assoziation zwischen Indikatoren verschiedener latenter Variablen.[651]

[645] Vgl. Helm 1997, S. 141.
[646] Vgl. Homburg, Giering 1996, S. 7.
[647] Vgl. Helm 1997 S. 141; Helm 2001, S. 205.
[648] Die Erläuterung der quantitativen Kriterien zur Prüfung der Konvergenzvalidität erfolgt in Kapitel 7.2.3.
[649] Vgl. Bagozzi, Phillips 1982, S. 469.
[650] Vgl. Helm 2001, S. 206.
[651] Die Erläuterung der quantitativen Kriterien zur Prüfung der Diskriminanzvalidität erfolgt in Kapitel 7.2.3.

Nomologische Validität liegt dann vor, wenn zwischen den theoretisch begründeten Beziehungen und den empirisch ermittelten Untersuchungsergebnissen ein Zusammenhang besteht.[652] Dies setzt voraus, dass sowohl die Verwendung der Indikatoren als auch die Formulierung der Hypothesen theoriegeleitet erfolgen. In der Praxis wird die nomologische Validität nicht explizit geprüft, vielmehr wird unterstellt, dass im Falle einer Nicht-Ablehnung der formulierten Hypothesen gleichzeitig nomologische Validität der Konstrukte vorliegt.[653]

Die gewählte Mess- und Untersuchungsmethodik gewährleistet aufgrund ihrer formalen Struktur und der Verwendung mehrerer Indikatoren pro Konstrukt bereits a priori ein gewisses Maß an Reliabilität und Validität. Zudem wurde die Mehrzahl der zur Konstruktmessung verwendeten Indikatoren bereits in anderen empirischen Studien eingesetzt.

### *6.3.3 Das Messmodell der exogenen Variablen*

#### *6.3.3.1 Die Darstellung des exogenen Messmodells*

Das Messmodell der exogenen Variablen, bestehend aus den latenten exogenen Variablen sowie deren Indikatoren, wird im Folgenden ausführlich erläutert und vorab in Abbildung 32 dargelegt.

In der Darstellung wird gezeigt, wie die latenten exogenen Variablen gemessen werden, so wird z.B. die latente Variable $\xi_1$ mit Hilfe von fünf Indikatoren ($x_1$ bis $x_5$) gemessen. Im Messmodell wird unterstellt, dass die latente Variable als verursachende Größe den Wert der beobachtbaren Indikatorvariablen bestimmt, was durch die Richtung der gestrichelten Pfeile – von den latenten Variablen hin zu den beobachtbaren Variablen – ausgedrückt wird. Dieser Umstand bewirkt, dass die Korrelationen zwischen den Indikatorvariablen nicht kausal interpretiert werden, sondern allein aus dem Einfluss der latenten Größe resultieren. Damit wird dem grundlegenden Denkansatz der konfirmatorischen Faktorenanalyse gefolgt.[654]

---

[652] Vgl. Bagozzi 1979, S. 14.
[653] Vgl. Helm 2001, S. 206 mit weiteren Literaturangaben.
[654] Vgl. Backhaus, Erichson, Plinke, Weiber 2006, S. 346 f.

Das Ausmaß des Zusammenhanges zwischen Indikatoren und latenten Variablen wird mittels der Faktorladungen λ dargestellt, die δ der Indikatoren drücken die entsprechenden Messfehler bzw. Residuen aus.

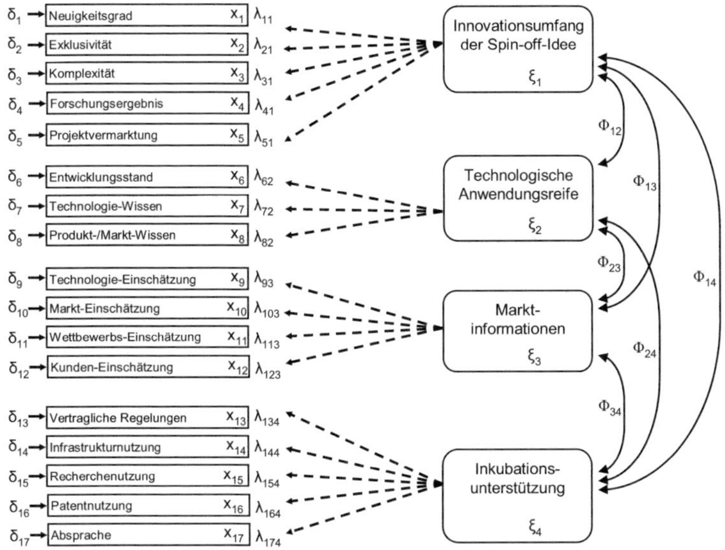


**Abbildung 32: Messmodell der exogenen latenten Variablen**

Im Folgenden werden die in der Befragung verwendeten Operationalisierungen der exogenen latenten Variablen erläutert und jeweils in Form einer Tabelle dargestellt. Jede Tabelle beinhaltet sowohl eine semantische Kurzbezeichnung des Indikators, eine inhaltliche Beschreibung, die Variablenbezeichnung und die Fragenummer im Fragebogen als auch Informationen zu verwendeten Skalen und Skalenpolen. Zusätzlich werden Quellen angegeben in denen die Indikatoren bisher in gleicher Form verwendet wurden, wobei es sich ausschließlich um Studien handelt, in denen explizit die Verwendung der entsprechenden oder vergleichbarer Indikatoren registriert wurde.

#### 6.3.3.2 Die Messung des Konstruktes „Innovationsumfang der Spin-off-Idee"

Das Konstrukt „Innovationsumfang der Spin-off-Idee" ($\xi_1$) misst das Innovationspotenzial aus der Perspektive des Spin-off-Unternehmers zum Zeitpunkt der Unternehmensgründung. In Anlehnung an Thom (1980, S. 31) ergibt sich der Innovationsumfang der Gründungsidee aus dem Neuigkeits- und Exklusivitätsgrad und der Komplexität der Idee. Der Neuigkeitsgrad stellt dabei das konstituierende Merkmal des Innovationsumfanges dar und bezieht sich auf die Einführung einer wettbewerbsrelevanten neuen bzw. verbesserten Leistung. Zusätzlich erfassen zwei Indikatoren, inwieweit die Spin-off-Idee als Umsetzung von Forschungsergebnissen bzw. als Vermarktung von Projektergebnissen interpretiert werden kann. Das Konstrukt wird demzufolge mit fünf Indikatoren gemessen (Tabelle 12).

| **Konstrukt: Innovationsumfang der Spin-off-Idee** | | | |
|---|---|---|---|
| **Kurzbezeichnung des Indikators** | **Inhaltliche Beschreibung des Indikators** | **Variablenbezeichnung** | **Fragenummer** |
| Neuigkeitsgrad [a] | Einschätzung des Neuigkeitsgrades der Spin-off-Idee zum Zeitpunkt der Gründung | x1 | B6 |
| Exklusivität [b] | Vorhandensein exklusiver Technologie für das Spin-off-Unternehmen zum Zeitpunkt der Gründung | x2 | B5 |
| Komplexität [c] | Einschätzung des Komplexitätsgrades der Spin-off-Idee zum Zeitpunkt der Gründung | x3 | B7 |
| Forschungsergebnis [d] | Spin-off-Idee beinhaltet die Vermarktung von Forschungsergebnissen | x4 | B8b |
| Projektvermarktung [d] | Spin-off-Idee beinhaltet die unternehmerische Umsetzung von Projektergebnissen und eigenen Ideen | x5 | B8a |

Skalenbeschriftung:
[a] Spin-off-Idee ist … 1 = „keine echte Neuheit" … 7 = „fundamentale Neuheit für die Welt (Einzigartigkeit)"
[b] Exklusivität der Technologie … 1= „trifft überhaupt nicht zu" … 7 = „trifft voll und ganz zu"
[c] Spin-off-Idee ist … 1 = „überhaupt nicht komplex" … 7 = „sehr komplex"
[d] Das Motiv ist … 1 = „überhaupt nicht vorhanden" … 7 = „voll und ganz vorhanden"

**Tabelle 12: Operationalisierung des Konstruktes "Innovationsumfang der Spin-off-Idee"**

Der „Neuigkeitsgrad" bzw. die Neuartigkeit einer Leistung stellt eines der entscheidenden Merkmale einer Innovation dar.[655] Im Kern beinhaltet der Neuigkeitsgrad den Aspekt der Erneuerung oder Verbesserung von Leistungsmerkmalen gegenüber einem bisherigen Zustand, z.B. gegenüber Leistungen von Konkurrenzunternehmen. Die Bestimmung des Neuigkeitsgrades kann input-orientiert, ouput-orientiert oder subjektiv erfolgen. Die input-orientierte Erfassung richtet sich nach den im Vorfeld getätigten Aufwendungen für Forschung und Entwicklungsleistungen, eine output-

[655] Vgl. Thom 1980, S. 23; Helm 2001, S. 51.

orientierte Erfassung berücksichtigt z.B. generierte Patente.[656] In der vorliegenden Arbeit wird der Neuigkeitsgrad der Gründungsidee subjektiv aus der Sicht des Spin-offs erfasst. Die verwendete Skala der Ausprägungen reicht von „keine echte Neuheit am Markt“ bis hin zu „fundamentale Neuheit für die Welt“ und deckt die Bandbreite zwischen einer inkrementellen und einer radikalen Innovation ab.[657] Binsack (2003, S. 19) verwendet eine vergleichbare Bezeichnung: „really new product“. Die Operationalisierung des Indikators „Neuigkeitsgrad“ lehnt sich an den Empfehlungen von Hauschildt und Salomo (2005, S. 10 ff.) an und wird in ähnlicher Form in zahlreichen anderen Studien verwendet.[658] Kohlbecher (1997, S. 233) bezeichnet die Extrema folgendermaßen: „grundlegend neues Produkt“ und „Verbesserung eines existierenden Produktes“. Steinkühler (1994, S. 307) operationalisiert den Neuigkeitsgrad, indem direkt gefragt wird, „Wie verbreitet war die Technologie, auf der Ihr Produkt/Ihre Dienstleistung im Kern beruht, bei Gründung?“. Kriegesmann, Kerka und Kley (2006, S. 148) unterscheiden nach der Bekanntheit der Kerntechnologien im Unternehmen. Romijn und Albu (2001, S. 25) verwenden eine ähnliche Operationalisierung in Form eines 5-stufigen „degree of novelty“ und beziehen sich dabei allerdings auf die Neuheit des Angebotes an den Markt.

Der Indikator „Exklusivität“ drückt aus, in welchem Umfang sich das neue Spin-off von potenziellen und bestehenden Konkurrenten durch einzigartige und schwer nachzuahmende Technologien und Kompetenzen abzugrenzen vermag. Exklusive Technologien bieten – für einen begrenzten Zeitraum – einen quasi natürlichen Schutz vor Imitationen, Wettbewerbern und Alternativleistungen.[659] Die Möglichkeit, exklusive Technologien und Kompetenzen zu nutzen, stellt daher einen bedeutenden Aspekt der Gründungsbasis eines Spin-offs dar.[660] Die Exklusivität der technologischen Gründungsbasis wird in zahlreichen empirischen Studien untersucht.[661] Kulicke und Görisch (2002, S. 29) erfassen die Einzigartigkeit von Unternehmensgründungen in Form des F&E-Aufwandes, der in das zu erstellende Leistungsangebot einfließt. Tübke (2004, S. 141) ermittelt, in welchem Ausmaß das Spin-off auf exklusiv ge-

---

[656] Vgl. Werner, Backes-Gellner, Kayser 2004, S. 127.
[657] Vgl. Hauschildt, Salomo 2005, S. 10
[658] Vgl. exemplarisch Roberts 1991a, S. 108; Kleinknecht, Reijnen, Smits 1993, S. 44 ff.; Kulicke, Görisch 2002, S. 29.
[659] Vgl. Pirney, Surlemont, Nlemvo 2003, S. 359.
[660] Vgl. Roberts 1991a, S. 107.
[661] Vgl. Roberts 1991a, S. 107 ff.; Steinkühler 1994, S. 306; Kulicke, Görisch 2002, S. 29; Tübke 2004, S. 141.

währten Transferleistungen basiert.[662] Steinkühler (1994, S. 306) bezieht sich direkt auf die durch Exklusivität entstehende Wettbewerbsposition und fragt danach, ob zum Zeitpunkt der Gründung ein „auf der Technologie beruhender Wettbewerbsvorteil gegenüber anderen Anbietern" vorliegt.

Neben der Neuigkeit und der Exklusivität stellt die „Komplexität" der Spin-off-Idee ein weiteres Merkmal des vorliegenden Innovationsumfanges dar.[663] In Anlehnung an die Systemtheorie wird die Komplexität durch die Anzahl und Vielfalt der Elemente eines Systems (Teilleistungen) und die Interaktionshäufigkeit der Elemente bestimmt.[664] Güthoff (1995, S. 32) definiert zudem die Multipersonalität, d.h. die Anzahl der interagierenden Personen, als Kriterium der Komplexität. Die Komplexität einer Gründungsidee zeichnet sich zum einen dadurch aus, dass der Entwicklungsprozess, der zur Erstellung der Leistung notwendig ist, eine hohe Anzahl an unterschiedlichen Arbeitsschritten, Technologien und Teilleistungen umfasst,[665] die für sich genommen eine ausgeprägte Spezifität aufweisen können.[666] Zum anderen resultieren aus einer hohen Komplexität besondere Schwierigkeiten bei der Erfassung und Nutzung der Innovation.[667] Kash und Rycroft (2004, S. 74) bewerten die Komplexität ebenfalls anhand der Verständnisschwierigkeit für ein Produkt: „product cannot understood in detail by an individual".[668] Die Operationalisierung der Komplexität der Spin-off-Idee erfolgt in der vorliegenden Arbeit subjektiv aus der Sicht des Spin-off-Unternehmers, wobei der Komplexitätsgrad der Idee zum Zeitpunkt der Gründung ermittelt wird. So wird von einigen Autoren z.B. auf einer Likertskala erfasst, inwieweit die Aussage „ist sehr komplex" zutrifft.[669] Kotzbauer (1992, S. 250) fragt direkt danach, „Wie komplex würden Sie Ihr Produkt einstufen?" und zielt dabei auf potenzielle Verständnisschwierigkeiten der Kunden ab. Um die Validität des Indikators zu gewährleisten, ist es angebracht, im Rahmen der Befragung eine knappe Erläuterung des Begriffs Komplexität im Zusammenhang mit Spin-off-Gründungsideen zu geben.[670]

---

[662] In dieser Studie werden sog. „Corporate Spin-offs" untersucht, d.h. Ausgründungen aus Unternehmen.
[663] Vgl. Thom 1980, S. 23 ff., insbesondere S. 30; Cobbenhagen 2000, S. 14 ff.
[664] Vgl. Fitzsimmonis, Kouvelis, Mallick 1991, S. 403; Güthoff 1995, S. 31 ff.
[665] Vgl. Göpfert 1998, S. 140; Specht, Möhrle 2002, S. 137 ff.
[666] Vgl. McEvily, Chakravarthy 2002, S. 293 f.
[667] Vgl. Rogers 1995, S. 242 f.
[668] Zusätzlich ermitteln die Autoren den Grad der Aufgabenteilung.
[669] Vgl. Brockhoff, Zanger 1993, S. 841; Brinckmann, Salomo, Gemünden 2006, S. 15 ff.
[670] Vgl. Herzwurm 1998, S. 406; der Autor fragt direkt nach der Komplexitätseinschätzung und gibt im zweiten Teil der Frage eine Erläuterung der Merkmale von Komplexität: „Welche Komplexität

Die beiden Indikatoren „Forschungsergebnis“ und „Projektvermarktung“ charakterisieren die Motivation der Spin-off-Akteure, innovative Entwicklungen aus der wissenschaftlichen Tätigkeit bzw. Resultate aus Forschungsprojekten in marktreife Produkte und Leistungen zu transferieren und mit diesen Leistungen an den Markt zu gehen.[671] Dadurch wird berücksichtigt, inwieweit das Spin-off auf F&E-Ergebnissen basiert, die innerhalb der Mutterorganisation entstanden sind.[672] Die Überlegungen basieren auf der Ansicht, dass ein ausgeprägter Technologie- und Wissenstransfer ein charakteristisches Merkmal eines hohen Innovationsumfanges darstellt, zumal es sich bei Ergebnissen aus Forschungsprojekten um Technologien und Erkenntnisse handelt, die über den gegenwärtig allgemein bekannten Stand der Technik hinaus gehen sollten. Die Operationalisierungen der genannten Indikatoren basieren auf eigenen Überlegungen, lehnen sich dabei allerdings stark an Tübke (2004, S. 158 ff.) an, der speziell den Wechsel von der Forschungsorientierung hin zur Marktorientierung analysiert und Spin-offs dahingehend befragt, ob ihr Ziel darin besteht, marktreife Entwicklungen zu verwerten.

Zwischen den Indikatoren lassen sich die folgenden Zusammenhänge transparent machen. Wettbewerbsvorteile, die auf exklusiven Technologien beruhen, liegen dann vor, wenn entsprechende Technologien bisher nicht hinreichend bekannt waren oder nicht zur Problemlösung eingesetzt wurden, demnach also ein hoher Neuigkeitsgrad der Gründungsidee vorliegt. Hoch komplexe Gründungsideen stellen in der Regel Neuerungen für den angesprochenen Markt dar, da sie in dieser Funktionalität oder zumindest in der entsprechenden Ausgestaltung bisher nicht verfügbar waren.[673] Der Umkehrschluss gilt allerdings nicht zwangsläufig, da fundamentale Neuerungen sowohl sehr komplex als auch sehr simpel, also von geringer Komplexität sein können. Mit zunehmender Komplexität kann das Unternehmen allerdings Abgrenzungen zu bestehenden Wettbewerbern aufbauen, da komplexe Gründungsideen wesentlich schwieriger zu imitieren sind als relativ einfache.[674] Insofern kann von einem Zusam-

---

beinhaltete die Gründungsidee, denken Sie dabei sowohl an die technische Komplexität als auch an die Komplexität in der Anwendung?“

[671] Miller (1983, S. 771) verwendet die Indikatoren „innovativeness“, „risk taking“ und „proactivity“, um die unternehmerische Motivation zu charakterisieren; eine ähnliche Operationalisierung nehmen Gemünden und Konrad (2000, S. 247 ff.) vor. Harabi und Meyer (2000, S. 30) zeigen, dass die Umsetzung eigener Idee zu den wichtigsten Gründungsmotiven gehört; vgl. zur unternehmerischen Motivation: Klandt 1994, S. 374 f. und S. 385 ff.; vgl. zur Proaktivität von Spin-off-Gründern: Heirman, Clarysse 2004, S. 262; Heirman, Clarysse, Van den Haute 2003, S. 36.

[672] Vgl. Roberts 1991a, S. 108.

[673] Vgl. Blaeser-Benfer 2005, S. 22 f.

[674] Vgl. McEvily, Chakravarthy 2002, S. 289.

menhang zwischen Neuigkeitsgrad, Exklusivität und Komplexität ausgegangen werden. Der Transfer von Forschungsresultaten aus den wissenschaftlichen Einrichtungen und die Umsetzung von Ergebnissen aus F&E-Projekten stellen bekanntlich die Besonderheiten von Spin-offs dar, weshalb diese Aspekte explizit in das Konstrukt Innovationsumfang der Gründungsidee einbezogen werden.

#### *6.3.3.3 Die Messung des Konstruktes „Technologische Anwendungsreife"*

Die „Technologische Anwendungsreife" der Spin-off-Idee ($\xi_2$) beschreibt, wie weit entwickelt die Gründungsidee zum Zeitpunkt der Unternehmensgründung ist und wie ausgeprägt das unternehmerisch relevante Wissen über Technologien und Märkte zum Zeitpunkt der Unternehmensgründung ist. Die Operationalisierung des Konstruktes erfolgt mit Hilfe von drei Indikatoren und wird in Tabelle 13 dargestellt.

| **Konstrukt: Technologische Anwendungsreife (der Spin-off-Idee)** | | | |
|---|---|---|---|
| **Kurzbezeichnung des Indikators** | **Inhaltliche Beschreibung des Indikators** | **Variablen-bezeichnung** | **Frage-nummer** |
| Entwicklungsstand [a] | Technologischer Entwicklungsstand der Gründungsidee zum Gründungszeitpunkt | X6 | B1 |
| Technologie-Wissen [b] | Vorhandenes Wissen über die technologischen Kompetenzen des Unternehmens (bezogen auf die Idee) | X7 | B2a |
| Produkt-/Markt-Wissen [b] | Vorhandenes Wissen über den Markt, Kunden und Wettbewerber des Unternehmens (bezogen auf die Idee) | X8 | B2b |

Skalenbeschriftung:
[a] Vorhanden war bei Gründung … 1 = „lediglich eine Idee" … 7 = „ eine marktreife Leistung"
[b] Vorhanden war bei Gründung … 1 = „eher geringes Wissen" … 7 = „ sehr umfangreiches Wissen"

**Tabelle 13: Operationalisierung des Konstruktes "Technologische Anwendungsreife"**

Der Indikator „Entwicklungsstand" wurde gewählt, um die Anwendungsreife der Gründungsidee insgesamt abzudecken und speziell den Grad der Entwicklungs- und Marktreife der Gründungsidee zum Zeitpunkt der Gründung zu messen. Die Bandbreite der Beschreibung des Entwicklungsstandes reicht von „lediglich eine Idee" bis hin zu „marktreife Leistung" und deckt somit das komplette Spektrum möglicher Entwicklungsstände ab. Heirman, Clarysse und Van den Haute (2003, S. 33) gehen bei ihrer Operationalisierung des Entwicklungsstandes ("stage of development of core product at founding") ähnlich vor und unterscheiden vier Entwicklungsstadien: „no a-prototype, over a-prototype, b-prototype, market-ready-product." Tatikonda und Montoya-Weiss (2001, S. 168) dagegen beschreiben, inwieweit die Gründungsidee reif für den Übergang in die Fertigung ist: „what percentage of the design engineering effort was complete when manufacturing engineering started active involvement in this project". Delmar und Shane (2003, S. 1172) beziehen sich explizit auf die Marktreife der Leistung: "at what stage is the product or service this start-up be selling". In anderen Innovationsstudien wird der Indikator Entwicklungsstand in vergleichbarer Form verwendet.[675]

Die technologische Anwendungsreife der Spin-off-Idee als abstraktes Konstrukt beinhaltet darüber hinaus Informationen darüber, wie ausgereift Gründungskonzept und Strategie des Spin-offs zum Zeitpunkt der Gründung sind. Um diesen Aspekt zu messen, wurden zwei weitere Indikatoren verwendet, die Auskunft über das zum Gründungszeitpunkt vorhandene Wissen geben. Der erste Indikator bezieht sich auf das Wissen über die Kompetenzen und die Technologie, welche durch das Spin-off vermarktet werden und wird als „Technologie-Wissen" bezeichnet. Steinkühler (1994, S. 306) verwendet einen ähnlichen Indikator, der nach dem Vorhandensein eines Konzeptes zu einem Zeitpunkt vor der Gründung des Unternehmens fragt. Die Operationalisierung des Wissensstandes von Riesenhuber, Walter und Auer (2006, S. 125) erfasst das auf die Kerntechnologie der Gründung bezogene Technologieverständnis der Mitarbeiter: „inwieweit wurden die Funktionsprinzipien der Kerntechnologie des Spin-offs von den Mitarbeitern verstanden". Der zweite Indikator wird als „Produkt-/Markt-Wissen" bezeichnet und misst, inwieweit zum Zeitpunkt der Gründung Kenntnisse über den anvisierten Markt, insbesondere die Kundenanforderungen und die potenziellen Wettbewerber vorlagen. Ein ähnlicher Indikator, der die Klarheit der Produkt-Markt-Kombination beinhaltet, findet sich u.a. bei Clarysse, Degroof und Heirman (2003, S. 88 ff.).

Hinsichtlich der Zusammenhänge zwischen den Indikatoren wird davon ausgegangen, dass die Höhe des Entwicklungsstandes der Gründungsidee und das angereicherte Wissen über die technologischen Kompetenzen und die Produkt-Markt-Kombination korrelieren. Je weiter entwickelt die Gründungsidee ist, desto intensiver dürften sich die Wissenschaftler bzw. Unternehmer mit der zugrunde liegenden Technologie und dem für die Gründung erforderlichen technologischen Know-how auseinandergesetzt haben. Je weiter fortgeschritten der Entwicklungsstand einer Idee bei der Gründung des Unternehmens ist, desto weniger sollten nicht vorherseh-

[675] Vgl. Hunsdiek 1987, S. 72; Steinkühler 1994, S. 306.

bare Probleme den Gründungsprozess beeinflussen und damit das Gründungsvorhaben insgesamt gefährden.[676] Ein hoher Entwicklungsstand wirkt sich demzufolge positiv auf die Sicherheit und Planbarkeit des Gründungsprozesses aus. Ist die Gründungsidee relativ ausgereift, kann zudem davon ausgegangen werden, dass potenzielle Märkte und Wettbewerber analysiert oder zumindest bekannt sind. Somit wird unterstellt, dass Zusammenhänge zwischen den drei Indikatoren Entwicklungsreife, Wissen über Technologien und Wissen über Produkte und Märkte bestehen.

#### *6.3.3.4 Die Messung des Konstruktes „Marktinformationen"*

Die Höhe der „Marktinformationen" ($\xi_3$) beschreibt die wahrgenommene Vorhersagbarkeit und Einschätzbarkeit verschiedener technologie-, markt- und wettbewerbsrelevanter Aspekte und Entwicklungen zum Gründungszeitpunkt. Während der Begriff der „Markttransparenz" im Allgemeinen beschreibt, in welchem Ausmaß die Marktteilnehmer und insbesondere die Abnehmer einen Überblick über das Gesamtangebot und die geltenden Preise und Konditionen auf dem betreffenden Markt haben, beziehen sich die hier betrachteten Aspekte der „Marktinformationen" vornehmlich auf die Perspektive der Leistungsanbieter.

Die Gewinnung und Nutzung von entscheidungsrelevanten Informationen[677] über die technologischen und ökonomischen Rahmenbedingungen gehört zu den ureigensten Aufgaben eines Unternehmers.[678] Insbesondere im Zusammenhang mit Innovationsvorhaben ist die richtige Einschätzung der vorherrschenden Rahmenbedingungen entscheidend bei der Wahl der optimalen Markteintrittsstrategie.[679] Marktinformationen reduzieren die Unsicherheiten unternehmerischer Entscheidungen und ermöglichen es, die Konsequenzen von Innovations- bzw. Markteintrittstrategien weitestgehend abzuschätzen.[680] Das Ausmaß und die Qualität der verfügbaren Marktinformationen sind sowohl von der unternehmensexternen Umwelt als auch von den unternehmensinternen Informationsprozessen abhängig und somit für jedes Spin-off prinzipiell verschieden. Aus diesem Grund wird eine subjektive Messung des Konstruktes Marktinformationen vorgenommen, indem die verfügbaren Informations-

---

[676] Vgl. Vahs, Burmester 1999, S. 365.
[677] Vgl. Müller 2005, S. 4.
[678] Vgl. exemplarisch Scholz 2005, S. 1.
[679] Vgl. Gerpott 1994, S. 62. Langer (2001, S. 327 f.) sieht in der Gewinnung und Verarbeitung von Marktinformationen explizit eine innovationsbezogene Aktivität.
[680] Vgl. Helm 1997, S. 124.

basen für bestimmte Kategorien von Umfeldbedingungen einzeln betrachtet werden. Die vier verwendeten Indikatoren erfassen jeweils unterschiedliche Aspekte des Unternehmensumfelds und ergeben in Summe ein möglichst komplettes Bild der Marktinformationen des Unternehmens: technologische Entwicklungen, Marktentwicklungen, Konkurrenzverhalten und Kundenverhalten (siehe Tabelle 14).

| **Konstrukt: Marktinformationen (zum Zeitpunkt der Spin-off-Gründung)** | | | |
|---|---|---|---|
| **Kurzbezeichnung des Indikators** | **Inhaltliche Beschreibung des Indikators** | **Variablen-bezeichnung** | **Frage-nummer** |
| Technologie-Einschätzung [a] | Einschätzung der Weiterentwicklungen und Verbesserungen im relevanten Technologiefeld | x9 | E2a |
| Markt-Einschätzung [a] | Einschätzung der Marktentwicklungen | x10 | E2b |
| Wettbewerbs-Einschätzung [a] | Einschätzung der Reaktionen von Konkurrenten und potenziellen Konkurrenten | x11 | E2c |
| Kunden-Einschätzung [a] | Einschätzung der Anforderungen und Reaktionen der Abnehmer | x12 | E2d |

Skalenbeschriftung:
[a] Vorhersagen zum Gründungszeitpunkt waren … 1 = „überhaupt nicht genau“ … 7 = „sehr genau“

**Tabelle 14: Operationalisierung des Konstruktes "Marktinformationen"**

Die in der vorliegenden Arbeit verwendete Operationalisierung basiert auf eigenen Überlegungen und berücksichtigt zusätzlich die Erkenntnisse aus bereits vorliegenden Studien zum Innovations- und Markteintrittsverhalten von Unternehmen.[681] Die Messung der Indikatoren erfolgt mittels einer rückblickenden Bewertung der Qualität der vorhandenen Informationen zum Gründungszeitpunkt. Auf diese Weise wird einerseits die Befähigung der Spin-off-Gründer zur Informationsgewinnung und -verarbeitung erfasst, d.h. wie präzise und korrekt die Interpretation der vorliegenden Kenntnisse war. Andererseits beinhalten die Indikatoren implizit Aussagen darüber, inwiefern der Markt-, Technologie- und Trendbeobachtung bereits in der Vorgründungsphase der erforderliche Stellenwert beigemessen wurde.[682]

Die ersten beiden Indikatoren „Technologie-Einschätzung“ und „Markt-Einschätzung“ beziehen sich auf das verfügbare Wissen über relevante Technologiebereiche und das generelle ökonomische Umfeld des Spin-offs.[683] Es ist einsichtig, dass Kenntnisse über zu erwartende technologische Neuerungen und Weiterentwicklungen im

[681] Vgl. Helm 1997, S. 126; Langer 2001, S. 177; KfW Bankengruppe 2006, S. 129.
[682] Vgl. Langer 2001, S. 42 f.
[683] Vgl. KfW Bankengruppe 2006, S. 129.

relevanten Technologiebereich die Unsicherheiten im Zusammenhang mit der Entwicklung und Umsetzung von Innovationen erheblich reduzieren. Gleiches ist für die Vorhersehbarkeit der Marktentwicklungen zu erwarten. Die weiteren Indikatoren „Wettbewerbs-Einschätzung“ und „Kunden-Einschätzung“ messen die Qualität der Informationsbasis hinsichtlich zweier ausgewählter Aspekte, die von besonderer Bedeutung für die Wettbewerbsfähigkeit des Spin-offs und die Umsetzbarkeit der Spin-off-Innovation sind, nämlich das zu erwartende Verhalten der Wettbewerber und die Reaktion der Abnehmer.[684] Insgesamt wurde eine allgemeine Formulierung der Indikatoren bevorzugt, da erwartet wird, dass diese zu einer möglichst realitätsnahen Einschätzung der vorhandenen Informationsbasis führt.

Ein ähnliches Vorgehen findet sich bei Helm (1997, S. 124 ff.) mit den Unterschieden, dass zum einen nicht die verfügbare Informationsbasis, sondern deren Spiegelbild, nämlich die wahrgenommene Unsicherheit gemessen wird, und dass zum anderen anstelle der Vorhersagbarkeit der technologischen Entwicklungen die Vertrautheit mit den ökonomischen und kulturellen Bedingungen als vierter Indikator in die Operationalisierung einfließt.[685]

Abschließend sei darauf hingewiesen, dass sich die Marktinformationen von der technologischen Anwendungsreife der Spin-off-Gründungsidee unterscheiden. Während bei der Anwendungsreife v.a. produkt- bzw. leistungsbezogene Aspekte im Vordergrund stehen, wie etwa die Entwicklungsreife und das Wissen über konkrete Abnehmer, berücksichtigt die Höhe der Marktinformationen das Ausmaß produktunspezifischer Kenntnisse des technologischen und ökonomischen Umfelds des Unternehmens.[686]

#### 6.3.3.5 *Die Messung des Konstruktes „Inkubationsunterstützung“*

Das Konstrukt „Inkubationsunterstützung“ ($\xi_4$) beschreibt die durch die Mutterorganisation bedingten Rahmenbedingungen, unter denen eine Spin-off-Gründung stattfindet. Dabei sind für den Verlauf des Gründungsprozesses insbesondere die Unter-

---

[684] Vgl. Kapitel 4; zudem Hauschildt 1993, S. 7 ff.; Porter 1980, S. 25 f.

[685] Die abweichende Verwendung der Indikatoren resultiert aus dem unterschiedlichen Untersuchungsziel, insbesondere daher, dass bei Helm (1997) der internationale Markteintritt im Vordergrund steht und nicht wie in der vorliegenden Untersuchung die Umsetzung technologischer Innovationen durch Spin-offs.

[686] Vgl. zur Abgrenzung der beiden Aspekte die Ausführungen in Kapitel 4.3.

stützungsmaßnahmen, von denen das Spin-off-Gründungsteam vor und während der eigentlichen Gründung Gebrauch machen kann, von Bedeutung. Das Konstrukt drückt eine generelle Bereitschaft zur Förderung der Spin-off-Gründung aus und liefert mithin ein Indiz für das vorherrschende Gründungsklima innerhalb eines Forschungsinstitutes. Die Inkubationsunterstützung wird durch fünf Indikatoren gemessen, die im Folgenden dargestellt werden (Tabelle 15).

| **Konstrukt: Inkubationsunterstützung (durch die Mutterorganisation)** | | | |
|---|---|---|---|
| **Kurzbezeichnung des Indikators** | **Inhaltliche Beschreibung des Indikators** | **Variablen-bezeichnung** | **Frage-nummer** |
| Vertragliche Regelungen [a] | Nutzung von Teilzeitbeschäftigung, Nebentätigkeit, Beurlaubung in und vor der Gründungsphase | x13 | C1a |
| Infrastruktur-nutzung [a] | Kostengünstige Nutzung von Infrastruktur (Labore, Einrichtungen, Geräte) des Forschungsinstituts | x14 | C1b |
| Recherche-nutzung [a] | Kostengünstige Nutzung von Markt und/oder Patentrecherchen | x15 | C1c |
| Patentnutzung [a] | Nutzung von Patenten und Schutzrechten der Forschungs-organisation | x16 | C2 |
| Absprache [b] | Absprache zwischen Gründungsteam und Mutterorganisation vor und während der Gründung des Spin-offs | x17 | C4a |

Skalenbeschriftung:
[a] Maßnahmen wurden ... 1 = „überhaupt nicht genutzt bzw. nicht angeboten" ... 7 = „sehr umfangreich genutzt"
[b] Die Gründung des Unternehmens erfolgte in enger Absprache mit dem Institut ... 1 = „Aussage trifft überhaupt nicht zu" ... 7 = „Aussage trifft voll und ganz zu"

**Tabelle 15: Operationalisierung des Konstruktes "Inkubationsunterstützung"**

Die Indikatoren orientieren sich an den Rahmenbedingungen, die üblicherweise im Zusammenhang mit Spin-off-Gründungen als relevant angesehen werden,[687] weshalb gewährleistet wird, dass die gesamte Bandbreite an relevanten Unterstützungsmaßnahmen abgedeckt wird. Der Indikator „Vertragliche Regelungen" ermittelt, inwieweit Spin-off-Gründer innerhalb der Inventionsphase auf besondere dienstvertragliche Hilfestellungen zurückgegriffen haben, um die unternehmerischen Aufgaben besser bewältigen zu können. In ähnlicher Form wird dieser Indikator von Tübke (2004, S. 151) verwendet. Zudem wird in zahlreichen weiteren Studien auf die Bedeutung vertraglicher Regelungen hingewiesen, sodass es sinnvoll erscheint, diesen Aspekt mit in die Beurteilung der Inkubationsunterstützung einfließen zu lassen.[688] Die beiden Indikatoren „Infrastrukturnutzung" und „Recherchenutzung" beziehen sich auf konkrete Unterstützungsangebote der Mutterorganisation, die in der

[687] Vgl. Kriegesmann 2000, S. 408 ff.; Egeln, Gottschalk, Rammer, Spielkamp 2002, S. 47 ff.
[688] Vgl. Kriegesmann 2000, S. 410; demzufolge beziehen sich drei der sechs wichtigsten Förder- und Unterstützungsangebote aus der Sicht der potenziellen Gründer auf dienstvertragliche Regelungen (Nebenbeschäftigung, Teilzeitbeschäftigung, Beurlaubung).

Lage sind, dem Spin-off Wettbewerbsvorteile zu verschaffen bzw. den Markteintritt zu erleichtern.[689] Dabei bezieht sich der erste Indikator auf die Bereitstellung tangibler Ressourcen, nämlich von Räumlichkeiten und anderer Infrastruktur, und der zweite Indikator auf die Bereitstellung intangibler Ressourcen, nämlich von Informationen und Know-how.[690]

Der Indikator „Patentnutzung“ bezieht sich auf die Bereitstellung von Schutzrechten durch das Forschungsinstitut und damit auf einen speziellen Aspekt der Unterstützung, der für die Gründungsbasis von erheblicher Bedeutung sein kann.[691] Die vertraglich geregelte Nutzung von Patenten und Schutzrechten, gewährt Spin-offs einen unmittelbaren Zugriff auf Know-how, das innerhalb der Forschungsorganisation entstanden ist, und zwar zu einem Zeitpunkt vor der Ausgründung.[692] Im Rahmen der vorliegenden Arbeit wird erfasst, in welchem Umfang Patente und Schutzrechte eines Forschungsinstituts innerhalb der Inventionsphase genutzt wurden, weshalb der Indikator auch als Messvariable des Innovationsumfanges der Gründungsbasis herangezogen werden könnte. Dieser Ansatz wird nicht verfolgt, da es in erster Linie darum geht, zu ermitteln, ob den Spin-off-Gründern von Seiten ihrer Forschungseinrichtungen die Möglichkeit gewährt wurde, Schutzrechte zu lizenzieren oder Patentrechte zu erhalten.

Durch den Indikator „Absprache“ kann erfasst werden, inwieweit im Verlauf der Gründungsvorbereitung, -planung und -durchführung Absprachen zwischen dem Spin-off-Team und leitenden Personen innerhalb der Mutterorganisation getroffen wurden. Ein koordiniertes Vorgehen zeigt sich darin, dass sich die Spin-off-Unternehmer und die Mutterorganisation hinsichtlich des strategischen Geschäftskonzepts und insbesondere potenzieller Projektpartner und Zielmärkte absprechen. Dadurch können Synergien verstärkt und mögliche Kannibalisierungseffekte vermieden werden. Der Indikator basiert im Wesentlichen auf eigenen Überlegungen, lehnt sich dabei stark an Tübke (2004, S. 148) an, der ebenfalls die Bedeutung einer strategischen Koordination unterstreicht.

---

[689] Vgl. Kriegesmann 2000, S. 397 ff.; Egeln, Gottschalk, Rammer, Spielkamp 2002, S. 48 f.; Kulicke, Görisch 2002, S. 52 f.; Egeln, Gottschalk, Rammer, Spielkamp 2003, S. 109 ff.

[690] Vgl. Steinkühler 1994, S. 310.

[691] Vgl. Morrison, Wetzel 1991, S. 120 und S. 125 ff.

[692] Vgl. Beer 2000, S. 206 ff.; Egeln, Gottschalk, Rammer, Spielkamp 2003, S. 94 ff.

Hinsichtlich der zu erwartenden Zusammenhänge zwischen den einzelnen Indikatoren wird davon ausgegangen, dass Spin-offs für die ausgründende Forschungsorganisation zum Teil von strategischer Bedeutung sind.[693] Einrichtungen, die generell zur Unterstützung konkreter Spin-off-Projekte bereit sind, werden sowohl günstige vertragliche Regelungen ermöglichen, als auch bestrebt sein, die notwendigen infrastrukturellen und informationellen Voraussetzungen für eine erfolgreiche Gründung zu schaffen. Gleiches gilt für die Bereitschaft, Patente und andere Schutzrechte für eine Verwertung durch Spin-offs verfügbar zu machen. Dabei ist es augenscheinlich, dass die einzelnen Unterstützungsmaßnehmen zwischen Gründungsteam und verantwortlichen Personen innerhalb der Mutterorganisation im Rahmen eines strategischen Konzeptes abgesprochen werden.

### *6.3.4 Das Messmodell der endogenen Variablen*

#### *6.3.4.1 Die Darstellung des endogenen Messmodells*

Das Messmodell der endogenen Variablen, bestehend aus den latenten endogenen Variablen sowie deren Indikatoren, wird im Folgenden ausführlich erläutert und vorab in Abbildung 33 dargelegt. Darin wird gezeigt, dass die latente Variable $\eta_1$ durch drei Indikatoren beschrieben wird, $\eta_2$ durch sechs, $\eta_3$ durch drei und $\eta_4$ durch fünf Indikatoren. Analog zu den Erläuterungen zum exogenen Messmodell werden die Beziehungen zwischen den endogenen latenten Variablen und den beobachtbaren Indikatoren mit Hilfe einer konfirmatorischen Faktorenanalyse untersucht.[694] Die latente Variable wird jeweils als verursachende Größe aufgefasst, welche die entsprechenden Messvariablen bestimmt. Damit sind die Korrelationen zwischen den Indikatoren wiederum nicht kausal zu interpretieren.[695]

Im Unterschied zum exogenen Messmodell werden im endogenen Messmodell prinzipiell direkte kausale Abhängigkeiten zwischen den latenten endogenen Variablen zugelassen, was im vorliegenden Modell durch $\beta_{21}$, $\beta_{23}$, $\beta_{41}$, $\beta_{42}$ und $\beta_{43}$ realisiert wird.

---

[693] Vgl. Clarysse, Wright, Lockett, Van de Velde, Vohara 2005, S. 183 ff.; Lockett, Wright, Franklin 2003, S. 191.
[694] Vgl. hierzu die Erläuterungen zum exogenen Messmodell in Kapitel 6.3.3.1.
[695] Vgl. Backhaus, Erichson, Plinke, Weiber 2006, S. 347.

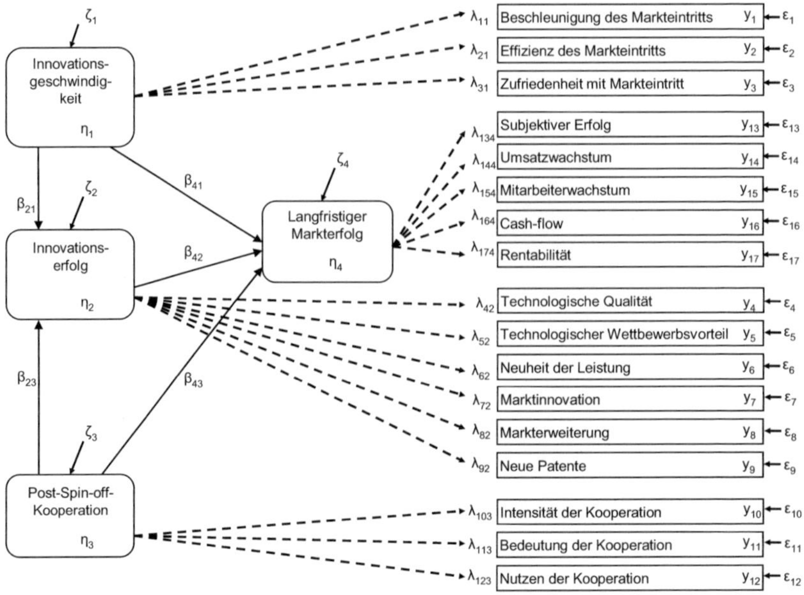


**Abbildung 33: Messmodell der endogenen latenten Variablen**

Die Zusammenhänge zwischen den Indikatoren und den latenten Variablen werden mittels der Faktorladungen λ dargestellt, die entsprechenden Messfehler bzw. Residuen werden durch die ε der Indikatoren ausgedrückt.

### *6.3.4.2 Die Messung des Konstruktes „Innovationsgeschwindigkeit"*

Die „Innovationsgeschwindigkeit" ($\eta_1$) beschreibt die Dauer, die zur Umsetzung des Innovationsvorhabens benötigt wurde, wobei es sich um eine subjektive Bewertung der erforderlichen Zeitdauer handelt, die bis zum Markteintritt des Spin-offs notwendig war. Der Markteintritt ist durch das erstmalige Angebot einer Leistung am Markt gekennzeichnet, die hierfür benötigte Zeitspanne wird als Markteintrittsdauer bzw. „time to market" bezeichnet.[696] Der Markteintrittszeitpunkt kann durch eine Verkürzung der Entwicklungszeit nach vorne verlegt werden, was eine Erhöhung der Entwicklungsgeschwindigkeit zur Folge hat. Insofern kann unter Innovationsgeschwin-

---

[696] Vgl. Buchholz 1998, S. 32.

digkeit auch die Fähigkeit des Spin-offs verstanden werden, Entwicklungsprozesse zu Gunsten einer schnellen Markteinführung zu minimieren.[697]

Die Innovationsgeschwindigkeit kann prinzipiell objektiv und subjektiv erfasst werden, wobei sich die objektive Messung auf die absolute Angabe von Monaten/Jahren bis zur Markteinführung und die subjektive Messung auf die Angabe einer relativen Bewertung der benötigten Zeitdauer bezieht. In der vorliegenden Arbeit wird aus verschiedenen Gründen eine subjektive Messung der Innovationsgeschwindigkeit gewählt. Erstens erleichtert eine subjektive Messung die Vergleichbarkeit unterschiedlicher Innovationsprozesse, was insbesondere im Hinblick darauf, dass in der vorliegenden Studie unterschiedliche Unternehmen aus verschiedenen Industriezweigen untersucht werden, von Relevanz ist.[698] Einzelne Autoren beziehen die Branche in die Operationalisierung der Markteintrittsdauer mit ein und verwenden als Kontrollvariable z.B. eine Technologiedomäne.[699] Diese Möglichkeit wird angesichts der Vielzahl unterschiedlicher Technologiebereiche und Branchen nicht weiter verfolgt und dürfte überdies zu unübersichtlichen Aussagen führen. Zweitens hat sich in vorhergehenden Studien gezeigt, dass die Ergebnisse von subjektiven Messungen von Produktinnovationen und Innovationsgeschwindigkeiten stark mit den Ergebnissen objektiver Messverfahren korrelieren.[700] Drittens werden in zahlreichen empirischen Studien subjektive Messungen verwendet, weshalb eine Einordnung in bestehende empirische Ergebnisse der Innovationsforschung gewährleistet ist.[701] Viertens ist schließlich anzumerken, dass objektive Messungen der Innovationsgeschwindigkeit nur mittels aufwändiger Verfahren durchzuführen sind und deshalb dazu neigen, die Antwortbereitschaft der Befragten zu reduzieren. Zudem wird eine absolute Messung der Innovationsgeschwindigkeit dadurch erschwert, dass es i.d.R. nicht möglich ist, den genauen Beginn des Innovationsprozesses zu definieren, da dem Anfangszeitpunkt des Innovationsprozesses sowohl von der Theorie als auch von der Praxis weit weniger Bedeutung geschenkt wird als dem Markteintrittszeitpunkt.[702] Fünftens könnte der subjektiven Messung zwar entgegen gehalten werden, dass

---

[697] Vgl. Dröge, Jayaram, Vickery 2000, S. 24 ff.; Langerak, Hultink 2006, S. 204 f.

[698] Vgl. Atuahene-Gima, Ko 2001, S. 54 ff.; Akgün, Lynn 2002, S. 271; Carbonell, Rodriguez 2006, S. 6; Langerak, Hultink 2006, S. 208.

[699] Vgl. Heirman, Clarysse 2004, S. 31. Die Technologie-Domäne kann in dieser Studie vier Ausprägungen annehmen: Software, Medizin, Telekom und sonstige Technologien.

[700] Vgl. Langerak, Hultink 2006, S. 208 und die dort angeführten Untersuchungen.

[701] Vgl. Ali 2000, S. 151 ff.; Akgün, Lynn 2002, S. 271; Carbonell, Rodriguez 2006, S. 6 ff.; Langerak, Hultink 2006, S. 208 ff.;

[702] Vgl. Buchholz 1998, S. 23. Der Autor bezeichnet diesen Aspekt als „fuzzy front end".

diese anfällig für bewusste oder unbewusste Falschangaben ist, da einzelne Interviewpartner eine relativ kurze Markteintrittsdauer attestieren könnten, um Misserfolge beim Markteintritt oder Fehler bei der Wahl der Markteintrittsstrategie zu verbergen. Diese Fehlerquelle ist prinzipiell allerdings auch bei der Abfrage objektiver Monatsangaben keineswegs auszuschließen.

In der vorliegenden Arbeit wird die Innovationsgeschwindigkeit mit Hilfe von drei subjektiven Indikatoren gemessen, die in Tabelle 16 dargestellt werden.

| Konstrukt: Innovationsgeschwindigkeit | | | |
|---|---|---|---|
| **Kurzbezeichnung des Indikators** | **Inhaltliche Beschreibung des Indikators** | **Variablen-bezeichnung** | **Frage-nummer** |
| Beschleunigung des Markteintritts [a] | Markteintritt wurde in kürzerer Zeit vollzogen als geplant | y1 | D2a |
| Effizienz des Markteintritts [a] | Markteintritt ist angesichts der Komplexität und Neuigkeit der Idee relativ schnell erfolgt | y2 | D2b |
| Zufriedenheit mit Markteintritt [a] | Zeitdauer bis zur Markteinführung war zufrieden stellend für die Gründer/Mitarbeiter | y3 | D2c |
| Skalenbeschriftung: [a] 1 = „Aussage trifft überhaupt nicht zu“ … 7 = „Aussage trifft voll und ganz zu“ | | | |

**Tabelle 16: Operationalisierung des Konstruktes "Innovationsgeschwindigkeit“**

Mittels des Indikators „Beschleunigung des Markteintritts“ wird die tatsächliche Dauer zur Umsetzung der Spin-off-Innovation bewertet und in Relation zur geplanten Zeitdauer gesetzt. Verzögerungen wirken sich i.d.R. negativ auf die Entwicklungskosten und die Beurteilung des Markteintritts aus.[703] Durch den Soll-Ist-Abgleich erfolgt daher intuitiv eine subjektive Bewertung des Innovationsprozesses. Dieser Indikator wurde bisher in zahlreichen Studien zu Produktinnovationen verwendet und in englischsprachigen Studien üblicherweise folgendermaßen artikuliert: „project was launched ahead or behind schedule“.[704]

Der Indikator „Effizienz des Markteintritts“ misst die Einschätzung der Geschwindigkeit des Innovationsprozesses angesichts der Spezifik der Spin-off-Idee. Somit beinhaltet dieser Indikator ebenfalls eine relative Komponente, da die Innovationsgeschwindigkeit in Relation zur Komplexität und zur Neuigkeit der angestrebten

[703] Vgl. Riesenhuber, Walter, Auer 2006, S. 125.

[704] Vgl. Cooper, Kleinschmidt 1994, S. 381 ff.; Keller 1994, S. 167 ff.; Pleschak 1995, S. 31; Tatikonda, Montoya-Weiss 2001, S. 169; Akgün, Lynn 2002, S. 281; Lynn, Akgün 2003, S. 23; Aronson, Reilly, Lynn 2006, S. 233; Carbonell, Rodriguez 2006, S. 6.

Leistung gesetzt wird. In dieser Form wird der Indikator bisher nicht verwendet, allerdings werden in zahlreichen Studien ähnliche Messungen mit anderen Vergleichsmaßstäben eingesetzt.[705] Als Relativierung der Innovationsgeschwindigkeit dienen häufig in der Vergangenheit des Unternehmens entwickelte Projekte/Produkte bzw. branchenübliche Innovationsprozesse.[706] Dieser Vergleichsmaßstab ist bei Spin-offs nicht verwendbar, da es sich häufig um erstmalige Marktangebote handelt, insofern ist eine Bewertung angesichts der Komplexität und der Neuigkeit der Leistung eine sinnvolle Alternative. Carbonell und Rodriguez (2006, S. 6) verwenden einen ähnlichen Indikator, der sich an der Spezifik eines Innovationsprojektes orientiert: "Project was done fast relative to how it could have been done".

Der Indikator „Zufriedenheit mit Markteintritt" erfasst die subjektiv beurteilte Zufriedenheit der Spin-off-Unternehmer mit der Zeitdauer, die für die Entwicklung der Idee und die Umsetzung des Innovationsvorhabens benötigt wurde. Dadurch werden implizit die Erwartungen des Unternehmers an die Geschwindigkeit des Markteintritts einbezogen.[707] Der Indikator wird in der englischsprachigen Forschung folgendermaßen formuliert: „top management was pleased with the time it took us from specs to full commercialization".[708]

Es kann angenommen werden, dass die Umsetzung einer innovativen Idee innerhalb der geplanten Zeitdauer zu einer positiven Bewertung des Innovationsgeschwindigkeit führt, was insbesondere dann gelten sollte, wenn das Produkt bzw. die Dienstleistung durch eine hohe Komplexität und einen ausgeprägten Neuigkeitsgrad gekennzeichnet ist. In diesem Fall ist zu erwarten, dass die Umsetzung und dementsprechend auch die Innovationsgeschwindigkeit als zufrieden stellend wahrgenommen werden. Es ist daher davon auszugehen, dass alle drei Indikatoren des Konstruktes positiv miteinander zusammenhängen.

---

[705] Vgl. Akgün, Lynn 2002, S. 281; Lynn, Akgün 2003, S. 23; Aronson, Reilly, Lynn 2006, S. 233; Langerak, Hultink 2006, S. 208 f.

[706] Vgl. Nissen, Arbouw, Commandeur 1995, S. 99 ff.; Dröge, Jayaram, Vickery 2000, S. 24 ff.; Langerak, Hultink 2006, S. 209.

[707] Vgl. Carbonell, Rodriguez 2006, S. 6.

[708] Vgl. Akgün, Lynn 2002, S. 281; Lynn, Akgün 2003, S. 23; Aronson, Reilly, Lynn 2006, S. 233; Carbonell, Rodriguez 2006, S. 6.

### 6.3.4.3 Die Messung des Konstruktes „Innovationserfolg"

Das Konstrukt „Innovationserfolg" ($\eta_2$) misst den Erfolg bei der Umsetzung der Spin-off-Idee in ein innovatives Produkt bzw. eine innovative Dienstleistung, wobei technologische und wettbewerbsorientierte Aspekte bei der Bewertung des Innovationserfolges im Vordergrund stehen. Ausschlaggebend für die Höhe des Innovationserfolges ist, inwiefern es dem Spin-off gelungen ist, Innovationen in den Markt einzuführen und auf dieser Basis eine günstige Wettbewerbsposition zu erlangen.[709]

Die Bestimmung der einzelnen Indikatoren erfolgt durch subjektive Einschätzungen der Ergebnisse des bisherigen Innovationsprozesses (Zielerreichungsgrad). Es wird ein outputorientierter Ansatz bei der Bestimmung des Innovationserfolges verfolgt,[710] der sich an eine Reihe von empirischen Studien zum Innovationsmanagement anlehnt.[711] Insgesamt werden sechs Indikatoren verwendet, die in Tabelle 17 dargestellt werden.

| **Konstrukt: Innovationserfolg** | | | |
|---|---|---|---|
| **Kurzbezeichnung des Indikators** | **Inhaltliche Beschreibung des Indikators** | **Variablen-bezeichnung** | **Frage-nummer** |
| Technologische Qualität [a] | Umsetzung der Spin-off-Gründungsidee in der geplanten technologischen Qualität | y4 | D4a |
| Technologischer Wettbewerbsvorteil [a] | Erzielung eines technologischen Wettbewerbsvorteils gegenüber der relevanten Konkurrenz | y5 | D4b |
| Neuheit der Leistung [b] | Neuheitsgrad der erzielten unternehmerischen Leistung (Erreichtes Produkt/erreichte Dienstleistung) | y6 | D5 |
| Marktinnovation [c] | Innovative Produkte/Dienstleistungen/Verfahren wurden entwickelt und auf den Markt gebracht | y7 | D6a |
| Markterweiterung [c] | Neue Märkte bzw. neue Abnehmerkreise konnten angesprochen werden | y8 | D6b |
| Neue Patente [c] | Weitere Patente konnten erlangt/angemeldet werden | y9 | D6c |

Skalenbeschriftung:
[a] Zufriedenheit mit Erreichung ... 1 = „überhaupt nicht zufrieden" ... 7 = „voll und ganz zufrieden"
[b] Erzielt wurde ... 1 = „keine echte Neuheit" ... 7 = „fundamentale Neuheit für die Welt (Einzigartigkeit)"
[c] Zutreffen der Aussage ... 1 = „Aussage trifft überhaupt nicht zu" ... 7 = „Aussage trifft voll und ganz zu"

**Tabelle 17: Operationalisierung des Konstruktes "Innovationserfolg"**

Der Indikator „Technologische Qualität" misst den Grad, zu dem es aus der Sicht des Spin-off-Unternehmers gelungen ist, die Gründungsidee in der geplanten technologi-

[709] Vgl. Carbonell, Rodriguez 2006, S. 6.
[710] Vgl. Kleinknecht, Monfort, Brouwer 2002, S. 120.
[711] Vgl. Cooper, Kleinschmidt 1987, S. 169 ff.; Heydebreck 1992; Datar, Jordan, Kerke, Rajiv, Srinivasan 1996, S. 325; Gemünden, Ritter, Heydebreck 1996, S. 455; Danneels, Kleinschmidt 2001, S. 357 ff.; Cho, Pucik 2005, S. 561; Carbonell, Rodriguez 2006, S. 2.

schen Qualität umzusetzen.[712] Die subjektive Abfrage berücksichtigt die Verschiedenheit der Branchen und den Umstand, dass die befragten Spin-offs sowohl Produkte als auch Dienstleistungen entwickeln.[713] In ähnlicher Weise wurde der Indikator in einer Reihe weiterer Innovationsstudien verwendet.[714] Steinkühler (1994, S. 307) ermittelt die Einschätzung der Qualität der eigenen Produkte im Vergleich zur Konkurrenz. Die in der vorliegenden Arbeit gewählte Formulierung fordert den Befragten dazu auf, die eingesetzten Ressourcen bei der Bewertung der Zufriedenheit zu berücksichtigen.[715]

Der Indikator „Technologischer Wettbewerbsvorteil" erfasst den Grad, zu dem es gelungen ist, einen technologischen Wettbewerbsvorteil gegenüber der relevanten Konkurrenz aufzubauen, wobei von den Befragten ebenfalls die eingesetzten Ressourcen zu berücksichtigen sind. Damit fließt ein wettbewerbsorientierter Aspekt in die Bewertung des Innovationserfolges ein. Der Indikator wird in ähnlicher Form in der englischsprachigen Literatur verwendet, wobei hier die folgende Formulierung zum Einsatz kommt: „Does your new venture have a competitive advantage?".[716]

Der Indikator „Neuheit der Leistung" erfasst den Neuheitsgrad der angebotenen Produkte und Dienstleistungen aus der Sicht des Unternehmens und bezieht sich dabei auf eines der wesentlichen Merkmale von innovativen Unternehmensgründungen, nämlich die Umsetzung von technologischen Neuerungen.[717] Die verwendete Skala versucht, die Bandbreite zwischen einer inkrementellen und einer radikalen Innovation zu erfassen und reicht von der Ausprägung „keine echte Neuheit am Markt" bis hin zu „fundamentale Neuheit für die Welt".[718] In gleicher oder ähnlicher Weise wird

---

[712] Vgl. Helm, Kloyer, Nicklas 2006, S. 555 ff.

[713] Nach Steven, Behrens (2005, S. 196) ist die technologische Qualität von Sachgütern leichter anhand objektiver Maße feststellbar als die Qualität von Dienstleistungen.

[714] Vgl. Kohlbecher 1997, S. 112 f.; Tatikonda, Montoya-Weis 2001, S. 169; Brinckmann, Salomo, Gemünden 2006, S. 36.

[715] In zahlreichen Studien wird explizit die Einhaltung der Kostenziele abgefragt, vgl. z.B. Tatikonda, Montoya-Weis 2001, S. 169; Salomo, Steinhoff, Trommsdorff 2003, S. 442 ff.; Brinckmann, Salomo, Gemünden 2006, S. 36.

[716] Delmar, Shane 2003, S. 1174.

[717] Vgl. Thom 1980, S. 23; Rhumbler 1992, S. 27; Helm 2001, S. 51.

[718] Vgl. Binsack 2003, S. 19; Hauschildt, Salomo 2005, S. 10. Eine alternative Skalenbezeichnung verwendet z.B. Kohlbecher (1997, S. 233): „Verbesserung eines existierenden Produktes" ... „grundlegend neues Produkt".

der Indikator sowohl in der deutsch- als auch in der englischsprachigen Literatur verwendet.[719]

Die beiden Indikatoren „Marktinnovation“ und „Markterweiterung“ erfassen, inwiefern es dem Spin-off tatsächlich gelungen ist, innovative Produkte oder Dienstleistungen in den Markt einzuführen bzw. auf der Basis der angebotenen Leistungen, zusätzliche Märkte außerhalb des ursprünglichen Zielmarktes anzusprechen. In vergleichbarer Form wird der Indikator sowohl in der deutsch- als auch in der englischsprachigen Literatur eingesetzt.[720]

Der Indikator „Neue Patente“ erfasst, inwieweit es auf der Grundlage der Spin-off-Idee gelungen ist, Weiterentwicklungen patentrechtlich zu schützen und damit die Basis für Wettbewerbsvorteile und Lizenzeinnahmen zu schaffen. Dieser Sichtweise zufolge wird die Innovationsfähigkeit des Unternehmens zu einem bestimmten Zeitpunkt als Ergebnis von vorhergehenden Innovationsprozessen angesehen. Es handelt sich um eine output-orientierte Sichtweise, welche die im Vorfeld geleisteten F&E-Aufwendungen in Relation zu den generierten Patenten setzt.[721] In vergleichbarer Form wird der Indikator sowohl in der deutsch- als auch in der englischsprachigen Literatur verwendet, wobei die Operationalisierung des Indikators i.d.R. nicht subjektiv, sondern anhand der Anzahl der erteilten Patente erfolgt.[722]

Die Zusammenhänge zwischen den Indikatoren sind nachvollziehbar. Mit Zunahme der technologischen Qualität und mit steigendem Neuigkeitsgrad der angebotenen Leistung wird das Spin-off zunehmend in die Position einer Technologieführerschaft versetzt, auf deren Basis Wettbewerbsvorteile gegenüber der relevanten Konkurrenz auf- und ausgebaut werden können. Die günstige Wettbewerbsposition und die technologischen Vorteile des eigenen Leistungsangebots erleichtern es dem Spin-off ceteris paribus, Innovationen in bestehende Märkte einzuführen und völlig neue Märkte zu gewinnen. Im Idealfall gelingt es dem Spin-off, für die Erfindungen und technologischen Neuerungen Patentschutz zu erhalten. Es kann daher davon ausgegangen werden, dass alle Indikatoren des Konstruktes miteinander korrelieren.

---

[719] Vgl. Roberts 1991a, S. 108; Kleinknecht, Reijnen, Smits 1993, S. 44 ff.; Kohlbecher 1997, S. 233; Romijn, Albu 2001, S. 25; Romijn, Albu 2002, S. 85; Kulicke, Görisch 2002, S. 29; Binsack 2003, S. 19; Schmelter 2004, S. 478; Tübke 2004, S. 141; Hauschildt, Salomo 2005, S. 10.

[720] Vgl. Tatikonda, Montoya-Weiss 2001, S. 169; Lynn, Akgünn 2003, S. 23; Pleschak, Wolf, Westerhausen, Günther, Lessel 2003, S, 97; Tübke 2004, S. 135 f. und S. 228.

[721] Vgl. Werner, Backes-Gellner, Kayser 2004, S. 127.

[722] Vgl. Lindholm Dahlstrand 1997, S. 339; Romijn, Albu 2001, S. 6; Werner, Backes-Gellner, Kayser 2004, S. 127.

#### 6.3.4.4 *Die Messung des Konstruktes „Post-Spin-off-Kooperation“*

Das Konstrukt „Post-Spin-off-Kooperation“ ($\eta_3$) beschreibt das Ausmaß, die Intensität und die Bedeutung der Zusammenarbeit zwischen Spin-off und Mutterorganisation in der Phase nach der Gründung des neuen Unternehmens. Die Kooperation wird mit Hilfe von drei Indikatoren gemessen, die in Tabelle 18 dargestellt werden.

Die Kooperation zwischen Unternehmensgründungen und Forschungseinrichtungen wird in zahlreichen empirischen Studien betrachtet, wobei unterschiedliche Arten der Operationalisierung verwendet werden. Einige Autoren verwenden einen einzelnen dichotomen Indikator zur Bestimmung der Kooperation,[723] andere Autoren wiederum verwenden eine breite Palette an Indikatoren zur Erfassung der unterschiedlichen Gesichtspunkte der Kooperation.[724] In der vorliegenden Studie werden die wichtigsten Aspekte der Kooperationsbeziehungen erhoben, um auf dieser Basis eine möglichst präzise Aussage über die Intensität und Bedeutung der Zusammenarbeit zu erhalten. Entscheidend ist, dass es um eine Einschätzung der Kooperationsbeziehungen in der Innovations- bzw. Marktphase d.h. nach der eigentlichen Gründungsphase des Spin-offs geht, weswegen bei der Erhebung explizit auf diesen Umstand hinzuweisen ist.

| **Konstrukt: Post-Spin-off-Kooperation (zwischen Spin-off und Mutterorganisation)** | | | |
|---|---|---|---|
| **Kurzbezeichnung des Indikators** | **Inhaltliche Beschreibung des Indikators** | **Variablen-bezeichnung** | **Frage-nummer** |
| Intensität der Kooperation [a] | Generelle Beurteilung der Zusammenarbeit durch die Häufigkeit der Kontakte zwischen Spin-off und Forschungseinrichtung | y10 | C5 |
| Bedeutung der Kooperation [b] | Bedeutung der Kontakte zwischen Spin-off und Forschungseinrichtung aus Sicht des Spin-offs | y11 | C6 |
| Nutzen der Kooperation [c] | Nutzen der Zusammenarbeit mit der Forschungseinrichtung aus Sicht des Spin-offs | y12 | C8 |

Skalenbeschriftung:
[a] Häufigkeit von Kontakten … 1 = „keinerlei Kontakte“ … 7 = „sehr umfangreiche Kontakte“
[b] Bedeutung der Zusammenarbeit … 1 = „vollkommen unwichtig“ … 7 = „strategisch sehr wichtig“
[c] Nutzen aus der Zusammenarbeit war/ist… 1 = „sehr gering“ … 7 = „sehr hoch“

**Tabelle 18: Operationalisierung des Konstruktes "Post-Spin-off-Kooperation"**

[723] Vgl. Schmelter 2004, S. 478.
[724] Vgl. Steinkühler 1994, S. 310. Tübke (2004, S. 152) verwendet 16 Items für die sog. „post separation policy of the parent“.

Der Indikator „Intensität der Kooperation“ misst, wie häufig es zu Kontakten zwischen dem Spin-off und der Forschungseinrichtung kommt, wobei die Art der Kontakte für diesen Indikator keine Rolle spielt (Personalaustausch, Projekte, informelle Kontakte, Gespräche). In ähnlicher Weise wird der Indikator von Steinkühler (1994, S. 310) verwendet.

Der Indikator „Bedeutung der Kooperation“ erfasst, welche Bedeutung die Spin-off-Unternehmer der Kooperation mit der Forschungseinrichtung für die Entwicklung des eigenen Unternehmens zumessen. Eine vergleichbare Operationalisierung verwenden Wegmeth (1999, S. 4 ff. und 2002, S. 146) sowie Auer, Walter und Gemünden (2005, S. 111).

Der Indikator „Nutzen der Kooperation“ erfasst den Nutzen, den das Spin-off aus der Zusammenarbeit mit der Forschungseinrichtung zieht bzw. in der jüngeren Vergangenheit gezogen hat. Eine ähnliche Form der Operationalisierung erfolgt bei Auer, Walter und Gemünden (2005, S. 112) sowie Welpe (2006, S. 80).

Mögliche Zusammenhänge zwischen den einzelnen Indikatoren sind nachvollziehbar und werden im Folgenden kurz erläutert. Umfangreiche Kooperationsaktivitäten in möglicherweise mehreren unternehmerischen Funktionsbereichen führen tendenziell zu einem erhöhten Abstimmungsbedarf der beiden Kooperationspartner. Gleichzeitig ist zu erwarten, dass die strategische Bedeutung der Zusammenarbeit entsprechend der Intensität der Kooperation zunimmt und der Nutzen, den beide Akteure und insbesondere das Spin-off aus der Zusammenarbeit ziehen, ebenfalls ansteigt.

#### *6.3.4.5 Die Messung des Konstruktes „Langfristiger Markterfolg“*

Das Konstrukt „Langfristiger Markterfolg“ ($\eta_4$) erfasst den ökonomischen Erfolg der Spin-off-Gründung und grenzt sich vom Innovationserfolg dadurch ab, dass für die Erfolgsbemessung nicht die Art und Weise der Umsetzung von technologischen Neuerungen, sondern die Bewertung von unternehmerischen Kenngrößen im Vordergrund steht. Aus diesem Grund wird in der vorliegenden Arbeit die Ansicht vertreten, dass der langfristige Markterfolg von der erfolgreichen Umsetzung der Spin-off-Innovation abhängig ist.[725]

---

[725] Vgl. Kapitel 4.4.

In der Unternehmensgründungsforschung werden zur Bestimmung des Erfolges von Unternehmen sowohl objektive als auch subjektive Beurteilungsmaßstäbe herangezogen. Zu den objektiven Maßen sind v.a. ökonomische Größen, aber auch anderweitige, objektiv erfassbare und eindeutig messbare unternehmerische Sachverhalte zu zählen, z.B. die Mitarbeiterzahl oder die Rendite.[726] Entscheidend ist, dass objektive Messungen unabhängig vom Informationsträger sind, d.h. Aussagen der Unternehmensgründer zu objektiven betrieblichen Erfolgsmerkmalen können im Idealfall durch autorisierte Geschäftsberichte verifiziert werden.[727] Subjektive Maße orientieren sich am individuellen Gründungerfolg und beziehen implizit die Perspektive und die Erwartungen der Informationsträger mit ein, d.h. Gründer legen bei der Beurteilung des Erfolgs ihres Unternehmens ein eigenes Zielsystem zugrunde, wobei der Erfolg im Wesentlichen durch den Zielerreichungsgrad und im Verhältnis zu den eingesetzten Mitteln bestimmt wird.[728]

Analog zu den Erläuterungen zur Operationalisierung des Innovationsumfanges sind objektive Größen für die Bestimmung des Markterfolges von Spin-offs nur eingeschränkt praktikabel. Insbesondere die Bereitschaft der Spin-off-Gründer, detailliert über objektive Erfolgs- und Geschäftsdaten Auskunft zu geben, dürfte äußerst gering sein.[729] Spin-offs sind zumeist kleine oder mittelgroße Unternehmen und in überschaubaren Branchen tätig, weshalb der Schutz von konkreten Geschäftsdaten eine große Rolle spielt. Zudem sind wertmäßige Erfolgsdaten wie z.B. Umsatzgrößen stark vom Alter des Unternehmens, vom Industriezweig und vom Geschäftsmodell (Produkte, Dienstleistungen, Handel) abhängig und können nur schwer unternehmens- bzw. branchenübergreifend verglichen werden. Die Vergleichbarkeit der Messdaten ist aber entscheidend für die Untersuchung erfolgsrelevanter Spin-off-Strategien. Bei einer subjektiven Messung derartiger Erfolgsmaße kann davon ausgegangen werden, dass brancheninterne Normen und Standards quasi implizit in die Beurteilung des Erfolges einfließen und Branchenunterschiede relativieren und somit eine branchenübergreifende Vergleichbarkeit der Daten sicherstellen.[730] Die subjek-

[726] Vgl. Hauschildt 1993, S. 323 ff.
[727] Vgl. Steinkühler 1994, S. 79.
[728] Vgl. Gierl 1995, S. 396; Kay, May-Strobl, Maaß 2001, S. 99.
[729] Vgl. Allen 1984, S. 49.
[730] Vgl. Davidsson 2005, S. 131; Helm 1997, S. 130. Die von Helm (1997, S. 130) getroffenen Aussagen beziehen sich auf den Erfolg von kooperativen Markteintrittsstrategien, es liegen allerdings keine Gründe dafür vor, warum diese Annahmen nicht für Spin-off-Markteintritte gelten sollten.

tive Erfolgsmessung erscheint daher, trotz Vorbehalte einzelner Autoren,[731] die geeignete Alternative zur Bestimmung des langfristigen Markterfolges zu sein,[732] zumal bereits die Innovationsgeschwindigkeit und der Innovationserfolg subjektiv gemessen werden.[733]

Für die Frage der Messung des langfristigen Markterfolges von Spin-offs ist neben der Messperspektive noch eine weitere Dimension von Relevanz, nämlich das Messsubjekt bzw. die Wahl des Informationsträgers.[734] Grundsätzlich können die Informationen sowohl von beteiligten Personen, z.B. den Spin-off-Gründern oder kompetenten Mitarbeitern des Unternehmens, als auch von außenstehenden Personen, z.B. Experten, Institutsleitern oder Technologietransferbeauftragten der Mutterorganisationen bereit gestellt werden. Bei den hier betrachteten Spin-offs handelt es sich i.d.R. um kleine und mittelgroße Unternehmen, ohne Pflicht zur Veröffentlichung von Geschäftsdaten, weshalb auch die Möglichkeiten des Erhalts von Erfolgsdaten durch Außenstehende sehr eingeschränkt sein dürften. Die Erfolgsbewertung durch die Spin-off-Unternehmer dürfte daher am ehesten zum Ziel führen.

<table>
<tr><th></th><th colspan="2">Messperspektive</th></tr>
<tr><th>Informationsträger<br>(Messsubjekt)</th><th>Objektive Maße</th><th>Subjektive Maße</th></tr>
<tr><td>Spin-off-Gründer<br>und beteiligte Personen</td><td rowspan="2">Überleben des Unternehmens<br>Ökonomische Entwicklung<br>(Umsatz, Mitarbeiter etc.)<br>Wachstum des Unternehmens<br>Produktivität<br>Rendite</td><td>Einschätzung des Erfolgs<br>Zufriedenheit mit Zielerreichung<br>Geschäftsaussichten<br>Einschätzung der<br>Unternehmensentwicklung</td></tr>
<tr><td>Außenstehende Personen z.B.<br>Mitarbeiter der Mutterorganisation</td><td>Einschätzung der<br>Unternehmensentwicklung</td></tr>
</table>

**Tabelle 19: Dimensionen und Möglichkeiten der Spin-off-Erfolgsmessung**

[731] Zahlreiche Autoren lehnen subjektive Erfolgsmaße ab, z.B. Roberts 1970, S. 143; Picot, Laub, Schneider 1989, S. 94; Steinkühler 1994, S. 80.

[732] Helm (1998, S. 228) begründet die subjektive globale Erfolgsmessung mit der Heterogentität der betriebswirtschaftlichen Ziele sowie der erhöhten Auskunftsbereitschaft der Befragten, wenn Ausprägung und Zusammensetzung der Zielgrößen verdeckt bleiben. Steinkühler (1994, S. 79) steht subjektiven Maßen kritisch gegenüber, betont allerdings, dass subjektive Erfolgsmaße als Substitut verwendet werden können, wenn objektive Größen nicht oder nur mit unverhältnismäßig hohem Aufwand erhoben werden können. Dess und Robinson (1984, S. 268) ermitteln eine hohe Korrelation zwischen objektiven und subjektiven Erfolgsmaßen von Unternehmensgründungen.

[733] Eine subjektive Erfolgsmessung wird in zahlreichen Studien zu Innovationen und Unternehmensgründungen praktiziert, vgl. z.B.: Rocha, Kahn 1984, S. 34-43; Gupta, Brockhoff, Weisenfeld 1992; Brinckmann, Salomo, Gemünden 2006, S. 15 ff.; vgl. hierzu auch Kapitel 6.3.4.2 und 6.3.4.3.

[734] Vgl. Hauschildt 1993, S. 323.

Tabelle 19 verdeutlicht nochmals die Dimensionen der Erfolgsmessung von Spin-offs und markiert die getroffene Wahl in der vorliegenden Studie.[735]

Nachdem die Entscheidung für eine subjektive Erfolgsmessung und eine direkte Befragung der Spin-off-Unternehmer begründet wurde, stellt sich die Frage nach geeigneten Indikatoren für den langfristigen Markterfolg. Dabei wird in Anlehnung an die bisherige Entrepreneurshipforschung auf Wachstumsmaße (Umsatz und Mitarbeiterwachstum) und finanzielle Erfolgsmaße (Cash-flow und Rentabilität) sowie ein generelles subjektives Erfolgsmaß zurückgegriffen.[736] Bausch und Rosenbusch (2006, S. 132 f.) stellen in ihrer meta-analytischen Untersuchung zur Beziehung zwischen Innovation und Unternehmenserfolg fest, dass letzterer vorwiegend durch Gewinnmaße und Wachstumsmaße gemessen wird.[737] Wachstumsmaße sind für die Bewertung des Spin-off-Erfolges von erheblicher Bedeutung, da High-Tech-Unternehmen im Allgemeinen in den ersten Jahren nicht vornehmlich die Gewinnerzielung anstreben, sondern die Gewinnung von Kunden und die Etablierung im Markt.[738] Zusätzlich sind die Indikatoren so gewählt, um sowohl die mittel- und kurzfristige als auch die langfristige Erfolgsperspektive einzubeziehen. Dies wird insbesondere bei den finanziellen Maßen deutlich, wobei der „Cash-flow" ein eher kurzfristiges Maß darstellt, die „Rentabilität" dagegen ein eher langfristiges Erfolgsmaß. Tabelle 20 stellt die gewählten Indikatoren dar; im Anschluss daran erfolgen eine detaillierte Erläuterung und eine Angabe entsprechender Literaturstellen.

Der Indikator „Subjektiver Erfolg" stellt ein generelles subjektives Erfolgsmaß dar, das den Markterfolg des Spin-offs als Ganzes abbildet und in Relation zu den Erwartungen setzt.[739] Der Unternehmer wird aufgefordert, den bis dato erzielten Erfolg des Spin-offs in Anbetracht der verfolgten Ziele und der eingesetzten Ressourcen zu bewerten. Damit wird implizit erhoben, zu welchem Grad die Aussichten des Spin-off-Gründers erfüllt wurden.[740] Dieser Indikator wird von Helm (1997,

---

735 Vgl. Steinkühler 1993, S. 78.
736 Vgl. Steinkühler 1994, S. 83-85 und die dort angegebenen Literaturstellen.
737 Zur Operationalisierung der abhängigen Variable „Erfolg" werden in 32 Studien gewinnbasierte Maße, in 25 Studien wachstumsbasierte Maße, in 16 Studien subjektive Maße und in 11 Studien kapitalmarktbasierte Maße verwendet.
738 Vgl. Tübke 2004, S. 228; Scholten 2006, S. 107. Scholten bezieht seine Aussagen zur Bedeutung von Wachstumserfolgen v.a. auf Biotechnologie-Spin-offs, es kann allerdings davon ausgegangen werden, dass ähnliches auch für Spin-offs in anderen Branchen gilt, z.B. der Informationstechnologie, der Lasertechnologie, der Medizintechnologie etc.
739 Vgl. Contractor 1984, S. 168; Helm 1997, S. 132.
740 Gerdes, Priese und Stephan (1999, S. 58 f.) fragen nach der Zufriedenheit mit der gegenwärtigen Situation.

S. 132 f.) zu Bestimmung des Erfolges von Markteintrittsstrategien verwendet, und in anderen Studien in vergleichbarer Form zur Bestimmung des Erfolges von Unternehmensgründungen eingesetzt.[741]

| Konstrukt: Langfristiger Markterfolg | | | |
|---|---|---|---|
| **Kurzbezeichnung des Indikators** | **Inhaltliche Beschreibung des Indikators** | **Variablen-bezeichnung** | **Frage-nummer** |
| Subjektiver Erfolg [a] | Genereller Erfolg der Spin-off-Gründung in Anbetracht der Ziele und der eingesetzten Ressourcen | y13 | F2 |
| Umsatzwachstum [a] | Bewertung des Umsatzwachstums der Spin-off-Gründung in Anbetracht der Ziele und der eingesetzten Ressourcen | y14 | F4a |
| Mitarbeiterwachstum [a] | Bewertung des Mitarbeiterwachstums der Spin-off-Gründung in Anbetracht der Ziele und der eingesetzten Ressourcen | y15 | F4b |
| Cash-flow [a] | Bewertung des Cash-flows der Spin-off-Gründung in Anbetracht der Ziele und der eingesetzten Ressourcen | y16 | F4c |
| Rentabilität [a] | Bewertung der Rentabilität der Spin-off-Gründung in Anbetracht der Ziele und der eingesetzten Ressourcen | y17 | F5a |

Skalenbeschriftung:
[a] Spin-off-Gründung ist … 1 = „überhaupt nicht erfolgreich“ … 7 = „sehr erfolgreich“

**Tabelle 20: Operationalisierung des Konstruktes "Langfristiger Markterfolg“**

Die Indikatoren „Umsatzwachstum“ und „Mitarbeiterwachstum“ erfassen die subjektive Einschätzung der bis zum Befragungszeitpunkt erzielten Steigerungsraten bei den ökonomisch relevanten Größen Umsatz und Beschäftigtenzahl. Diese Indikatoren werden im Rahmen der Entrepreneurshipforschung sehr häufig verwendet,[742] wobei die Messung sowohl subjektiv[743] als auch objektiv[744] erfolgen kann. Angesichts der oben diskutierten Nachteile objektiver Messverfahren für die Erfassung des Spin-off-Erfolgs werden beide Indikatoren innerhalb der vorliegenden Untersuchung subjektiv erfasst. Dabei spiegelt das wahrgenommene Umsatzwachstum den bis dato erzielten Markteintrittserfolg und das wahrgenommene Mitarbeiterwachstum die Nachhaltigkeit der Entwicklung wider.

Die Indikatoren „Cash-flow“ und „Rentabilität“ bilden die finanzielle Situation des Spin-offs ab, die von erheblicher Bedeutung für die Beurteilung des Unternehmens-

[741] Vgl. Stuart, Abetti 1987, S. 215 ff.; Brüder, Preisendörfer, Ziegler 1996, S. 93; Heyden 2003, S. 194; Kugler 2003, S. 35 und S. 218;
[742] Vgl. Steinkühler 1994, S. 80-84.
[743] Beispiele für eine subjektive Messung: Gemünden 2003, S. 92 ff.; Auer, Walter, Gemünden 2005, S. 96;
[744] Beispiele für eine objektive Messung: Roberts 1991a, S. 337; Steinkühler 1994, S. 89; Brüder, Preisendörfer, Ziegler 1996, S. 92; Schenk 1998, S. 60; Kugler 2003, S. 218; Scholten 2006, S. 107.

erfolges ist.[745] Steinkühler (1994. S. 90 f. und S. 304) macht auf Probleme bei der Verwendung der Rentabilität als objektives Erfolgsmaß aufmerksam und erfasst die relative Rentabilität im Konkurrenzvergleich als subjektives Maß für den Erfolg von technologieorientierten Gründungen. Covin und Slevin (1989, S. 75 ff.) sowie Schenk (1998, S. 60 ff.) verwenden den Indikator Cash-flow als objektives Erfolgsmaß. Analog zu den obigen Ausführungen wird in der vorliegenden Arbeit allerdings auf subjektive Messungen der beiden finanziellen Aspekte des Spin-off-Erfolges zurückgegriffen.

Die Zusammenhänge zwischen den einzelnen Erfolgsindikatoren erscheinen evident. Eine positive Entwicklung des Umsatzes bedingt in der Regel auch eine positive Entwicklung der finanziellen Situation des Unternehmens. Mitarbeiterwachstum setzt einerseits eine günstige ökonomische Entwicklung des Unternehmens voraus und stellt andererseits eine Voraussetzung für die weitere Umsatzsteigerung dar. Insgesamt beschreiben die vier Indikatoren „Umsatzwachstum", „Mitarbeiterwachstum", „Cash-flow" und Rentabilität" verschiedene Facetten des unternehmerischen Erfolges und korrelieren daher mit dem generellen subjektiven Erfolgseindruck des Spin-off-Gründers.

## 6.4 Das vollständige Strukturgleichungsmodell

Das vollständige Strukturgleichungsmodell wird durch Zusammenfügen der beiden, bisher getrennt voneinander betrachteten Messmodelle erstellt. Dabei stellt das Strukturmodell die Verbindung zwischen dem exogenen Messmodell auf der einen Seite und dem endogenen Messmodell auf der anderen Seite dar.[746]

Das Strukturmodell entspricht dem regressionsanalytischen Denkansatz und die beiden Messmodelle entsprechen dem Denkmodell der konfirmatorischen Faktorenanalyse. Mit dem Strukturgleichungsmodell erfolgt eine Kombination der beiden Denkansätze zur Überprüfung der kausalen Beziehungen zwischen latenten Konstrukten. Alle betrachteten Variablen werden standardisiert und gehen als Abweichungswerte vom Mittelwert in die Analyse ein.

---

[745] Vgl. Roberts 1991a, S. 337; Schenk 1998, S. 60.
[746] Vgl. Backhaus, Erichson, Plinke, Weiber 2006, S. 354.

Vor der Durchführung der Strukturgleichungsanalyse mit der AMOS-Software werden die beiden Messmodelle einer Optimierung unterzogen. Die einzelnen Indikatoren werden hinsichtlich ihrer Güte, genauer gesagt hinsichtlich ihrer Reliabilität und Validität überprüft.[747] Da diese Überprüfung dazu führen kann, dass einige Indikatoren aus der Analyse eliminiert werden oder aus sachlogischen Gründen anderen als den ursprünglichen Konstrukten zugeordnet werden, wird das Modell vor der Optimierung als vorläufiges vollständiges Strukturgleichungsmodell bezeichnet.

In Abbildung 34 wird das Pfaddiagramm des vorläufigen vollständigen Strukturgleichungsmodells dargestellt. Dabei stellen ausschließlich die x- und y-Variablen direkt messbare Größen dar, zwischen denen empirische Korrelationen berechnet werden können. Aus den Korrelationen zwischen den x-Variablen lassen sich die Beziehungen im exogenen Messmodell und aus den Korrelationen zwischen den y-Variablen lassen sich die Beziehungen im endogenen Messmodell bestimmen; die Korrelationen zwischen den x- und y-Variablen dienen zur regressionsanalytischen Bestimmung der Beziehungen im Strukturmodell.[748]

Aus Gründen der Übersichtlichkeit und Lesbarkeit wird auf eine Unterscheidung der Pfadkoeffizienten der beiden Messmodelle ($\lambda$) mittels Indizes ($\lambda_x$ und $\lambda_y$) verzichtet. Um die Eindeutigkeit zu gewährleisten, werden bei der späteren Präsentation und Interpretation der Ergebnisse stets die Kurzbezeichnungen der Indikatoren verwendet.

Das Pfaddiagramm (Abbildung 34) kann in ein lineares Gleichungssystem überführt werden, mit dessen Hilfe die postulierten Zusammenhänge mathematisch geschätzt werden können. Dabei gilt, dass sich für jede abhängige Variable ($\eta$, x und y) genau eine Gleichung formulieren lässt, und dass unabhängige Variable linear verknüpft werden, sofern die entsprechenden abhängigen Variablen jeweils durch mehrere unabhängige Variable beeinflusst werden. Die Pfeile des Pfaddiagramms werden mathematisch durch Pfadkoeffizienten dargestellt, deren Größe die Stärke des Zusammenhangs anzeigt.

[747] Vgl. Kapitel 7.3 und 7.4.
[748] Vgl. Backhaus, Erichson, Plinke, Weiber 2006, S. 355.

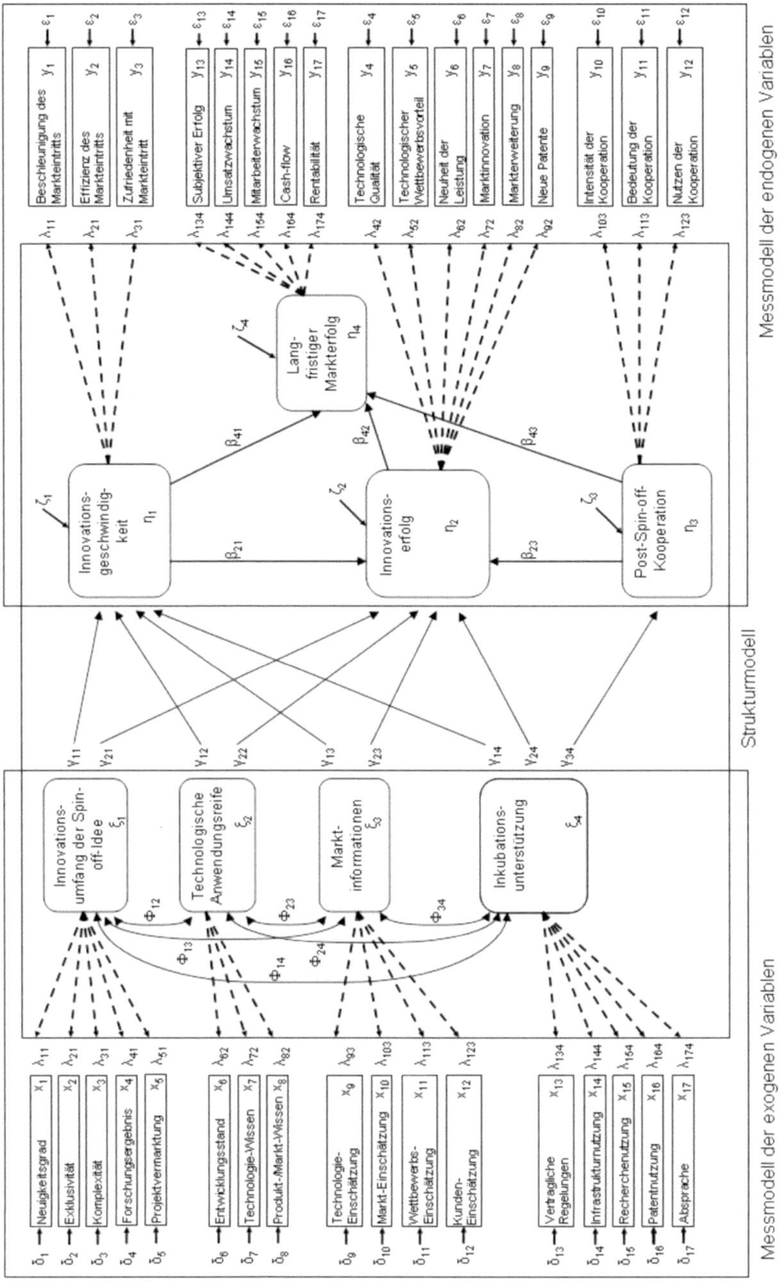


**Abbildung 34: Das vorläufige vollständige Strukturgleichungsmodell**

Unter Berücksichtigung der in Abschnitt 6.2.2 erläuterten Formulierungsregeln ergeben sich für das gesamte Pfaddiagramm die folgenden Gleichungen.

$$\eta_1 = \gamma_{11}\,\xi_1 + \gamma_{12}\,\xi_2 + \gamma_{13}\,\xi_3 + \gamma_{14}\,\xi_4 + \zeta_1$$

$$\eta_2 = \beta_{21}\,\eta_1 + \beta_{23}\,\eta_3 + \gamma_{21}\,\xi_1 + \gamma_{22}\,\xi_2 + \gamma_{23}\,\xi_3 + \gamma_{24}\,\xi_4 + \zeta_2$$

$$\eta_3 = \gamma_{34}\,\xi_4 + \zeta_3$$

$$\eta_4 = \beta_{41}\,\eta_1 + \beta_{42}\,\eta_2 + \beta_{43}\,\eta_3 + \zeta_4$$

**Formel 5: Gleichungen für das Strukturmodell**

$$x_1 = \lambda_{11}\,\xi_1 + \delta_1$$

$$\ldots$$

$$X_{17} = \lambda_{174}\,\xi_4 + \delta_{17}$$

**Formel 6: Gleichungen für das Messmodell der exogenen Variablen**

$$y_1 = \lambda_{11}\,\eta_1 + \varepsilon_1$$

$$\ldots$$

$$y_{17} = \lambda_{174}\,\eta_4 + \varepsilon_{17}$$

**Formel 7: Gleichungen für das Messmodell der endogenen Variablen**

Durch die Gleichungen des Strukturmodells (siehe Formel 5) werden 18 Parameter geschätzt ($\beta_{21}$ bis $\beta_{43}$, $\gamma_{11}$ bis $\gamma_{34}$, $\zeta_1$ bis $\zeta_4$), durch die Gleichungen des exogenen Messmodells (Formel 6) werden 34 Parameter geschätzt ($\lambda_{11}$ bis $\lambda_{174}$ und $\delta_1$ bis $\delta_{17}$) und schließlich werden durch die Gleichungen des endogenen Messmodells (Formel 7) weitere 34 Parameter geschätzt ($\lambda_{11}$ bis $\lambda_{174}$, $\varepsilon_1$ bis $\varepsilon_{17}$). Zusätzlich werden die sechs Korrelationen zwischen den exogenen latenten Variablen in der $\Phi$-Kovarianzmatrix, die a priori postuliert worden sind, geschätzt ($\Phi_{12}$ bis $\Phi_{34}$). Damit beträgt die Summe der zu schätzenden Parameter 92.

Um die Identifizierbarkeit des Gleichungssystems zu gewährleisten, müssen die von den Erhebungsdaten bereitgestellten Informationen ausreichen, das Gleichungssystem eindeutig zu lösen. Ein Strukturgleichungsmodell ist dann lösbar, wenn die Zahl der Gleichungen mindestens der Zahl der zu schätzenden Parameter entspricht. Die Zahl der Gleichungen entspricht der Anzahl der unterschiedlichen Elemente in der modelltheoretischen Korrelationsmatrix Σ (vgl. Formel 3). Werden n Indikatoren erhoben, so sind n(n+1)/2 Korrelationskoeffizienten berechenbar und diese Zahl stellt gleichzeitig die Zahl der unterschiedlichen Elemente in der modelltheoretischen Korrelationsmatrix dar. Aus der Differenz der Anzahl der Gleichungen und der Anzahl der unbekannten Parameter ergibt sich die Zahl der Freiheitsgrade, sog. „degrees of freedom“ (kurz: d.f.). Eine notwendige, aber nicht hinreichende Bedingung für die Identifizierbarkeit einer Modellstruktur ist dann erfüllt, wenn die Anzahl der Freiheitsgrade positiv ist, sodass sich das Gleichungssystem lösen lässt.[749] Das im Rahmen der Studie zu betrachtende, vorläufige vollständige Strukturgleichungsmodell wird dadurch charakterisiert, dass 34 Indikatorvariable einfließen, wodurch sich 595 Koeffizienten berechnen lassen. Wird davon die Zahl der zu schätzenden Parameter (92) abgezogen, so resultieren 503 Freiheitsgrade des Modells, welches damit als prinzipiell identifizierbar gilt.[750]

Von zentraler Bedeutung für Strukturgleichungsmodelle ist neben der Identifizierbarkeit die Beurteilung der Modellgüte mittels der Konzepte der Reliabilität und Validität; diese Aspekte werden im anschließenden Kapitel 7 diskutiert.

[749] Vgl. Jöreskog, Sörbom 1996, S. 17.
[750] Vgl. Backhaus, Erichson, Plinke, Weiber 2006, S. 367.

# 7 Eine neue empirische Studie zur Umsetzung von Innovationen durch Spin-offs

Das Ziel der empirischen Studie liegt in der Verifizierung der in Kapitel 5.5 formulierten Hypothesen mit Hilfe einer kausalanalytischen Untersuchung. Dadurch wird ein Beitrag zur Erklärung der erfolgreichen Umsetzung von Innovationen durch Spin-off-Gründungen geleistet. Vorab erfolgt eine Erläuterung des Untersuchungsansatzes und der Stichprobe (Kap. 7.1) sowie eine ausführliche Darlegung der verwendeten Optimierungs- und Beurteilungskriterien (Kap. 7.2). Daran anschließend werden die verwendeten Konstrukte optimiert (Kap. 7.3) und hinsichtlich ihrer Diskriminanz- und Konvergenzvalidität betrachtet (Kap. 7.4). Im letzten Teil erfolgen die Analyse des Gesamtmodells (Kap. 7.5) und eine abschließende Diskussion der Ergebnisse der Strukturgleichungsanalyse (Kap. 7.6).

## 7.1 Untersuchungsansatz und Stichprobe der empirischen Studie

### *7.1.1 Konzeption der empirischen Studie*

Der Untersuchungsansatz der empirischen Studie wird in Kapitel 4 theoretisch begründet und in Kapitel 6 formal hergeleitet. Abbildung 35 stellt das vorläufige vollständige Strukturgleichungsmodell dar. Zusätzlich zur Abbildung 34 auf S. 199 beinhaltet die Darstellung die aus den formulierten Forschungshypothesen resultierenden Wirkungszusammenhänge zwischen den exogenen und endogenen Variablen und innerhalb der endogenen Variablen sowie deren Kennzeichnung durch entsprechende Vorzeichen.

Da an dieser Stelle die Optimierung der Messmodelle hinsichtlich ihrer Eignung zur Durchführbarkeit einer Kausalanalyse noch nicht erfolgt ist, sondern erst in Abschnitt 7.3 geschieht, handelt es sich bei dem dargestellten Modell immer noch um ein „vorläufiges“ Modell (Abbildung 35).

Das dargestellte Modell zur Erklärung der erfolgreichen Umsetzung von Spin-off-Innovationen wird im Rahmen der Studie einer empirischen Überprüfung unterzogen.

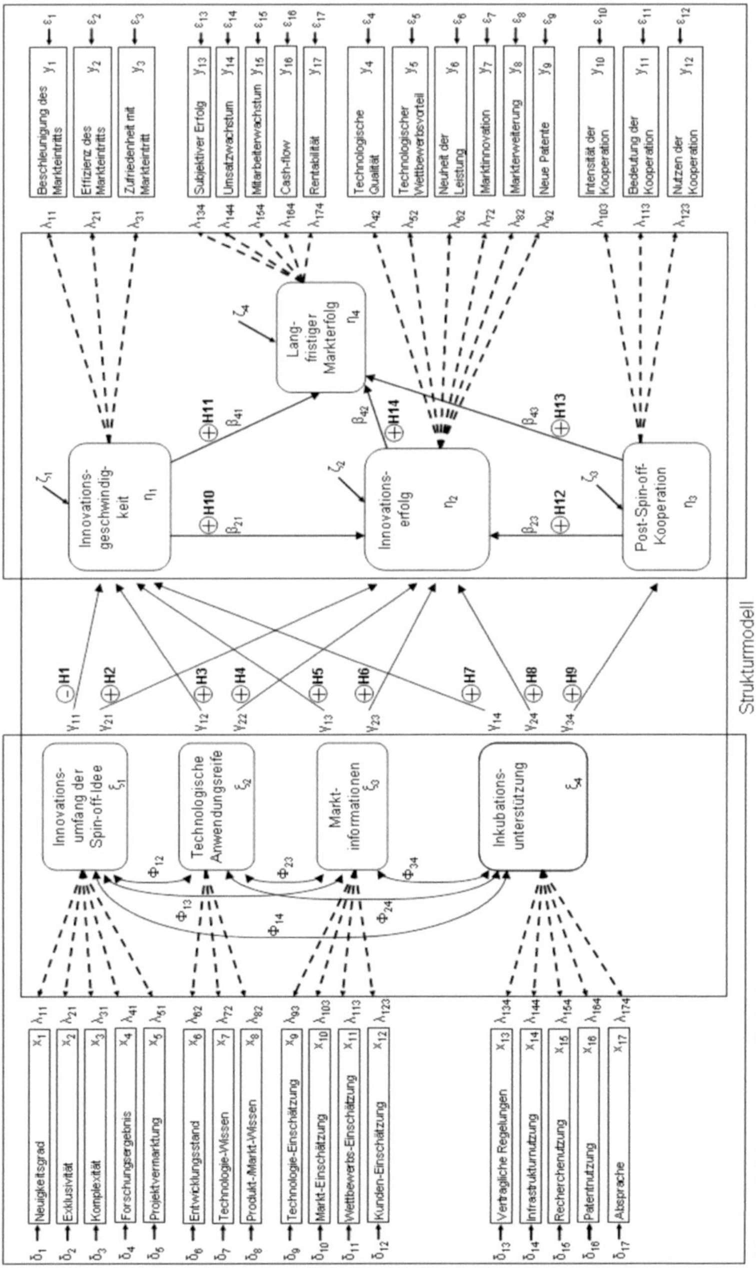


**Abbildung 35: Vorläufiges vollständiges Strukturgleichungsmodell mit Kennzeichnung der Forschungshypothesen**

In Bezug auf die Stichprobe ist es zweckmäßig, dafür zu sorgen, dass die Grundgesamtheit hinsichtlich der nicht-untersuchungsrelevanten Merkmale der zu betrachtenden Objekte möglichst homogen ist. Dies führt tendenziell zu einer größeren Varianz untersuchungsrelevanter Merkmale und zu einer besseren Interpretierbarkeit der ermittelten Zusammenhänge. An dieser Stelle sei auf die Unterschiede zwischen Spin-offs aus Universitäten und außeruniversitären Einrichtungen hingewiesen, die nicht aus der konkreten Spin-off-Situation, sondern aus strukturellen Unterschieden der Mutterorganisationen resultieren.[751] Diese strukturellen Unterschiede haben unter anderem dazu geführt, dass außeruniversitäre Einrichtungen in den letzten Jahren durch ein vergleichsweise reges Spin-off-Geschehen geprägt waren. Aufgrund dieser Aspekte und der guten Kontakte des Autors zu außeruniversitären Forschungseinrichtungen, insbesondere den Instituten der Fraunhofer-Gesellschaft, liegt es nahe, im Rahmen der Studie ausschließlich Spin-offs aus außeruniversitären Einrichtungen zu betrachten.

Angestrebt wird eine Einbeziehung aller Spin-offs aus außeruniversitären Forschungseinrichtungen, die sich zum Zeitpunkt der Untersuchung am Markt befinden. Mit Hilfe der Kontakte zu zentralen Anlaufstellen innerhalb der vier großen außeruniversitären Forschungsorganisationen, Fraunhofer-Gesellschaft, Max-Planck-Gesellschaft, Helmholtz-Gemeinschaft und Leibniz-Gemeinschaft, ist es möglich, die für die Datenerhebung erforderlichen Kontaktdaten von insgesamt 503 Spin-offs zu ermitteln. Diese Spin-offs entsprechen den folgenden Kriterien:

- Das Spin-off stammt aus der außeruniversitären öffentlichen Forschung und wurde von Mitarbeitern einer Forschungseinrichtung gegründet.
- Die Spin-off-Gründung ist mit Zustimmung der Forschungseinrichtung erfolgt.
- Im Rahmen der Spin-off-Gründung hat ein nennenswerter Transfer von Technologien und/oder Know-how stattgefunden.
- Das Unternehmen befindet sich zum Zeitpunkt der Untersuchung am Markt.

---

[751] Vgl. Mauroner 2007, S. 104 ff.

Die Befragung richtet sich direkt an die Unternehmensgründer bzw. unmittelbar an der Gründung beteiligte Mitglieder des Spin-off-Teams, was in Anbetracht der Tatsache, dass das zu untersuchende Spin-off-Innovationsmodell aus Variablen und Konstrukten besteht, die von unternehmensexternen Personen nur schwer zu beurteilen sind, zweckmäßig erscheint. Das Vorgehen bedingt, in Zusammenhang mit der Verwendung subjektiver Indikatoren, dass die Messdaten unweigerlich davon abhängen, ob die Befragten in der Lage sind, realistische und ehrliche Einschätzungen abzugeben. Aufgrund der anonymen Erhebung sind grundsätzlich keine bewussten Falschangaben zu erwarten, unbewusste Falschangaben sind dagegen sowohl bei der Verwendung objektiver Indikatoren als auch bei externen Auskunftspersonen nicht auszuschließen, sodass die gewählte Vorgehensweise zu vertreten ist.

Die Auswahl von bestehenden Spin-offs als Untersuchungsobjekte bedingt ein weiteres methodisches Problem, nämlich der Verzerrung der Stichprobe durch das bewusste Ausklammern gescheiterter Spin-offs (sog. „survivorship bias").[752] Aus verschiedenen Gründen kann und muss dies in Kauf genommen werden. Eine Identifikation gescheiterter Spin-off-Gründungen dürfte sich äußerst schwierig gestalten, sodass bezweifelt werden muss, dass in diesem Fall eine brauchbare Stichprobe ermittelt werden kann. Zudem dürfte die Auskunftsbereitschaft gescheiterter Spin-off-Gründer sehr gering sein, sodass nicht damit gerechnet werden kann, ausführliche Antworten auf die untersuchungsrelevanten Fragestellungen zu bekommen. Trotz des Ausklammerns der gescheiterten Spin-offs bleibt die Zielstellung, relevante Wirkungszusammenhänge zu ermitteln und das Erklärungsmodel zu überprüfen, prinzipiell erreichbar.[753] Die Tatsache, dass ein Spin-off im Markt bleibt bedeutet nicht zwangsläufig, dass es sich um ein erfolgreiches Unternehmen handelt, da es trotz fehlenden wirtschaftlichen Erfolges auch aufgrund ausreichender Kapitalreserven oder der großen Ausdauer der Gründer lange Zeit am Markt bleiben kann. Zudem besteht die Möglichkeit, dass erfolgreiche Spin-off-Gründer, denen es gelungen ist, technologische Innovationen am Markt umzusetzen, lukrative Angebote aus der Industrie erhalten und ihre unternehmerische Selbständigkeit aus diesem Grund aufgeben. Brüderl, Bühler und Ziegler (1993, S. 526) verweisen zudem darauf, dass eine Einbeziehung nicht mehr aktiver Unternehmen einen Heterogenitätsfehler nach

[752] Vgl. Brüderl, Bühler, Ziegler 1993, S. 526.
[753] Vgl. Steinkühler 1993, S. 90.

sich ziehen würde, da kleine Spin-offs eher schließen als große; dies würde zu stärkeren Verzerrungen führen als der survivorship bias.

Bei bisherigen empirischen Studien zu Spin-off-Gründungen wurde ein vergleichbares Vorgehen gewählt. Die Datenerhebung wurde dabei zumeist in Form einer standardisierten schriftlichen bzw. telefonischen Befragung durchgeführt, was auch für die vorliegende Untersuchung zweckmäßig erscheint. Ähnliche Erhebungsmethoden erhöhen die Vergleichbarkeit einzelner Studien und gewährleisten eine sinnvolle Einordnung von Einzelergebnissen in den Stand der empirischen Forschung. Entscheidend für die Wahl der Erhebungsmethode ist allerdings das Untersuchungsziel. Hier sprechen vor allem die Anzahl der Messobjekte, die Erklärungsbedürftigkeit einzelner Fragen und die Notwendigkeit des Reflektierens bestimmter vergangener Situationen für die Wahl der standardisierten schriftlichen Befragung.

Aufgrund der beruflichen Stellung des Autors konnten Kenntnisse der Eigenheiten außeruniversitärer Forschungsinstitute und forschungsbasierter Spin-off-Gründungen einfließen und eine hohe Verständlichkeit des Fragebogens sicherstellen. Zudem wurde vor Beginn der Befragung ein Pretest mit naturwissenschaftlichen Mitarbeitern der Fraunhofer-Gesellschaft und mehreren Gründern durchgeführt, der zu vereinzelten Verbesserungen und Umformulierungen führte; im Wesentlichen wurde der ursprüngliche Fragebogen beibehalten. Dabei zeigt sich, dass die lange Vorlaufzeit der Untersuchung und die Nähe des Autors zu Forschungseinrichtungen zu einem guten Verständnis der Problematik von Spin-off-Gründungen führten. Die konkrete Formulierung der Fragen ist dem Anhang zu entnehmen.

Einschränkend sei erwähnt, dass die Untersuchung einen a posteriori Ansatz verfolgt, bei dem Informationen über Sachverhalte abgefragt werden, die in der Vergangenheit liegen. Dadurch stellt sich bei den Elementen der Stichprobe ein gewisses Maß an Heterogenität hinsichtlich der Zeitspanne zwischen der Gründungsidee und der Erfolgsbeurteilung bzw. dem Markteintritt und der Erfolgsbeurteilung ein. Dieser Aspekt muss bei der Beurteilung der Messmodelle und bei der Interpretation der Ergebnisse berücksichtigt werden.

### 7.1.2 *Deskription der Stichprobe*

Im Vorfeld der Analyse der Modelle erfolgt eine Deskription des Datensatzes. Der Umfang der empirischen Studie beträgt 177 Spin-offs (Rücklaufquote = 35,2%), die den vorgegebenen Kriterien entsprechen und zum Zeitpunkt der Erhebung noch am Markt tätig sind. Da fehlende Angaben lediglich bei jenen Fragen zu verzeichnen waren, die für die deskriptive Auswertung vorgesehen waren, z.B. konkrete Angaben zu Umsatzhöhe und Mitarbeiterzahl, konnten alle untersuchten Unternehmen in die Analyse einbezogen werden.

Die Stichprobe beinhaltet Spin-off-Gründungen seit dem Jahr 1984, die überwiegende Mehrzahl der Gründungen fand nach 1997 statt, wobei über 60% der Spin-offs zum Zeitpunkt der Befragung zwischen vier und neun Jahre alt waren. Diese Verteilung der Elemente in der Stichprobe erweist sich insbesondere im Hinblick auf die Erklärung des langfristigen Markterfolges als günstig. Die nachfolgenden Grafiken (Abbildung 36) zeigen die Gründungszeitpunkte und die Gründungsgröße der befragten Spin-offs.

Hinsichtlich der Größe zum Gründungszeitpunkt zeigt sich, dass es sich, analog zu bisherigen empirischen Studien im Bereich technologieorientierter Gründungen, um überwiegend kleine Unternehmensgründungen mit ein bis zwei Mitarbeitern handelt.[754] Über 80% der Spin-offs in der Stichprobe haben zum Gründungszeitpunkt weniger als fünf Mitarbeiter.

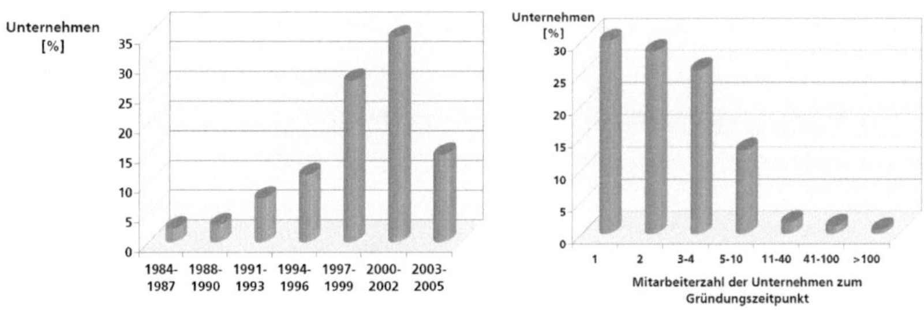


**Abbildung 36: Gründungszeitpunkte und Gründungsgröße der Spin-offs in der Stichprobe**

[754] Vgl. Autio, Yli-Renko 1998, S. 973 ff.; Mustar 1997, S. 37 ff.; Spielkamp, Egeln, Gottschalk, Rammer 2004, S. 153 ff.

Die Branchenverteilung der befragten Unternehmen charakterisiert die Weitläufigkeit der außeruniversitären Forschungslandschaft und stellt ein wichtiges Indiz für die Eignung der Stichprobe dar. Sämtliche wichtigen Forschungsthemen im Bereich der wissensintensiven Industriezweige sind in der Stichprobe vertreten; die Branchen Medizintechnik, Informations- und Kommunikationstechnik und Technologie-Dienstleistungen treten sehr häufig auf (Abbildung 37). Dieses Resultat deckt sich mit den Ergebnissen vorhergehender Studien zu innovativen Start-ups und stellt ein weiteres Indiz dafür da, dass es sich bei dem verwendeten Datensatz um eine geeignete Stichprobe handelt.[755]

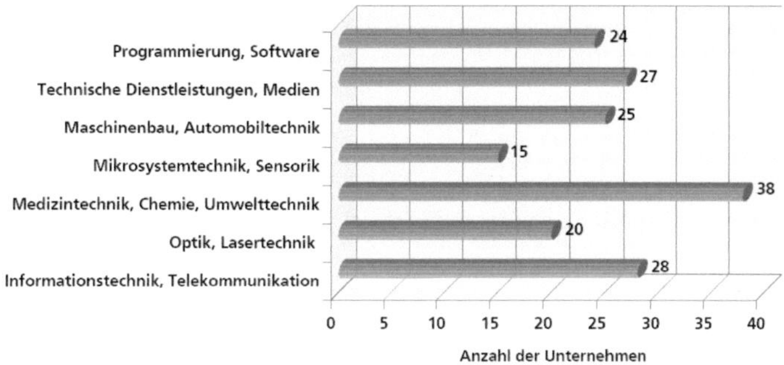


**Abbildung 37: Branchenverteilung der Spin-offs in der Stichprobe**

Zum Zeitpunkt der Befragung ist die Mehrzahl der Unternehmen gegenüber ihrer Startgröße erheblich gewachsen, wenngleich knapp 50% der Spin-offs aus 10 oder weniger Mitarbeitern bestehen. Weitere 45% der Spin-offs weisen eine Mitarbeiterzahl zwischen 11 und 50 auf, über 50 Mitarbeiter sind nur in einer sehr geringen Zahl der befragten Unternehmen tätig. Insgesamt verzeichnen lediglich 3,4% der Spin-offs einen Rückgang der Mitarbeiterzahl seit dem Gründungszeitpunkt, die überwiegende Mehrzahl weist ein Wachstum von 10% und mehr auf (Abbildung 38). Auch dieses Resultat wird von einer Vielzahl empirischer Studien im Bereich der technologieorientierter Spin-offs validiert und ist ein Beleg für die Eignung der Stichprobe.[756]

---

755 Vgl. Dowling, Helm 2006, S. 484 f.
756 Vgl. Autio 1994; Mustar 1997; Spielkamp, Egeln, Gottschalk, Rammer 2004.

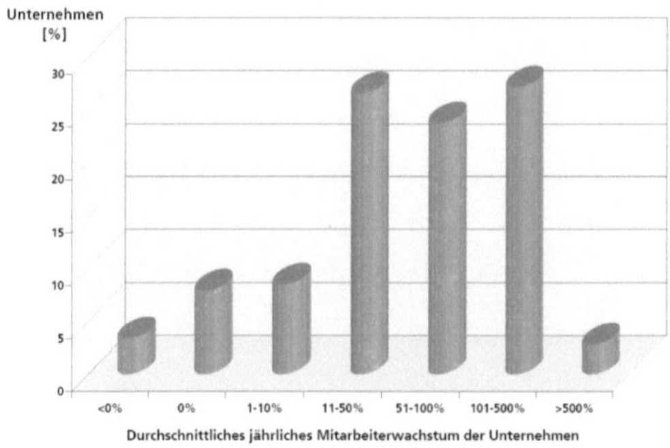


**Abbildung 38: Wachstum der befragten Spin-offs**

Dreistellige Wachstumsraten der Unternehmen deuten darauf hin, dass eine derartig expansive Entwicklung nicht durch organisches Wachstum, sondern durch Übernahmen und Fusionen zustande gekommen ist. Diese Formen der Unternehmensentwicklung sind in einigen Hochtechnologiebranchen häufig anzutreffen, insbesondere der Medizin- und Biotechnologie.[757]

Die Wachstumsrate als objektives Erfolgsmaß eignet sich aus diesem Grund nicht zwangsläufig als Erfolgsindikator im Rahmen des vorliegenden Untersuchungszieles. Vielmehr müssen zur Überprüfung der kausalen Zusammenhänge zwischen den Ausgangsbedingungen von Spin-off-Gründungen und dem technologischen und ökonomischen Erfolg von Innovationsvorhaben subjektive Aspekte herangezogen werden, wie dies im Rahmen der Operationalisierung der latenten Konstrukte erläutert wurde.[758]

## 7.2 Methodik der Optimierung und Beurteilung der Messmodelle

### *7.2.1 Erläuterung der Vorgehensweise*

Es empfiehlt sich, vor der Überprüfung der kausalen Zusammenhänge, die Messmodelle unter den Gesichtspunkten der Reliabilität und Validität zu beurteilen und gegebenenfalls Optimierungen vorzunehmen. Im Rahmen der Messmodelle werden latente Konstrukte identifiziert, die kausal für die Korrelationen zwischen den ihnen

[757] Vgl. Audretsch, Cooke 2001, S. 49.
[758] Vgl. Kapitel 6.3.4.5.

zugeordneten Indikatorvariablen verantwortlich sind.[759] Bestehen die postulierten Zusammenhänge tatsächlich, so wird dies durch hohe Korrelationen zwischen den Indikatoren einer latenten Variable bestätigt, andernfalls sind die Messmodelle dadurch zu optimieren, dass gering korrelierende oder sachlogisch nicht korrekt zuordenbare Indikatoren aus der weiteren Analyse ausgeschlossen werden. Hierzu werden die beiden Messmodelle jeweils getrennt vom anderen Modell einer eingehenden Überprüfung unterzogen.

In Anlehnung an die Vorgehensweise von Homburg (1992, S. 499 ff.) sowie Homburg und Giering (1996, S. 12) werden im Rahmen der vorliegenden Arbeit unterschiedliche Methoden verwendet, um die Modelle hinsichtlich ihrer Eignung für die nachfolgende Schätzung in AMOS zu beurteilen und gegebenenfalls zu optimieren. Dabei kommen sowohl Verfahren der ersten Generation als auch Verfahren der zweiten Generation zum Einsatz. Tabelle 21 gibt einen Überblick über die durchzuführenden Schritte der Modelloptimierung und Modellbeurteilung, im Anschluss daran werden die einzelnen Verfahren und Gütekriterien ausführlich beschrieben.

| Schritt | | Verfahren | Kapitel |
|---|---|---|---|
| 1 | Optimierung der Messmodelle | Explorative Faktorenanalyse mit SPSS | 7.3.1.1, 7.3.2.1 |
| 2 | Optimierung der einzelnen Messskalen | Prüfung der internen Konsistenz-Reliabilität | 7.3.1.2, 7.3.2.2 |
| | | Hauptkomponentenanalyse mit SPSS | |
| 3 | Prüfung der Interpretierbarkeit der Faktoren | Konfirmatorische Faktorenanalyse mit SPSS | 7.3.1.3, 7.3.2.3 |
| 4 | Prüfung der internen Konvergenz- und Diskriminanzvalidität der Messmodelle | Konfirmatorische Faktorenanalyse mit AMOS (globale und lokale Anpassungsmaße) | 7.4.1, 7.4.2 |

**Tabelle 21: Vorgehensweise bei der Optimierung und Beurteilung der Messmodelle**

### *7.2.2 Optimierungsmethodik nach den Gütekriterien der ersten Generation*

Im ersten Schritt erfolgt für jedes der beiden Messmodelle eine exploratorische Hauptkomponentenanalyse mit allen Indikatoren unter der generellen Zielsetzung, die Datenstruktur durch möglichst wenige Faktoren zu reproduzieren und jene Variablen zusammenzufassen, die auf einen gemeinsamen Faktor laden.[760] Die Mess-

[759] Vgl. Backhaus, Erichson, Plinke, Weiber 2006, S. 291 ff.
[760] Vgl. Backhaus, Erichson, Plinke, Weiber 2006, S. 291 ff.

modelle werden dahingehend überprüft, ob es gelingt, die jeweils gewünschte Zahl an Konstrukten abzubilden und gleichzeitig eine logisch sinnvolle Zuordnung der Indikatorvariablen zu den Konstrukten zu ermitteln. Durch die Verdichtung der Indikatoren zu einzelnen Faktoren können Aussagen bezüglich der Konvergenz- und Diskriminanzvalidität getroffen werden, wobei auf die Faktorladungen als Beurteilungskriterium zurückgegriffen wird. Von Konvergenz- und Diskriminanzvalidität kann ausgegangen werden, wenn eine eindeutige Zuordenbarkeit besteht, d.h. hohe Faktorladungen auf den a priori definierten Faktor und niedrige Faktorladungen auf andere Faktoren bestehen.[761]

Zunächst wird geprüft, ob der Datensatz dazu geeignet ist, eine Faktorenanalyse durchzuführen. Hierzu werden in der Literatur verschiedene Methoden angeführt.[762] Objektive und allgemeingültige Prüfkriterien liegen für die folgenden Analysen vor, die auch in der vorliegenden Arbeit zur Prüfung des Datensatzes auf Durchführbarkeit der Faktorenanalyse herangezogen werden:

- Analyse der Anti-Image-Kovarianzmatrix nach Guttmann;
- Kaiser-Meyer-Olkin-Kriterium bzw. „measure of sampling adequacy" (MSA).

Der Test der Anti-Image-Kovarianzmatrix basiert auf der Annahme, dass sich die Varianz einer Variablen aus zwei Teilen zusammensetzt, dem „Image" und dem „Anti-Image". Das Image beschreibt den Teil der Varianz, der durch die verbliebenen Variablen mit Hilfe einer multiplen Regressionsanalyse erklärt werden kann, das Anti-Image hingegen beschreibt den verbleibenden Teil, der unabhängig von den übrigen Variablen ist. Die erhobenen Variablen sind dann für eine Faktorenanalyse geeignet, wenn das Anti-Image der Variablen gering ausfällt bzw. wenn die Elemente der Anti-Image-Kovarianzmatrix, die sich nicht auf der Diagonale befinden, möglichst nahe Null liegen.[763] Als Prüfkriterium wird vorgeschlagen, dass der Anteil der Elemente abseits der Diagonale, die einen Wert größer oder gleich 0,09 annehmen nicht höher als 25% sein sollte.[764]

[761] Vgl. Homburg, Giering 1996, S. 8.
[762] Vgl. Backhaus, Erichson, Plinke, Weiber 2006, S. 269 ff.
[763] Vgl. Dziuban, Shirkey 1974, S. 358 ff.
[764] Vgl. Backhaus, Erichson, Plinke, Weiber 2006, S. 275 f.

Das Kaiser-Meyer-Olkin-Kriterium (MSA) wird auf der Basis der Anti-Image-Korrelationsmatrix berechnet und zeigt die Zusammengehörigkeit der Variablen an. Dieses Kriterium dient dazu, die Eignung sowohl für die gesamte Matrix als auch für jeden einzelnen Indikator selbst zu beurteilen und gilt als besonders aussagekräftig hinsichtlich der Durchführbarkeit der Faktorenanalyse.[765] Werte über 0,8 gelten als „wünschenswert" und Werte unterhalb von 0,5 als „untragbar".[766]

Darüber hinaus wird in der Literatur gelegentlich der sog. Bartlett-Test herangezogen, um auf Basis der Stichprobe zu prüfen, ob die Variablen in der entsprechenden Grundgesamtheit korreliert oder unkorreliert sind, d.h. genauer ausgedrückt, ob sich die Korrelationsmatrix rein zufällig von der Einheitsmatrix unterscheidet. Voraussetzung für diesen Test ist allerdings die Normalverteilung der Variablen, welche bei einem Großteil der Variablen nicht angenommen werden kann.[767] Aus diesem Grund wird der Bartlett-Test in der vorliegenden Arbeit nicht verwendet.

Ziel der Hauptkomponentenanalyse ist es, die Zahl der zu extrahierenden Faktoren anhand der Eigenwerte zu bestimmen. Der Eigenwert eines Faktors resultiert aus der Summe der quadrierten Faktorladungen eines Faktors über alle Variablen und ist damit ein Maß für die durch den Faktor erklärte Varianz der Beobachtungswerte.[768] Nach Kaiser-Guttmann entspricht die Anzahl der zu extrahierenden Faktoren der Anzahl der Eigenwerte, die größer als eins sind. Der Scree-Test, eine Alternative zum Kaiser-Guttmann-Kriterium, basiert auf einer grafischen Analyse der Eigenwerte in einem Koordinatensystem. Bei besonders großen Differenzen zwischen zwei benachbarten Eigenwerten entsteht in der Verbindungslinie ein Knick, ein sog. „elbow". Der erste Punkt links vom Knick bestimmt die Anzahl der zu extrahierenden Faktoren, da alle nachfolgenden Eigenwerte für Erklärungszwecke unbrauchbar und vernachlässigbar sind (engl. scree = Geröll).[769]

Die resultierende Ladungsmatrix der Hauptkomponentenanalyse enthält üblicherweise eine Vielzahl mittelhoher Ladungsmuster und wird daher erst durch die Anwendung von Rotationsverfahren inhaltlich interpretierbar. Hierzu werden in der vorliegenden Arbeit sowohl die schiefwinklige Rotation nach dem Oblimin-Verfahren mit

---

[765] Vgl. Becker 2006, S. 154; Bühner 2004, S. 180.
[766] Vgl. Backhaus, Erichson, Plinke, Weiber 2006, S. 276.
[767] Die ausführliche Prüfung der Variablen auf Normalverteilung erfolgt in Kapitel 7.5.2.
[768] Vgl. Backhaus, Erichson, Plinke, Weiber 2006, S. 295.
[769] Vgl. Backhaus, Erichson, Plinke, Weiber 2006, S. 296 f.

einem Delta von 0 als auch die orthogonale Rotation nach dem Varimax-Verfahren angewendet.[770] Die Oblimin-Rotation lässt Korrelationen zwischen den exogenen Variablen zu, die im theoretisch begründeten Modell unterstellt werden. Das Varimax-Verfahren hingegen unterstellt eine Unabhängigkeit der Faktoren, hat aber den Vorteil, dass tendenziell hohe Ladungen erhöht und tendenziell niedrige Ladungen verringert werden und diese Verstärkung der Ladungstendenzen die Zuordnung einer Variablen zu einem Faktor verbessert und die Interpretierbarkeit der Ladungsmatrix erleichtert. Indikatoren mit zu geringen Faktorladungen (<0,4) und jene mit uneindeutigen Ladungsmustern werden üblicherweise eliminiert und von der weiteren Analyse ausgeschlossen.[771]

Nach der explorativen Faktorenanalyse und dem eventuellen Ausschluss gering ladender Indikatoren erfolgt im nächsten Arbeitsgang (Schritt 2) eine isolierte Betrachtung der einzelnen Konstrukte eines Messmodells. Die Messskalen werden einer Reliabilitätsprüfung mit Hilfe des Cronbachschen Alphas unterzogen, um die interne Konsistenz der einzelnen Faktoren sicherzustellen.[772] Das Cronbachsche Alpha bezeichnet „die Reliabilität einer Gruppe von Indikatoren".[773] Die Alpha-Werte können zwischen 0 und 1 liegen, wobei höhere Werte auf eine bessere Konstruktreliabilität schließen lassen und üblicherweise Werte >0,7 als angemessen gelten.[774] Speziell bei Faktoren, die nur aus zwei oder drei Indikatoren bestehen, wird von einigen Autoren auch ein Wert von 0,4 als akzeptabel betrachtet.[775]

Ein weiteres Gütekriterium stellt die Item-to-total-Korrelation dar, welche die Korrelation einer Indikatorvariablen mit der Summe aller Indikatoren desselben Faktors anzeigt. Dieser Wert wird herangezogen, um den Reliabilitätswert sukzessive zu verbessern, indem jene Indikatoren von der weiteren Analyse ausgeschlossen werden, welche die geringste Item-to-total-Korrelation aufweisen.[776]

Mit den reduzierten Messskalen einer latenten Variablen wird daraufhin eine erneute Hauptkomponentenanalyse durchgeführt, um zu prüfen, ob das Kaiser-Guttman-Kriterium erfüllt ist und die Indikatoren auf einen einzelnen Faktor laden, was auf

[770] Vgl. Tabachnick, Fidel 2001, S. 616.
[771] Vgl. exemplarisch Helm 1997, S. 167.
[772] Vgl. Bortz 2005, S. 559.
[773] Homburg, Giering 1996, S. 8.
[774] Vgl. Nunnally 1978, S. 245.
[775] Vgl. Peter 1997, S. 180.
[776] Vgl. Zinnbauer, Eberl 2005, S. 568.

Konvergenzvalidität hinweist.[777] Zusätzlich wird bestimmt, welcher Anteil an der Varianz der Indikatorvariablen durch den zugeordneten Faktor erklärt werden kann. In dieser Hinsicht wird gefordert, dass durch den extrahierten Faktor mindestens 50% der Varianz der Indikatoren erklärt wird und dass die Faktorladungen mindestens 0,4 je Indikator betragen.[778]

Im Anschluss daran (Schritt 3) wird mit den verbliebenen Indikatorvariablen des jeweiligen Messmodells eine konfirmatorische, hypothesenprüfende Hauptachsenanalyse vorgenommen,[779] um die eindeutige Zuordnung der Variablen zu den Faktoren und die Interpretierbarkeit der Faktoren zu prüfen. Dabei wird das schiefwinklige Oblimin-Rotationsverfahren mit Delta = 0 verwendet, welches auch in der darauffolgenden Kausalanalyse mit AMOS eingesetzt wird und Korrelationen zwischen den latenten Konstrukten zulässt. Aus diesem Grund müssen die Faktoren, entsprechend der theoretischen Betrachtung nicht unabhängig voneinander sein. Die aus der Hauptachsenanalyse resultierenden Faktorladungen und Kommunalitäten weichen aufgrund der Verschiedenartigkeit der Startwerte von den Werten der Analyse des Gesamtmodells ab. Zur Prüfung des Messmodells werden die bereits beschriebenen Kriterien herangezogen, insbesondere das Kaiser-Meyer-Olkin-Kriterium zur Prüfung der Eignung der Datenmatrix, das Kaiser-Guttmann-Kriterium zur Prüfung der Faktorenanzahl sowie die Faktorladungen zur Sicherstellung der Unidimensionalität der Faktoren und der Konvergenz- und Diskriminanzvalidität des Messmodells.

Abschließend wird die Faktorstabilität berechnet, welche die minimale zur Interpretation herangezogene Faktorladung und den Stichprobenumfang berücksichtigt.[780] Eine Faktorstabilität von >0,9 lässt auf eine gute Übereinstimmung zwischen der wahren und der durch die Stichprobe bedingten Faktorenstruktur schließen.[781]

Die eben beschriebenen Verfahren der ersten Generation zur Beurteilung der Reliabilität und Validität weisen einige Nachteile aufgrund ihrer restriktiven Annahmen auf. Zu nennen sind insbesondere die Annahme, dass sämtliche Indikatoren eines Faktors die gleiche Reliabilität aufweisen sowie die Tatsache, dass Validitätsaspekte im

[777] Vgl. Zinnbauer, Eberl 2005, S. 568.
[778] Vgl. Peter 1997, S. 197 f.
[779] Vgl. Helm 1997, S. 160.
[780] Vgl. Bortz 2005, S. 523.
[781] Vgl. Bortz 2005, S. 524; exemplarisch Helm 1997, S. 175.

Wesentlichen anhand von Faustregeln und nicht auf der Basis von inferenzstatistischen Tests beurteilt werden.[782]

### *7.2.3 Methodik der Konvergenz- und Diskriminanzvalidierung mit Hilfe der Gütekriterien der zweiten Generation*

Im folgenden Arbeitsschritt (Schritt 4) wird eine Konvergenz- und Diskriminanzvalidierung mittels konfirmatorischer Faktorenanalyse unter Verwendung von AMOS durchgeführt. Dabei wird ein kausalanalytisches Modell überprüft, das nur aus einem Messmodell besteht. Die in Betracht gezogenen Gütekriterien, die sog. „Kriterien der zweiten Generation", gelten gegenüber den Kriterien der ersten Generation allgemein als überlegene Anpassungsmaße[783] und erfreuen sich zunehmender Popularität in der betriebswirtschaftlichen Forschung.[784]

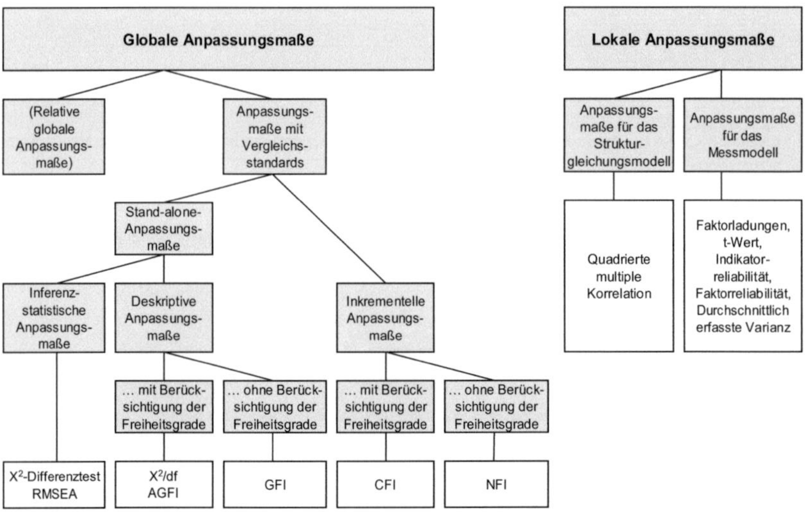


**Abbildung 39: Kategorien von Anpassungsmaßen zur Gütebeurteilung von Kausalmodellen**

[782] Vgl. für eine Kritik an den Kriterien der ersten Generation die Ausführungen von Homburg und Giering (1996, S. 9).
[783] Vgl. Anderson, Gerbing 1991, S. 732 ff.
[784] Vgl. exemplarisch Giering 2000, S. 78 und Riemenschneider 2006, S. 190.

Abbildung 39 gibt einen Überblick über die lokalen und globalen Anpassungsmaße, die im Rahmen der konfirmatorischen Faktorenanalyse zu berücksichtigen sind und die zur Beurteilung des Gesamtmodells heranzuziehen sind.[785] Die Gütebeurteilungen orientieren sich an den Empfehlungen von Homburg und Baumgartner (1995b, S. 166). Es ist empfehlenswert, zunächst die Gesamtanpassung des Messmodells mit Hilfe von globalen Gütekriterien zu überprüfen. Dabei wird die globale Anpassung anhand des $X^2$-Anpassungstests, des Root mean squared error of approximation (RMSEA), des Goodness of fit index (GFI), des Adjusted goodness of fit index (AGFI), des Normed fit index (NFI) und des Comparative fit index (CFI) beurteilt.

Mit Hilfe des $X^2$-Anpassungstests wird die „Richtigkeit des Modells" geprüft. Unter der Nullhypothese, dass das spezifizierte Modell im absoluten Sinn „richtig" ist und daher die modelltheoretische Kovarianzmatrix der empirischen Kovarianzmatrix entspricht, folgt die Prüfgröße einer $X^2$-Verteilung.[786]

Das Hauptproblem des $X^2$-Tests liegt darin begründet, das Modelle stets eine Approximation der Realität darstellen und daher niemals vollständig zutreffen, sodass bei ausreichend großen Stichproben nahezu jedes Modell abgelehnt wird.[787] Daher wird in der vorliegenden Arbeit den Empfehlungen der Literatur gefolgt und nicht der $X^2$-Wert als inferenzstatistisches Maß verwendet, sondern das Verhältnis von $X^2$ zur Anzahl der Freiheitsgrade ($X^2$/d.f.) als deskriptives Anpassungsmaß betrachtet.[788] Die Anzahl der Freiheitsgrade wird nach der folgenden Formel berechnet: d.f. = 1/2 * ((p+q)(p+q+1)-r); wobei p die Anzahl der Indikatoren der latenten endogenen Variablen, q die Anzahl der Indikatoren der latenten exogenen Variablen und r die Anzahl der zu schätzenden Parameter bezeichnet.

Neben dem $X^2$-Anpassungstest stellt der RMSEA ein wichtiges Gütekriterium dar, bei dem es sich im eigentlichen Sinne um ein inferenzstatistisches Maß handelt. Dieses Maß prüft, ob die Realität gut durch das Modell approximiert wird. Hierzu kann die Nullhypothese, dass der RMSEA-Wert kleiner als 0,05 ist, getestet werden.[789] In Anlehnung an eine Vielzahl empirischer Studien werden für den RMSEA in der vorlie-

[785] Abbildung in Anlehnung an die Ausführungen von Homburg, Baumgartner 1995b, S. 162 ff.; Homburg, Giering 1996, S. 9 ff.; Homburg, Pflesser 1999a, S. 425 ff.; Homburg, Pflesser 1999b, S. 646 ff.

[786] Vgl. die Ausführungen zur Methodik der Kausalanalyse in Kapitel 6.2.2, insbesondere Formel 4 auf S. 158.

[787] Vgl. Homburg 1992, S. 506; Homburg 1998, S. 90; Zinnbauer, Eberl 2005, S. 570.

[788] Vgl. Zinnbauer, Eberl 2005, S. 570.

[789] Vgl. Homburg, Baumgartner 1995b, S. 166.

genden Arbeit bestimmte Mindeststandards festgelegt, sodass dieses Kriterium als deskriptives Anpassungsmaß verwendet wird.[790] Üblicherweise deuten Werte des RMSEA von unter 0,08 auf eine akzeptable Modellanpassung hin.[791]

Deskriptive Anpassungsmaße ermöglichen eine Beurteilung des Modells durch die Vorgabe von bestimmten Mindestmaßen. Zu den wichtigsten deskriptiven Maßen zählen der GFI und der AGFI, welche die im Modell erklärte Varianz bzw. die Differenz zwischen der vom Modell generierten Kovarianzmatrix und der auf der Basis des Datensatzes ermittelten empirischen Kovarianzmatrix beurteilen. Die beiden Maße unterscheiden sich prinzipiell dadurch, dass der AGFI im Gegensatz zum GFI die Freiheitsgrade berücksichtigt und damit die automatische Verbesserung der Anpassungsgüte durch zusätzliche Modellparameter vermeidet.[792]

Eine weitere Kategorie von Gütekriterien sind die sog. inkrementellen Anpassungsmaße, die sich dadurch auszeichnen, dass sie die Güte eines Modells nicht isoliert, sondern in Relation zu einem Referenzmodell beurteilen. Diesen Kriterien liegt die Annahme zugrunde, dass sich die Anpassungsgüte durch den Übergang vom Basismodell zum relevanten Modell verbessert.[793] In der Regel wird als Basismodell ein sog. Nullmodell verwendet, welches inhaltlich nicht plausibel ist und durch völlig unabhängige Indikatoren gekennzeichnet ist.[794] In der vorliegenden Arbeit werden der NFI und der CFI als inkrementelle Anpassungsmaße verwendet, wobei sich die beiden Kriterien dadurch unterscheiden, dass der CFI im Gegensatz zum NFI die Freiheitsgrade berücksichtigt.[795]

Neben den globalen Gütekriterien kommen sog. lokale Gütemaße zum Einsatz, die zur Beurteilung der Konstruktvalidität dienen. Auf der Ebene der Indikatoren stellt die Indikatorreliabilität (IR) die zentrale Beurteilungsgröße dar.[796] Dieses Maß beschreibt, wie gut ein Indikator eine latente Variable misst, bzw. welcher Anteil der Varianz

[790] Vgl. Giering 2000, S. 82.
[791] Vgl. Browne, Cudeck 1993, S. 144. Die Berechnungsvorschrift zur Ermittlung des RMSEA kann der einschlägigen Literatur entnommen werden; z.B. Backhaus, Erichson, Plinke, Weiber 2006, S. 381.
[792] Vgl. Giering 2000, S. 82 ff. Die Berechnungsvorschriften zur Ermittlung des GFI und des AGFI können der einschlägigen Literatur entnommen werden, z.B. Backhaus, Erichson, Plinke, Weiber 2006, S. 380 f.
[793] Vgl. Homburg, Baumgartner 1995b, S. 170.
[794] Vgl. Homburg, Baumgartner 1995b, S. 170.
[795] Die Berechnungsvorschriften zur Ermittlung des NFI und des CFI können der einschlägigen Literatur entnommen werden, z.B. Backhaus, Erichson, Plinke, Weiber 2006, S. 381.
[796] Vgl. Giering 2000, S. 84.

eines Indikators durch die zugrunde liegende latente Variable begründet wird.[797] Allgemein ist die Indikatorreliabilität als die quadrierte Korrelation zwischen einem Konstrukt und dem entsprechenden Indikator definiert.[798]

Auf Indikatorebene können neben der Reliabilitätsprüfung bereits Aussagen hinsichtlich der Konvergenzvalidität getroffen werden, wobei auf die Faktorladungen als Maßgrößen zurückgegriffen wird. Im Rahmen der konfirmatorischen Faktorenanalyse wird geprüft, ob sich die zu einem Indikator gehörende Faktorladung signifikant von Null unterscheidet. Die Testgröße wird durch den t-Wert der Faktorladung gebildet, der sich asymptotisch der Standardnormalverteilung nähert. Die Nullhypothese, dass die Faktorladung gleich Null ist, kann bei einem t-Wert von mindestens 1,645 abgelehnt werden (einseitiger Test auf 5%-Signifikanzniveau).

Die Faktorreliabilität (FR) und die durchschnittlich erfasste Varianz (DEV) stellen Gütekriterien auf Faktorebene dar und beschreiben, wie gut ein latenter Faktor durch alle ihm zugeordneten Indikatoren gemessen wird.[799] Damit sind Aussagen bezüglich der Reliabilität und Konvergenzvalidität der Faktoren möglich.

Zur Beurteilung der Diskriminanzvalidität wird abschließend geprüft, ob die latenten Variablen des Messmodells das sog. „Fornell-Larcker-Kriterium" erfüllen,[800] welches besagt, dass Diskriminanzvalidität vorliegt, wenn die durchschnittlich erfasste Varianz einer latenten Variablen (DEV) größer ist als alle quadrierten Korrelationen der Variablen mit allen anderen Konstrukten im Messmodell.[801] Wird dieses Kriterium erfüllt, so kann angenommen werden, dass die gemeinsame Varianz eines latenten Konstruktes mit seinen Indikatoren größer ist als die gemeinsame Varianz des Konstruktes mit anderen Konstrukten des Messmodells.

---

[797] Vgl. Zinnbauer, Eberl 2005, S. 568.

[798] Vgl. Homburg, Baumgartner 1995b, S. 170.

[799] Vgl. Homburg, Giering 1996, S. 10.

[800] Auf den Einsatz des $X^2$-Differenztests wird verzichtet, da im Allgemeinen das Fornell-Larcker-Kriterium als wesentlich strengeres Kriterium zur Beurteilung der Diskriminanzvalidität angesehen wird. Vgl. Homburg, Giering 1996, S. 11 und S. 13 sowie exemplarisch Giering 2000, S. 86; Helm 2001, S. 278 f.; Eberl, Zinnbauer 2005, S. 593; Ludl 2007, S. 162; Riemenschneider 2006, S. 236; Zinnbauer, Eberl 2005, S. 569.

[801] Vgl. Fornell, Larcker 1981, S. 46.

### *7.2.4 Zusammenfassung der verwendeten Gütekriterien zur Beurteilung der Messmodelle*

Tabelle 22 fasst die Gütekriterien zusammen, die in der vorliegenden Arbeit zum Einsatz kommen und legt die geforderten Anspruchsniveaus fest. Bei Erfüllung dieser Kriterien kann von Reliabilität, Konvergenz- und Diskriminanzvalidität ausgegangen werden, sodass eine weitere Analyse auf der Basis der definierten Konstrukte angebracht erscheint.[802] Es seien an dieser Stelle zwei Bemerkungen zum Einsatz des Basisgerüstes angefügt. Zum einen ist die Angabe von Anspruchsniveaus nicht unproblematisch, da diese Schwellwerte auf Erfahrungen beruhen und sehr stark von der Größe und Art der Stichprobe und der Komplexität des Modells abhängen. Zum anderen wird hier die Ansicht vertreten, dass es nicht erforderlich ist, alle Anforderungen ausnahmslos zu erfüllen, sodass das Unterschreiten einzelner Kriterien nicht automatisch zur Verwerfung des gesamten Modells führen muss.[803]

| Kategorie | Gütekriterien | Anspruchsniveaus |
|---|---|---|
| 1. Generation | Kaiser-Meyer-Olkin-Kriterium (MSA) | > 0,7 wünschenswert<br>> 0,5 akzeptabel |
| | Erklärte Varianz (Exploratorische Faktorenanalyse) | ≥ 50% |
| | Faktorladungen | ≥ 0,4 |
| | Cronbachsches Alpha | ≥ 0,7 |
| | Item-to-total-Korrelation | * |
| | Kaiser-Guttmann-Kriterium zur Prüfung auf Unidimensionalität (Eigenwerte EW) | 1. EW > 1<br>2. EW < 1 |
| | Faktorstabilität | > 0,9 |
| 2. Generation (global) | $X^2$/df | ≤ 3 gute Modellanpassung<br>≤ 5 akzeptable Modellanpassung |
| | RMSEA | ≤ 0,05 gute Modellanpassung<br>≤ 0,08 akzeptable Modellanpassung |
| | GFI | > 0,9 |
| | AGFI | > 0,9 |
| | NFI | > 0,9 |
| | CFI | > 0,9 |
| 2. Generation (lokal) | Indikatorreliabilität (IR) | ≥ 0,4 |
| | t-Test der Faktorladungen | ≥ 1,645 |
| | Faktorreliabilität (FR) | ≥ 0,6 |
| | Durchschnittlich erfasste Varianz (DEV) | ≥ 0,5 |
| | Fornell-Larcker-Kriterium | ** |

* Ausschluss des Indikators mit der niedrigsten Item-to-total-Korrelation solange Cronbachsches Alpha < 0,7.
** Die Angabe eines Anspruchniveaus ist für dieses Kriterium nicht notwendig.

**Tabelle 22: Gütekriterien zur Beurteilung der Messmodelle**[804]

[802] Vgl. Helm 2001, S. 279.
[803] Vgl. Homburg, Baumgartner 1995b, S. 172.
[804] Die Anforderungen an die Gütekriterien entstammen der einschlägigen Literatur, vgl. z.B. Homburg, Baumgartner 1995b, S. 172; Helm 1997, S. 163; Helm 2001, S. 258; Zinnbauer, Eberl 2005, S. 595. Die globalen Gütekriterien der 2. Generation gelten analog zur Prüfung des vollständigen Kausalmodells; vgl. Kapitel 7.5.3.

## 7.3 Optimierung der Messmodelle

Im Weiteren erfolgt eine getrennte Optimierung des exogenen und des endogenen Messmodells entsprechend des eben dargestellten Vorgehens (Tabelle 22).

### *7.3.1 Optimierung des Messmodells der latenten exogenen Variablen*

#### *7.3.1.1 Prüfung der Variablen des exogenen Messmodells hinsichtlich ihrer Eignung zur Durchführung einer Faktorenanalyse*

Zunächst wird mit allen Indikatoren des exogenen Messmodells eine Hauptkomponentenanalyse durchgeführt, die dazu dient, zu bestimmen, ob eine logisch nachvollziehbare Zuordnung der Indikatoren zu den Konstrukten möglich ist und ob das gesamte Messmodell geeignet ist, die gewünschte Anzahl der Konstrukte zu extrahieren.

Die Anti-Image-Kovarianzmatrix für alle Indikatorvariablen des exogenen Messmodells zeigt, dass 27 von 136 Kovarianzen auf der Nicht-Diagonalen größer oder gleich dem Wert von 0,09 sind, was einem Anteil von 19,8% entspricht.[805] Die kritische Grenze von 25% ist damit unterschritten, weshalb zunächst von einer Durchführbarkeit der Faktorenanalyse ausgegangen werden kann.

Im Hinblick auf das Kaiser-Meyer-Olkin-Kriterium ergibt sich für die Korrelationsmatrix insgesamt ein MSA-Wert von 0,756, wonach die vorliegende Matrix für die Durchführung einer Faktorenanalyse prinzipiell geeignet erscheint. Wie in Tabelle 23 dargestellt wird, weisen 15 Indikatorvariablen einen MSA-Wert von über 0,7 auf und sind „ziemlich gut“ für eine Faktorenanalyse geeignet, die restlichen beiden Werte liegen ebenfalls über 0,6 und sind damit immerhin noch „mittelmäßig“ geeignet.[806]

Hinsichtlich der Anzahl der zu extrahierenden Faktoren sind dem Kaiser-Guttmann-Kriterium zufolge fünf latente Faktoren zu bilden, da dies der Anzahl der Faktoren mit einem Eigenwert größer 1 entspricht. Dieses Ergebnis der Hauptkomponentenanalyse (Tabelle 24) ist zunächst ein problematisches Resultat, da im theoretischen Modell lediglich vier exogene Konstrukte aufgeführt sind.

[805] Auf eine Darstellung der Matrix wird verzichtet.
[806] Vgl. Backhaus, Erichson, Plinke, Weiber 2006, S. 276.

| | Indikatorvariable | Kaiser-Meyer-Olkin-Kriterium (MSA-Wert) |
|---|---|---|
| X1 | Exklusivität | 0,777 |
| X2 | Neuigkeitsgrad | 0,774 |
| X3 | Komplexität | 0,738 |
| X4 | Forschungsergebnis | 0,783 |
| X5 | Projektvermarktung | 0,695 |
| X6 | Entwicklungsstand | 0,738 |
| X7 | Technologie-Wissen | 0,669 |
| X8 | Produkt-/Markt-Wissen | 0,738 |
| X9 | Technologie Einschätzung | 0,786 |
| X10 | Markt Einschätzung | 0,717 |
| X11 | Wettbewerb Einschätzung | 0,785 |
| X12 | Kunden Einschätzung | 0,743 |
| X13 | Vertragliche Regelungen | 0,731 |
| X14 | Infrastrukturnutzung | 0,788 |
| X15 | Recherchenutzung | 0,772 |
| X16 | Patentnutzung | 0,782 |
| X17 | Absprache | 0,731 |
| | **Gesamte Matrix** | **0,756** |

**Tabelle 23: Kaiser-Meyer-Olkin-Kriterium der Hauptkomponentenanalyse des exogenen Messmodells mit 17 Indikatoren**

| Faktor | Eigenwert | Mit diesem Faktor erklärte Varianz in % | Kumulierte erklärte Varianz in % |
|---|---|---|---|
| 1 | 3,573 | 21,020 | 21,020 |
| 2 | 2,832 | 16,659 | 37,679 |
| 3 | 1,948 | 11,462 | 49,141 |
| 4 | 1,724 | 10,143 | 59,284 |
| 5 | 1,023 | 6,018 | 65,302 |

**Tabelle 24: Eigenwerte der zu extrahierenden Faktoren des exogenen Messmodells mit 17 Indikatoren (Hauptkomponentenanalyse)**

Eine genaue Betrachtung der Eigenwerte und deren grafischer Darstellung im sog. Scree-Plot (Abbildung 40) gibt dagegen Anhaltspunkte für die Extraktion von vier Faktoren, da zwischen Faktor 4 und Faktor 5 eine große Differenz der Eigenwerte besteht und dadurch ein Knick in der Verbindungslinie auftritt.[807] Dafür spricht auch, dass Faktor 5 einen Eigenwert aufweist, der mit 1,023 nur knapp über dem Schwellwert von 1 liegt und lediglich zu etwa 6% zur Varianzerklärung aller Indikatoren beiträgt, sodass insgesamt auch ohne den Faktor 5 noch ca. 59% der Varianz der Indikatoren erklärt werden kann.

Die Rotation der Ladungsmatrix bei einer Extraktion von vier Faktoren führt zu folgenden Ergebnissen (Tabelle 25), wobei die Resultate des Varimax-Verfahrens in der linken Spalte und jene des Oblimin-Verfahrens[808] in der rechten Spalte dargestellt

[807] Vgl. Backhaus, Erichson, Plinke, Weiber 2006, S. 296 f.; exemplarisch Helm 1997, S. 165.

[808] Bei der Rotation nach dem Oblimin-Verfahren erhält man anstatt einer Ladungsmatrix zwei Matrizen, eine Mustermatrix, welche den spezifischen Anteil eines Faktors am Item darstellt und eine

werden und jene Faktorladungen unterstrichen sind, welche die a priori Zuordnung von Variablen zu den entsprechenden Faktoren darstellen.

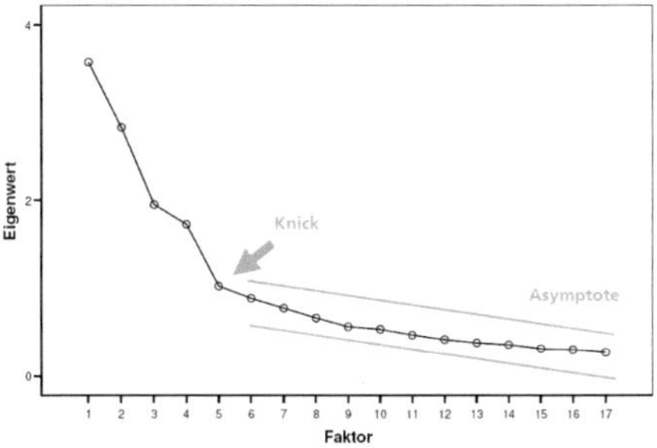


**Abbildung 40: Scree-Plot des exogenen Messmodells mit 17 Indikatoren**

| Faktor | Innovationsumfang der Spin-off-Idee<br>**Faktor 1** | | Technologische Anwendungsreife<br>**Faktor 2** | | Marktinformationen<br>**Faktor 3** | | Inkubationsunterstützung<br>**Faktor 4** | |
|---|---|---|---|---|---|---|---|---|
| Rotation | varimax | oblimin | varimax | oblimin | varimax | oblimin | varimax | oblimin |
| Exklusivität | **,740** | **,714** | ,135 | ,111 | ,180 | ,149 | ,268 | ,196 |
| Neuigkeitsgrad | **,764** | **,756** | -,101 | -,121 | -,005 | -,027 | ,185 | ,108 |
| Komplexität | **,508** | **,496** | -,386 | -,408 | ,162 | ,161 | ,079 | ,018 |
| Forschungsergebnis | **,768** | **,758** | -,063 | -,085 | ,060 | ,036 | ,181 | ,103 |
| Projektvermarktung | **,597** | **,632** | ,293 | ,275 | -,109 | -,135 | -,125 | -,182 |
| Entwicklungsstand | -,086 | -,085 | **,816** | **,817** | ,103 | ,078 | ,018 | ,039 |
| Technologie-Wissen | ,072 | ,072 | **,832** | **,833** | ,038 | ,005 | ,082 | ,089 |
| Produkt-/Markt-Wissen | ,049 | ,056 | **,750** | **,740** | ,217 | ,192 | -,069 | -,067 |
| Technologie-Einschätzung | ,127 | ,084 | ,032 | -,001 | **,770** | **,769** | ,048 | ,022 |
| Markt-Einschätzung | ,107 | ,074 | ,026 | -,010 | **,811** | **,813** | -,047 | -,074 |
| Wettbewerbs-Einschätzung | -,015 | -,056 | ,084 | ,052 | **,829** | **,831** | -,004 | -,016 |
| Kunden-Einschätzung | -,043 | -,084 | ,152 | ,126 | **,742** | **,742** | ,030 | ,023 |
| Vertragliche Regelungen | ,115 | ,078 | ,110 | ,118 | -,059 | -,073 | **,367** | **,365** |
| Infrastrukturnutzung | ,067 | -,034 | ,012 | ,032 | ,024 | ,007 | **,853** | **,864** |
| Recherchenutzung | ,177 | ,085 | -,061 | -,044 | -,029 | -,047 | **,805** | **,803** |
| Patentnutzung | ,247 | ,156 | ,027 | ,038 | ,070 | ,048 | **,783** | **,773** |
| Absprache | -,072 | -,153 | -,117 | -,100 | ,055 | ,050 | **,627** | **,645** |

**Tabelle 25: Varimax- (links) und Oblimin-rotierte (rechts) Faktorladungen für das exogene Messmodell mit 17 Indikatoren und vier Faktoren**

Anhand der in Tabelle 25 dargestellten Faktorladungen wird ersichtlich, dass die Variablen unabhängig von der durchgeführten Rotation stets demselben Faktor zugeordnet werden können. Problematisch erscheint zunächst die Variable „Vertragliche Regelungen", die dem Faktor „Inkubationsunterstützung" zugeordnet werden soll,

Strukturmatrix, welche die Korrelation von Items mit Faktoren angibt. In der Regel wird die Mustermatrix interpretiert; vgl. Tabachnik, Fidel 2001, S. 602.

aber bei beiden Rotationsverfahren Ladungswerte aufweist, die unter 0,4 liegen. Aus diesem Grund wird der Indikator eliminiert und in der weiteren Analyse nicht mehr berücksichtigt. Die geringe Ladung lässt sich möglicherweise durch Uneindeutigkeiten in der Fragestellung erklären, da verschiedene Formen unterstützender vertraglicher Regelungen zusammenfassend abgefragt wurden: Teilzeitbeschäftigung, Beurlaubung sowie Nebentätigkeit. Zudem könnte die geringe Korrelation der Variablen „Vertragliche Regelungen" mit den anderen Indikatorvariablen, die sich auf die Inkubationsunterstützung beziehen, Zweifel an der Wirksamkeit derartiger Vertragsmaßnahmen für die Gründungsunterstützung aufwerfen. Diese erscheint naheliegend, zumal bereits im Rahmen der Genese von Spin-offs angemerkt wurde, dass es sich bei den vertraglichen Regelungen um Unterstützungsmaßnahmen handelt, die weniger die Gründungsfähigkeit als vielmehr die Gründungsneigung von Forschern beeinflussen (vgl. Tabelle 3).

Darüber hinaus ist der Indikator „Komplexität" kritisch zu beurteilen, da er zum einen relativ geringe Ladungen von 0,508 (Varimax) bzw. 0,469 (Oblimin) auf den zugeordneten Faktor aufzeigt, zum anderen aber relativ hohe Cross-Ladungen von 0,386 (Varimax) bzw. 0,408 (Oblimin) auf einen anderen Faktor. Angesichts dieser Ladungsmuster ergeben sich Schwierigkeiten bei der Interpretation, sodass ein Ausschluss des Indikators angebracht erscheint.

Bis auf die Indikatoren „Projektvermarktung" und „Absprache" liegen alle weiteren Faktorladungen über 0,7 und sind dementsprechend eindeutig zuordenbar. Allerdings liegen zu diesem Zeitpunkt keine zwingenden Gründe vor, die beiden genannten Variablen aus der weiteren Analyse auszuschließen, sodass das schrittweise Vorgehen, nach dem Ausschluss von zwei Variablen mit den verbliebenen 15 Variablen wiederholt wird.

Die Hauptkomponentenanalyse mit 15 Variablen führt zu folgenden Ergebnissen. In der Anti-Image-Kovarianzmatrix, liegen 20 von 105 Kovarianzen über dem Wert von 0,09 (19,0%). Damit kann auch für 15 Indikatoren zunächst von einer Durchführbarkeit der Faktorenanalyse ausgegangen werden.[809]

Das Maß der Stichprobeneignung (MSA-Wert nach Kaiser-Meyer-Olkin) für das Gesamtmodell verschlechtert sich durch den Ausschluss der zwei Indikatoren gering-

[809] Auf eine Darstellung der Anti-Image-Kovarianzmatrix wird an dieser Stelle verzichtet.

fügig von 0,756 auf 0,753; die Werte für die einzelnen Variablen verändern sich ebenfalls leicht, bleiben aber alle über der kritischen Grenze von 0,5 und liegen in 13 von 15 Fällen über 0,7. Tabelle 26 zeigt die Analyse des Kaiser-Meyer-Olkin-Kriteriums für alle Variablen.

| Indikatorvariable | | Kaiser-Meyer-Olkin-Kriterium (MSA-Wert) |
|---|---|---|
| **X1** | Exklusivität | 0,752 |
| **X2** | Neuigkeitsgrad | 0,763 |
| **X4** | Forschungsergebnis | 0,749 |
| **X5** | Projektvermarktung | 0,693 |
| **X6** | Entwicklungsstand | 0,721 |
| **X7** | Technologie-Wissen | 0,653 |
| **X8** | Produkt-/Markt-Wissen | 0,730 |
| **X9** | Technologie Einschätzung | 0,804 |
| **X10** | Markt Einschätzung | 0,755 |
| **X11** | Wettbewerb Einschätzung | 0,782 |
| **X12** | Kunden Einschätzung | 0,775 |
| **X14** | Infrastrukturnutzung | 0,776 |
| **X15** | Recherchenutzung | 0,768 |
| **X16** | Patentnutzung | 0,781 |
| **X17** | Absprache | 0,714 |
| | **Gesamt Matrix** | **0,753** |

**Tabelle 26: Kaiser-Meyer-Olkin-Kriterium der Hauptkomponentenanalyse des exogenen Messmodells mit 15 Indikatoren**

Erhebliche Verbesserungen erbrachte der Ausschluss der zwei Variablen hinsichtlich des Kaiser-Kriteriums bzgl. der Anzahl der Faktoren. Es können eindeutig vier Faktoren ermittelt werden, deren Eigenwerte über 1 liegen und die zusammengenommen dazu beitragen, ca. 64% der Varianz der Indikatoren zu erklären (Tabelle 27).

| Faktor | Eigenwert | Mit diesem Faktor erklärte Varianz in % | Kumulierte erklärte Varianz in % |
|---|---|---|---|
| 1 | 3,388 | 22,590 | 23,831 |
| 2 | 2,779 | 18,527 | 41,117 |
| 3 | 1,853 | 12,352 | 53,469 |
| 4 | 1,642 | 10,946 | 64,415 |

**Tabelle 27: Eigenwerte der zu extrahierenden Faktoren des exogenen Messmodells mit 15 Indikatoren (Hauptkomponentenanalyse)**

Bestätigt wird dieses Resultat durch den Scree-Test, da sich aufgrund der großen Differenz zwischen den Eigenwerten von Faktor 4 und dem folgenden Faktor 5 im Scree-Plot eindeutig ein Knick beim fünften Faktorwert ergibt, sodass auch nach diesem Kriterium das Optimum der Faktorenanzahl bei vier liegt (Abbildung 41).

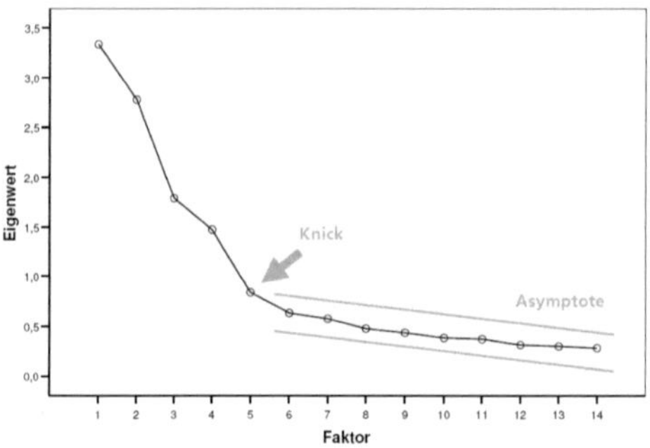


**Abbildung 41: Scree-Plot des exogenen Messmodells mit 15 Indikatoren**

In Tabelle 28 werden die Ergebnisse des Varimax-Verfahrens und des Oblimin-Verfahrens für das exogene Modell mit 15 Indikatoren dargestellt.

| Faktor | Innovations-umfang der Spin-off-Idee | | Technologische Anwendungs-reife | | Markt-informationen | | Inkubations-unterstützung | |
|---|---|---|---|---|---|---|---|---|
| | **Faktor 1** | | **Faktor 2** | | **Faktor 3** | | **Faktor 4** | |
| Rotation | varimax | oblimin | varimax | oblimin | varimax | oblimin | varimax | oblimin |
| Exklusivität | **0,757** | **-,735** | 0,114 | ,074 | 0,190 | ,162 | 0,245 | ,175 |
| Neuigkeitsgrad | **0,773** | **-,772** | -0,115 | -,148 | 0,002 | -,006 | 0,186 | ,110 |
| Forschungsergebnis | **0,790** | **-,790** | -0,104 | -,144 | 0,081 | ,074 | 0,151 | ,071 |
| Projektvermarktung | **0,605** | **-,624** | 0,264 | ,236 | -0,098 | -,124 | -0,156 | -,200 |
| Entwicklungsstand | -0,064 | ,099 | **0,821** | **,830** | 0,090 | ,024 | -0,009 | ,035 |
| Technologie Wissen | 0,085 | -,048 | **0,845** | **,854** | 0,021 | -,052 | 0,053 | ,087 |
| Produkt-/Markt-Wissen | 0,044 | -,017 | **0,774** | **,764** | 0,198 | ,138 | -0,078 | -,053 |
| Technologie Einschätzung | 0,116 | -,087 | 0,044 | -,016 | **0,769** | **,771** | 0,063 | ,026 |
| Markt Einschätzung | 0,129 | -,110 | 0,003 | -,067 | **0,824** | **,833** | -0,037 | -,082 |
| Wettbewerb Einschätzung | -0,027 | ,057 | 0,099 | ,041 | **0,826** | **,827** | 0,014 | -,010 |
| Kunden Einschätzung | -0,068 | ,100 | 0,172 | ,124 | **0,739** | **,734** | 0,025 | ,012 |
| Infrastrukturnutzung | 0,092 | -,005 | 0,040 | ,078 | 0,008 | -,028 | **0,854** | **,863** |
| Recherchenutzung | 0,186 | -,108 | -0,020 | ,015 | -0,050 | -,083 | **0,821** | **,820** |
| Patentnutzung | 0,269 | -,190 | 0,055 | ,077 | 0,054 | ,016 | **0,793** | **,783** |
| Absprache | -0,067 | ,129 | -0,092 | -,062 | 0,045 | ,031 | **0,623** | **,635** |

**Tabelle 28: Varimax- (links) und Oblimin-rotierte (rechts) Faktorladungen für das exogene Messmodell mit 15 Indikatoren und vier Faktoren**

Der Großteil der Variablen ist unkritisch zu beurteilen, da ihre Ladungen bei beiden Rotationen über 0,7 liegen; lediglich die Variablen „Projektvermarktung" und „Absprache" weisen Ladungen unter 0,7 auf die ihnen zugedachten Faktoren („Innovationsumfang" und „Inkubationsunterstützung") auf. Diese beiden Variablen waren bereits im vergangenen Optimierungsschritt aufgefallen und müssen im weiteren Verlauf der Messmodelloptimierung kritisch betrachtet werden. Ein Ausschluss erscheint zum gegenwärtigen Zeitpunkt allerdings nicht notwendig. Da die explorative Faktorenanalyse der Überprüfung der Unidimensionalität der Faktoren dient und das Ziel verfolgt, lediglich nicht korrekt zuordenbare Indikatoren zu eliminieren, erscheint dieses Vorgehen als problemadäquat.

Insgesamt lassen die Faktorladungen der Hauptkomponentenanalyse auf ausreichende Konvergenz- und Diskriminanzvalidität und damit auf eine eindeutige Zuordenbarkeit der Indikatoren schließen.[810] Es erfolgen keinerlei Repositionierungen von Indikatorvariablen, lediglich zwei Variablen werden eliminiert, sodass der folgende Optimierungsschritt mit 15 Indikatorvariablen durchgeführt wird.

#### *7.3.1.2 Untersuchung der Konstrukte des exogenen Messmodells*

Zur Optimierung der Reliabilität und der Konvergenzvalidität wird eine Berechnung des Cronbachschen Alphas und eine separate Hauptkomponentenanalyse für jedes einzelne latente Konstrukt des exogenen Messmodells durchgeführt.

Der Faktor „Innovationsumfang der Spin-off-Idee“ weist mit vier Indikatoren eine ausreichende Reliabilität auf, da ein Cronbachsches Alpha von über 0,7 erzielt wird. Allerdings liegt die Trennschärfe der Variablen „Projektvermarktung“ bei 0,320 und somit deutlich unter 0,5, sodass eine erneute Analyse der Reliabilität bei Ausschluss der genannten Variable sinnvoll erscheint. Das Cronbachsche Alpha verbessert sich dadurch von 0,739 auf 0,777. Deutlicher ist die Verbesserung des Anteils der Varianz aller Indikatoren, der durch den Faktor „Innovationsumfang der Spin-off-Idee“ erklärt werden kann; er steigt von 56,68% auf 69,86% und rechtfertigt den Ausschluss der Variablen, sodass der Faktor mit den verbleibenden drei Indikatoren gemessen wird (vgl. Tabelle 29). Die Reliabilitäts- und Validitätsprüfung genügt in diesem Falle nicht einem einzelnen Ansatz, sondern es erfolgt eine iterative Optimierung der Messskalen durch Eliminierung ungünstiger Variablen, um in der Gesamtschau der Kriterien zu verbesserten Ergebnissen zu kommen. Auf diese Weise resultieren Faktoren, deren jeweilige Indikatormengen unter den Gesichtspunkten der Reliabilität und Konvergenzvalidität optimiert sind.

---

810 Vgl. Homburg, Giering 1996, S. 8.

Bei den Faktoren „Technologische Anwendungsreife“ und „Marktinformationen“ liegen die Cronbachschen Alpha bereits bei der ursprünglichen Indikatorkonstellation über dem Schwellwert von 0,7, das Kaiser-Guttmann-Kriterium bezüglich der Eigenwerte wird eindeutig erfüllt und die Varianzerklärung durch den ersten Faktor liegt jeweils über 60%.

Der Faktor „Inkubationsunterstützung“ weist mit vier Indikatoren ein Cronbachsches Alpha von 0,785 und damit ebenfalls eine ausreichende Reliabilität auf. Hier zeigt sich aufgrund der geringen Trennschärfe des Indikators „Absprache“ (0,387) allerdings weiteres Optimierungspotenzial. Durch den Ausschluss des genannten Indikators verbessert sich das Cronbachsche Alpha auf 0,843 und die Varianzerklärung durch den ersten Faktor von 63,05% auf 76,68%.

In Tabelle 29 werden die Ergebnisse der Reliabilitäts- und Konvergenzvaliditätsprüfung zusammenfassend dargestellt.

| Faktor | Indikatoren und Anzahl der Indikatoren des Faktors | | Gütemaße und Prüfkriterien | | | |
|---|---|---|---|---|---|---|
| | | | Cronbachsches Alpha | 1. Eigenwert (EW 1) | 2. Eigenwert (EW 2) | Varianzerklärung durch diesen Faktor |
| | | | >0,7 | EW>1 | EW<1 | >50% |
| Innovationsumfang der Spin-off-Idee | Exklusivität, Neuigkeitsgrad, Forschungsergebnisse | 3 | 0,777 | 2,096 | 0,483 | 69,861% |
| Technologische Anwendungsreife | Entwicklungsstand, Markt Wissen, Technologie Wissen | 3 | 0,769 | 2,067 | 0,512 | 68,887% |
| Marktinformationen | Technologie Einschätzung, Markt Einschätzung, Wettbewerb Einschätzung, Kunden Einschätzung | 4 | 0,809 | 2,545 | 0,638 | 63,631% |
| Inkubationsunterstützung | Infrastrukturnutzung, Recherchenutzung, Patentnutzung | 3 | 0,843 | 2,300 | 0,384 | 76,677% |

**Tabelle 29: Cronbachsche Alphas und Ergebnisse der separaten Hauptkomponentenanalyse für jeden Faktor des exogenen Messmodells (Eigenwerte und Varianzerklärung)**

### *7.3.1.3 Prüfung des exogenen Messmodells und Beurteilung der Faktorenstruktur*

Abschließend wird mit den verbliebenen 13 Indikatorvariabeln des exogenen Messmodells eine Hauptachsenanalyse inklusive Oblimin-Rotation durchgeführt.

Die MSA-Werte nach dem Kaiser-Meyer-Olkin-Kriterium nehmen die nachfolgend angeführten Werte an (Tabelle 30) und liegen alle über dem Wert von 0,6, wobei lediglich ein Wert unter 0,7 liegt. Die gesamte Matrix weist einen Wert von 0,750 auf, welcher nach Kaiser und Rice (1974, S. 111 f.) die Beurteilung „ziemlich gut" erhalten würde.

Die Prüfung der Anti-Image-Kovarianzmatrix ergibt, dass 16 der 78 Nicht-Diagonal-Werte größer oder gleich 0,09 sind, was einem unkritischen Anteil von 20,51% entspricht und keine Limitationen für die Faktorenanalyse beinhaltet.

| | Indikatorvariable | Kaiser-Meyer-Olkin-Kriterium (MSA-Wert) |
|---|---|---|
| **X1** | Exklusivität | 0,739 |
| **X2** | Neuigkeitsgrad | 0,738 |
| **X4** | Forschungsergebnis | 0,756 |
| **X6** | Entwicklungsstand | 0,717 |
| **X7** | Technologie-Wissen | 0,723 |
| **X8** | Produkt-/Markt-Wissen | 0,646 |
| **X9** | Technologie Einschätzung | 0,814 |
| **X10** | Markt Einschätzung | 0,758 |
| **X11** | Wettbewerb Einschätzung | 0,785 |
| **X12** | Kunden Einschätzung | 0,781 |
| **X14** | Infrastrukturnutzung | 0,757 |
| **X15** | Recherchenutzung | 0,749 |
| **X16** | Patentnutzung | 0,765 |
| | **Gesamte Matrix** | **0,750** |

**Tabelle 30: Kaiser-Meyer-Olkin-Kriterium der Hauptachsenanalyse des exogenen Messmodells mit 13 Indikatoren**

Die Betrachtung der Eigenwerte und der Varianzerklärungsanteile ergibt, dass nach dem Kaiser-Guttman-Kriterium eindeutig die Extraktion von vier Faktoren zu empfehlen ist, die zusammen ca. 70% der Varianz der Indikatorvariablen erklären, was einen befriedigenden Wert darstellt. Tabelle 31 zeigt die Ergebnisse der Faktorenextraktion.

| Faktor | Eigenwert | Mit diesem Faktor erklärte Varianz in % | Kumulierte erklärte Varianz in % |
|---|---|---|---|
| 1 | 3,241 | 24,931 | 24,931 |
| 2 | 2,707 | 20,826 | 45,757 |
| 3 | 1,787 | 13,750 | 59,507 |
| 4 | 1,408 | 10,835 | 70,341 |

**Tabelle 31: Eigenwerte der zu extrahierenden Faktoren nach der Hauptachsenanalyse des exogenen Messmodells mit 13 Indikatorvariablen**

Nicht nur das Kaiser-Guttman-Kriterium gibt vier Faktoren aus, auch durch eine Betrachtung des Scree-Plots ist eine Extraktion von vier Faktoren eindeutig zu befürworten. Wie Abbildung 42 zeigt, lässt sich ab dem Faktor 5 näherungsweise eine Gerade einziehen, die sich asymptotisch der x-Achse nähert; nach diesem Kriterium stellen vier zu extrahierende Faktoren das Optimum dar.

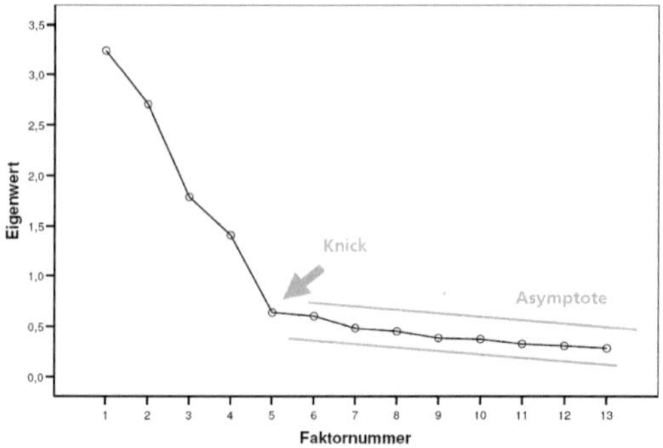


**Abbildung 42: Scree-Plot des exogenen Messmodells mittels Hauptachsenanalyse**

Die schiefwinklig rotierte Faktorladungsmatrix des exogenen Messmodells wird in Tabelle 32 dargestellt, es handelt sich dabei um die zur Interpretation relevante Mustermatrix.[811] Wie ersichtlich ist, liegen keine Faktorladungen unter 0,6 vor, sodass von einer adäquaten Güte des Messmodells auf der Basis der oben angeführten 13 Indikatoren ausgegangen werden kann.

Die Faktorstabilität des exogenen Messmodells nimmt einen Wert von 0,927 ein, liegt also über 0,9 und lässt damit auf eine gute Übereinstimmung zwischen der wahren und der durch die Stichprobe bedingten Faktorenstruktur schließen.

[811] Die Kommunalitäten werden nicht angegeben, da diese im Rahmen der vorliegenden Studie nicht interpretiert werden können, sondern bestenfalls als Indiz für die Güte einer vorliegenden Lösung dienen.

| | Innovations-umfang der Spin-off-Idee | Technolo-gische Anwendungs-reife | Markt-informationen | Inkubations-unterstützung |
|---|---|---|---|---|
| | Faktor 1 | Faktor 2 | Faktor 3 | Faktor 4 |
| Exklusivität | **,735** | ,150 | ,087 | ,078 |
| Neuigkeitsgrad | **,704** | -,050 | -,053 | ,041 |
| Forschungsergebnis | **,757** | -,042 | ,011 | -,038 |
| Entwicklungsstand | -,068 | **,725** | ,003 | ,005 |
| Technologie Wissen | -,008 | **,634** | ,117 | -,040 |
| Produkt-/Markt-Wissen | ,089 | **,840** | -,107 | ,014 |
| Technologie Einschätzung | ,109 | -,002 | **,661** | -,002 |
| Markt Einschätzung | ,083 | -,076 | **,782** | -,051 |
| Wettbewerb Einschätzung | -,074 | ,002 | **,788** | ,030 |
| Kunden Einschätzung | -,093 | ,081 | **,645** | ,032 |
| Infrastrukturnutzung | -,033 | ,013 | ,005 | **,776** |
| Recherchenutzung | -,016 | -,055 | -,034 | **,847** |
| Patentnutzung | ,092 | ,023 | ,042 | **,783** |

**Tabelle 32: Faktorladungen der Faktoren des exogenen Messmodells nach der Hauptachsenanalyse mit obliquer Rotation**

Das exogene Messmodell wird vor der Analyse des Gesamtmodells einer konfirmatorischen Faktorenanalyse mit Hilfe von AMOS unterzogen (Kapitel 7.4.1), um die interne Konvergenz- und Diskriminanzvalidität mit Hilfe der Gütekriterien der zweiten Generation zu beurteilen.

### *7.3.2 Optimierung des Messmodells der latenten endogenen Variablen*

Die Optimierung des endogenen Messmodells erfolgt analog zum Vorgehen im vorhergehenden Abschnitt.

#### *7.3.2.1 Prüfung der Variablen des endogenen Messmodells hinsichtlich ihrer Eignung zur Durchführung einer Faktorenanalyse*

Zur Optimierung des endogenen Messmodells wird eine Hauptkomponentenanalyse für die 17 Indikatorvariablen durchgeführt. In der Anti-Image-Kovarianzmatrix für alle Variablen des endogenen Messmodells weisen 24 von 136 Kovarianzen auf der Nicht-Diagonale einen Wert über oder gleich 0,09 auf, was 17,65% der Variablen entspricht. Der Grenzwert von 25% wird deutlich unterschritten, sodass die Matrix als geeignet für die Faktorenanalyse erscheint.

Der MSA-Wert nach Kaiser-Meyer-Olkin beträgt für das gesamte Messmodell 0,732, was einen zufrieden stellenden Wert für die Durchführung einer Faktorenanalyse darstellt. Die Variable „Neue Patente“ zeigt mit 0,576 als einzige Variable einen Wert, der zwischen 0,5 und 0,6 liegt, weshalb die Variable aus der weiteren Analyse ausgeschlossen wird, zumal sie, wie eine Überprüfung der Korrelationen ergibt, nur sehr schwach mit den anderen Indikatoren des a priori postulierten Faktors korreliert. Die restlichen Variablen hingegen liegen mit ihren MSA-Werten sehr deutlich über dem Schwellwert von 0,5 (bzw. sogar über dem Wert von 0,6) und erreichen damit ausreichend gute Werte.[812]

Eine erneute Hauptkomponentenanalyse mit den verbleibenden 16 Variablen führt dazu, dass 22 von 120 Werten der Anti-Image-Kovarianzmatrix über oder gleich 0,09 liegen (18,33%). Der MSA-Wert nach Kaiser-Meyer-Olkin für das gesamte Messmodell verbessert sich durch den Ausschluss der Variable „Neue Patente“ leicht auf 0,736, die Werte für die einzelnen Indikatoren werden in Tabelle 33 angegeben, wobei zu erkennen ist, dass sämtliche Werte über 0,6 liegen und 11 der 16 Einzelwerte größer als 0,7 sind, was auf eine gute Durchführbarkeit der Faktorenanalyse schließen lässt.

| Indikatorvariable | | Kaiser-Meyer-Olkin-Kriterium (MSA-Wert) |
|---|---|---|
| **Y1** | Beschleunigung Markteintritt | 0,731 |
| **Y2** | Effizienz Markteintritt | 0,692 |
| **Y3** | Zufriedenheit Markteintritt | 0,632 |
| **Y4** | Technologische Qualität | 0,713 |
| **Y5** | Technologischer Wettbewerbsvorteil | 0,737 |
| **Y6** | Neuheit der Leistung | 0,685 |
| **Y7** | Marktinnovation | 0,718 |
| **Y8** | Markterweiterung | 0,729 |
| **Y10** | Intensität der Kooperation | 0,821 |
| **Y11** | Bedeutung der Kooperation | 0,661 |
| **Y12** | Nutzen der Kooperation | 0,661 |
| **Y13** | Subjektiver Erfolg | 0,822 |
| **Y14** | Umsatzwachstum | 0,809 |
| **Y15** | Mitarbeiterwachstum | 0,846 |
| **Y16** | Cash-flow | 0,757 |
| **Y17** | Rentabilität | 0,764 |
| | **Gesamte Matrix** | **0,736** |

**Tabelle 33: Kaiser-Meyer-Olkin-Kriterium der Hauptkomponentenanalyse des endogenen Messmodells mit 16 Indikatoren**

Nach dem Kaiser-Guttmann-Kriterium sind fünf Faktoren zu extrahieren, da dies der Anzahl der Faktoren mit einem Eigenwert größer 1 entspricht. Dieses Ergebnis der

[812] Vgl. Kaiser, Rice 1974, S. 111 ff.

Hauptkomponentenanalyse (Tabelle 34) ist zunächst problematisch, da im theoretischen Modell lediglich vier endogene Konstrukte aufgeführt sind.

| Faktor | Eigenwert | Mit diesem Faktor erklärte Varianz in % | Kumulierte erklärte Varianz in % |
|---|---|---|---|
| 1 | 4,015 | 25,095 | 25,095 |
| 2 | 2,580 | 16,123 | 41,219 |
| 3 | 1,774 | 11,089 | 52,308 |
| 4 | 1,467 | 9,169 | 61,477 |
| 5 | 1,074 | 6,713 | 68,190 |

**Tabelle 34: Eigenwerte der zu extrahierenden Faktoren des endogenen Messmodells mit 16 Indikatoren (Hauptkomponentenanalyse)**

Eine Betrachtung des Scree-Plots zur Bestimmung der Faktorenzahl bietet Indizien für eine Extraktion von vier Faktoren, da zwischen dem vierten und dem fünften Faktor eine relativ große Differenz der Eigenwerte besteht und damit ein Knick auf dem fünften Faktor zu erkennen ist, sodass nach dem Scree-Test auch vier Faktoren extrahiert werden können (Abbildung 43). Da dies den Vorgaben des theoretischen Modells entspricht und da bereits mit vier Faktoren über 61% der Varianz der Indikatoren erklärt wird, werden im vorliegenden Fall vier Faktoren extrahiert.

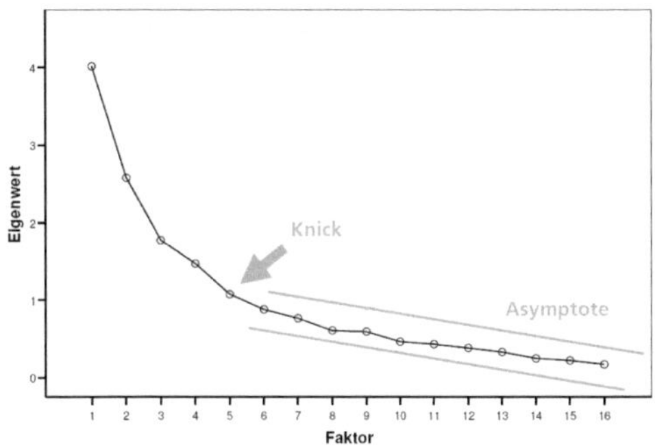


**Abbildung 43: Scree-Plot des endogenen Messmodells mit 16 Indikatorvariablen**

Nach der Extraktion von vier Faktoren und der zur Interpretation erforderlichen orthogonalen und obliquen Rotation ergeben sich die in Tabelle 35 dargestellten

Faktorladungen der Variablen. Die unterstrichenen Ladungen stellen die Zuordnung der Indikatorvariablen zu den entsprechenden Faktoren dar.

| Faktor | Innovations-geschwindigkeit | | Innovations-erfolg | | Post-Spin-off-Kooperation | | Langfristiger Markterfolg | |
|---|---|---|---|---|---|---|---|---|
| | **Faktor 1** | | **Faktor 2** | | **Faktor 3** | | **Faktor 4** | |
| Rotation | varimax | oblimin | varimax | oblimin | varimax | oblimin | varimax | oblimin |
| Beschleunigung Markteintritt | **,693** | **,703** | -,120 | -,147 | -,057 | -,027 | ,027 | -,022 |
| Effizienz Markteintritt | **,822** | **,815** | ,139 | ,095 | -,093 | -,068 | ,168 | ,077 |
| Zufriedenheit Markteintritt | **,853** | **,857** | ,089 | ,047 | ,050 | ,082 | ,124 | ,023 |
| Technologische Qualität | ,445 | ,433 | **,616** | **,604** | ,036 | ,046 | ,133 | -,006 |
| Technolog. Wettbewerbsvorteil | ,162 | ,134 | **,752** | **,743** | -,010 | -,019 | ,198 | ,076 |
| Neuheit der Leistung | -,149 | -,164 | **,739** | **,778** | -,113 | -,123 | -,017 | -,109 |
| Marktinnovation | ,042 | ,017 | **,545** | **,543** | -,082 | -,093 | ,140 | ,066 |
| Markterweiterung | -,054 | -,070 | **,452** | **,442** | ,163 | ,151 | ,143 | ,073 |
| Intensität der Kooperation | -,063 | -,038 | ,043 | ,011 | **,851** | **,852** | ,085 | ,021 |
| Bedeutung der Kooperation | -,008 | ,032 | -,051 | -,073 | **,895** | **,905** | -,007 | -,072 |
| Nutzen der Kooperation | -,017 | ,017 | -,034 | -,066 | **,922** | **,928** | ,048 | -,017 |
| Subjektiver Erfolg | ,161 | ,087 | ,401 | ,279 | ,175 | ,138 | **,730** | **,684** |
| Umsatzwachstum | ,112 | ,027 | ,252 | ,125 | -,023 | -,066 | **,762** | **,762** |
| Mitarbeiterwachstum | -,045 | -,088 | ,240 | ,166 | ,235 | ,207 | **,450** | **,427** |
| Cash-flow | ,119 | ,034 | ,036 | -,105 | -,029 | -,073 | **,790** | **,826** |
| Rentabilität | ,101 | ,012 | -,008 | -,158 | -,020 | -,067 | **,833** | **,880** |

**Tabelle 35: Varimax- (links) und Oblimin-rotierte (rechts) Faktorladungen der 16 Indikatoren des endogenen Messmodells**

Aus Tabelle 35 wird ersichtlich, dass die Ladungen weitestgehend über 0,7 liegen und dass die beiden Rotationsverfahren bei allen Variablen zu einer identischen Faktorzuordnung führen. Allerdings sind vier Indikatoren kritisch zu betrachten, die im Folgenden diskutiert werden. Die Indikatoren „Markterweiterung", „Mitarbeiterwachstum", „Technologische Qualität" und „Subjektiver Erfolg" laden zwar ausreichend hoch (> 0,4) auf den im Vorfeld zugeordneten Faktor, zeigen darüber hinaus allerdings ebenfalls relativ hohe Cross-Ladungen auf einen oder mehrere weitere Faktoren und müssen im Verlauf der Optimierung kritisch beobachtet werden. Zum gegenwärtigen Zeitpunkt werden die Variablen beibehalten, um die Indikatorenzahl vor der Reliabilitätsanalyse nicht unnötig weiter zu reduzieren. Somit wird die anschließende Prüfung der einzelnen Konstrukte auf der Basis von 16 Indikatoren durchgeführt.

#### *7.3.2.2 Untersuchung der Konstrukte des endogenen Messmodells*

Auch für die Faktoren des endogenen Messmodells werden zur Prüfung der Reliabilität der jeweiligen Skalen das Cronbachsche Alpha und die Item-to-total-Korrelation berechnet sowie eine separate Hauptkomponentenanalyse für jeden einzelnen Faktor durchgeführt.

Für den Faktor „Innovationsgeschwindigkeit" kann mit den drei postulierten Indikatoren ein Cronbachsches Alpha von über 0,7 erzielt werden, allerdings liegt die Trennschärfe der Variable „Beschleunigung Markteintritt" bei 0,440 und somit unter 0,5, sodass eine erneute Analyse der Reliabilität bei Ausschluss der genannten Variable sinnvoll erscheint. Das Cronbachsche Alpha verbessert sich erheblich von 0,743 auf 0,809. Deutlicher ist die Verbesserung des Anteils der Varianz aller Indikatoren, der durch den Faktor „Innovationsgeschwindigkeit" erklärt werden kann, er steigt von 66,81% auf 84,04% und rechtfertigt den Ausschluss der Variablen, sodass der Faktor mit den verbleibenden zwei Indikatoren „Effizienz Markteintritt" und „Zufriedenheit Markteintritt" gemessen wird.

Das Cronbachsche Alpha des Faktors „Innovationserfolg" nimmt mit 0,647 keinen zufrieden stellenden Wert an, sodass bis zur Erreichung eines ausreichend hohen Cronbachschen Alpha-Wertes (> 0,7) sukzessive jene Indikatoren ausgeschlossen werden, welche die niedrigste Item-to-total-Korrelation und damit die geringste Trennschärfe aufweisen. Dies betrifft die Variable „Markterweiterung" mit einer Item-to-total-Korrelation von 0,282, die Variable „Marktinnovation" mit einer Item-to-total-Korrelation von 0,315 und die Variable „Neuheit der Leistung" mit einer Item-to-total-Korrelation von 0,378. Durch die Eliminierung dieser Indikatoren verbessert sich das Cronbachsche Alpha auf den akzeptablen Wert von 0,739 und die Varianzerklärung von ursprünglich 50,45% auf 79,38%. Diese deutliche Steigerung des Varianzerklärungsanteils lässt die Eliminierung der Variablen gerechtfertigt erscheinen.

Das Konstrukt „Post-Spin-off-Kooperation" zeigt auf Basis der drei ursprünglichen Variablen überaus gute Reliabilitätswerte: das Cronbachsche Alpha liegt bei 0,879 und der Varianzerklärungsanteil liegt bei 80,57%.

Für den Faktor „Langfristiger Markterfolg" kann mit den fünf a priori postulierten Indikatoren ein Cronbachsches Alpha von über 0,7 erzielt werden. Eine Optimierung erscheint dennoch sinnvoll, da die Trennschärfe der Variable „Mitarbeiterwachstum" bei 0,364 und somit deutlich unter 0,5 liegt. Demzufolge ist eine erneute Analyse der Reliabilität bei Ausschluss des genannten Indikators angebracht. Das Cronbachsche Alpha verbessert sich dadurch von 0,799 auf 0,830 und der Anteil der Varianz aller

Indikatoren, der durch den Faktor erklärt werden kann, steigt von 57,27% auf 66,67%. Diese Verbesserung rechtfertigt den Ausschluss des Indikators „Mitarbeiterwachstum", sodass der Faktor mit den restlichen vier Variablen gemessen wird.

In Tabelle 36 werden die Ergebnisse der Reliabilitäts- und Konvergenzvaliditätsprüfung zusammenfassend dargestellt.

| Faktor | Indikatoren und Anzahl der Indikatoren des Faktors | | Gütemaße und Prüfkriterien: Cronbach-sches Alpha | 1. Eigen-wert (EW 1) | 2. Eigen-wert (EW 2) | Varianz-erklärung durch diesen Faktor |
|---|---|---|---|---|---|---|
| | | | >0,7 | EW>1 | EW<1 | >50% |
| Innovations-geschwindigkeit | Effizienz Markteintritt, Zufriedenheit Markteintritt | 2 | 0,809 | 1,681 | 0,319 | 84,040% |
| Innovations-erfolg | Technologische Qualität, Technologischer Wettbewerbsvorteil | 2 | 0,739 | 1,588 | 0,412 | 79,378% |
| Post-Spin-off-Kooperation | Intensität der Kooperation, Bedeutung der Kooperation, Nutzen der Kooperation | 3 | 0,879 | 2,417 | 0,390 | 80,574% |
| Langfristiger Markterfolg | Subjektiver Erfolg, Umsatzwachstum, Rentabilität, Cash-flow | 4 | 0,830 | 2,667 | 0,578 | 66,665% |

**Tabelle 36: Cronbachsche Alphas und Ergebnisse der separaten Hauptkomponentenanalyse für jeden Faktor des endogenen Messmodells (Eigenwerte und Varianzerklärung)**

#### *7.3.2.3 Prüfung des endogenen Messmodells und Beurteilung der Faktorenstruktur*

Abschließend wird zur Überprüfung der Zuordnung der Variablen und der Interpretierbarkeit der Faktoren mit den verbliebenen 11 Indikatorvariabeln des endogenen Messmodells eine Hauptachsenanalyse durchgeführt. Dabei wird wiederum das Oblimin-Rotationsverfahren verwendet, um Korrelationen zwischen den latenten Konstrukten zu erlauben.

In der Anti-Image-Kovarianzmatrix liegen 12 von 55 Werten der Nicht-Diagonale über oder gleich 0,09, was einem erlaubten Anteil von 21,82% entspricht. Die gesamte Matrix weist einen MSA-Wert von 0,712 auf, die Werte für die einzelnen Variablen sind in Tabelle 37 angegeben.

| | Indikatorvariable | Kaiser-Meyer-Olkin-Kriterium (MSA-Wert) |
|---|---|---|
| **Y2** | Effizienz Markteintritt | 0,635 |
| **Y3** | Zufriedenheit Markteintritt | 0,568 |
| **Y4** | Technologische Qualität | 0,666 |
| **Y5** | Technologischer Wettbewerbsvorteil | 0,709 |
| **Y10** | Intensität der Kooperation | 0,821 |
| **Y11** | Bedeutung der Kooperation | 0,677 |
| **Y12** | Nutzen der Kooperation | 0,663 |
| **Y13** | Subjektiver Erfolg | 0,791 |
| **Y14** | Umsatzwachstum | 0,786 |
| **Y16** | Cash-flow | 0,771 |
| **Y17** | Rentabilität | 0,760 |
| | **Gesamte Matrix** | **0,712** |

**Tabelle 37: Kaiser-Meyer-Olkin-Kriterium der Hauptachsenanalyse des endogenen Messmodells mit 11 Indikatoren**

Die Betrachtung des Kaiser-Guttman-Kriteriums bzw. der Eigenwerte und der Varianzerklärungsanteile ergibt, dass eindeutig die Extraktion von vier Faktoren zu empfehlen ist, die zusammen 77,71% der Varianz der Indikatorvariablen erklären, was einen zufrieden stellenden Wert darstellt. Tabelle 38 zeigt die Ergebnisse der Faktorenextraktion.

| Faktor | Eigenwert | Mit diesem Faktor erklärte Varianz in % | Kumulierte erklärte Varianz in % |
|---|---|---|---|
| 1 | 3,527 | 32,060 | 32,060 |
| 2 | 2,463 | 22,394 | 54,454 |
| 3 | 1,426 | 12,962 | 67,416 |
| 4 | 1,132 | 10,288 | 77,705 |

**Tabelle 38: Eigenwerte der zu extrahierenden Faktoren nach der Hauptachsenanalyse des endogenen Messmodells mit 11 Indikatorvariablen**

Im Scree-Plot lässt sich ab dem fünften Faktor eine Gerade ziehen, die sich asymptotisch der x-Achse nähert, weshalb vier zu extrahierende Faktoren das Optimum darstellen (Abbildung 44).

Die schiefwinklig rotierte Faktorladungsmatrix des endogenen Messmodells wird in Tabelle 39 dargestellt. Erkennbar ist, dass alle Faktorladungen über 0,6 liegen, was auf eine ausreichende Güte des Messmodells schließen lässt. Auffällig ist die hohe Cross-Ladung der Variable „Subjektiver Erfolg". Da ein Ausschluss dieses Indikators eine Verschlechterung des gesamten Messmodells bewirken würde, wird der Indikator beibehalten.

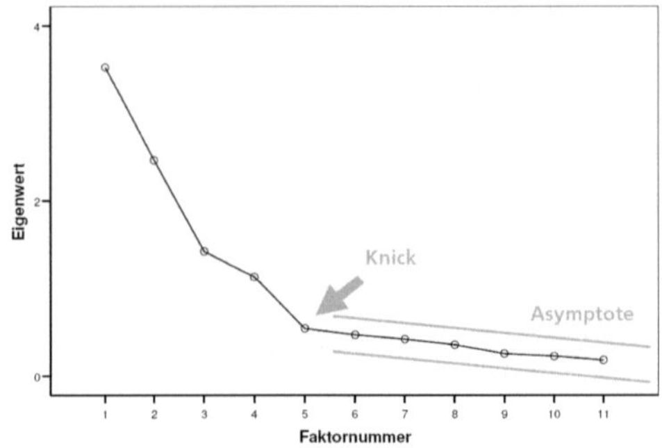


**Abbildung 44: Scree-Plot des endogenen Messmodells mittels Hauptachsenanalyse**

| | Innovations-geschwindig-keit | Innovations-erfolg | Post-Spin-off-Kooperation | Langfristiger Markterfolg |
|---|---|---|---|---|
| | Faktor 1 | Faktor 2 | Faktor 3 | Faktor 4 |
| Effizienz Markteintritt | **,648** | ,086 | -,082 | ,088 |
| Zufriedenheit Markteintritt | **,986** | -,010 | ,076 | -,024 |
| Technologische Qualität | ,219 | **,710** | ,014 | -,042 |
| Technol. Wettbewerbsvorteil | -,046 | **,764** | -,036 | ,055 |
| Intensität der Kooperation | -,037 | ,036 | **,742** | ,033 |
| Bedeutung der Kooperation | ,039 | -,043 | **,865** | -,038 |
| Nutzen der Kooperation | ,004 | -,020 | **,925** | ,000 |
| Subjektiver Erfolg | -,054 | ,364 | ,145 | **,660** |
| Umsatzwachstum | -,052 | ,160 | -,030 | **,682** |
| Cash-flow | ,053 | -,045 | -,010 | **,719** |
| Rentabilität | ,074 | -,154 | -,010 | **,801** |

**Tabelle 39: Faktorladungen der Faktoren des endogenen Messmodells nach der Hauptachsenanalyse mit obliquer Rotation**

Die Faktorstabilität des exogenen Messmodells nimmt einen Wert von 0,929 ein, liegt also über 0,9 und lässt damit auf eine akzeptable Übereinstimmung zwischen der wahren und der durch die Stichprobe bedingten Faktorenstruktur schließen. Aus diesem Grund werden keine weiteren Veränderungen der Indikatorenstruktur vorgenommen, sodass 11 Variablen des endogenen Messmodells in die konfirmatorische Faktorenanalyse einbezogen werden (Kapitel 7.4.2).

## 7.4 Beurteilung der internen Konvergenz- und Diskriminanzvalidität

Im letzten Schritt der Optimierung (vgl. Tabelle 21) werden das exogene und das endogene Messmodell einer konfirmatorischen Faktorenanalyse mittels AMOS unterzogen, um eine Konvergenz- und Diskriminanzvalidierung der Konstrukte durchzuführen. Diese zusätzliche Validierung dient dazu, Korrelationen zwischen konstruktfernen Variablen zu beurteilen, die im Kausalmodell unerwünscht sind. Die anzuwendende Methodik und die Gütekriterien wurden in Kapitel 7.2.3 dargelegt.

### *7.4.1 Konfirmatorische Prüfung des exogenen Messmodells mit AMOS*

Das exogene Messmodell besteht aus vier latenten Konstrukten, die im Folgenden hinsichtlich ihrer Konvergenz- und Diskriminanzvalidität untersucht werden, um festzustellen, inwieweit unerwünschte Korrelationen zwischen konstruktverschiedenen Variablen bestehen. Die Ergebnisse der konfirmatorischen Prüfung des exogenen Messmodells werden in Tabelle 40 zusammenfassend dargestellt.

Die Ergebnisse der konfirmatorischen Faktorenanalyse zeigen, dass die globalen Gütekriterien bis auf das AGFI-Kriterium im geforderten Akzeptanzbereich liegen, wobei die Abweichung beim AGFI vernachlässigbar gering ausfällt und die „globale Güte“ des Modells nicht beeinträchtigt.

Die Analyse der lokalen Gütemaße zeigt, dass bei vier Indikatoren der geforderte Wert für die Indikatorreliabilität (IR) unterschritten wird, wobei anzumerken ist, dass die Faktorladung in allen Fällen einen ausreichend hohen Wert einnimmt und der t-Wert der Faktorladung dieses Ergebnis bestätigt. Zudem wird bei den entsprechenden beiden latenten Konstrukten, „Technologische Anwendungsreife“ und „Marktinformationen“ der geforderte Wert für die Faktorreliabilität (FR) erreicht.

Obgleich die durch die zu geringen Indikatorreliabilitäten aufgezeigten Probleme bei der Messung der beiden genannten Faktoren nicht zu mangelnder Faktorreliabilität führen, erreicht der Wert für die durchschnittlich erfasste Varianz (DEV) nicht das geforderte Mindestmaß. Dies muss an dieser Stelle akzeptiert werden und ist bei der Interpretation der Ergebnisse entsprechend zu berücksichtigen. Abschließend wird festgestellt, dass das Unterschreiten einzelner lokaler Anpassungsmaße nicht zur Ablehnung des untersuchten Modells führen muss, insbesondere da der überwiegende Teil der lokalen Gütekriterien durch das Modell erfüllt wird.

| Exogenes Messmodell | Globale Gütekriterien und entsprechende Anforderungen | | | | | | |
|---|---|---|---|---|---|---|---|
| | $X^2$ | $X^2$/df | RMSEA | GFI | AGFI | NFI | CFI |
| | - | <3 | <0,08 | >0,9 | >0,9 | >0,9 | >0,9 |
| | 80,777 | 1,369 | 0,046 | 0,932 | *0,895* | 0,906 | 0,972 |

| Konstrukt | Indikator | Faktorladung | t-Wert | IR[1] | FR[2] | DEV[3] |
|---|---|---|---|---|---|---|
| | | >0,4 | >1,645 | >0,4 | >0,6 | >0,5 |
| Innovationsumfang der Spin-off-Idee | Exklusivität | 0,809 | [4] | 0,554 | 0,766 | 0,523 |
| | Neuigkeitsgrad | 0,688 | 7,854 | 0,471 | | |
| | Forschungsergebnis | 0,717 | 8,034 | 0,541 | | |
| Technologische Anwendungsreife | Entwicklungsstand | 0,741 | 7,486 | *0,328* | 0,610 | *0,343* |
| | Technologie-Wissen | 0,765 | [4] | 0,451 | | |
| | Produkt-/Markt-Wissen | 0,688 | 7,354 | *0,276* | | |
| Markt-informationen | Technologie-Einschätzung | 0,692 | 8,308 | *0,362* | 0,720 | *0,393* |
| | Markt-Einschätzung | 0,773 | [4] | 0,470 | | |
| | Wettbewerb-Einschätzung | 0,763 | 8,938 | 0,427 | | |
| | Kunden-Einschätzung | 0,645 | 7,780 | *0,316* | | |
| Inkubations-unterstützung | Infrastrukturnutzung | 0,760 | [4] | 0,441 | 0,792 | 0,560 |
| | Recherchenutzung | 0,826 | 10,227 | 0,650 | | |
| | Patentnutzung | 0,832 | 10,251 | 0,613 | | |

[1] IR = Indikatorreliabilität
[2] FR = Faktorreliabilität
[3] DEV = Durchschnittlich erfasste Varianz
[4] Zur Identifikation des Modells wird für jeden Faktor eine Faktorladung fixiert, für die kein t-Wert berechnet wird.

**Tabelle 40: Prüfung der internen Konvergenzvalidität des exogenen Messmodells**

| Konstrukt | DEV | Technologische Anwendungs-reife | Markt-informationen | Inkubations-unterstützung |
|---|---|---|---|---|
| Innovationsumfang der Spin-off-Idee | 0,523 | 0,005 | 0,040 | 0,205 |
| Technologische Anwendungsreife | 0,343 | | 0,059 | 0,000 |
| Markt-informationen | 0,393 | | | 0,003 |
| Inkubations-unterstützung | 0,560 | | | |

Die DEV jedes Faktors ist höher als die quadrierte Korrelation des Faktors mit einem der anderen Faktoren.

**Tabelle 41: Überprüfung der Diskriminanzvalidität des exogenen Messmodells durch das Fornell-Larcker-Kriterium**

Die Diskriminanzvalidierung mit Hilfe des Fornell-Larcker-Kriteriums, das auf einem Vergleich zwischen den durchschnittlich erfassten Varianz (DEV) und den quadrierten Korrelationen der Faktoren basiert, bestätigt den geringen Zusammenhang konstruktverschiedener Indikatoren bzw. eine diskriminant valide Messung innerhalb des exogenen Modells (Tabelle 41).

### *7.4.2 Konfirmatorische Prüfung des endogenen Messmodells mit AMOS*

Die Konvergenz- und Diskriminanzvalidierung des ebenfalls aus vier Konstrukten bestehenden endogenen Messmodells erfolgt analog zum eben gezeigten Vorgehen für das exogene Messmodell. Zunächst werden die Anpassungsmaße zur Beurteilung der internen Konvergenzvalidität aufgezeigt und anschließend diskutiert (Tabelle 42).

Die globalen Gütekriterien des endogenen Messmodells liegen zu 50% innerhalb des geforderten Bereichs. Die verbleibenden Werte werden nun diskutiert. Die Verletzung des NFI ist vernachlässigbar gering und führt daher nicht zur Verwerfung des Modells. Zudem liegt mit dem CFI das zweite inkrementelle Anpassungsmaß, das den Übergang von einem Basismodell zum relevanten Modell beurteilt, über der kritischen Grenze von 0,9.

Die Verletzung des AGFI resultiert vermutlich aus der relativ geringen Zahl der Freiheitsgrade (df = 39), da das entsprechende deskriptive Anpassungsmaß ohne Berücksichtigung der Freiheitsgrade (GFI) über der kritischen Grenze liegt.

Der RMSEA wird als äußerst sensitiv gegenüber fehlspezifizierten Ladungen angesehen und tendiert bei kleinen Stichproben dazu, richtig spezifizierte Modelle zu verwerfen.[813] Der RMSEA-Anpassungswert für das vorliegende Messmodell liegt zwar über der Grenze von 0,08, jedoch unterhalb der Schwelle von 0,1, ab der von einer inakzeptablen Anpassung gesprochen werden muss.[814] Aus diesem Grund wird das Kriterium nicht als ungültig erachtet.

---

[813] Vgl. Bühner 2004, S. 205; exemplarisch Ludl 2007, S. 141.

[814] Vgl. Browne, Cudeck 1993, S. 144; Schermelleh-Engel, Moosbrugger, Müller 2003, S. 36; Scholing 2000, S. 13.

| Endogenes Messmodell | Globale Gütekriterien und entsprechende Anforderungen | | | | | | | |
|---|---|---|---|---|---|---|---|---|
| | $X^2$ | df | $X^2$/df | RMSEA | GFI | AGFI | NFI | CFI |
| | - | - | <3 | <0,08 | >0,9 | >0,9 | >0,9 | >0,9 |
| | 99,204 | 39 | 2,544 | *0,094* | 0,910 | *0,847* | *0,891* | 0,930 |

| Konstrukt | Indikator | Lokale Gütekriterien und entsprechende Anforderungen | | | | |
|---|---|---|---|---|---|---|
| | | Faktor-ladung | t-Wert | IR[1] | FR[2] | DEV[3] |
| | | >0,4 | >1,645 | >0,4 | >0,6 | >0,5 |
| Innovations-geschwindigkeit | Effizienz des Markteintritts | 0,823 | 6,326 | 0,566 | 0,734 | 0,580 |
| | Zufriedenheit mit Markteintritt | 0,827 | [4] | 0,594 | | |
| Innovations-erfolg | Technolog. Wettbewerbsvorteil | 0,702 | [4] | *0,324* | 0,603 | *0,434* |
| | Technologische Qualität | 0,837 | 6,484 | 0,569 | | |
| Post-Spin-off-Kooperation | Intensität der Kooperation | 0,737 | 11,331 | 0,465 | 0,847 | 0,651 |
| | Bedeutung der Kooperation | 0,861 | [4] | 0,679 | | |
| | Nutzen der Kooperation | 0,931 | 13,840 | 0,830 | | |
| Langfristiger Markterfolg | Subjektiver Erfolg | 0,861 | 9,155 | 0,638 | 0,705 | *0,377* |
| | Umsatzwachstum | 0,747 | 8,440 | 0,435 | | |
| | Cash-flow | 0,675 | [4] | *0,276* | | |
| | Rentabilität | 0,665 | 7,668 | *0,254* | | |

[1] IR = Indikatorreliabilität
[2] FR = Faktorreliabilität
[3] DEV = Durchschnittlich erfasste Varianz
[4] Zur Identifikation des Modells wird für jeden Faktor eine Faktorladung fixiert, für die kein t-Wert berechnet wird.

**Tabelle 42: Prüfung der internen Konvergenzvalidität des endogenen Messmodells**

Die Analyse der lokalen Gütemaße des endogenen Messmodells zeigt vergleichbare Ergebnisse zum exogenen Modell. Bei drei Indikatoren liegt die Indikatorreliabilität (IR) unter dem geforderten Wert, wobei die entsprechenden Faktorladungen und die t-Werte der Faktorladungen auf eine ausreichend gute Qualität der Messung schließen lassen; zumal die Faktorreliabilität der Konstrukte „Innovationserfolg“ und „Langfristiger Markterfolg“ den Anforderungen an eine konvergenzvalide Messung entsprechen.[815]

Die geringen Indikatorreliabilitäten einzelner gemessener Variablen führen wie im exogenen Fall dazu, dass die durchschnittlich erfasste Varianz (DEV) der latenten Konstrukte nicht das geforderte Mindestmaß erreicht. Dies muss an dieser Stelle ebenfalls akzeptiert werden und ist bei der Auslegung der Ergebnisse entsprechend

[815] Vgl. Eberl, Zinnbauer 2005, S. 595.

zu bedenken. Wie auch im exogenen Modell führt die Unterschreitung einzelner lokaler Anpassungsmaße nicht zur Ablehnung des untersuchten endogenen Messmodells, insbesondere da der überwiegende Teil der lokalen Anpassungsmaße erfüllt wird.

Die Überprüfung des Fornell-Larcker-Kriteriums ergibt, dass die durchschnittlich erfassten Varianzen (DEV) stets über den quadrierten Korrelationen der Konstrukte liegen (Tabelle 43) und bestätigt damit die Annahme, dass bei den Faktoren des endogenen Messmodells von einer diskriminant validen Messung ausgegangen werden kann.

| Konstrukt | DEV | Innovations-erfolg | Post-Spin-off-Kooperation | Langfristiger Markterfolg |
|---|---|---|---|---|
| Innovations-geschwindigkeit | 0,580 | 0,240 | 0,003 | 0,135 |
| Innovations-erfolg | 0,434 | | 0,000 | 0,299 |
| Post-Spin-off-Kooperation | 0,651 | | | 0,017 |
| Langfristiger Markterfolg | 0,377 | | | |

Die DEV jedes Faktors ist höher als die quadrierte Korrelation des Faktors mit einem der anderen Faktoren.

**Tabelle 43: Überprüfung der Diskriminanzvalidität des endogenen Messmodells durch das Fornell-Larcker-Kriterium**

## 7.5 Analyse des Gesamtmodells

### *7.5.1 Das endgültige Kausalmodell*

Nach der Optimierung und Beurteilung der beiden Messmodelle wird im Folgenden das erläuterte Strukturgleichungsmodell zur Erklärung der erfolgreichen Umsetzung von Innovationen durch Spin-off-Gründungen untersucht. Das primäre Untersuchungsziel besteht darin, den Einfluss der Spin-off-Basis und der ausgründenden Mutterorganisation auf den Innovations- und Markterfolg zu ermitteln.

Die hypothetischen Konstrukte des Kausalmodells werden entsprechend der validierten Variablenzuordnung operationalisiert. Die exogenen Konstrukte umfassen einerseits die Spin-off-Basis, d.h. den Innovationsumfang und die technologische

Anwendungsreife der Idee sowie die Höhe der zum Gründungszeitpunkt verfügbaren Marktinformationen, und andererseits die Unterstützungsleistungen der Mutterorganisation. Die endogenen Konstrukte beinhalten das unmittelbare Resultat des Innovationsprozesses, d.h. den Erfolg und die Geschwindigkeit der Umsetzung, sowie die Post-Spin-off-Kooperation mit der Mutterorganisation und den langfristigen Markterfolg. Das endgültige Kausalmodell wird in Abbildung 45 dargestellt.

Die Zahl der zu schätzenden Parameter im Gesamtmodell beträgt nach dem Ausschluss von einzelnen Indikatoren im Rahmen der Modelloptimierung 65, die Zahl der Freiheitsgrade beträgt 235. Damit wird die allgemein anerkannte Regel eingehalten, wonach die Zahl der Freiheitsgrade mindestens so groß sein sollte wie die Zahl der zu schätzenden Parameter.

Die Identifizierbarkeit des Modells ist zudem durch eine Prüfung der linearen Unabhängigkeit der zu schätzenden Gleichungen sicherzustellen. Diese Parameterschätzung erfordert eine Inversion der Matrizen, weshalb die empirisch verwendete Korrelationsmatrix positiv definit und damit invertierbar sein muss. Diese Bedingung wird von der Software AMOS 7.0 automatisch geprüft und bei Verletzung und daraus resultierender Nichtidentifizierbarkeit des Modells wird eine Fehlermeldung ausgegeben.[816] Im vorliegenden Fall treten keine Fehler auf, sodass die Identifizierbarkeit des Modells bestätigt wird.

### *7.5.2 Prüfung der Normalverteilung der Indikatorvariablen und Wahl des Schätzverfahrens*

Wie bereits in Kapitel 6.2 erläutert wird, sind für die Parameterschätzung in linearen Strukturgleichungsmodellen verschiedene Verfahren einsetzbar, deren Anwendbarkeit insbesondere vom Vorliegen multinormalverteilter Indikatorvariablen abhängig ist. Aus diesem Grund werden die für die Konstruktmessung ausgewählten Indikatoren vor der Analyse der kausalen Beziehungen einer Normalverteilungsprüfung unterzogen.

[816] Vgl. Backhaus, Erichson, Plinke, Weiber 2006, S. 367.

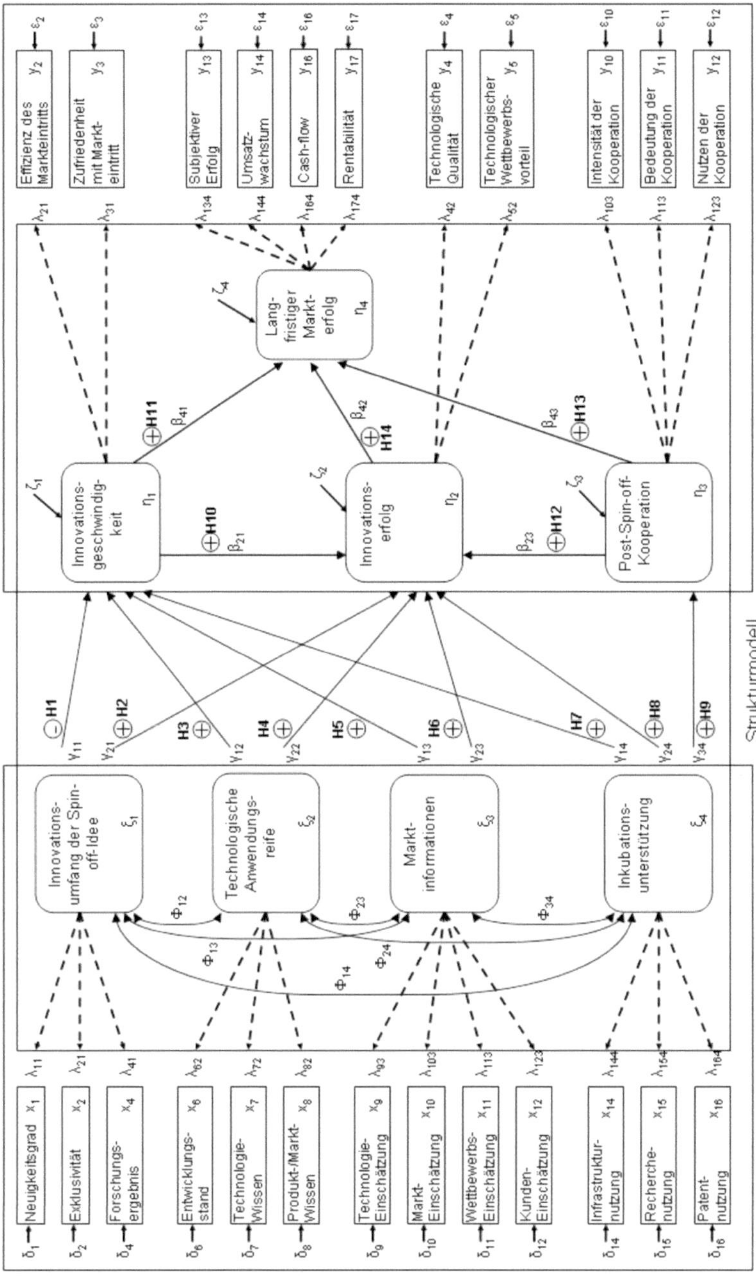


**Abbildung 45: Das endgültige Kausalmodell**

Dabei gibt es einerseits die Möglichkeit, den Kolmogorov-Smirnov-Anpassungstest vorzunehmen und andererseits können die Kennwerte für Schiefe und Exzess der empirischen Stichprobe als Kennwerte für das Vorliegen einer Normalverteilung angesehen werden. Da der Kolmogorov-Smirnov-Test lediglich bis zu einer Stichprobengröße von 100 effizient arbeitet und bei größeren Stichproben selbst geringfügige Abweichungen zu einer Verwerfung der Normalverteilungsannahme führen, wird dieser Test nicht eingesetzt, sondern das alternative Verfahren verwendet.[817]

Zur Prüfung der Normalverteilungsannahme mittels Schiefe und Exzess der Variablen werden zunächst die entsprechenden Werte bestimmt, die bei Vorliegen einer vollkommenen Normalverteilung stets den Wert 0 annehmen.[818] Über die z-verteilten Kennwerte der Schiefe- und Exzess-Werte ist ein statistischer Signifikanztest möglich, der prüft, ob die Abweichung von der Normalverteilung in der Grundgesamtheit besteht oder rein zufällig zu finden ist.[819]

Tabelle 44 beinhaltet die Werte für Schiefe und Exzess der Indikatorvariablen, die mit der Software AMOS 7.0 ermittelt werden. Normalverteilung liegt vor, wenn der Betrag des c.r.-Wertes (c.r. = critical ratio) des Exzess unter einem Wert von 1,96 liegt – entsprechend einer zugestandenen Irrtumswahrscheinlichkeit von 5 % – und die berechnete Schiefe erheblich kleiner als 2 ist.[820]

In Tabelle 44 ist erkennbar, dass hinsichtlich der Schiefe- und Exzesswerte z.T. deutliche Abweichungen von der Normalverteilung bestehen. Insgesamt muss die Normalverteilungsannahme bei 12 von 24 Indikatorvariablen verworfen werden, sodass nur für das Konstrukt „Innovationserfolg“ von einem Vorliegen der Normalverteilung ausgegangen werden kann. Eine Verwendung von Schätzverfahren, die eine Multinormalverteilung der Datenbasis voraussetzen, kann daher nicht empfohlen werden.

---

[817] Vgl. Bauer 1986, S. 39; exemplarisch Helm 1997, S. 179 ff.; Ludl 2007, S 147.

[818] Vgl. Bauer 1986, S. 39.

[819] Nach Helm (1997, S. 179 f.) lässt sich die Normalverteilungsannahme auch nur bei Schiefe oder Exzess zurückweisen. Aus diesem Grund wendet er eine zusätzliche simultane Prüfung für beide Werte an, wobei für Schiefe und Exzess jeweils eine $X^2$-verteilte Kenngröße berechnet wird. Eine Ablehnung der Normalverteilungsannahme anhand der $X^2$-verteilten Kenngröße erfolgt nur dann, wenn der Exzesswert den kritischen Wert überschreitet. Die in der vorliegenden Arbeit verwendete Software AMOS ermöglicht die Berechnung einer $X^2$-verteilten Kenngröße für Schiefe und Exzess nicht. Daher wird analog zu den Ergebnissen von Helm (1997, S. 180) und gemäß der Vorgehensweise von Bühner (2004, S. 232) bei der hier durchgeführten Prüfung lediglich der Exzess-c.r.-Wert betrachtet; vgl. exemplarisch Ludl 2007, S. 147.

[820] Vgl. Bühner 2004, S. 232.

| | Variable | n | min - max | Schiefe | c.r.-Wert | Exzess | c.r.-Wert | Normal-verteilung |
|---|---|---|---|---|---|---|---|---|
| x1 | Exklusivität | 177 | 1 – 7 | -,442 | -2,399 | -1,149 | -3,119 | nein |
| x2 | Neuigkeitsgrad | 177 | 1 – 7 | -,041 | -,224 | -1,151 | -3,125 | nein |
| x4 | Forschungsergebnis | 177 | 1 – 7 | -1,001 | -5,436 | ,185 | **,502** | **ja** |
| x6 | Entwicklungsstand | 177 | 1 – 7 | -,089 | -,484 | -,558 | **-1,516** | **ja** |
| x7 | Technologie-Wissen | 177 | 1 – 7 | -1,017 | -5,526 | ,914 | 2,482 | nein |
| x8 | Produkt-/Markt-Wissen | 177 | 1 – 7 | ,105 | ,573 | -,810 | -2,199 | nein |
| x9 | Technologie-Einschätzung | 177 | 1 – 7 | -,105 | -,571 | -,572 | **-1,554** | **ja** |
| x10 | Markt-Einschätzung | 177 | 1 – 7 | ,240 | 1,305 | -,765 | -2,078 | nein |
| x11 | Wettbewerbs-Einschätzung | 177 | 1 – 7 | ,414 | 2,247 | -,554 | **-1,504** | **ja** |
| x12 | Kunden-Einschätzung | 177 | 1 – 7 | ,175 | ,951 | -,645 | **-1,751** | **ja** |
| x14 | Infrastrukturnutzung | 177 | 1 – 7 | ,461 | 2,505 | -1,270 | -3,448 | nein |
| x15 | Recherchenutzung | 177 | 1 – 7 | 1,108 | 6,019 | ,105 | **,285** | **ja** |
| x16 | Patentnutzung | 177 | 1 – 7 | 1,131 | 6,141 | -,143 | **-,387** | **ja** |
| y2 | Effizienz Markteintritt | 177 | 1 – 7 | -,039 | -,213 | -1,271 | -3,451 | nein |
| y3 | Zufriedenheit Markteintritt | 177 | 1 – 7 | -,065 | -,351 | -1,114 | -3,025 | nein |
| y4 | Technologische Qualität | 177 | 1 – 7 | -,877 | -4,763 | ,581 | **1,578** | **ja** |
| y5 | Technologischer WBV | 177 | 1 – 7 | -,719 | -3,905 | -,163 | **-,442** | **ja** |
| y10 | Intensität der Kooperation | 177 | 1 – 7 | -,653 | -3,549 | -,733 | -1,990 | nein |
| y11 | Bedeutung der Kooperation | 177 | 1 – 7 | -,219 | -1,192 | -1,017 | -2,763 | nein |
| y12 | Nutzen der Kooperation | 177 | 1 – 7 | -,464 | -2,523 | -,818 | -2,222 | nein |
| y13 | Subjektiver Erfolg | 177 | 1 – 7 | -,630 | -3,424 | ,310 | **,842** | **ja** |
| y14 | Umsatzwachstum | 177 | 1 – 7 | -,601 | -3,264 | ,487 | **1,324** | **ja** |
| y16 | Cash-flow | 177 | 1 – 7 | -,046 | -,249 | -,581 | **-1,578** | **ja** |
| y17 | Rentabilität | 177 | 1 – 7 | ,053 | ,290 | -,794 | -2,155 | nein |
| | **Multivariate Messung** | | | | | **16,514** | **3,109** | **nein** |

**Tabelle 44: Prüfung der Variablen auf Normalverteilung**

Das Programmpaket AMOS 7.0 stellt verschiedene, iterative Schätzverfahren für die Lösung der linearen Strukturgleichungsmodelle bereit. Dabei handelt es sich um die folgenden fünf Verfahren:[821]

- Maximum-Likelihood-Methode (ML);
- Methode der verallgemeinerten kleinsten Quadrate (general least squares, GLS);
- Methode der ungewichteten kleinsten Quadrate (unweightetd least squares, ULS);
- Methode der skalenunabhängigen kleinsten Quadrate (scale free least squares, SLS);
- Methode der asymptotisch verteilungsfreien Schätzer (asymptotically distribution free, ADF).

In praktischer Hinsicht orientiert sich die Wahl des Schätzverfahrens an verschiedenen Anwendungsbedingungen, die in Tabelle 45 erläutert werden.[822]

[821] Vgl. Arbuckle 2006, S. 527 ff.

| Kriterium | Schätzmethode | | | | |
|---|---|---|---|---|---|
| | **ML** | **GLS** | **ULS** | **SLS** | **ADF** |
| Multinormalverteilung der gemessenen Indikatoren | ja | ja | nein | nein | nein |
| Intervallskalierte Daten | ja | ja | ja | ja | ja |
| Skaleninvarianz der Fitfunktion | ja | ja | nein | ja | ja |
| Erforderliche Stichprobengröße (n) | > 100 | > 100 | > 100 | > 100 | > 900⁽¹⁾ |
| Verfügbarkeit von Inferenzstatistiken ($X^2$) | ja | ja | nein | nein | ja |

(1) 900 gilt für den vorliegenden Fall von p=24 Indikatorvariablen: n > 1,5 p (p+1) bei p > 11

**Tabelle 45: Iterative Schätzverfahren in AMOS 7.0 und ihre Anwendungskriterien**

Die ML- und die GLS-Methode setzen voraus, dass die Messvariablen aus einer normalverteilten Grundgesamtheit stammen, was im vorliegenden Fall anhand der Prüfung von Schiefe und Exzess nicht bestätigt werden kann. Die Größe der Stichprobe stellt ein weiteres wichtiges Auswahlkriterium dar, wobei üblicherweise ein Stichprobenumfang von 100 als ausreichend akzeptiert wird.[823] Die Verwendung der ADF-Methode setzt einen weit höheren Stichprobenumfang voraus, der sich an der Zahl der Indikatorvariablen orientiert, sodass in der vorliegenden empirischen Untersuchung eine Stichprobengröße von 900 bestehen müsste.

In ähnlichen Fällen der Literatur wird die ULS-Methode als Verfahren der Wahl bei Vorliegen nicht-normalverteilter Daten und einem vergleichbaren Stichprobenumfang angesehen.[824] Diese Methode wird für die vorliegende Untersuchung als zweckdienlich erachtet und zur Schätzung der Parameter herangezogen.

Aus mathematischer Sicht wird bei der ULS-Schätzung eine Minimierung der quadrierten Abweichungen zwischen der beobachteten und der durch das Modell festgelegten Kovarianzmatrix vorgenommen.[825] Dabei zählt die Methode zu den skalenabhängigen Schätzverfahren, sodass Änderungen der Skalierung zu Änderungen der Diskrepanzfunktion führen. Aus diesem Grund sind die Messvariablen bei Verwendung des ULS-Verfahrens vor der Berechnung der Kovarianzmatrix zu standardisieren.

---

[822] Vgl. Backhaus, Erichson, Plinke, Weiber 2006, S. 368 ff.
[823] Vgl. Backhaus, Erichson, Plinke, Weiber 2006, S. 370.
[824] Vgl. Ludl 2007, S. 171 f.
[825] Vgl. Bühner 2004, S. 200.

Der Nachteil der ULS-Schätzung mit Hilfe der AMOS-Software besteht darin, dass keine Inferenzstatistiken verfügbar sind, sodass nicht die Möglichkeit besteht, die geschätzten Parameter auf Signifikanz zu testen. Aus diesem Grund erfolgt in der vorliegenden Studie eingangs eine Schätzung des Modells mit Hilfe des ML-Verfahrens, um die Signifikanz der Parameterschätzungen zu beurteilen. Die Parameterschätzung selbst soll, analog zur Prüfung der Gültigkeit des Modells, mittels einer ULS-Schätzung erfolgen.[826] Die Verwerfung der Multinormalverteilungsannahme muss bei der Interpretation der Parameterschätzungen und der entsprechenden Signifikanztests berücksichtigt werden.

### *7.5.3 Untersuchung und Beurteilung des Gesamtmodells*

Vor der Schätzung der einzelnen Parameter wird das Gesamtmodell einer Güteprüfung unterzogen, welche die Qualität der Modellanpassung beurteilt und bestimmt, ob das geschätzte Modell angenommen werden kann. Die Anpassungsmaße, die zur Beurteilung der Modellgüte herangezogen werden, sind bereits in Kapitel 7.2.4 erklärt worden, sodass eine Erläuterung der einzelnen Kriterien an dieser Stelle unterbleiben kann. Das Prüfschema orientiert sich an allgemein anerkannten Gütekriterien und ist analog zur Beurteilung der Konvergenz- und Diskriminanzvalidität der Messmodelle.

In Tabelle 46 werden das Prüfschema, die Anforderungen an die Gütemaße und die Ergebnisse der beiden gewählten Schätzverfahren dargestellt.

| **Gesamtmodell** | **Globale Gütekriterien und entsprechende Anforderungen** | | | | | | | |
|---|---|---|---|---|---|---|---|---|
| | **$X^2$** | **df** | **$X^2$/df** | **RMSEA** | **GFI** | **AGFI** | **NFI** | **CFI** |
| Schätzverfahren | - | - | <3 | <0,08 | >0,9 | >0,9 | >0,9 | >0,9 |
| ULS | -* | 232 | -* | -* | 0,956 | 0,944 | 0,919 | -* |
| ML | 392,579 | 232 | 1,692 | 0,063 | *0,851* | *0,808* | *0,808* | 0,909 |

* Entsprechende Werte werden von AMOS für die ULS-Schätzung nicht ausgegeben.

**Tabelle 46: Globale Gütemaße der Kausalanalyse mit AMOS (ULS- und ML-Schätzung)**

[826] Ein ähnliches Vorgehen findet sich z.B. bei Helm 1997, S. 182 f. und Ludl 2007, S. 151.

Aus der Übersicht über die Gütemaße der Kausalanalyse wird deutlich, dass das Gesamtmodell bei der ML-Schätzung die Anforderungen an die Anpassungsgüte teilweise verfehlt. Lediglich das Verhältnis zwischen $X^2$-Wert und den Freiheitsgraden ($X^2$/df) sowie der CFI-Wert und der RMSEA-Wert liegen in den geforderten Bereichen. Die ULS-Schätzung, die keine Multinormalverteilung voraussetzt, führt zu deutlich besseren Anpassungsmaßen; alle drei verfügbaren Kriterien werden erfüllt, wobei der GFI und der AGFI deutlich über den geforderten 0,9 liegen.

Zusätzlich zu den obengenannten Kriterien sei an dieser Stelle der RMR (Root mean residual) des Modells angeführt, der die durchschnittliche Größe der Residuen zwischen den Elementen der empirischen Kovarianzmatrix und den Elementen der vom Modell generierten Kovarianzmatrix wiedergibt.[827] Üblicherweise deuten Werte über 0,1 auf eine erhöhte unerklärte Streuung im Modell hin. Im vorliegenden Fall beträgt der RMR 0,180 (ML-Schätzung) bzw. 0,172 (ULS-Schätzung), was auf hoch ausfallende Residualvariablen im Gesamtmodell hindeutet. Der vorliegende RMR-Wert führt nicht zwangsläufig zu einer Ablehnung des Modells sondern ist als Indiz dafür zu werten, dass es sich nicht um ein abschließendes Erklärungsmodell des Erfolgs von Spin-off-Innovationen handelt. Die Residualvariablen können durch die Aufnahme zusätzlicher erklärender Faktoren reduziert werden, wodurch in weitergehenden Studien ein zusätzlicher Erkenntnisfortschritt erzielt werden kann.[828] Das Gesamtmodell kann in der bestehenden Form somit als geeignetes Grundgerüst dienen, um weitere Verbesserungen bei der Erklärung des langfristigen Markterfolges von Spin-offs vorzunehmen.

Insgesamt ist die globale Anpassungsgüte des Modells als befriedigend anzusehen, sodass mit dem untersuchten Gesamtmodell ein gültiges und brauchbares Modell zur Erklärung der erfolgreichen Umsetzung von Innovationen durch Spin-off-Gründungen vorliegt.

Nach der Analyse der globalen Gütemaße und der Feststellung ausreichender Anpassungsgüte erfolgt im nächsten Schritt die Schätzung der Parameter des Gesamtmodells.

[827] Vgl. Homburg, Baumgartner 1995b, S. 167.
[828] Vgl. hierzu die Ausführungen in Kapitel 7.5.4.2 und die abschließende Diskussion in Kapitel 8.2.

### 7.5.4 Ergebnisse der Modellschätzung

Im vollständigen Strukturgleichungsmodell werden zwischen den exogenen und den endogenen latenten Konstrukten sowie innerhalb der endogenen latenten Konstrukte verschiedene kausale Beziehungen unterstellt. Diese Beziehungen werden mittels Parameterschätzungen überprüft. Wie bereits erläutert, kommen aufgrund der nicht vorhandenen Multinormalverteilung der Variablen die ULS- und die ML-Schätzung zum Einsatz. Auf Basis der ML-Schätzung ist es möglich, Signifikanzen der Parameterschätzungen zu ermitteln, die ULS-Schätzung dagegen stellt eine robuste Schätzung für das vorliegende Modell dar, da sie keine Multinormalverteilung voraussetzt. Die Verwendung beider Schätzmethoden erlaubt zudem eine Validierung der Einzelergebnisse.

#### 7.5.4.1 Parameterschätzung der Messmodelle

Im Folgenden werden die Ergebnisse der Parameterschätzungen der beiden Messmodelle der latenten Variablen dargestellt. Dabei wird auf die Faktorladungen (λ) und die Messfehler der Indikatoren eingegangen (δ bzw. ε). Die Faktorladungen sollen nach allgemeiner Auffassung den Wert von 0,4 überschreiten, der Messfehler eines Indikators soll den Wert von 0,6 nicht überschreiten.[829] Letzterer wird allgemein definiert als der Anteil der Varianz des Indikators, der nicht durch den zugeordneten Faktor erklärt wird und berechnet sich anhand der Formel 8. Demzufolge kann $\lambda^2$ als der durch den Faktor erklärte Varianzanteil eines Indikators interpretiert werden:[830]

$$\delta = 1 - \lambda^2 \quad \text{bzw.} \quad \varepsilon = 1 - \lambda^2$$

**Formel 8: Messfehler der Parameterschätzung des exogenen (δ) bzw. des endogenen Messmodells (ε)**

Zunächst wird auf die Parameterschätzungen des exogenen Messmodells eingegangen. Tabelle 47 zeigt die Faktorladungen (λ) und die Messfehler der Indikatoren (δ bzw. ε). Sämtliche Faktorladungen im exogenen Messmodell übersteigen das geforderte Maß von 0,4 deutlich und liegen durchgängig über 0,663. Dementsprechend überschreiten die erklärten Varianzanteile ($\lambda^2$) in allen Fällen den Wert von 0,435,

[829] Vgl. Bagozzi, Yi 1988, S. 80.
[830] Vgl. Backhaus, Erichson, Plinke, Weiber 2006, S. 375.

weshalb auch das Kriterium des Messfehlers für sämtliche Indikatoren des exogenen Messmodells erfüllt wird, da jeweils maximal 56 % der Varianz auf Messfehler oder Drittvariabeleffekte zurückzuführen sind, der Messfehler also bei maximal 0,56 liegt.

| Faktor | $\xi_1$ | | $\xi_2$ | | $\xi_3$ | | $\xi_4$ | |
|---|---|---|---|---|---|---|---|---|
| | Innovations-umfang der Spin-off-Idee | | Technologische Anwendungsreife | | Markt-informationen | | Inkubations-unterstützung | |
| Indikator | λ | δ | λ | δ | λ | δ | λ | δ |
| x1 | 0,664 | 0,559 | | | | | | |
| x2 | 0,848 | 0,281 | | | | | | |
| x4 | 0,692 | 0,521 | | | | | | |
| x6 | | | 0,707 | 0,500 | | | | |
| x7 | | | 0,663 | 0,560 | | | | |
| x8 | | | 0,795 | 0,368 | | | | |
| x9 | | | | | 0,677 | 0,542 | | |
| x10 | | | | | 0,759 | 0,424 | | |
| x11 | | | | | 0,738 | 0,455 | | |
| x12 | | | | | 0,704 | 0,504 | | |
| x14 | | | | | | | 0,796 | 0,366 |
| x15 | | | | | | | 0,766 | 0,413 |
| x16 | | | | | | | 0,861 | 0,259 |

Die Tabelle beinhaltet die Ergebnisse der ULS-Schätzung.
λ = Faktorladung; δ = Messfehler der Indikatoren des exogenen Messmodells

**Tabelle 47: Faktorladungen und Messfehler der Indikatoren des exogenen Messmodells**

Die Zuverlässigkeit der Parameterschätzungen kann mit Hilfe verschiedener Gütekriterien überprüft werden:[831]

- Der Standardfehler der Schätzung gibt an, mit welcher Streuung bei der jeweiligen Parameterschätzung zu rechnen ist. Ein sehr großer Standardfehler ist ein Indiz dafür, dass der entsprechende Koeffizient im Modell nicht zuverlässig ist, geringe Standardfehler (<0,140) sprechen dagegen für die Zuverlässigkeit der Schätzung.
- Der quadrierte multiple Korrelationskoeffizient dient zur Beurteilung einzelner Gleichungen in einem Strukturgleichungsmodell und gibt für jede Messvariable an, wie gut diese zur Messung der latenten Variable geeignet ist. Üblicherweise werden Aufklärungswerte von mindestens 0,4 zur Konstrukterklärung gefordert.[832]

[831] Vgl. Backhaus, Erichson, Plinke, Weiber 2006, S. 377.
[832] Vgl. Zinnbauer, Eberl 2004, S. 13; Homburg, Baumgartner 1995b, S. 170.

- Die Signifikanz der Faktorladungen wird mit Hilfe eines t-Tests geprüft (Signifikanzniveau von $p < 0,05$); dementsprechend ist eine Faktorladung signifikant von Null verschieden, wenn der t-Wert mindestens 1,645 beträgt.[833]

In Tabelle 48 werden die Ergebnisse der Prüfung des exogenen Messmodells zusammenfassend dargestellt. Diese zeigen, dass die Zuverlässigkeit der Parameterschätzungen gegeben ist, da die Anforderungen für nahezu alle Indikatoren erfüllt werden und einzelne leichte Abweichungen keine entscheidende Beeinträchtigung darstellen. Insbesondere die t-Werte der Indikatoren liegen ausnahmslos und deutlich über dem geforderten Mindestmaß und deuten auf einen signifikanten Zusammenhang zwischen Indikator und zugeordnetem Faktor hin.

| Indikator | Standardfehler der Schätzung<br><0,140 | Quadrierter multipler Korrelationskoeffizient<br>>0,400 | t-Wert der Schätzung<br>>1,645 |
|---|---|---|---|
| x1 | 0,088 | 0,478 | 7,984 |
| x2 | 0,178 | 0,648 | 8,179 |
| x4 | 0,127 | 0,518 | 7,726 |
| x6 | 0,155 | 0,559 | 7,795 |
| x7 | 0,121 | 0,562 | 7,583 |
| x8 | 0,119 | 0,484 | 7,578 |
| x9 | 0,084 | 0,470 | 10,310 |
| x10 | 0,139 | 0,595 | 8,244 |
| x11 | 0,117 | 0,583 | 8,966 |
| x12 | 0,103 | 0,428 | 7,897 |
| x14 | 0,097 | 0,593 | 10,480 |
| x15 | 0,084 | 0,658 | 10,310 |
| x16 | 0,105 | 0,702 | 10,918 |

**Tabelle 48: Überprüfung der Zuverlässigkeit des exogenen Messmodells**

Die Parameterschätzungen des endogenen Messmodells werden in Tabelle 49 dargestellt, und zeigen, dass sämtliche Faktorladungen das geforderte Mindestmaß von 0,4 deutlich übersteigen. Demzufolge liegen auch sämtliche Messfehler der Indikatorvariablen des endogenen Messmodells innerhalb des geforderten Bereichs, d.h. unter 0,6.

[833] Vgl. Homburg, Giering 1996, S. 11.

| Faktor | $\eta_1$ Innovations-geschwindigkeit | | $\eta_2$ Innovations-erfolg | | $\eta_3$ Post-Spin-off-Kooperation | | $\eta_4$ Langfristiger Markterfolg | |
|---|---|---|---|---|---|---|---|---|
| Indikator | λ | ε | λ | ε | λ | ε | λ | ε |
| y2 | 0,793 | 0,371 | | | | | | |
| y3 | 0,824 | 0,321 | | | | | | |
| y4 | | | 0,820 | 0,328 | | | | |
| y5 | | | 0,751 | 0,436 | | | | |
| y10 | | | | | 0,705 | 0,503 | | |
| y11 | | | | | 0,900 | 0,190 | | |
| y12 | | | | | 0,926 | 0,143 | | |
| y13 | | | | | | | 0,905 | 0,181 |
| y14 | | | | | | | 0,726 | 0,473 |
| y16 | | | | | | | 0,705 | 0,503 |
| y17 | | | | | | | 0,652 | 0,575 |

Die Tabelle beinhaltet die Ergebnisse der ULS-Schätzung.
λ = Faktorladung; ε = Messfehler der Indikatoren des endogenen Messmodells

**Tabelle 49: Faktorladungen und Messfehler der Indikatoren des endogenen Messmodells**

Analog zum obigen Vorgehen erfolgt die Prüfung der Zuverlässigkeit des endogenen Messmodells mittels der genannten statistischen Kriterien. Die Resultate werden in Tabelle 50 dargestellt. Ähnlich wie bei der vorausgegangenen Prüfung der Parameterschätzungen des exogenen Modells erfüllen auch im endogenen Modell nahezu alle Indikatoren die Anforderungen. Sämtliche quadrierten multiplen Korrelationskoeffizienten und sämtliche t-Werte liegen über den kritischen Werten, sodass von signifikanten Zusammenhängen zwischen den Indikatoren und den entsprechenden Faktoren ausgegangen werden kann. Insgesamt zeigen die Ergebnisse, dass die Zuverlässigkeit der Parameterschätzungen in beiden Messmodellen gegeben ist.

| Indikator | Standardfehler der Schätzung<br><0,140 | Quadrierter multipler Korrelationskoeffizient<br>>0,400 | t-Wert der Schätzung<br>>1,645 |
|---|---|---|---|
| y2 | 0,133 | 0,601 | 6,992 |
| y3 | 0,154 | 0,769 | 6,987 |
| y4 | 0,133 | 0,629 | 7,481 |
| y5 | 0,134 | 0,556 | 7,500 |
| y10 | 0,070 | 0,541 | 11,529 |
| y11 | 0,103 | 0,748 | 11,333 |
| y12 | 0,075 | 0,862 | 14,153 |
| y13 | 0,121 | 0,742 | 9,116 |
| y14 | 0,085 | 0,558 | 10,238 |
| y16 | 0,124 | 0,453 | 8,414 |
| y17 | 0,133 | 0,440 | 7,621 |

**Tabelle 50: Überprüfung der Zuverlässigkeit des endogenen Messmodells**

### *7.5.4.2 Parameterschätzungen des Strukturmodells*

In Abbildung 46 werden die Ergebnisse der Parameterschätzungen mittels der beiden Schätzmethoden dargestellt, wobei die Parameter der ULS-Schätzung angegeben sind und zusätzlich – in Klammern – die Parameter der ML-Schätzung mit den zugehörigen Signifikanzniveaus angeführt sind.[834]

Ein Vergleich der beiden Methoden zeigt weitestgehend übereinstimmende Ergebnisse der Parameterschätzung. Die Vorzeichen der Parameter stimmen in allen Fällen überein, was als Voraussetzung für die unterstellte Kongruenz der beiden Schätzmethoden angesehen werden kann. In den Fällen, in denen die Ergebnisse der ML-Schätzung signifikant sind, zeigen die entsprechenden ULS-Schätzungen relativ hohe Parameterwerte. Gleiches gilt für den umgekehrten Fall: bei niedrigen Parametern der ULS-Schätzung sind die mittels der ML-Methode ermittelten Werte nicht signifikant. Diese Übereinstimmung wird als Indiz für eine valide Schätzung angesehen.

Eine Betrachtung der Parameter und der entsprechenden Signifikanzen macht deutlich, dass neun von 14 kausalen Beziehungen im Strukturmodell unter der Annahme der Multinormalverteilung als signifikant eingestuft werden können.[835] Sämtliche der signifikanten Parameter verlaufen von ihrer Richtung her hypothesenkonform. In Tabelle 51 werden die Ergebnisse der Parameterschätzung nach beiden verwendeten Schätzverfahren überblicksartig dargestellt.

Aus Tabelle 51 wird ersichtlich, dass die postulierten Beziehungen zwischen den latenten endogenen Variablen bis auf eine Ausnahme als signifikant bestätigt werden konnten. Die Ausnahme wird durch den Zusammenhang zwischen der Post-Spin-off-Kooperation ($\eta_3$) und dem Innovationserfolg ($\eta_2$) gebildet.

---

[834] Eine tabellarische Darstellung der Parameterschätzungen der beiden verwendeten Verfahren – ULS und ML – und eine Angabe der entsprechenden Signifikanzniveaus der ML-Schätzung sind der Tabelle 53 in Kapitel 7.5.5 zu entnehmen.

[835] Dabei wird von verschiedenen Signifikanzniveaus ausgegangen: 0,001; 0,01; 0,05 und 0,10.

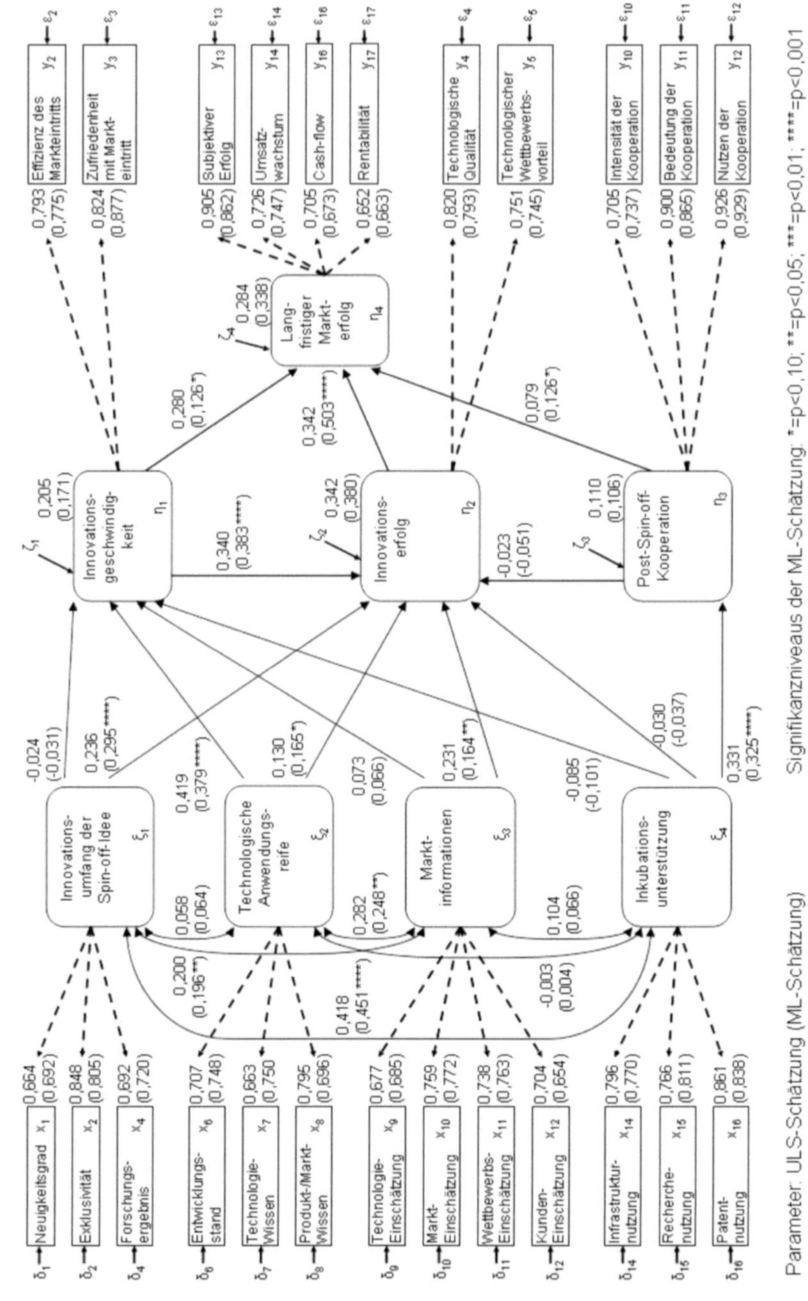


**Abbildung 46: Parameterschätzung des Spin-off-Innovationsmodells (ULS- und ML-Schätzung)**

| | $\eta_1$ | | | $\eta_2$ | | | $\eta_3$ | | | $\eta_4$ | | |
|---|---|---|---|---|---|---|---|---|---|---|---|---|
| | ULS | ML | Sign. | ULS | ML | Sign. | ULS | ML | Sign. | ULS | ML | Sign. |
| $\xi_1$ | -0,024 | -0,031 | n.s. | 0,236 | 0,295 | **** | | | | | | |
| $\xi_2$ | 0,419 | 0,379 | **** | 0,130 | 0,165 | * | | | | | | |
| $\xi_3$ | 0,073 | 0,066 | n.s. | 0,231 | 0,164 | ** | | | | | | |
| $\xi_4$ | -0,085 | -0,101 | n.s. | -0,030 | -0,037 | n.s. | 0,331 | 0,325 | **** | | | |
| $\eta_1$ | | | | 0,340 | 0,383 | **** | | | | 0,280 | 0,126 | * |
| $\eta_2$ | | | | | | | -0,023 | -0,051 | n.s. | 0,342 | 0,503 | **** |
| $\eta_3$ | | | | | | | | | | 0,079 | 0,126 | * |
| $\zeta_1$ | | | | | | | | | | 0,795 | 0,829 | **** |
| $\zeta_2$ | | | | | | | | | | 0,658 | 0,620 | **** |
| $\zeta_3$ | | | | | | | | | | 0,890 | 0,894 | **** |
| $\zeta_4$ | | | | | | | | | | 0,716 | 0,662 | **** |

Es werden die Signifikanzniveaus der ML-Schätzung angegeben:
n.s. := nicht signifikant; * := p<0,10; ** := p<0,05; *** := p<0,01; **** := p<0,001 (einseitig)
$\xi_1$ .. $\xi_4$ = exogene latente Variablen; $\eta_1$ .. $\eta_4$ = endogene latente Variablen; $\zeta_1$ .. $\zeta_4$ = Messfehlervarianzen

**Tabelle 51: Standardisierte geschätzte Parameter des Strukturmodells**

Auffällig sind in Tabelle 51 zudem die unterschiedlich hoch ausfallenden erklärten Varianzen der latenten endogenen Variablen bzw. die daraus resultierenden, ebenfalls unterschiedlich hoch ausfallenden Messfehlervarianzen. Während die beiden exogenen Konstrukte Innovationsgeschwindigkeit ($\eta_1$) und Post-Spin-off-Kooperation ($\eta_3$) relativ hoch ausfallende Messfehlervarianzen von 0,795 bzw. 0,890 zeigen, weisen die anderen beiden exogenen Konstrukte – Innovationserfolg ($\eta_2$) und langfristiger Markterfolg ($\eta_4$) – wesentlich geringere Messfehlervarianzen von 0,658 bzw. 0,716 auf. Speziell die beiden letztgenannten Werte sind angesichts der Komplexität des Modells als gut zu bezeichnen, insbesondere da sie hoch signifikant sind.[836] Durch die Aufnahme zusätzlicher beeinflussender Variablen in das Gesamtmodell kann die Modellgüte diesbezüglich verbessert werden. Für nachfolgende Studien ist es daher unentbehrlich, weitere Einflussfaktoren einzubeziehen, insbesondere hinsichtlich der beiden latenten Variablen „Post-Spin-off-Kooperation" und „Innovationsgeschwindigkeit", welche die geringsten Varianzerklärungsanteile aufweisen.

Zusätzlich zu den bereits beschriebenen Parametern wurden die nicht kausal interpretierbaren Korrelationen zwischen den latenten exogenen Konstrukten berechnet und in Abbildung 46 angegeben. Aus Gründen der Übersichtlichkeit werden in

[836] Vgl. Helm 1997, S. 192.

Tabelle 52 lediglich die drei nicht kausal interpretierbaren Korrelationen dargestellt, die signifikant von Null verschieden sind.

| Korrelation zwischen den exogenen Konstrukten | ULS | ML | Signifikanz |
|---|---|---|---|
| Innovationsumfang der Spin-off-Idee ($\xi_1$) und Marktinformationen ($\xi_3$) | 0,200 | 0,196 | ** |
| Innovationsumfang der Spin-off-Idee ($\xi_1$) und Inkubationsunterstützung ($\xi_4$) | 0,418 | 0,451 | **** |
| Technologische Anwendungsreife ($\xi_2$) und Marktinformationen ($\xi_3$) | 0,282 | 0,248 | ** |

Es werden die Signifikanzniveaus der ML-Schätzung angegeben: ** := p<0,05; **** := p<0,001

**Tabelle 52: Nicht kausal interpretierbare Korrelationen zwischen den exogenen Konstrukten**

Die Ergebnisse zeigen, dass ein signifikanter Zusammenhang zwischen dem Innovationsumfang der Spin-off-Idee ($\xi_1$) und den beiden Konstrukten Marktinformationen ($\xi_3$) sowie Inkubationsunterstützung ($\xi_4$) besteht. Ausschlaggebend für diese Zusammenhänge dürfte sein, dass mit zunehmenden Marktinformationen die Innovativität der Produkt- und/oder Dienstleistungsidee besser eingeschätzt werden kann und dass die Inkubationsunterstützung durch die Mutterorganisation es erleichtert, innovative Teilleistungen in den Entwicklungsprozess zu integrieren. Zudem besteht eine signifikante Korrelation zwischen der technologischen Anwendungsreife ($\xi_2$) und den Marktinformationen ($\xi_3$). Dies erscheint nachvollziehbar, da im Zuge der stetigen Weiterentwicklung von Inventionen zu innovativen Produkten und Serviceleistungen sich i.d.R. auch die Kenntnisse über Wettbewerber, potenzielle Kunden und Marktbedingungen verbessern.

### *7.5.5 Prüfung der Hypothesen*

Tabelle 53 stellt die Ergebnisse der Prüfung der in Kapitel 5.5 postulierten Hypothesen zusammenfassend dar. Aus Gründen der Übersichtlichkeit und Vollständigkeit werden die Ergebnisse der Parameterschätzungen der beiden Schätzverfahren erneut aufgeführt und den Hypothesen gegenüber gestellt.

| Nr. | Hypothese | ULS | ML | Sign. | Hypothesen-prüfung |
|---|---|---|---|---|---|
| | **Einfluss der Gründungsidee und Gründungsbasis auf die Umsetzung der Innovation** | | | | |
| H1 | Je höher der Innovationsumfang der Spin-off-Gründungsidee zum Zeitpunkt der Gründung, desto geringer ist ceteris paribus die Innovationsgeschwindigkeit. | -0,024 | -0,031 | n.s. | Nicht bestätigt |
| H2 | Je höher der Innovationsumfang der Spin-off-Gründungsidee zum Zeitpunkt der Gründung, desto höher ist ceteris paribus der Innovationserfolg. | 0,236 | 0,295 | **** | **Bestätigt** |
| H3 | Je höher die technologische Anwendungsreife der Spin-off-Gründungsidee zum Zeitpunkt der Gründung, desto höher ist ceteris paribus die Innovationsgeschwindigkeit. | 0,419 | 0,379 | **** | **Bestätigt** |
| H4 | Je höher die technologische Anwendungsreife der Spin-off-Gründungsidee zum Zeitpunkt der Gründung, desto höher ist ceteris paribus der Innovationserfolg. | 0,130 | 0,165 | * | **Bestätigt** |
| H5 | Je umfangreicher die Marktinformationen zum Zeitpunkt der Spin-off-Gründung, desto höher ist ceteris paribus die Innovationsgeschwindigkeit. | 0,073 | 0,060 | n.s. | Nicht bestätigt |
| H6 | Je umfangreicher die Marktinformationen zum Zeitpunkt der Spin-off-Gründung, desto höher ist ceteris paribus der Innovationserfolg. | 0,231 | 0,164 | ** | **Bestätigt** |
| | **Einfluss der Umsetzung der Innovation auf den langfristigen Markterfolg** | | | | |
| H7 | Je höher die Innovationsgeschwindigkeit, desto höher ist ceteris paribus der Innovationserfolg. | 0,340 | 0,383 | **** | **Bestätigt** |
| H8 | Je höher die Innovationsgeschwindigkeit, desto größer ist ceteris paribus der langfristige Markterfolg des Spin-offs. | 0,280 | 0,126 | * | **Bestätigt** |
| H9 | Je höher der Innovationserfolg, desto höher ist ceteris paribus der langfristige Markterfolg des Spin-offs. | 0,342 | 0,503 | **** | **Bestätigt** |
| | **Einfluss der Mutterorganisation auf die Umsetzung der Innovation und den langfristigen Markterfolg** | | | | |
| H10 | Je ausgeprägter die Inkubationsunterstützung des Spin-offs durch die Mutterorganisation, desto höher ist ceteris paribus die Innovationsgeschwindigkeit. | -0,085 | -0,101 | n.s. | Nicht bestätigt |
| H11 | Je ausgeprägter die Inkubationsunterstützung des Spin-offs durch die Mutterorganisation, desto höher ist ceteris paribus der Innovationserfolg. | -0,030 | -0,037 | n.s. | Nicht bestätigt |
| H12 | Je ausgeprägter die Inkubationsunterstützung des Spin-offs durch die Mutterorganisation, desto höher ist ceteris paribus die Kooperation zwischen Spin-offs und Mutterorganisation nach dem Markteintritt. | 0,331 | 0,325 | **** | **Bestätigt** |
| H13 | Je ausgeprägter die Kooperation zwischen Spin-off und Mutterorganisation nach dem Markteintritt, desto höher ist ceteris paribus der Innovationserfolg. | -0,023 | -0,051 | n.s. | Nicht bestätigt |
| H14 | Je ausgeprägter die Kooperation zwischen Spin-off und Mutterorganisation nach dem Markteintritt, desto höher ist ceteris paribus der langfristige Markterfolg des Spin-offs. | 0,079 | 0,126 | * | **Bestätigt** |

Legende: n.s. := nicht signifikant; * := p<0,10; ** := p<0,05; *** := p<0,01; **** := p<0,001 (einseitig)

**Tabelle 53: Vergleich der ML- und ULS-Parameterschätzungen und Prüfung der Hypothesen**

Die Hypothesen H1 bis H6 beinhalten Zusammenhänge, die den Einfluss der Gründungsbasis auf die Umsetzung der Innovation am Markt, d.h. den unmittelbaren Markteintrittserfolg des Spin-offs beschreiben.

Forschungshypothese H1 besagt, dass die Innovationsgeschwindigkeit mit zunehmender Höhe des Innovationsumfanges der Spin-off-Gründungsidee abnimmt. Trotz des negativen Parametervorzeichens kann die Hypothese aufgrund der geringen Höhe des Parameters nicht bestätigt werden. Insofern lässt sich auf der Basis der vorliegenden empirischen Studie sagen, dass ein hoher Innovationsumfang nicht zwangsläufig zu einer hohen bzw. einer geringen Innovationsgeschwindigkeit führt. Dieses Resultat ist angesichts der widersprüchlichen Ergebnisse der bisherigen empirischen Forschung zum Zusammenhang zwischen Innovativität und Markteinführungsgeschwindigkeit nicht verwunderlich.[837] Forschungshypothese H2 postuliert einen positiven Zusammenhang zwischen der Höhe des Innovationsumfanges der Spin-off-Gründungsidee und dem Innovationserfolg des Spin-offs, der sich in einer hohen technologischen Qualität der angebotenen Produkte und Dienstleistungen und einem relevanten Wettbewerbsvorteil des Spin-offs artikuliert. Dieser Zusammenhang wird in der vorliegenden Studie mit einer Irrtumswahrscheinlichkeit von 0,1% bestätigt. Entscheidend ist es, die beiden Resultate im Zusammenhang zu sehen: ein hoher Innovationsumfang führt nachweislich zu einem höheren Innovationserfolg, muss aber nicht zwangsläufig die Innovationsgeschwindigkeit verringern.

Die beiden Hypothesen H3 und H4, die besagen, dass bei einer höheren technologischen Anwendungsreife der Spin-off-Idee auch eine höhere Innovationsgeschwindigkeit (H3) sowie ein höherer Innovationserfolg (H4) festzustellen sein wird, können als bestätigt angesehen werden. Dabei ist der Einfluss auf die Innovationsgeschwindigkeit deutlich ausgeprägter und auf einem Signifikanzniveau von $p < 0{,}001$ von Null verschieden, während der Einfluss auf den Innovationserfolg lediglich auf einem Niveau von $p < 0{,}1$ signifikant ist. Werden in diesem Zusammenhang zusätzlich die Ergebnisse der ULS-Schätzung betrachtet, so wird deutlich, dass die technologische Anwendungsreife hauptsächlich die Geschwindigkeit der Umsetzung des Innovationsvorhabens positiv determiniert, den Innovationserfolg dagegen deutlich geringfügiger.

Die Forschungshypothesen H5 und H6 sind zwei weitere Hypothesen, die den Zusammenhang zwischen der Gründungsbasis und der Umsetzung von Spin-off-Innovationen erklären. Für die Höhe der Marktinformationen zum Zeitpunkt der Spin-off-Gründung kann kein Einfluss auf die Innovationsgeschwindigkeit (H5) nachgewiesen werden, da die Parameter in beiden Schätzverfahren sehr gering sind und zudem nach der ML-Schätzung nicht signifikant sind. Hypothese H5 muss deshalb abgelehnt werden. Dagegen lässt sich zwischen der Höhe der Marktinformationen zum Zeitpunkt der Spin-off-Gründung und der Höhe des Innovationserfolges (H6) nach der ML-Methode ein geringer, auf einem Signifikanzniveau von $p < 0{,}05$ von Null verschiedener Zusammenhang nachweisen. Zudem weist die ULS-Schätzung

[837] Vgl. Kapitel 5.2.

einen etwas stärkeren Zusammenhang auf, sodass Hypothese H6 als bestätigt betrachtet werden kann.

Hinsichtlich des Einflusses der Spin-off-Gründungsbasis auf die Umsetzung der Innovation kann insgesamt festgehalten werden, dass vier von sechs Hypothesen nicht abgelehnt werden. Betrachtet man beide Schätzverfahren, so geht der stärkste Einfluss von der Höhe der technologischen Anwendungsreife auf die Innovationsgeschwindigkeit aus.

Innovationsgeschwindigkeit und Innovationserfolg stellen die beiden unmittelbaren Merkmale der Vermarktung von Spin-off-Innovationen dar und beeinflussen die langfristige ökonomische Entwicklung des Spin-offs. Diese Zusammenhänge werden durch die Hypothesen H7 bis H9 beschrieben. Zunächst kann Hypothese H7, der zufolge eine hohe Innovationsgeschwindigkeit einen höheren Innovationserfolg bewirkt, mit einer Irrtumswahrscheinlichkeit von 0,1% als bestätigt angesehen werden. Die Parameter der beiden Schätzverfahren sind annähernd gleich hoch, was das genannte Resultat belegt. Auch der Zusammenhang zwischen Innovationsgeschwindigkeit und der Höhe des langfristigen Markterfolges (H8) kann bestätigt werden, wenngleich der ML-Parameter geringer ausfällt und das Signifikanzniveau $p < 0,1$ beträgt. Der mittels ULS geschätzte Parameter ist deutlich höher, sodass auch Hypothese H8 nicht abgelehnt werden kann. Überaus deutlich ist der Effekt, der vom Innovationserfolg auf den langfristigen Markterfolg ausgeht (H9). Beide Schätzverfahren liefern hoch ausgeprägte Parameter und der mittels der ML-Methode geschätzte Parameter ist mit einer Irrtumswahrscheinlichkeit von 0,1% von Null verschieden. Dieses Resultat ist ein zusätzlicher Beleg für die Bedeutung mittel- und langfristiger Wettbewerbsvorteile für den ökonomischen Erfolg innovativer Spin-off-Gründungen.

Die Forschungshypothesen H10 bis H14 beziehen sich auf den Einfluss der Mutterorganisation auf die Umsetzung von Innovationen und den langfristigen Markterfolg von Spin-offs. Die Hypothesen H10 und H11 können durch die Studie nicht bestätigt werden, da die negativen Vorzeichen der entsprechenden Parameter auf negative Zusammenhänge zwischen der Inkubationsunterstützung der Mutterorganisation und der Innovationsgeschwindigkeit bzw. dem Innovationserfolg hindeuten. Zu bemerken ist jedoch, dass die Koeffizienten nicht signifikant von Null verschieden sind, sodass auf der Basis der Studie keine Aussagen dazu gemacht werden können, wie die

Inkubationsunterstützung der Mutterorganisation die Umsetzung von Spin-off-Innovationen unmittelbar beeinflusst. Ein möglicher Erklärungsansatz für dieses Ergebnis liegt darin, dass Spin-offs mit erfolgversprechenden Gründungsvoraussetzungen auf eine umfangreiche Inkubationsunterstützung verzichten und sich frühzeitig von ihrer Mutterorganisation trennen. Darauf deuten die geringen Korrelationen zwischen den latenten exogenen Variablen Inkubationsunterstützung und technologische Anwendungsreife bzw. Inkubationsunterstützung und Marktinformationen hin. Auf der Basis des vorliegenden Modells und der vorhandenen exogenen Variablen lassen sich keine gesicherten Aussagen hierzu treffen.

Hypothese H12 besagt, dass mit zunehmender Höhe der Inkubationsunterstützung des Spin-offs durch die Mutterorganisation auch umfangreichere Kooperationsbeziehungen zwischen den beiden Organisationen nach dem Markteintritt einhergehen. Die Parameter der Schätzverfahren sind ausgeprägt und annähernd gleich hoch, die Irrtumswahrscheinlichkeit ist kleiner als 0,1%, sodass der postulierte Zusammenhang bestätigt werden kann.

Die verbleibenden Hypothesen H13 und H14 beziehen sich auf den Einfluss der Kooperation zwischen Spin-off und Mutterorganisation auf den Innovationserfolg und auf den langfristigen Markterfolg. Zunächst muss konstatiert werden, dass Hypothese H13 nicht bestätigt werden kann, da der entsprechende Parameter ein negatives Vorzeichen aufweist, was auf einen negativen Zusammenhang zwischen der Ausprägung der Kooperation und dem Innovationserfolg hindeutet. Es ist allerdings zu bemerken, dass der Koeffizient nicht signifikant von Null verschieden ist. Schließlich kann Hypothese H14, die besagt, dass mit der Höhe der Kooperation zwischen Spin-off und Mutterorganisation der langfristige Markterfolg des Spin-offs steigt, nicht abgelehnt werden. Das Signifikanzniveau hierfür beträgt $p < 0,1$.

Hinsichtlich des Einflusses der Mutterorganisation muss damit festgestellt werden, dass lediglich zwei von fünf Hypothesen bestätigt werden können, die restlichen drei Hypothesen weisen nicht signifikante Parameter auf. Insgesamt scheint weniger die Inkubationsunterstützung als vielmehr die längerfristige Kooperation zwischen Spin-off und Forschungseinrichtung erfolgsrelevant zu sein.

### *7.5.6 Analyse der totalen, direkten und indirekten Effekte im Gesamtmodell*

Als Ergänzung der Hypothesenprüfung ist eine Betrachtung der totalen Effekte sinnvoll, um die Wirkungszusammenhänge im komplexen Spin-off-Innovationsmodell besser zu verstehen. Ein totaler Effekt wird dabei als der gesamte Einfluss eines Faktors auf einen anderen Faktor über alle denkbaren Beziehungen mit weiteren Konstrukten (mediierende Faktoren) aufgefasst; es handelt sich dabei also um die Summe aus dem direkten Effekt und sämtlichen indirekten Effekten.[838]

In Tabelle 54 werden die standardisierten Parameter der totalen, direkten und indirekten Effekte der Einflussfaktoren auf die endogenen Konstrukte wiedergegeben. Aufgrund der fehlenden Signifikanzen handelt es sich hierbei allerdings um Stichprobenbefunde, die nicht vorbehaltlos auf die Grundgesamtheit übertragen werden können.[839] Eine Tendenz der Zusammenhänge ist dennoch erkennbar.

| **Einfluss-faktoren** | | **Inku-bation** | | **Markt-information** | | **Anwen-dungs-reife** | | **Innova-tions-umfang** | | **Koope-ration** | | **Innova-tions-geschwin-digkeit** | | **Innova-tions-erfolg** | |
|---|---|---|---|---|---|---|---|---|---|---|---|---|---|---|---|
| Schätzverfahren | | ULS | ML | ULS | ML | ULS | ML | ULS | ML | ULS | ML | ULS | ML | ULS | ML |
| **Kooperation** | total | ,331 | ,325 | | | | | | | | | | | | |
| | direkt | ,331 | ,325 | | | | | | | | | | | | |
| | indirekt | ,000 | ,000 | | | | | | | | | | | | |
| **Innovations-geschwindig-keit** | total | -,085 | -,101 | ,073 | ,066 | ,419 | ,379 | -,024 | -,031 | | | | | | |
| | direkt | -,085 | -,101 | ,073 | ,066 | ,419 | ,379 | -,024 | -,031 | | | | | | |
| | indirekt | ,000 | ,000 | ,000 | ,000 | ,000 | ,000 | ,000 | ,000 | | | | | | |
| **Innovations-erfolg** | total | -,067 | -,092 | ,256 | ,189 | ,273 | ,310 | ,228 | ,283 | -,023 | -,051 | ,340 | ,383 | | |
| | direkt | -,030 | -,037 | ,231 | ,164 | ,130 | ,165 | ,236 | ,295 | -,023 | -,051 | ,340 | ,383 | | |
| | indirekt | -,037 | -,055 | ,025 | ,025 | ,143 | ,145 | -,008 | -,012 | ,000 | ,000 | ,000 | ,000 | | |
| **Markterfolg** | total | -,021 | -,018 | ,108 | ,103 | ,211 | ,203 | ,071 | ,138 | ,071 | ,100 | ,396 | ,318 | ,342 | ,503 |
| | direkt | ,000 | ,000 | ,000 | ,000 | ,000 | ,000 | ,000 | ,000 | ,079 | ,126 | ,280 | ,126 | ,342 | ,503 |
| | indirekt | -,021 | -,018 | ,108 | ,103 | ,211 | ,203 | ,071 | ,138 | -,008 | -,025 | ,117 | ,192 | ,000 | ,000 |

**Tabelle 54: Standardisierte totale, direkte und indirekte Effekte nach der ULS-Schätzung (links) und der ML-Schätzung (rechts)**

Unter der Berücksichtigung der indirekten Effekte gewinnt die Einflussgröße Innovationsgeschwindigkeit ein noch stärkeres Gewicht zur Erklärung des Markterfolges. Dieser Faktor, der bereits einen starken direkten Effekt auf den Innovationserfolg (0,340 nach der ULS-Schätzung) ausübt, trägt mit einem totalen Effekt von 0,396 zur Erklärung des langfristigen Markterfolges bei.

[838] Vgl. Jahn 2007, S. 30.

[839] Das Programmpaket AMOS liefert bezüglich der totalen Effekte keine t-Werte und keine Standardabweichungen, sodass keine Signifikanzniveaus berechnet werden können.

Die im Modell ausschließlich indirekt auf den Markterfolg wirkenden Faktoren der Spin-off-Gründungsbasis zeigen ebenfalls unterschiedlich starke Einflüsse. Der stärkste Einfluss auf den Markterfolg geht hierbei von der technologischen Anwendungsreife aus (0,211), während die beiden anderen Faktoren, Innovationsumfang und Marktinformationen einen wesentlich geringeren totalen Effekt aufweisen.

Die beiden Faktoren zum Einfluss der Mutterorganisation, Inkubationsunterstützung und Post-Spin-off-Kooperation, lassen relativ geringe indirekte Effekte auf den Markterfolg erkennen. Der ausschließlich indirekt auf den Markterfolg wirkende Faktor Inkubationsunterstützung weist einen sehr geringen totalen Effekt mit negativem Vorzeichen auf. Der direkte Einfluss der Kooperation auf den Markterfolg (0,079) wird durch einen indirekten Einfluss mit negativem Vorzeichen leicht abgeschwächt, sodass insgesamt ein etwas geringerer totaler Effekt resultiert (0,071).

Insgesamt bestätigen die Betrachtungen der totalen Effekte die bisherigen Ergebnisse und Schlussfolgerungen:

- Hinsichtlich der Gründungsbasis ist die technologische Anwendungsreife von vorrangiger Bedeutung für den Spin-off-Innovationsprozess und den langfristigen Markterfolg der Spin-offs, gefolgt vom Innovationsumfang der Gründungsidee und dem Ausmaß der Marktinformationen.

- Die Mutterorganisation ist im vorliegenden Modell nicht von herausragender Bedeutung, wenngleich von der Höhe der Kooperationsbeziehungen zwischen den beiden Organisationen geringfügige positive Effekte auf den langfristigen Markterfolg von Spin-offs ausgehen.

- Eine effektive und effiziente Umsetzung der Innovation in Form einer hohen Innovationsgeschwindigkeit und eines technologischen Wettbewerbsvorteils ist entscheidend für den langfristigen Markterfolg.

## 7.6 Zusammenfassung der empirischen Studie

Zum Abschluss des empirischen Teils der Arbeit werden die theoretisch abgeleiteten und empirisch untersuchten Forschungshypothesen sowie die Ergebnisse der hypothesenprüfenden Parameterschätzung in grafischer Form dargestellt (Abbildung

47).[840] Dabei entspricht die Pfeilstärke der Höhe des geschätzten Pfades. Auf diese Weise wird in anschaulicher Form verdeutlicht, welche Konstrukte des Modells den stärksten Einfluss auf den erfolgreichen Markteintritt bzw. den langfristigen Markterfolg ausüben. Eine kritische Würdigung der Aussagekraft der Ergebnisse unterbleibt an dieser Stelle; sie ist dem Fazit im Rahmen des anschließenden Kapitels 8 zu entnehmen.

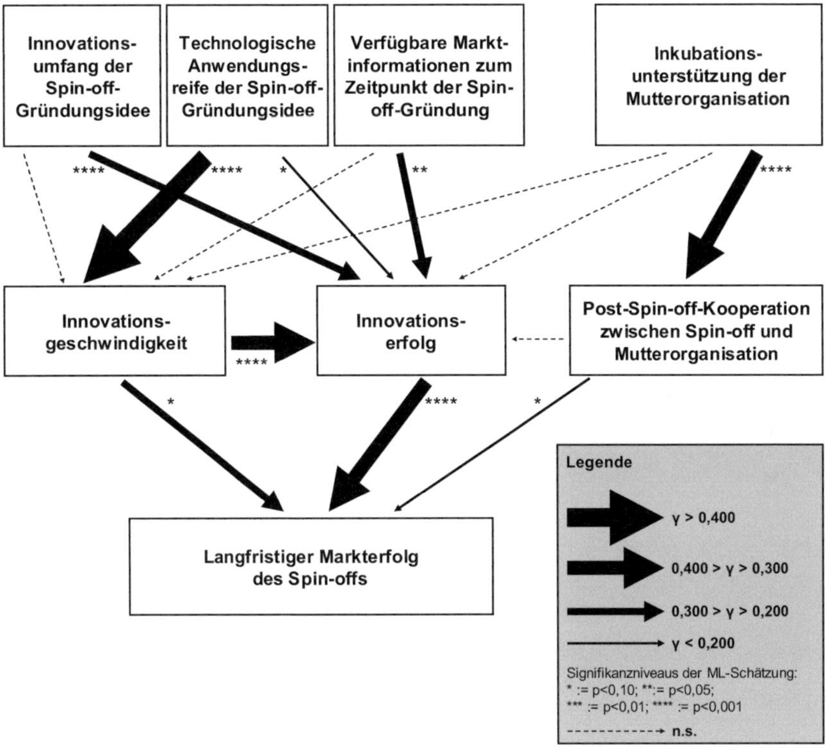


**Abbildung 47: Zusammenfassung der Ergebnisse der Parameterschätzung im Rahmen der vorliegenden empirischen Studie**

[840] Es wird darauf hingewiesen, dass in der Abbildung die ausführlichen Konstruktbezeichnungen verwendet werden.

# 8 Schlussbetrachtungen

## 8.1 Zusammenfassung der Arbeit und wesentliche Ergebnisse

Die generelle Zielsetzung der vorliegenden Studie bestand darin, ein Modell für die optimale wirtschaftliche Verwertung von Innovationspotenzialen wissenschaftlicher Einrichtungen durch Spin-off-Gründungen zu entwerfen und empirisch zu untersuchen.

Grundlegend für die Entwicklung des theoretisch fundierten Erklärungsmodells der Umsetzung von Spin-off-Innovationen ist die Betrachtung eines idealtypischen Spin-off-Prozesses, bestehend aus der Inventions-, Innovations- und Marktphase sowie eine Herausarbeitung der wesentlichen Einflussfaktoren auf diesen Prozess. Das resultierende Forschungsmodell ist in der Lage, die für den Untersuchungsgegenstand relevanten, abhängigen und unabhängigen Faktoren abzubilden. Dieses Modell wurde ausführlich mit dem gegenwärtigen Stand der Forschung zu Ausgründungen aus wissenschaftlichen Einrichtungen verglichen, wobei keine auffälligen Diskrepanzen zwischen den postulierten Zusammenhängen und dem „state of the art“ festgestellt wurden.

Im Rahmen der empirischen Studie wurden die im theoretischen Modell herausgearbeiteten und im Strukturgleichungsmodell postulierten kausalen Verknüpfungen zwischen den einzelnen Konstrukten untersucht. Die zentralen Ergebnisse der Untersuchung werden im Folgenden zusammenfassend dargelegt.

Mit Hilfe der Studie kann ein Zusammenhang zwischen der Gründungsbasis – bzw. den drei untersuchten Dimensionen Innovationsumfang, Anwendungsreife, Marktinformationen – und dem Innovationserfolg von Spin-offs nachgewiesen werden. Ausgehend von einer ressourcenbasierten Betrachtung von technologieorientierten Unternehmensgründungen ist dieser Zusammenhang auch theoretisch nachvollziehbar.

Zum einen wirkt sich der Innovationsumfang der Spin-off-Idee positiv und signifikant auf den erzielbaren Innovationserfolg aus, d.h. der technologische Wettbewerbsvorteil von Spin-offs hängt direkt vom Neuigkeits- und Exklusivitätsgrad der Idee und dem Transfer von Forschungsergebnissen ab. Zum anderen zeigen die Ergebnisse, dass die verfügbaren Marktinformationen zum Zeitpunkt der Gründung, d.h. das Ausmaß an Informationen über Wettbewerber, Kunden und allgemeine Technologie- und Marktentwicklungen, ebenfalls positiv und signifikant mit dem Innovationserfolg zusammenhängen.

Schließlich lässt die Studie erkennen, dass die technologische Anwendungsreife der Spin-off-Idee zum Zeitpunkt der Gründung eine überaus bedeutsame Einflussgröße im Innovationsprozess darstellt, die sich sowohl auf den Innovationserfolg als auch auf die zeitoptimale Umsetzung der Innovation – die Innovationsgeschwindigkeit – auswirkt. Die technologische Anwendungsreife der Gründungsidee stellt, unabhängig davon, ob es sich um ein Produkt oder eine Dienstleistung handelt, einen Prädiktor für einen schnellen und effizienten Innovationsprozess dar.

Entgegen den ursprünglichen Hypothesen zeigen die Studienergebnisse keine signifikanten Zusammenhänge zwischen dem Innovationsumfang und den Marktinformationen auf der einen Seite und der Innovationsgeschwindigkeit auf der anderen Seite. Demzufolge muss ein hoher Innovationsumfang der Spin-off-Idee nicht zwangsläufig zu einer Verzögerung im Innovationsprozess führen.

Werden sämtliche untersuchten Einflussgrößen auf den Innovationserfolg zusammen betrachtet, kann die Innovationsgeschwindigkeit (0,340) vor dem Innovationsumfang der Idee (0,236), den verfügbaren Marktinformationen (0,231) und der technologischen Anwendungsreife (0,130) als stärkster Einflussfaktor identifiziert werden. Dies zeigt, dass die Kombination von innovativer Idee und entsprechend verfügbaren Marketinginformationen, zusammen mit der effizienten Umsetzung der Idee in eine vermarktbare Leistung, gute Voraussetzungen für den Erfolg der Innovation darstellen.

Gleichzeitig wird aus den Untersuchungsergebnissen deutlich, dass der langfristige Markterfolg von Spin-off-Gründungen von der Entwicklung und Umsetzung einer wettbewerbsfähigen Idee abhängt. Spin-offs konzentrieren sich auf die Ausbeutung technologiebasierter Marktchancen, folglich ist die Geschwindigkeit der Umsetzung ein entscheidender Einflussfaktor. Aus der Perspektive der Entrepreneurshipforschung unterstreichen die Ergebnisse, dass die schnelle und effiziente Umsetzung von Forschungsergebnissen und/oder Know-how-Vorsprüngen in marktfähige Produkte und Dienstleistungen das Wesen sog. „research-based“ Spin-off-Gründungen darstellt.

Entgegen der ursprünglichen Annahme konnten mit Hilfe der Untersuchung nur wenige bemerkenswerte Einflüsse der ausgründenden Mutterorganisation auf den Spin-off-Prozess nachgewiesen werden. Die Ergebnisse zeigen, dass langfristige Kooperationsbeziehungen zwischen Spin-off und Mutterorganisation eine – quasi naheliegende – Fortsetzung der Inkubationsunterstützung in der Inventions- und Innovationsphase des Spin-off-Prozesses darstellen. Andererseits haben intensive Kooperationsbeziehungen einen geringen, aber dennoch signifikanten Einfluss auf den langfristigen Markterfolg der ausgegründeten Unternehmen. Ein direkter signifikanter Einfluss der Inkubationsunterstützung auf den Innovationserfolg kann anhand der Untersuchungsergebnisse nicht dokumentiert werden.

Schließlich zeigen die Korrelationen im exogenen Messmodell, dass sowohl der Innovationsumfang als auch die Anwendungsreife der Idee mit der Verfügbarkeit von Marktinformationen positiv und signifikant zusammenhängen. Die Merkmale der Gründungsidee stehen demzufolge in enger Verbindung mit dem verfügbaren Marktwissen der Gründer. Andersherum lassen die Erkenntnisse darauf schließen, dass in Märkten, in denen Informationen über Wettbewerber und Kunden schwierig zu ermitteln sind, die auf den Markt gebrachten Leistungen durch geringere Innovativität gekennzeichnet sind. Die schwachen und nicht signifikanten Beziehungen im exogenen Messmodell zwischen dem Konstrukt „Inkubationsunterstützung“ auf der einen Seite und den beiden Konstrukten „Technologische Anwendungsreife“ und „Marktinformationen“ auf der anderen Seite legen die Vermutung nahe, dass klassische Inkubationsunterstützung nicht unbedingt mit einer hohen Marktreife der Idee und ausreichend vorhandenen Marktinformationen assoziiert sein muss.

Abschließend lässt sich feststellen, dass die vorliegende Untersuchung einen Beitrag zum Verständnis der Erfolgsfaktoren von technologie- und wissensbasierten Unternehmensgründungen leistet. Es konnte gezeigt werden, dass gerade in innovativen Märkten mit der zeit- und ressourceneffizienten Markteinführung von Neuerungen der Grundstein für den langfristigen Markterfolg von jungen Unternehmen gelegt werden kann.

## 8.2 Aussagekraft der Ergebnisse

Hinsichtlich der Interpretationsfähigkeit der Untersuchungsergebnisse und der Übertragbarkeit der Resultate auf die Gesamtheit der Spin-off-Gründungen ergeben sich aufgrund der Art der Datenerhebung und der gewählten Analysemethode einige Einschränkungen. Diese Limitationen sollten im Rahmen von zukünftigen Untersuchungen Berücksichtigung finden.

Die vorliegende Untersuchung konnte aus Gründen der Datenerhebung nur Fälle von Spin-off-Projekten betrachten, welche die Gründungsphase bereits erfolgreich abgeschlossen haben. Jene Vorhaben, die sich zum Zeitpunkt der Befragung noch in vorhergehenden Phasen befanden bzw. die gänzlich abgebrochen wurden, konnten nicht berücksichtigt werden. Daher ist die Untersuchung mit einem für derartige Erhebungen typischen Fehler behaftet, dem Überlebenseffekt.[841] Unklar bleibt zudem, wie groß der Anteil an Spin-offs in der Grundgesamtheit ist, die mit anderen Unternehmen fusionierten bzw. von größeren Unternehmen aufgekauft wurden. Da einige derartige – z.T. sehr erfolgreiche – Spin-offs im Sample vorhanden sind, ist nicht davon auszugehen, dass sie systematisch aus der Untersuchung ausgeschlossen wurden.

Zwischen dem Zeitpunkt der Befragung und dem Zeitpunkt der Spin-off-Gründung lag vielfach ein beträchtlicher Abstand, der unter Umständen zu Verzerrungen hinsichtlich der Wahrnehmung der interessierenden Einflussfaktoren im Prozess geführt haben könnte. Allerdings wird diese Einschränkung dadurch gemildert, dass sie für das gesamte Sample gilt. Zudem wurden explizit die Unternehmensgründer und nicht die derzeitigen Geschäftsführer der Unternehmen befragt, da davon ausgegangen wurde, dass erstere besonderes ausgiebige Erinnerungen an die beruflich spannende Zeit der Gründungs- und Wachstumsphase der jeweiligen Unternehmen haben. Der Pretest und die persönlichen Gespräche mit Gründern und externen Experten haben diese Vermutung bestätigt.

Die getrennte Betrachtung der technologischen Anwendungsreife einer Spin-off-Idee zum Gründungszeitpunkt und der verfügbaren Marktinformationen durch zwei separate Konstrukte hat sich als sinnvoll und förderlich für den Erkenntnisgewinn erwiesen. Beide abstrakten Konzepte sind durch unabhängige Faktoren messbar und

---

[841] Vgl. Kapitel 7.1.1 sowie exemplarisch Heirman, Clarysse 2004a, S. 265.

üben einen unterschiedlich starken Einfluss auf die Vermarktung von Spin-off-Innovationen aus.

Die Annahme der Normalverteilung kann nicht für alle Indikatoren bestätigt werden, was zur Folge hat, dass für die Schätzung der Parameter die ULS-Methode verwendet werden musste. Mit diesem Verfahren ist bei Verwendung der AMOS-Software keine Prüfung der Signifikanzen der geschätzten Parameter möglich. Im Rahmen der empirischen Studie wurde allerdings gezeigt, dass eine Gegenüberstellung der ULS- und ML-Schätzergebnisse kaum Abweichungen aufzeigt und dass demzufolge die ML-Schätzung bei fehlender Multinormalverteilung gleichfalls robuste Ergebnisse liefert.

Die Größe der Stichprobe von 177 untersuchten Spin-offs entspricht den Richtlinien für die Anwendung des gewählten Forschungsansatzes. Eine größere Stichprobe würde allerdings den Einsatz alternativer Schätzverfahren zulassen und möglicherweise die Problematik der fehlenden Multinormalverteilung beseitigen.

Schließlich ergibt sich eine Einschränkung der Aussagekraft der Ergebnisse aus der Art der Datenerhebung. Zwar ist eine Definition der Grundgesamtheit rein theoretisch möglich, allerdings konnten auf dieser Basis nach umfangreicher Recherche nur 503 Unternehmen mit entsprechend vorliegenden Kontaktdaten identifiziert werden. Die Auswahl aller angeschriebenen Spin-offs entsprach demnach nicht unbedingt einem Zufallsprozess, wenngleich keine bewusste Selektion einzelner Unternehmen stattfand.

## 8.3 Implikationen für Spin-offs und Forschungseinrichtungen

Die Zielsetzung der Arbeit lag nicht nur in der wissenschaftlichen Untersuchung von Spin-offs, sondern auch in der Ableitung von Empfehlungen für die handelnden Akteure, nämlich für die potenziellen Unternehmensgründer und die verantwortlichen Entscheider innerhalb der Forschungsorganisationen.

Ganz allgemein ergibt sich aus der Studie, dass der Innovationserfolg, d.h. die Erzielung eines Wettbewerbsvorteils auf der Basis der ersten am Markt angebotenen Leistung den zentralen Aspekt im Spin-off-Prozess darstellt. Das Konstrukt „Innovationserfolg" wird sowohl von allen drei betrachteten Dimensionen der Gründungsbasis – Innovationsumfang, Anwendungsreife, Marktinformationen – als auch von der Innovationsgeschwindigkeit signifikant beeinflusst. Zudem stellt es den stärksten Prädiktor für den langfristigen Markterfolg der Spin-offs dar. Daraus ergibt sich für die Gründer, dass sich ihre Aktivitäten in allen Phasen des Spin-off-Projektes, d.h. bereits in der Inventionsphase, an der technologischen Qualität der angebotenen Leistung und insbesondere am möglichen Wettbewerbsvorteil orientieren sollten. Dafür sind Ideen mit ausreichend hohem Neuigkeits- und Exklusivitätsgrad zu wählen, die im Rahmen der Inventionsphase, d.h. vor der eigentlichen Unternehmensgründung, technologisch so weit zu entwickeln sind, dass sie zum Zeitpunkt der Gründung des Unternehmens, d.h. beim Übergang in die Innovationsphase, an der Schwelle zur Marktreife stehen.

Als erfolgsrelevant ist zudem die frühzeitige und umfassende Informationsbeschaffung über Zielmärkte, Wettbewerber und Kunden einzustufen, woraus die Forderung an die Gründer resultiert, möglichst zeitig ein geeignetes Marketinginformationssystem zur effektiven Beschaffung und Nutzung der relevanten Informationen aufzubauen.

Im Hinblick auf eine erfolgversprechende Gründungsbasis sollten Forschungseinrichtungen Spin-off-Gründer bei der Auswahl und Konzeption der Gründungsidee und der Formulierung des Leistungsspektrums unterstützen und beraten und dadurch zu einem möglichst optimalen Innovationsumfang beitragen. Eine Möglichkeit besteht darin, Projekte zu installieren, in deren Rahmen Spin-off-Ideen technologisch gezielt weiterentwickelt und bis an die Schwelle der Marktreife gebracht werden. Schließlich besteht die Option, dass Forschungseinrichtungen Marketinginformationssysteme etablieren, auf welche Spin-off-Gründer vor, während und nach der Ausgründung umfassenden Zugriff erhalten.

Die teils konträr zu den postulierten Hypothesen laufenden Ergebnisse zum Einfluss der Beziehungen zwischen Mutterorganisation und Spin-off deuten insgesamt darauf hin, dass klassische Inkubationsmaßnahmen gegenüber der Gründungsbasis von nachrangiger Bedeutung für den Erfolg der Unternehmen sind. Spin-off-Gründer und Forschungseinrichtungen müssen sich dessen bewusst sein, dass die Ursachen für langfristige Wettbewerbsvorteile und Erfolg der Unternehmen in der Gründungsbasis liegen. Fehlendes Innovationspotenzial und geringe Marktreife können nur bedingt durch umfangreiche Inkubationsunterstützung kompensiert werden.

Langfristige Kooperationen mit der Forschungseinrichtung nach Realisierung des Markteintritts zeigen in der Studie eine positive Wirkung auf den Markterfolg der Unternehmen und können im Sinne des „window of technology" gleichfalls positive Impulse für die Arbeit der Forschungseinrichtungen liefern.[842]

Zusammenfassend lassen sich auf der Grundlage der Untersuchungsergebnisse verschiedene Handlungsempfehlungen für die Vermarktung wissenschaftlicher Erkenntnisse im Rahmen von Spin-off-Gründungen ableiten:

- Je näher die technologische Basis des Spin-offs an der Marktreife ist, desto schneller, effizienter und erfolgreicher kann diese in den Markt eingeführt werden.
- Die technologische Anwendungsreife sollte durch die umfangreiche Gewinnung relevanter Marktinformationen zu einem möglichst frühen Zeitpunkt ergänzt werden.
- Ein hoher Innovationsumfang muss nicht unbedingt die Markteintrittsdauer verlängern, stellt aber die wichtigste Ausgangsgröße für die Generierung eines Wettbewerbsvorteils dar.
- Für Spin-offs gilt ähnlich wie für anderweitige Unternehmen in innovativen Märkten, dass ein qualitativ hochwertiges Leistungsangebot mit einem relevanten Wettbewerbsvorteil den wichtigsten Einflussfaktor auf den unternehmerischen Erfolg darstellt.
- Bei der Gewährung expliziter unterstützender Inkubationsmaßnahmen durch die Mutterorganisation ist sorgfältig nach Aufwand und Nutzen abzuwägen.
- Die Kooperation zwischen Spin-off und Mutterorganisation kann die Unternehmensentwicklung positiv beeinflussen, sollte allerdings nicht die Eigenständigkeit des Spin-offs beeinträchtigen.

---

[842] Vgl. hierzu Kapitel 3.2.2.

## 8.4 Ansätze für die weitere Forschung

Das Erklärungsmodell der Umsetzung von Spin-off-Innovationen und die Ergebnisse machen deutlich, dass die Studie nicht nur einen Erkenntnisgewinn bietet, sondern gleichfalls Ansatzpunkte für weitergehende Forschungsvorhaben aufzeigt.

Wenngleich das Modell insgesamt als gültiges Modell verifiziert werden konnte, stellt es selbstverständlich kein abschließendes und endgültiges Modell dar. Bedingt durch die notwendige Komplexitätsreduktion im Rahmen der Generierung eines handhabbaren Modells existiert eine Vielzahl weiterer Einflussgrößen auf den Erfolg von Spin-offs, worauf bereits die hohen Residualvariablen der endogenen Größen im Modell hindeuten. Diesbezüglich besteht weitergehender Forschungsbedarf, um zusätzliche Einflussfaktoren auf den Erfolg von Spin-off-Innovationen zu integrieren und damit die Güte des Modells insgesamt weiter zu verbessern. Entscheidend ist dabei sicherlich eine theoretische Fundierung der zu betrachtenden Größen. Ansätze dafür wurden bereits im theoretischen Erklärungsmodell der vorliegenden Arbeit gezeigt (Abbildung 16). In diesem umfassenden theoretischen Modell wurden auch Einflussfaktoren demonstriert, die aufgrund der bereits in großer Zahl bestehenden Studien in der vorliegenden Arbeit keine Berücksichtigung fanden. Die Selektion der Faktoren muss im Zusammenhang mit dem Forschungsgegenstand betrachtet werden und ist bei einer thematischen Veränderung neu zu überdenken.

Insbesondere die Ergebnisse zum Einfluss der Beziehungen zwischen Spin-off und Mutterorganisation werfen einige weitergehende Fragen auf, die möglicherweise eine umfassende Neubetrachtung dieses Aspekts erfordern, etwa eine Einbeziehung der Kooperationsmechanismen und -motive.

Für ein umfangreiches Verständnis von Spin-off-Gründungen könnte es in weiteren Studien sinnvoll sein, sowohl gescheiterte Spin-off-Vorhaben als auch nicht mehr selbstständig am Markt agierende Spin-offs gezielt einzubeziehen, wenngleich dies ein schwer zu realisierendes Unterfangen sein dürfte. Sinnvoll wäre möglicherweise eine längerfristige Betrachtung von Spin-off-Projekten mit dem Ziel einer Längsschnittanalyse.

Die vorliegende Untersuchung bezieht sich auf Spin-offs aus der außeruniversitären öffentlichen Forschung und somit auf einen spezifischen Teilbereich des Spektrums technologieorientierter Unternehmensgründungen. Eine Übertragung der Ergebnisse auf Spin-offs aus Universitäten erscheint grundsätzlich möglich; eine Übertragung der Ergebnisse auf Ausgründungen aus privatwirtschaftlichen Unternehmen erscheint insbesondere dann möglich, wenn es sich um einvernehmliche Corporate Spin-offs handelt, die mit Akzeptanz des Mutterunternehmens erfolgen.

Im Sinne eines umfassenden Verständnisses und mit der Zielsetzung vergleichbarer Ergebnisse wäre eine ähnlich geartete Untersuchung der genannten Unternehmenstypen sicher sinnvoll.

Um die Erkenntnisse aus der Sicht der wissensgenerierenden Einrichtungen der öffentlichen Forschung auf eine breitere Basis zu stellen, wäre zudem eine Betrachtung von lizenzbasierten Unternehmensgründungen zweckmäßig, d.h. eine Untersuchung von Unternehmen, bei denen zwar ein Technologietransfer, aber kein Personaltransfer stattfindet.

Weiterer Forschungsbedarf besteht zusammenfassend hinsichtlich folgender Aspekte, wobei es sich um unabhängig voneinander geltende Spezifikationen handelt:

- Integration weiterer Einflussfaktoren in das Modell;
- Untersuchung gescheiterter Spin-off-Vorhaben;
- Einbeziehung von Spin-offs aus Universitäten und privatwirtschaftlichen Unternehmen;
- Einbeziehung lizenzbasierter Unternehmensgründungen aus der Forschung.

Mit Hilfe der vorliegenden Arbeit konnten Forschungslücken geschlossen und ein Erkenntnisgewinn bei der Betrachtung von Spin-off-Innovationen erzielt werden, wenngleich sich neue Forschungsfragen eröffnen, deren Beantwortung mittels weiterer Studien einen zusätzlichen Fortschritt für das Forschungsfeld der Vermarktung von Innovationen bedeuten würde.

# 9 Anhang

## Verwendetes Anschreiben

Dr. Max Mustermann
ABC GmbH
Musterstraße 1
12345 Musterstadt

Oliver Mauroner
Fraunhofer IOF
Albert-Einstein-Straße 7
07745 Jena

Tel: (03641) 807-371
Fax: (03641) 807-610
e-mail: oliver.mauroner
@iof.fraunhofer.de

**Unternehmensgründungen aus der Forschung**

Sehr geehrter Herr Dr. Mustermann,

im Rahmen einer Promotionsarbeit an der Friedrich-Schiller-Universität Jena werden **Unternehmensgründungen** aus der öffentlichen **Forschung** heraus untersucht. Ziel ist es, Motive und Erfolgsfaktoren von innovativen Unternehmensgründungen aus der Forschung zu analysieren.

Wir bitten Sie, uns bei diesem Vorhaben zu unterstützen. Bitte nehmen Sie sich **15 Minuten** Zeit, um den beiliegenden Fragebogen zu beantworten. Wichtig ist, dass der Fragebogen von einem **Mitglied des Gründungsteams** ausgefüllt wird.

Sämtliche Ihrer Angaben werden völlig **anonym** und ausschließlich zu Zwecken der statistischen Analyse verwendet und keinen dritten Personen zugänglich gemacht. Bitte senden Sie den ausgefüllten Fragebogen bis zum **06.06.2006** an uns zurück.

Wir bedanken uns recht herzlich für Ihre Teilnahme. Für Fragen stehen wir jederzeit gerne zur Verfügung. Auf Wunsch senden wir Ihnen die Ergebnisse gerne zu.

Mit freundlichen Grüßen

Oliver Mauroner

## Verwendeter Fragebogen

Friedrich-Schiller-Universität Jena
Wirtschaftswissenschaftliche Fakultät
Lehrstuhl für Allgemeine Betriebswirtschaftslehre
Absatzwirtschaft, Marketing, Handel
- Unilever Stiftungslehrstuhl -

Carl-Zeiss-Straße 3 – D-07743 Jena

Fraunhofer-Institut
für Angewandte Optik und
Feinmechanik IOF

Albert-Einstein-Straße 7 – D-07745 Jena

### Vermarktung von Innovationen durch Spin-off Gründungen

**Eine Befragung von Ausgründungen aus Forschungseinrichtungen**

**Prof. Dr. Roland Helm**
**Dipl.-Wirt.-Inf. Oliver Mauroner**

Diese Befragung richtet sich an Ausgründungen aus Forschungseinrichtungen. Ziel der Untersuchung ist es, die Entwicklung von Ausgründungen empirisch zu untersuchen und in Abhängigkeit von Marktbedingungen und Geschäftsmodell nach erfolgversprechenden Strategien zu suchen.

**Der Fragebogen sollte wenn möglich von einem Mitglied des Gründungsteams ausgefüllt werden.**

Anmerkungen zur Untersuchung

Die Fragen sind möglichst prägnant und einfach beantwortbar. Falls Sie dennoch Fragen hinsichtlich der Beantwortung haben, stehen wir Ihnen gerne zur Verfügung. Wenden Sie sich bitte an:

- Oliver Mauroner, Tel.: 03641-807371

Ihre Angaben werden strikt vertraulich behandelt und **anonym** und unter **wissenschaftlichen Gesichtspunkten** ausgewertet. Die Ergebnisse der Studie werden in einer Weise veröffentlicht, die keinerlei Rückschlüsse auf Ihr Unternehmen oder Ihre Person zulässt.

Oliver Mauroner
Fraunhofer IOF
Albert-Einstein-Straße 7
07745 Jena

Telefon: 03641-807371
Telefax: 03641-807610
e-mail:oliver.mauroner@iof.fraunhofer.de

## Teil A: Beschreibung Ihres Unternehmens

| | | | |
|---|---|---|---|
| A1 | Wann wurde Ihr Unternehmen gegründet? (rechtliche Gründung) | ________ | (Jahr/Monat) |
| A2 | Wie viele Personen haben Ihr Unternehmen gegründet? | 1 Person<br>0 | mehrere Personen<br>0 (wie viele: ____) |
| A3 | Wie viele Personen beschäftigte Ihr Unternehmen insgesamt? (Mitarbeiter inklusive Gründer) | zum Zeitpunkt der Gründung<br>__________ | im vergangenen Geschäftsjahr<br>__________ |

## Teil B: Gründungsidee

| | | | | | | | | |
|---|---|---|---|---|---|---|---|---|
| B1 | Wie weit **entwickelt** war die Gründungsidee zum Zeitpunkt der Gründung Ihres Unternehmens. (Produkt und/oder Dienstleistung) | 1 = lediglich eine Idee | | | | | | 7 = eine markt-reife Leistung |
| | | 1 | 2 | 3 | 4 | 5 | 6 | 7 |
| | Vorhanden war zum Gründungszeitpunkt ... | 0 | 0 | 0 | 0 | 0 | 0 | 0 |
| B2 | Wie umfangreich war Ihr **Wissen** zum Zeitpunkt der Gründung bezüglich der folgenden beiden Aspekte: | 1= eher geringes Wissen | | | | | | 7= sehr umfangreiches Wissen |
| | | 1 | 2 | 3 | 4 | 5 | 6 | 7 |
| | Technologische Kompetenzen des Unternehmens: | 0 | 0 | 0 | 0 | 0 | 0 | 0 |
| | Markt, Kunden und Wettbewerber des Unternehmens: | 0 | 0 | 0 | 0 | 0 | 0 | 0 |
| B3 | Bestand Ihr **erstes Leistungsangebot** an den Markt in **Produkten oder Dienstleistungen**?<br>Wenn möglich, geben Sie eine Tendenz an: | 1 = reine Dienst-leistungen u/o Auftragsforschung | | | | | | 7 = Produkte u/o Produktions-verfahren (inkl. Dienstleistung) |
| | | 1 | 2 | 3 | 4 | 5 | 6 | 7 |
| | Erstes Leistungsangebot an den Markt: | 0 | 0 | 0 | 0 | 0 | 0 | 0 |
| B4 | Bitte charakterisieren Sie **Ihre Gründungsidee**, ungeachtet der tatsächlich am Markt angebotenen ersten Leistung. | 1= trifft über-haupt nicht zu (Idee = reine Dienstleistung) | | | | | | 7= trifft voll und ganz zu |
| | | 1 | 2 | 3 | 4 | 5 | 6 | 7 |
| | Die Gründungsidee bestand darin, baldmöglichst Produkte u/o Produktionsverfahren anzubieten. | 0 | 0 | 0 | 0 | 0 | 0 | 0 |
| B5 | Wie sehr trifft die folgende Aussage zu? | 1 = trifft über-haupt nicht zu | | | | | | 7 = trifft voll und ganz zu |
| | | 1 | 2 | 3 | 4 | 5 | 6 | 7 |
| | Das Unternehmen verfügte zu Beginn der Tätigkeit über **exklusive Technologien** bzw. über einen relevanten technologischen **Wettbewerbsvorteil**. | 0 | 0 | 0 | 0 | 0 | 0 | 0 |

| | | |
|---|---|---|
| B6 | Was stellte Ihre **Gründungsidee** in Ihren Augen dar? (Herstellersicht) (Beurteilen Sie Technologie/Kompetenzen **zu Beginn** der Geschäftstätigkeit) | Bitte nur ein Feld ankreuzen |
| | Keine echte Neuheit für den Markt | 0 |
| | Neue Kombination von bestehenden Technologien/Kompetenzen | 0 |
| | Erhebliche Verbesserung von Technologien/Wissen | 0 |
| | Signifikante Verbesserung von Technologien/Wissen (mit wesentlichen Unterschieden zum Wettbewerb) | 0 |
| | Neuheit für den angesprochenen Markt | 0 |
| | Neuheit für die gesamte Branche/Industrie | 0 |
| | Fundamentale Neuheit für die Welt (Einzigartigkeit) | 0 |

| | | | | | | | | |
|---|---|---|---|---|---|---|---|---|
| B7 | Bitte beurteilen Sie, wie **komplex** Ihre Gründungsidee war. (Die Komplexität einer Gründungsidee ergibt sich aus der Anzahl und Vielfalt von Aufgabenträgern und einer ausgeprägten Arbeitsteilung.) | 1 = überhaupt nicht komplex | | | | | | 7 = sehr komplex |
| | | 1 | 2 | 3 | 4 | 5 | 6 | 7 |
| | Komplexitätsgrad Ihrer Idee zum Zeitpunkt der Gründung. | 0 | 0 | 0 | 0 | 0 | 0 | 0 |

| B8 | Bitte geben Sie an, wie stark zum Gründungszeitpunkt Ihre Bereitschaft war, ... | 1= Bereitschaft überhaupt nicht vorhanden | | | | | | 7= Bereitschaft voll und ganz vorhanden |
|---|---|---|---|---|---|---|---|---|
| | | 1 | 2 | 3 | 4 | 5 | 6 | 7 |
| a) | ... eigene Ideen und **Projekte umzusetzen** und dafür gewisse **Risiken** einzugehen. | 0 | 0 | 0 | 0 | 0 | 0 | 0 |
| b) | ... eigene (oder fremde) Forschungsergebnisse weiter zu entwickeln und **auf den Markt** zu bringen. | 0 | 0 | 0 | 0 | 0 | 0 | 0 |
| c) | ... sich den **Anforderungen der Abnehmer** und Partner zu stellen und diese zu verwirklichen. | 0 | 0 | 0 | 0 | 0 | 0 | 0 |

| B9 | Bitte geben Sie die Bedeutung der folgenden **Motive** für Ihre Unternehmensgründung an (zum Gründungszeitpunkt). | 1= Motiv trifft überhaupt nicht zu | | | | | | 7= Motiv trifft voll und ganz zu |
|---|---|---|---|---|---|---|---|---|
| | | 1 | 2 | 3 | 4 | 5 | 6 | 7 |
| a) | Die Gründung war das Ergebnis einer erfolgten oder geplanten **Umstrukturierung** innerhalb des Forschungsinstituts. | 0 | 0 | 0 | 0 | 0 | 0 | 0 |
| b) | Die Gründung war eine Reaktion auf interne **Probleme** innerhalb des Forschungsinstituts. | 0 | 0 | 0 | 0 | 0 | 0 | 0 |
| c) | Die Gründung war eine Reaktion auf das **Auslaufen** (oder drohende Auslaufen) eines **Arbeitsvertrages**. | 0 | 0 | 0 | 0 | 0 | 0 | 0 |
| d) | andere: ... | 0 | 0 | 0 | 0 | 0 | 0 | 0 |

## Teil C: Unterstützung Ihrer Unternehmensgründung und Kooperation mit der Forschungseinrichtung

| C1 | Wie umfangreich haben Sie während Ihrer Unternehmens-gründung (und deren Vorbereitung) von den folgenden **Unterstützungsangeboten** Gebrauch gemacht? | 1= überhaupt nicht genutzt (bzw. nicht angeboten) | | | | | | 7= sehr umfangreich genutzt |
|---|---|---|---|---|---|---|---|---|
| | | 1 | 2 | 3 | 4 | 5 | 6 | 7 |
| a) | Teilzeitbeschäftigung, Nebentätigkeit, Beurlaubung in und vor der Gründungsphase | 0 | 0 | 0 | 0 | 0 | 0 | 0 |
| b) | Kostengünstige (oder unentgeltliche) Nutzung von Infrastruktur (Labore, Einrichtungen, Geräte) des Forschungsinstituts | 0 | 0 | 0 | 0 | 0 | 0 | 0 |
| c) | Kostengünstige (oder unentgeltliche) Nutzung von Markt- und/oder Patentrecherchen | 0 | 0 | 0 | 0 | 0 | 0 | 0 |

| C2 | Wie umfangreich nutzte Ihr Unternehmen **zum Gründungs-zeitpunkt** Patente und/oder andere Schutzrechte des Forschungsinstituts? | 1= überhaupt nicht | | | | | | 7= sehr umfangreich |
|---|---|---|---|---|---|---|---|---|
| | | 1 | 2 | 3 | 4 | 5 | 6 | 7 |
| | Umfang der **Lizenzierung von Patenten** und Schutzrechten | 0 | 0 | 0 | 0 | 0 | 0 | 0 |

| C3 | Bitte beurteilen Sie die Beteiligungssituation in den ersten zwei Geschäftsjahren: | gar keine | unter 5% | 5 - 10% | 11 - 15% | 16 - 20% | 21 - 25% | über 25% |
|---|---|---|---|---|---|---|---|---|
| | **Beteiligung** der Forschungseinrichtung bzw. -gesellschaft am Unternehmen **zu Beginn** ... | 0 | 0 | 0 | 0 | 0 | 0 | 0 |

| C4 | In welchem Umfang treffen die folgenden Aussagen zur Gründungssituation zu? | 1= Aussage trifft überhaupt nicht zu | | | | | | 7= Aussage trifft voll und ganz zu |
|---|---|---|---|---|---|---|---|---|
| | | 1 | 2 | 3 | 4 | 5 | 6 | 7 |
| a) | Die Gründung Ihres Unternehmens erfolgte in **enger Absprache** mit dem Forschungsinstitut. (hinsichtlich Projektpartner, Märkte und/oder Ausrichtung Ihres Unternehmens) | 0 | 0 | 0 | 0 | 0 | 0 | 0 |
| b) | Das Forschungsinstitut zählte zu den **allerersten Abnehmern**, Projektpartnern oder Lieferanten des Unternehmens. | 0 | 0 | 0 | 0 | 0 | 0 | 0 |

| C5 | Beurteilen Sie die Zusammenarbeit mit dem Forschungsinstitut: | 1 = keinerlei Kontakte | | | | | | 7 = sehr umfangreiche Kontakte |
|---|---|---|---|---|---|---|---|---|
| | | 1 | 2 | 3 | 4 | 5 | 6 | 7 |
| | Gab es nach dem zweiten Geschäftsjahr **Kontakte** zur Forschungsorganisation? (z.B. durch Personalaustausch, Projekte, informelle Kontakte, Gespräche) | 0 | 0 | 0 | 0 | 0 | 0 | 0 |

| C6 | Schätzen Sie die Bedeutung der Zusammenarbeit mit dem Forschungsinstitut nach dem zweiten Geschäftsjahr ein: | 1 = voll-kommen unwichtig | | | | | | 7 = strategisch sehr wichtig |
|---|---|---|---|---|---|---|---|---|
| | | 1 | 2 | 3 | 4 | 5 | 6 | 7 |
| | Welche **Bedeutung** hatte die Zusammenarbeit für die Entwicklung Ihres Unternehmens? | 0 | 0 | 0 | 0 | 0 | 0 | 0 |

| C7 | Schätzen Sie das Ausmaß der Zusammenarbeit mit dem Forschungsinstitut nach dem zweiten Geschäftsjahr ein: | 1 = auf einen einzigen Bereich | | | | | | 7 = auf das gesamte Unternehmen |
|---|---|---|---|---|---|---|---|---|
| | | 1 | 2 | 3 | 4 | 5 | 6 | 7 |
| | Bezieht oder bezog sich die Zusammenarbeit auf einzelne **Bereiche** oder auf das gesamte Unternehmen? (Bereiche sind z.B. Marketing, PR, Patente, Beschaffung, F&E) | 0 | 0 | 0 | 0 | 0 | 0 | 0 |

| C8 | Schätzen Sie den Nutzen der Zusammenarbeit mit dem Forschungsinstitut nach dem zweiten Geschäftsjahr ein: | 1 = sehr gering | | | | | | 7 = sehr hoch |
|---|---|---|---|---|---|---|---|---|
| | | 1 | 2 | 3 | 4 | 5 | 6 | 7 |
| | Der **Nutzen** aus der Zusammenarbeit war/ist insgesamt ... | 0 | 0 | 0 | 0 | 0 | 0 | 0 |

| C9 | Schätzen Sie die Koordination der Zusammenarbeit mit dem Forschungsinstitut nach dem zweiten Geschäftsjahr ein: | 1 = nie/ sehr selten | | | | | | 7 = regel-mäßig |
|---|---|---|---|---|---|---|---|---|
| | | 1 | 2 | 3 | 4 | 5 | 6 | 7 |
| | Wie **häufig kommunizieren** Ihr Unternehmen und das Institut? (z.B. zur Abstimmung und Suche nach Unterstützungsmöglichkeiten) | 0 | 0 | 0 | 0 | 0 | 0 | 0 |

| C10 | Beurteilen Sie die Beteiligungssituation nach dem zweiten Geschäftsjahr Ihres Unternehmens: | gar keine | unter 5% | 5%-10% | 11%-15% | 16%-20% | 21-25% | über 25% |
|---|---|---|---|---|---|---|---|---|
| | **Beteiligung** der Forschungseinrichtung bzw. -gesellschaft am Unternehmen **nach zwei Jahren** ... | 0 | 0 | 0 | 0 | 0 | 0 | 0 |

**Teil D: Markteintritt**

A4 Bitte ordnen Sie Ihren anfänglichen **Zielmarkt** (hauptsächlich) einer der folgenden Branchen zu:
(Bitte nur ein Feld ankreuzen)

| | | | |
|---|---|---|---|
| Informationstechnik, Telekom | 0 | Programmierung, Software Herstellung | 0 |
| Oberflächentechnik, Photonik, Lasertechnik | 0 | EDV- und technische Dienstleistungen | 0 |
| Mikroelektronik und Mikrosystemtechnik | 0 | Umwelttechnik | 0 |
| Regelungstechnik, Messtechnik und Sensorik | 0 | Chemie und Pharma | 0 |
| Gesundheit, Medizintechnik und Life Science | 0 | Automotive und Verkehr | 0 |
| Werbung, Mediendienste, Bildungsdienste | 0 | Maschinenbau, Werkstofftechnik | 0 |

| D1 | Bitte beurteilen Sie die **Zeitdauer bis** zum erstmaligen Angebot eines Produktes/einer Dienstleistung **am Markt**. (Markteinführung) | 1 = Aussage trifft überhaupt nicht zu | | | | | | 7 = Aussage trifft voll und ganz zu |
|---|---|---|---|---|---|---|---|---|
| | (Wie sehr treffen die Aussagen zu?) | 1 | 2 | 3 | 4 | 5 | 6 | 7 |
| a) | Der erstmalige Markteintritt wurde **in kürzerer Zeit vollzogen**, als ursprünglich geplant war. | 0 | 0 | 0 | 0 | 0 | 0 | 0 |
| b) | Angesichts der Komplexität und der Neuigkeit der Gründungsidee ist der **Markteintritt relativ schnell** erfolgt. | 0 | 0 | 0 | 0 | 0 | 0 | 0 |
| c) | Die Gründer/Mitarbeiter des Unternehmens waren sehr **zufrieden mit der Zeitdauer**, die bis zur Markteinführung benötigt wurde. | 0 | 0 | 0 | 0 | 0 | 0 | 0 |

| D2 | Bitte geben Sie die **Dauer der Zeitabschnitte** in Monaten an. | |
|---|---|---|
| a) | Die Zeitdauer von der Gründungsidee bis zur rechtlichen Gründung des Unternehmens betrug ... | ... Monate |
| b) | Die Zeitdauer von der rechtlichen Gründung des Unternehmens bis zum erstmaligen Angebot einer Leistung am Markt betrug ... | ... Monate |

| D3 | Wie **zufrieden** waren/sind Sie mit der Entwicklung Ihres Unternehmens in den ersten zwei Geschäftsjahren hinsichtlich der folgenden Punkte: | 1= über-haupt nicht zufrieden | | | | | | 7 = voll und ganz zufrieden |
|---|---|---|---|---|---|---|---|---|
| | (Bitte berücksichtigen Sie dabei die eingesetzten Ressourcen) | 1 | 2 | 3 | 4 | 5 | 6 | 7 |
| a) | **Umsetzung** der Gründungsidee in der geplanten **technologischen Qualität** | 0 | 0 | 0 | 0 | 0 | 0 | 0 |
| b) | Erzielung eines technologischen **Wettbewerbsvorteils** gegenüber der relevanten Konkurrenz | 0 | 0 | 0 | 0 | 0 | 0 | 0 |

| D4 | Bitte beurteilen Sie die Leistung Ihres Unternehmens in den ersten zwei Geschäftsjahren. | Bitte nur ein Feld ankreuzen |
|---|---|---|
| | Was konnte in dieser Zeit erreicht werden (Produkt/Dienstleistung)? | |
| | Keine echte Neuheit für den Markt | 0 |
| | Neue Kombination von bestehenden Technologien/Kompetenzen | 0 |
| | Erhebliche Verbesserung von Technologien/Wissen | 0 |
| | Signifikante Verbesserung von Technologien/Wissen (mit wesentlichen Unterschieden zum Wettbewerb) | 0 |
| | Neuheit für den angesprochenen Markt | 0 |
| | Neuheit für die gesamte Branche/Industrie | 0 |
| | Fundamentale Neuheit für die Welt (Einzigartigkeit) | 0 |

| D5 | Bitte beurteilen Sie die Entwicklung Ihres Unternehmens in den **ersten zwei Geschäftsjahren** hinsichtlich der folgenden Punkte: | 1 = trifft überhaupt nicht zu | | | | | | 7 = trifft voll und ganz zu |
|---|---|---|---|---|---|---|---|---|
| | Wie sehr treffen die Aussagen zu? | 1 | 2 | 3 | 4 | 5 | 6 | 7 |
| a) | Es wurden **innovative Produkte**, Dienstleistungen, Prozess- oder Produktionstechnologien oder Verfahren entwickelt und auf den Markt gebracht. | 0 | 0 | 0 | 0 | 0 | 0 | 0 |
| b) | Das Unternehmen hat auf Basis der Gründungsidee **neue Märkte** angesprochen und/oder neue Abnehmer gewonnen, die ursprünglich nicht geplant waren. | 0 | 0 | 0 | 0 | 0 | 0 | 0 |
| c) | Es wurden (weitere) **Patente angemeldet**/erlangt. | 0 | 0 | 0 | 0 | 0 | 0 | 0 |
| d) | Es wurden Nutzungsrechte (**Lizenzen**) an andere **vergeben**. | 0 | 0 | 0 | 0 | 0 | 0 | 0 |

**Teil E: Markt und Kunden**

| E1 | Bitte beurteilen Sie den von Ihrem Unternehmen angestrebten Zielmarkt **zum Zeitpunkt der Gründung**. | 1= sehr gering | | | | | | 7= sehr hoch |
|---|---|---|---|---|---|---|---|---|
| | | 1 | 2 | 3 | 4 | 5 | 6 | 7 |
| a) | **Marktwachstum** Ihres Zielmarktes | 0 | 0 | 0 | 0 | 0 | 0 | 0 |
| b) | **Marktpotenzial** zum Zeitpunkt der Gründung | 0 | 0 | 0 | 0 | 0 | 0 | 0 |
| c) | **Markteintrittsbarrieren** für Ihr Unternehmen | 0 | 0 | 0 | 0 | 0 | 0 | 0 |
| d) | Zahl der potenziellen **Abnehmer** für Ihr Unternehmen | 0 | 0 | 0 | 0 | 0 | 0 | 0 |
| e) | **Kaufkraft** der Kunden und potenziellen Abnehmer zum Gründungszeitpunkt | 0 | 0 | 0 | 0 | 0 | 0 | 0 |
| f) | Zahl der existierenden und potenziellen **Wettbewerber** | 0 | 0 | 0 | 0 | 0 | 0 | 0 |

| E2 | Bitte schätzen Sie ein, wie genau sich zum Gründungszeitpunkt Vorhersagen zu verschiedenen Aspekten machen ließen. | 1= überhaupt nicht genau | | | | | | 7= sehr genau |
|---|---|---|---|---|---|---|---|---|
| | (Aus heutiger Perspektive) | 1 | 2 | 3 | 4 | 5 | 6 | 7 |
| a) | **Weiterentwicklungen** und Verbesserungen im relevanten Technologiebereich | 0 | 0 | 0 | 0 | 0 | 0 | 0 |
| b) | Vorhersage der **Marktentwicklungen** zum Gründungszeitpunkt | 0 | 0 | 0 | 0 | 0 | 0 | 0 |
| c) | Einschätzung der **Reaktionen der Konkurrenten** und potenziellen Konkurrenten im Vorfeld | 0 | 0 | 0 | 0 | 0 | 0 | 0 |
| d) | Einschätzung der **Anforderungen** und Reaktionen der Abnehmer im Vorfeld | 0 | 0 | 0 | 0 | 0 | 0 | 0 |

| E3 | Beurteilen Sie den Umsatzanteil Ihres Unternehmens mit Forschungseinrichtungen. | unter 10% | 11-20% | 21-30% | 31-40% | 41-50% | 51-75% | über 75% |
|---|---|---|---|---|---|---|---|---|
| a) | Anteil am Umsatz, den Ihr Unternehmen **anfänglich** mit Forschungseinrichtungen (Universitäten und Instituten) erwirtschaftete? | 0 | 0 | 0 | 0 | 0 | 0 | 0 |
| b) | Wie groß ist dieser Anteil **derzeit**? | 0 | 0 | 0 | 0 | 0 | 0 | 0 |

**Teil F: Erfolg Ihrer Unternehmensgründung**

| | | | |
|---|---|---|---|
| F1 | Wie hoch war Ihr **Umsatz** (in €) ...<br>= Gesamtbetrag der abgerechneten Lieferungen und Leistungen an Dritte (ohne Umsatzsteuer, Subventionen, außerordentliche und betriebsfremde Erträge sowie Zinsen und ähnliche Erträge). | ... im ersten Geschäftsjahr?<br>__________ | ... im vergangenen Geschäftsjahr ?<br>__________ |

| | | 1= überhaupt nicht erfolgreich | | | | | | 7= sehr erfolgreich |
|---|---|---|---|---|---|---|---|---|
| F2 | Betrachten Sie die verfolgten Ziele und die eingesetzten Ressourcen und beurteilen Sie den **Erfolg** Ihrer Spin-off Gründung zum heutigen Zeitpunkt. | 1 | 2 | 3 | 4 | 5 | 6 | 7 |
| | Die Spin-off Gründung ist ... | 0 | 0 | 0 | 0 | 0 | 0 | 0 |

F3 Bitte gewichten Sie die Bedeutung der folgenden – eher kurzfristigen – **Ziele** eines Unternehmens durch die Verteilung von insgesamt 100 Punkten (z.B. 40, 30, 30) ?

| ________ | ________ | ________ | Σ = 100 |
|---|---|---|---|
| Umsatzwachstum | Mitarbeiterwachstum | Cash-flow | |

| | | 1= überhaupt nicht erfolgreich | | | | | | 7= sehr erfolgreich |
|---|---|---|---|---|---|---|---|---|
| F4 | Wenn Sie die Ziele und die eingesetzten Ressourcen betrachten, **wie erfolgreich** würden Sie Ihr Unternehmen bewerten? | 1 | 2 | 3 | 4 | 5 | 6 | 7 |
| | Umsatzwachstum | 0 | 0 | 0 | 0 | 0 | 0 | 0 |
| | Mitarbeiterwachstum | 0 | 0 | 0 | 0 | 0 | 0 | 0 |
| | Cash-flow | 0 | 0 | 0 | 0 | 0 | 0 | 0 |

F5 Bitte gewichten Sie die Bedeutung der folgenden – eher langfristigen – **Ziele** eines Unternehmens durch die Verteilung von insgesamt 100 Punkten (z.B. 40, 30, 30) ?

| ________ | ________ | ________ | Σ = 100 |
|---|---|---|---|
| Langfristige Marktanteile | Gesamtkapital-Rentabilität | Zukunfts-aussichten | |

| | | 1= überhaupt nicht erfolgreich | | | | | | 7= sehr erfolgreich |
|---|---|---|---|---|---|---|---|---|
| F6 | Wenn Sie die Ziele und die eingesetzten Ressourcen betrachten, wie **erfolgreich** würden Sie Ihr Unternehmen bewerten? | 1 | 2 | 3 | 4 | 5 | 6 | 7 |
| | Gesamtkapital-Rentabilität | 0 | 0 | 0 | 0 | 0 | 0 | 0 |
| | Langfristige Marktanteile | 0 | 0 | 0 | 0 | 0 | 0 | 0 |
| | Langfristige Zukunftsaussichten | 0 | 0 | 0 | 0 | 0 | 0 | 0 |

Vielen Dank für die Beantwortung des Fragebogens.

Möchten Sie eine Zusammenfassung der Ergebnisse erhalten? Ja Nein

(Anschrift oder e-mail: )________________________________

______________________________________________

Nr: 1035 (dient ausschließlich der Rücklaufkontrolle)

# 10 Literaturverzeichnis

Aaker, D. A. (1988): Kriterien zur Identifikation dauerhafter Wettbewerbsvorteile, in: Simon, H. (Hrsg.): Wettbewerbsvorteile und Wettbewerbsfähigkeit, Stuttgart, S. 37-46.

Aaker, D. A.; Jacobson, R. (1994): The financial information content of perceived quality, in: Journal of Marketing Research, Vol. 31, No. 2, S. 191-201.

Abramson, N. H.; Encarnacao, J.; Reid, P. P.; Schmoch, U. (1997): Technology Transfer Systems in the United States and Germany: Lessons and Perspectives, Washington D.C.

ADT (1998): Projekt ATHENE – Ausgründungen technologieorientierter Unternehmen aus Hochschulen und außeruniversitären Forschungseinrichtungen, Arbeitsgemeinschaft Deutscher Technologie- und Gründerzentren e.V., Berlin.

Akgün, A. E.; Lynn, G. S. (2002): Antecedents and consequences of team stability on new product development performance, in: Journal of Engineering and Technology Management, Vol. 19, No. 3/4, S. 263-286.

Albach, H. (1984): Betriebswirtschaftliche Probleme der Unternehmungsgründung, Bonn.

Albach, H. (1988): Kosten, Transaktionen und externe Effekte im betrieblichen Rechnungswesen, in: Zeitschrift für Betriebswirtschaft, S. 1143-1170.

Aldrich, H. E.; Rosen, E.; Woodward W. (1986): Social behaviour and entrepreneurial networks, in: Frontiers of Entrepreneurship Research, S. 355-369.

Aldrich, H. E.; Zimmer, C. (1986): Entrepreneurship through social networks, in: Sexton, D. L.; Smilor, R. W. (Hrsg.): The art and science of entrepreneurship, Cambridge, S. 3-23.

Ali, A. (2000): The Impact of Innovativeness and Development Time on New Product Performance for Small Firms, in: Marketing Letters, Vol. 11, No. 2, S. 151-163.

Allen, D. N. (1984): An Entrepreneurial Marriage: Business Incubators and Start-ups, in: Proceedings of the 1984 Babson College Conference on Entrepreneurship Research, Wellesley, S. 38-60.

Allen, D. N.; Norling, F. (1991): Exploring Perceived Threats in Faculty Commercialization of Research, in: Brett, A. M.; Gibson, D. V.; Smilor, R. W. (Hrsg.): University Spin-off Companies: Economic Develompment, Faculty Entrepreneurs, and Technology Transfer, Savage, S. 85-102.

Almus, M.; Nerlinger, E. (1998): Beschäftigungsdynamik in jungen innovativen Unternehmen: Empirische Ergebnisse für West-Deutschland, ZEW Diskussionspapier Nr. 98-09, Zentrum für Europäische Wirtschaftsforschung, Bonn.

Anderson, C.J.; Gerbing, D. W. (1991): Predicting the Performance of Measures in a Confirmatory Factor Analysis with a Pretest Assessment of their Substantive Validities, in: Journal of Applied Psychology, Vol. 76, No. 5, S. 732-740

Ansoff, H. I. (1987): Corporate Strategy, 3. Aufl., London.

Apel, H.; Friedrich, W.; Hägele, H. (1999): Evaluierung der Ziel 4-Maßnahmen des Europäischen Sozialfonds in Deutschland, Köln.

Arbuckle, J. L. (2005): Amos 6.0 User's Guide, Chicago.

Arbuckle, J. L. (2006): Amos 7.0 User's Guide, Chicago.

Aronson, Z. H.; Reilly, R. R.; Lynn, G. S. (2006): The impact of leader personality on new product development, teamwork and performance: The moderating role of uncertainty, in: Journal of Engineering and Technology Management, Vol. 23, No. 3, S. 221-247.

Arthur D. Little (1988): Innovation als Führungsaufgabe, Frankfurt am Main, New York.

Astor, M. (2003): Kriterien der Evaluierung von Technologietransfereinrichtungen, in: Pleschak, F. (Hrsg.): Technologietransfer - Anforderungen und Entwicklungstendenzen, Karlsruhe, S. 27-37.

Athene (1997): Akademische Unternehmensgründungen in Technologie- und Gründerzentren in Deutschland, Arbeitsgemeinschaft Deutscher Technologie- und Gründerzentren (Hrsg.), Info Nr. 7/8, Spezial 10/1997, Berlin.

Atuahene-Gima, K. (2003): The effect of centrifugal and centripetal forces on product development speed an quality: How does problem solving matter?, in: Academy of Management Journal, Vol. 46, No. 3, S. 359-373.

Atuahene-Gima, K.; Ko, A. (2001): An Empirical Investigation of the Effect of Market Orientation and Entrepreneurship Orientation Alignment on Product Innovation, in: Organization Science, Vol. 12, No. 1, S. 54-74.

Audretsch, D. B.; Cooke, P. (2001): Die Entwicklung regionaler Biotechnologie-Cluster in den USA und Großbritannien, Arbeitsbericht Nr. 107/Juni 2001, Akademie für Technikfolgenabschätzung in Baden-Württemberg, Stuttgart.

Auer, M.; Walter, A.; Gemünden, H. G. (2005): Unternehmertum im Technologietransfer. Theoretische Überlegungen und empirische Befunde, in: Gemünden, H. G.; Salomo, S.; Müller, T. (Hrsg.): Entrepreneurial Excellence, Wiesbaden, S. 81-115.

Autio, E. (1994): New, technology-based firms as agents of R&D and innovation. An empirical study, in: Technovation, 1994, Vol. 14, No. 4, S. 259-273.

Autio, E.; Yli-Renko, H. (1998): New, technology-based firms in small open economies - An analysis based on the Finnish experience, in: Research policy, Vol. 26, S. 973-987.

Avlonitis, G.J.; Papastathopoulou, P.G.; Gounaris, S.P. (2001): An empirically based typology of product innovativeness for new financial services: Success and failure scenarios, in: Journal of Product Innovation Management, Vol. 18, S. 324-342.

Baaken, T (1989): Bewertung technologieorientierter Unternehmensgründungen, Kriterien und Methoden zur Bewertung von Gründerpersönlichkeit, Technologie und Markt für Banken und Venture-Capital-Gesellschaften sowie für die staatliche Wirtschafts- und Technologieförderung, Berlin.

Backhaus, K.; Büschken, J. (1998): Einsatz der Kausalanalyse in der empirischen Forschung zum Investitionsgütermarketing, in: Hildebrandt, L.; Homburg, C. (Hrsg.): Die Kausalanalyse: ein Instrument der betriebswirtschaftlichen Forschung, Stuttgart, S. 149 -168.

Backhaus, K.; Erichson, B.; Plinke, W.; Weiber, R. (2006): Multivariate Analysemethoden, 11. Aufl., Berlin.

Badaracco, J. L. (1991): Strategische Allianzen – Wie Unternehmen durch Know-how-Austausch Wettbewerbsvorteile erzielen, Wien.

Bagozzi, R. P.; Fornell, C. (1982): Theoretical Concepts, Measurements and Meaning, in: Fornell, C. (Hrsg.): A Second Generation Multivariate Analysis, Band 2, New-York, S. 24-38.

Bagozzi, R.-P.; Yi, Y. (1988): On the evaluation of Structural Equation Models, in: Journal of the Academy of Marketing Science, Vol. 16, No. 1, S. 74-94.

Ballwieser, W.; Schmid, H. (1990): Charakteristika und Problembereiche von Management Buy-Outs, 1. Teil, in: Das Wirtschaftsstudium, Nr. 5, S. 299-305.

Barney, J. B. (1991): Firm resources and sustained competitive advantage, in: Journal of Management, Vol. 17, S. 99-121.

Barney, J. B.; Wright, M.; Ketchen, D. J. (2001): The Resource-Based View of the Firm: Ten Years after 1991, in: Journal of Management, Vol. 27, No. 6, S. 625-641.

Bartholomä, G.; Rosch, I.; Trogisch, I. (1993): Unternehmensgründungen durch Frauen im Bezirk Mitte von Berlin 1990 bis 1993: Ergebnisse einer Befragung von 100 Existenzgründerinnen, Berlin.

Batjargal, B. (2003): Social capital and entrepreneurial performance in Russia: A longitudinal study, in: Organization Studies, Vol. 24, No. 4, S. 535-556.

Bauer, F. (1986): Datenanalyse mit SPSS, 2. Aufl., Berlin.

Baum, J. A. C.; Calabrese, T.; Silverman, B. S. (2000). Don't go it alone: alliance network composition and startups' performance in Canadian biotechnology, in: Strategic Management Journal, Vol. 21, S. 267-294.

Bausch, A.; Rosenbusch, N. (2006): Innovation und Unternehmenserfolg: Eine meta-analytische Untersuchung, in: Die Unternehmung, Jg. 60, Nr. 2, S. 125-140.

Becker, F. (2006): Persönlichkeit von Unternehmen Diagnose und Potenzial der zentralen Einstellungen zu Unternehmen, München.

Beer, H. (2000): Hochschul-Spin-offs im High-Tech-Wettbewerb, Hamburg.

Beibst, G.; Lautenschläger, A. (2002): Hochschulwissenschaftler als Unternehmensgründer. Gründungsabsichten und Gründerfähigkeiten von Hochschulwissenschaftlern im internationalen Vergleich, Diskussionspapier, Mai 2002, FH Jena.

Bekkers, R.; van der Steen, M. (2003): IP-based spin-offs of public research organisations in the dutch life science and ICT sectors, in: OECD (Hrsg.): Turning science into business. Patenting and licensing at public research organisations, ohne Ort, S. 263-289.

Bell, E. (1993): Some Current Issues in Technology Transfer and Academic-Industrial Relations: A Review, in: Technology Analysis & Strategic Management, Vol. 5, No. 3, S. 307-321.

Bellini, N.; Pammolli, F.; Piccaluga, A. (2000): Il roulo dell'università nei processi di constituency building per l'innovazione industriale e territoriale. Riflessioni sull'esperienza italiana, in: Paganetto, L.; Pietrobelli, C. (Hrsg.): Scienza, tecnologia e innovazione: quali politiche?, Bologna, 2001, S. 403-438.

Berger, M. (1993): Management Buy-Out und Mitarbeiterbeteiligung: Finanzwirtschaftliche Analyse von Konzepten zur Übernahme von Unternehmen durch Management und Belegschaft, Köln.

Berndts, P.; Harmsen, D. M. (1985): Technologieorientierte Unternehmensgründungen in Zusammenarbeit mit staatlichen Forschungseinrichtungen, Köln.

Bewerunge, C. (1991): Corporate Venturing als Strategie eines Großunternehmens, in: Lücke, W.; Schulz, K. (Hrsg.): Standort Deutschland – Personal, Investition, Internationalität, Wiesbaden, S. 33-51.

Binsack, M. (2003): Akzeptanz neuer Produkte: Vorwissen als Determinante des Innovationserfolgs, Wiesbaden.

Birch, D. L. (1987): Job Creation in America, New York.

Birley, S. (1985): The role of networks in the entrepreneurial process, in: Journal of Business Venturing, Vo. 11, S. 107-117.

Birley, S.; Westhead, P. (1994): A Taxonomy of Business Start-Up Reasons and their Impact on Firm Growth and Size, in: Journal of Business Venturing, Vol. 9, S. 7-31.

Blaeser-Benfer, A. (2005): Maßnahmen zur Aneignung der Innovationsrendite - eine transaktionskostentheoretische Betrachtung am Beispiel innovativer deutscher Unternehmen, Eschborn.

Blum, N. (2006): Spin-offs in strategischen Unternehmensnetzwerken, Wiesbaden.

BMBF (2000): Bundesbericht Forschung 2000, Bonn.

BMBF (2002a): Spinoff-Gründungen aus der öffentlichen Forschung in Deutschland, Bonn.

BMBF (2002b):Faktenbericht Forschung 2002, Bonn.

BMBF (2008): Bundesbericht Forschung und Innovation 2008, Berlin.

Böcker, F.; Helm, R. (2003): Marketing, 7. Aufl., Stuttgart.

Boden, G.; Fröstl, K. (1993): Kooperation. Schriftenreihe des Wirtschaftsförderungsinstituts Nr. 223, Wien.

Boehme, J. (1986): Innovationsförderung durch Kooperation, Berlin.

Bollen, K. (1989): Structural Equations with latent variables, Oxford.

Borgatti, S. P.; Jones, C.; Everett, M. G. (1998): Network measures of social capital, in: Connections, Vol. 21, No. 2, S. 1-36.

Bortz, J. (2005): Statistik für Human- und Sozialwissenschaftler, 6. Aufl., Heidelberg.

Bortz, J.; Döring, N. (2002): Forschungsmethoden und Evaluation: für Human- und Sozialwissenschaftler, 3. Aufl., Berlin.

Boulding, W.; Christen, M. (2003): Sustainable Pioneering Advantage? Profit Implications of Market Entry Order, in: Marketing Science, Vol. 22, No. 3, S. 371-392.

Boyd, B.; Dess, G.; Rasheed, A. (1993). Divergence between archival and perceptual measures of the environment, in: Academy of Management Review, Vol. 18, S. 204-226.

Brandstein-Zeppelin, C. von (1992): Der Geschäftsplan – professionelle Selbstdarstellung für externe Kapitalgeber, in: Lütjen, G. (Hrsg.): Management Buy-Out, Frankfurt am Main, S. 61-89.

Brettel, M.; Jaugey, C.; Rost, C. (2000): Business Angels, Wiesbaden.

Breuer, W.; Schwamborn, S. (1993): Der Lead-User Ansatz, in: Die Betriebswirtschaft, Nr. 6, S. 845-847.

Brinckmann, J.; Salomo, S.; Gemünden, H. G. (2006): Managementkompetenz in jungen Technologieunternehmen, in: Achleitner, A.-K.; Klandt, H.; Koch, L. T.; Voigt, K.-I. (Hrsg.): Jahrbuch Entrepreneurship 2005/06, Berlin, S. 15-38.

Brockhoff, K. (1999): Forschung und Entwicklung. Planung und Kontrolle, 5. Aufl., München, Wien.

Brockhoff, K.; Zanger, C. (1993): Meßprobleme des Neuheitsgrades, in: Schmalenbachs Zeitschrift für betriebswirtschaftliche Forschung, Jg. 45, Oktober Ausgabe, S. 835-851.

Browne, M. W.; Cudeck, R. (1993): Alternative Ways of Assessing Model Fit, in: Bollen, K. A.; Long, J. S. (Hrsg.): Testing Structural Equation Models, Newbury Park, S. 136-162.

Brüderl, J.; Preisendörfer, P.; Ziegler, R. (1996): Der Erfolg neugegründeter Betriebe: eine empirische Studie zu den Chancen und Risiken von Unternehmensgründungen, Berlin.

Brush, C. G.; Greene, P. G.; Hart, M. M. (2001): From initial idea to unique advantage: The entrepreneurial challenge of constructing a resource base, in: Academy of Management Executive, Vol. 15, No. 1, S. 64-78.

Buchholz, W. (1996): Time-to-market-Management - zeitorientierte Gestaltung von Produktinnovationsprozessen, 2. Aufl., Stuttgart.

Buchholz, W. (1998): Timingstrategien - Zeitoptimale Ausgestaltung von Produktentwicklungsbeginn und Markteintritt, in: Zeitschrift für betriebswirtschaftliche Forschung, Jg. 50, Nr. 1, S. 21-40.

Büderl, J.; Bühler, C.; Ziegler, R. (1993): Beschäftigungswirkung neugegründeter Betriebe, Stuttgart.

Bühler, C.; Hinz, T. (1996): Überlebens- und Wachstumschancen neugegründeter Betriebe in der Region Leipzig, in: Preisendörfer, P. (Hrsg.): Prozesse der Neugründung von Betrieben in Ostdeutschland, Rostocker Beiträge zur Regional- und Strukturforschung, S. 125-145.

Bühner, M. (2004): Einführung in die Test- und Fragebogenkonstruktion, München.

Bühner, R. (1993): Strategie und Organisation, Analyse und Planung der Unternehmensdiversifikation mit Fallbeispielen, 2. Aufl., Wiesbaden.

Bullinger, H.-J. (1994): Einführung in das Technologiemanagement, Stuttgart.

Burt, R. (2000): The Network Entrepreneur, in: Swedberg, R. (Hrsg.): The Social Science View, Oxford, S. 281-307.

Calantone, R.L.; Schmidt, J.; di Benedetto, B. (1997): New product activities and performance: The moderating role of environmental hostility, in: Journal of Product Innovation Management, Vol. 14, S. 179-189.

Callan, B. (2001): Generating spin-offs. Evidence from across the OECD, in: OECD (Hrsg.): STI Review No. 26, Paris,
S. 13-55.

Carbonell, P.; Rodriguez, A. I. (2006): The impact of market charakteristics and innovation speed on perceptions of positional advantage and new product performance, in: International Journal of Research in Marketing, Vol. 23, S. 1-12.

Cesaroni, F.; Moscara, P. C.; Piccaluga, A. (2004): Dalla ricerca al mercato. Modello di sviluppo di piccole imprese technology-based come spin-off di enti pubblici di ricercal, Arbeitspapier, Pisa/Lecce.

Chandler, G.; Hanks, S. H. (1998): An Examination of the Substitutability of Founders Human and Financial Capital in Emerging Business Ventures, in: Jounal of Business Venturing, Vol. 13, S. 353-369.

Chen, J.; Reilly, R.; Lynn, G., (2005): The impacts of speed-to-market on new product success: the moderating effects of uncertainty, in: IEEE Transactions on Engineering Management, Vol. 52, No. 2, S. 199-211.

Chiesa, V.; Piccaluga, A. (2000): Exploitation and diffusion of public research: the case of academic spin-off companies in Italy, in: R&D Management, Vol. 30, No. 4, S. 329-339.

Cho, H.-J.; Pucik, V. (2005): Relationship between innovativeness, quality, growth, profitability, and market value, in: Strategic Management Journal, Vol. 26, No. 6, S. 555-575.

Chrisman, J. J., Hynes, T.; Fraser, S., 1995. Faculty entrepreneurship and economic development: The case of the University of Calgary, in: Journal of Business Venturing, Vol. 10, 267-281.

Churchill, G. A. Jr. (1979): A Paradigm for Developing Better Measures of Marketing Constructs, in: Journal of Marketing Research, February Issue, S. 64-73.

Clarysse, B.; Degroof, J.-J.; Heirman, A. (2003): Growth paths of technology-based companies in life sciences and information technology, European Commission, Innovation papers No. 32.

Clarysse, B.; Heirman, A.; Degroof J.-J. (2001): An institutional and resource-based explanation of growth-patterns of research-based spin-offs in Europe, in: OECD (Hrsg.): STI Review No. 26, Paris, S. 75-96.

Clarysse, B.; Heirman, A.; Degroof, J.-J. (2000): An institutional and resource-based explanation of growth-patterns of research-based spin-offs in Europe, in: Frontiers of Entrepreneurship Research.

Clarysse, B.; Moray, N. (2004): A process study of entrepreneurial team formation. The case of a research-based spin-off, in: Journal of Business Venturing, Vol. 19, S. 55-79.

Clarysse, B.; Quince, T.; Vohara, A.; Heirman, A.; Van de Velde, E. (2002): Spinning off new ventures: a typology of facilitating services, in: Frontiers of Entrepreneurship Research.

Clarysse, B.; Wright, M.; Lockett, A.; Van de Velde, E.; Vohara, A. (2005): Spinning out new ventures: a typology of incubation strategies from European research institutions, in: Journal of Business Venturing, Vol. 20, S. 183-216.

Cobbenhagen, J. (2000): Successful Innovation - Towards a New Theory for the Management of Small and Medium-sized Enterprises, Cheltenham, Northampton.

Consiglio, S.; Antonelli, G. (o. J.): The development process of academic spin-off. The role of the "metaorganizzatore", Working paper, University of Molise, Campobasso.

Contractor, F. J. (1984): Choosing between Direct Investment and Licensing: Theoretical Considerations and Empirical Tests, in: Journal of International Business Studies, Winter Issue, S. 167-188.

Cooper, A. C. (1970): The Palo Alto Experience, in: Industrial Research, May, S. 58-60.

Cooper, A. C. (1975): Incubator Organizations and other Influences on Entrepreneurship and Enterprise Development: A Worldwide Perspective, in: Proceedings of Project ISEED, Milwaukee, S. 529-532.

Cooper, A. C. (1985): The Role Of Incubator Organizations In The Founding Of Growth-Oriented Firms, in: Journal of Business Venturing, Vol 1, No. 1, S. 75-86.

Cooper, A. C. (1995): Challenges in Predicting New Venture Performance, in: Bull, I.; Thomas, H.; Willard, G. (Hrsg.): Entrepreneurship: Perspectives on Theory Building, London, S. 109-127.

Cooper, R. G.; Kleinschmidt (1987): New Products: What separates Winners from Losers. Journal of Product Innovation management, Vol. 4, S. 169-184.

Cooper, R. G.; Kleinschmidt, E. J. (1994): Determinants of timeliness in new product development, in: Journal of Product Innovation Management, Vol. 11, No. 5, S. 381-396.

Corti, E.; Lo Storto, C. (2000): Technology transfer to small-medium firms in late-developing areas. The concept of technology notoriety, in: Proceedings of the 2000 IEEE Engineering Management Society, International Engineering Conference 2000, Albuquerque, S. 386-390.

Covin, J. G.; Prescott, J. E.; Slevin, D. P. (1990): The Effects of Technological Sophistication on Strategic Profiles, Structures and Firm Performance, in: The Journal of Management Studies, Vol. 27, No. 5, S. 485-511.

Covin, J. G.; Slevin, D. P. (1989): Strategic Management of Small Firms in Hostile and Benign Environments, in: Strategic Management Journal, Vol. 10, No. 1, S. 75-87.

Crawford, C. M. (1992): The hidden costs of accelerated product development, in: Journal of Product Innovation Management, Vol. 9, S. 188-199.

Daferner, S. (2000): Eigenkapitalausstattung im Rahmen der Frühfinanzierungsphase, Kaiserslautern.

Danilov, V. J. (1969): The spin-off phenomenon, in: Industrial Research, May Issue, S. 54-58.

Danneels, E.; Kleinschmidt, E. J. (2001): Product innovativeness from the firm's perspective: Its dimensions and their relation with project selection and performance, in: Journal of Product Innovation Management, Vol. 18, S. 357-373.

Dasgupta, P.; David P. A. (1994): Toward a New Economics of Science, in: Research Policy, Vol. 23, S. 487-521.

Datar, S.; Jordan, C.; Kerke, S.; Rajiv, S.; Srinivasan, K. (1996): New product development structures – The effect of customer overload on post-concept time to market, in: Journal of Product Innovation Management, Vol. 13, No. 4, S. 325-333.

Davidsson, P. (2005): Researching Entrepreneurship, New York.

Davis, L. E.; North, D. C. (1971): Institutional Change and American Economic Growth, Cambridge.

Day, G. S.; Wensley, R. (1988): Asessing advantage: A framework for diagnosing competitive superiority, in: Journal of Marketing, Vol. 52, No. 2, S. 1-20.

Degroof, J.-J.; Clarysse, B. (2003): Academic spin-off processes and types of ventures in regions outside high tech clusters: The case of Belgium, in: Frontiers of Entrepreneurship Research.

Degroof, J.-J.; Roberts, E. B. (2004): Overcoming Weak Entrepreneurial Infrastructurs for Academic Spin-off Ventures, in: Journal of Technology Transfer, Vol. 29, S. 327-352.

Delmar, F.; Shane, S. (2003): Does business planning facilitate the development of new ventures, in: Strategic Management Journal, Vol. 24, No. 12, S. 1165-1185.

Dess, G. G.; Robinson R. B. Jr. (1984): Measuring Organizational Performance in the Absence of Objective Measures: The Case of Privately-held Firms and Conglomerate Business Units, in: Strategic Management Journal, Vol. 44, Nr. 3, S. 265-273.

Di Gregorio, D., Shane, S., 2003. Why do some universities generate more start-ups than others?, in: Research Policy, Vol. 32, No. 2, S. 209-227.

Dickel, P.; Walter, A. (2007): Linking Technologies to Markets - Market-based Learning of Academic Spin-offs, Vortrag auf dem G-Forum 2007 in Aachen.

Dietl, H. (1993): Institutionen und Zeit, Tübingen.

Diller, H. (2006): Probleme der Handhabung von Strukturgleichungsmodellen in der betriebswirtschaftlichen Forschung, in: Die Betriebswirtschaft, Jg. 66, Nr. 6, S. 611-617.

Djokovic, D.; Souitaris, V. (2008): Spinouts from Academic Institutions: A Literature Review with Suggestions for Further Research, in: The Journal of Technology Transfer, Vol. 33, No. 3, S. 225-247.

Dowling, M. (2003): Businesspläne, in: Dowling, M.; Drumm, H.-J. (Hrsg.): Gründungsmanagement. Vom erfolgreichen Unternehmensstart zu dauerhaftem Wachstum, 2. Aufl., Berlin, S. 239-260.

Dowling, M; Helm, R. (2006): Product development success through cooperation: A study of entrepreneurial ventures, in: Technovation, Vol. 26, No. 4, S. 483-488.

Dröge, C.; Jayaram, J.; Vickery, S. K. (2000): The Ability to Minimize the Timing of New Product Development and Introduction: An Examination of Antecedent Factors in the North American Automobile Supplier Industry, in: Journal of Product Innovation Management, Vol. 17, No. 1, S. 24-40.

Druilhe, C.; Garnsey, E. (2004): Do Academic Spin-Outs Differ and Does it Matter?, in: Journal of Technology Transfer, Vol. 29, S. 269-285.

Drumm, H.-J.; Dowling, M. (2003): Grundprobleme, Ziele und Vorgehensweisen von Gründungsmanagement und Entrepreneurship, in: Dowling, M.; Drumm, H.-J. (Hrsg.): Gründungsmanagement. Vom erfolgreichen Unternehmensstart zu dauerhaftem Wachstum, 2. Aufl., Berlin und Heidelberg, 2003, S. 1-7.

Dyer, J.; Singh, H. (1998): The relational view: Corporate strategy and sources of interorganizational competitive strategy, in: Academy of Management Review, Vol. 23, S. 660-679.

Dziuban, C. D.; Shirkey, E. C. (1974): When is a Correlation Matrix Appropriate for Factor Analysis?, in: Psychological Bulletin, Vol. 81, No. 6, S. 358-361.

Eberl, M.; Zinnbauer, M. (2005): Strukturgleichungsmodelle in der Anwendung, in: WiSt, Jg. 34, Nr. 10, S. 591-596.

Egeln, J.; Gottschalk, S.; Rammer, C.; Spielkamp, A. (2002): Spinoff-Gründungen aus der öffentlichen Forschung in Deutschland, BMBF-Studie, Bonn.

Egeln, J.; Gottschalk, S.; Rammer, C.; Spielkamp, A. (2003): Spinoff-Gründungen aus der öffentlichen Forschung in Deutschland, Schriftenreihe des ZEW, Band 68, Baden-Baden.

Eggert, A.; Fassott, G. (2003): Zur Verwendung formativer und reflektiver Indikatoren in Strukturgleichungsmodellen, Paper Marketing 34, 65. wissenschaftliche Jahrestagung des Verbands der Hochschullehrer für Betriebswirtschaft e.V., Zürich.

Eisenhardt, K. M.; Martin, J. A. (2000): Dynamic Capabilities: What Are They?, in: Strategic Management Journal, Vol. 21, No. 10/11, S. 1105-1121.

Elfers, J. (1996): Unternehmensgründungen. Eine empirische Erfolgskontrolle der Bremer Finanzierungshilfen zur Existenzgründungsförderung, Frankfurt am Main.

Elfring, T.; Hulsink, W. (2003): Networks in entrepreneurship: The case of high-technology firms, in: Small Business Economics, Vol. 21, S. 409-422.

Enßlin, K. J. (1988): Technologische Spin-off-Effekte aus der Raumfahrt – Vom staatspolitischen Anspruch zum unternehmenspolitischen Problem, Frankfurt am Main.

Erlei, M. (1998): Institutionen, Märkte und Marktphasen. Allgemeine Transaktionskostentheorie unter spezieller Berücksichtigung der Entwicklungsphasen von Märkten, Tübingen.

Ernst&Young (2002): Neue Chancen. Deutscher Biotechnologie-Report 2002, Stuttgart.

Ewers, H. J.; Wein, T. (1993): Der Begründungszusammenhang zur Förderung der jungen Technologieunternehmen, Diskussionspapier Nr. 173 der Technischen Universität Berlin.

Faltlin, G. (1998): Das Netz weiter werfen – Für eine neue Kultur unternehmerischen Handelns, in Faltlin, G.; Ripsas, S.; Zimmer, J. (Hrsg.): Entrepreneurship. Wie aus Ideen Unternehmen werden, München, S. 3-20.

Feeser, H. R.; Willard, G. E. (1988): Incubators And Performance: A Comparison Of High And Low Growth High Tech Firms, in: Frontiers Of Entrepreneurship Research, S. 549-563.

Filippini, R.; Salmaso, L.; Tessarola, P. (2004): Product Development Time Performance: Investigating the Effect of Interactions between Drivers, in: Journal of Product Innovation Management, Vol. 21, No. 3, S. 199-214.

Fischer, M. (2001): Die Bedeutung der Wettbewerbsdynamik für den Lebenszyklusverlauf von Produkten, in: Die Betriebswirtschaft, Jg. 61, No. 4, S. 443-461.

Fitzsimmonis, J.; Kouvelis, P.; Mallick, D. (1991): Design Strategy and Its Interface with Manufacturing and Marketing: A Conceptual Framework, in: Journal of Operations Management, Vol. 10, No. 3, S. 398-415.

Fontes, M. (2005): The process of transformation of scientific and technological knowledge into economic value conducted by biotechnology spin-offs, in: Technovation, Vol. 25, S. 339-347.

Ford, D.; Ryan, C. (1981): Taking technology to market, in: Harvard Business Review, Vol. 59, No. 2, S. 117-126.

Fornell, D.; Larcker, D. F. (1981): Evaluating Structural Equation Models with Unobservable Variables and Measurement Error, in: Journal of Marketing Research, Vol. 18, S. 39-50.

Frank, H; Kessler, A; Korunka, C; Lueger, M (2002): Von der Gründungsidee zum Unternehmenserfolg. Eine empirische Analyse von Entwicklungsverläufen österreichischer Gründungen, Wien.

Franklin, S. J.; Wright, M.; Lockett, A. (2001): Academic and Surrogate Entrepreneurs in University Spin-out Companies, in: Journal of Technology Transfer, Vol. 26, No. 1-2, S. 127-141.

Freiling, J. (2004): Competence-based View der Unternehmung, in: Die Unternehmung, Jg. 58, Nr. 1, S. 5-25.

Fritsch, M. (2005): Technologietransfer durch Unternehmensgründungen. Was man tun und realistischerweise erwarten kann, in: Fritsch, M.; Koschatzky, K. (Hrsg.): Den Wandel gestalten – Perspektiven des Technologietransfers im deutschen Innovationssystem. Zum Gedenken an Franz Pleschak, Stuttgart, S. 21-33.

Fritsch, M.; Henning, T.; Slavtchev, V.; Steigenberger, N. (2007): Hochschulen, Innovation, Region. Wissenstransfer im räumlichen Kontext, Berlin.

Fritsch, M.; Müller, P. (2004): The Effects of New Business Formation on Regional Development over Time, in: Regional Studies, Vol. 38, S. 961-975.

Fritsch, M; Müller, P. (2006): Die Beständigkeit regionaler Gründungsaktivitäten über die Zeit - Welches Potential hat die Gründungsförderung? in: Achleitner, A.-K.; Klandt, H.; Koch, L. T.; Voigt, K.-I. (Hrsg.): Jahrbuch Entrepreneurship 2005/06, Berlin, S. 91-105.

Gaitanides, M.; Wicher, H. (1985): Venture Management – Strategien und Strukturen der Unternehmensentwicklung, in: Die Betriebswirtschaft, Jg. 45, Nr. 4, S. 414-426.

Gartner, W. B. (1985): A conceptual Framework for Describing the Phennomenon of New Venture Creation, in: Academy of Management Review, Vol. 10, No. 4, S. 696-706.

Garvin, D. A. (1983): Spin-offs and the New Firm Foundation Process, in: California Management Review, Vol. 25, No. 2, S. 3-20.

Gassmann, O.; Escher, J.-P.; Luggen, M. (2003): Technologieverwertung durch Spin-off. Ausgründungen aus privatwirtschaftlichen Forschungszentren, in: Wissenschaftsmanagement, Jg. 9, Nr. 5, S. 24-30.

Gaugler, E. (1974): Betriebliche Personalplanung, Göttingen.

Gehrer, M. (2005): Erster Eindruck und Vertrauen im Kaufentscheidungsprozess, Lohmar.

Geilinger, U. W. (1991): Spin-off: Neue unternehmerische Chancen für Angestellte, in: io Management Zeitschrift, Jg. 60, Nr. 10, S. 95-98.

Gemünden, H. G. (1993): Zeit - Strategischer Erfolgsfaktor in Innovationsprozessen, in: Domsch, M.; Sabisch, H.; Siemers, S. H. (Hrsg.): F&E-Management, Stuttgart, S. 67-118.

Gemünden, H. G. (2003): Personale Einflussfaktoren von Unternehmensgründungen, in: Achleitner, A.-K.; Klandt, H.; Koch, L. T.; Voigt, K.-I. (Hrsg.): Jahrbuch Entrepreneurship 2003/04, Berlin, S. 92-120.

Gemünden, H. G.; Konrad, E. D. (2000): Unternehmerisches Verhalten als ein bedeutender Erfolgsfaktor von technologieorientierten Unternehmensgründungen - eine kritische Würdigung von Erklärungsansätzen verschiedener Modellkonstrukte, in: Die Unternehmung, Jg. 54, Nr. 4, S. 247-272.

Gemünden, H. G.; Ritter, T.; Heydebreck, P. (1996): Network configuration and innovation success: An empirical analysis in German high-tech industries, in: International Journal of Research in Marketing, Vol. 13, No. 5, S. 449-462.

Gerdes, J.; Priese, D.; Stepan, U. (1999): Analyse betrieblichen Erfolgs von geförderten Existenzgründern im Arbeitsamtsbezirk Rostock, Abschlussbericht für das Forschungskolloquium „Existenzgründer“, Arbeitspapier des Instituts für Soziologie Nr. 2, Universität Rostock.

Gerpott, T. (2005): Strategisches Technologie- und Innovationsmanagement, 2. Aufl., Stuttgart.

Gerpott, T. J. (1994): Lernprozesse im Zeiterwerb, in: Simon, H.; Schwuchow, K. (Hrsg.): Management-Lernen und Strategie, Stuttgart, S. 57-77.

Geschka, H.; Alter, U.; Schwerdtner, H.-E. (1975): Effiziente Umsetzung wissenschaftlicher Erkenntnisse in industrielle Nutzung, Berlin, Köln, Frankfurt.

Gibson, D. V.; Smilor, R. W. (1991): The Role of the Research University in Creating and substaining the U.S. Technolpolis, in: Brett, A. M.; Gibson, D. V.; Smilor, R. W. (Hrsg.): University Spin-off Companies: Economic Develompment, Faculty Entrepreneurs, and Technology Transfer, Savage, S. 31-70.

Giering, A. (2000): Der Zusammenhang zwischen Kundenzufriedenheit und Kundenloyalität, Wiesbaden.

Gierl, H. (1987) Ökologische Einstellungen und Kaufverhalten im Widerspruch, in: Der Markenartikel, Jg. 49, Nr. 1, S. 2-8.

Gierl, H. (1995): Marketing, Stuttgart.

Gierl, H.; Helm, R.; Stumpp, S. (1999): Erklärung des Konsumentenverhaltens durch die Optimum Stimulation Level Theorie, in: Marketing-ZFP, Jg. 21, Nr. 3, S. 217-236.

Goebel, P. (1990): Erfolgreiche Jungunternehmer. Welche Fähigkeiten brauchen Firmengründer, München.

Goldenberg, J.; Lehmann, D. R.; Mazurksy, D. (2001): The Idea Itself and the Circumstances of ist Emergence as Predictors of New Product Success, in: Management Science, Vol. 47, S. 69-84.

Golder, P. N.; Tellis, G. J. (1993): Pioneering Advantage: Marketing Logic or Marketing Legend?, in: Journal of Marketing Research, Vol. 30, S. 158-70.

Golla, S.; Halter, F.; Fuegistaller, U.; Klandt, H. (2006): Gründungsneigung Studierender - Eine empirische Analyse in Deutschland und der Schweiz, in: Achleitner, A.-K.; Klandt, H.; Koch, L. T.; Voigt, K.-I. (Hrsg.): Jahrbuch Entrepreneurship 2005/06, Berlin, S. 209-237.

Göpfert, J. (1998): Modulare Produktentwicklung: Komplexitätsbewältigung durch die gemeinsame Modularisierung von Produkt und Entwicklungsorganisation, in: Franke, N.; von Braun, C.-F. (Hrsg.): Innovationsforschung und Technologiemanagement, Berlin, S. 139-151.

Grandi, A.; Grimaldi, R. (2003): Exploring the Networking Characteristics of New Venture Founding Teams, in: Small Business Economics, Vol. 21, S. 329-341.

Granovetter, M. (1973): The Strength of Weak Ties, in: American Journal of Sociology, Vol. 78, No. 6, S. 1360-1380.

Granovetter, M. (1992): Problems of explanation in economic sociology, in: Nohria, N.; Eccles, R. (Hrsg.): Networks and organizations: structure, form and action, Boston, S. 25-56.

Grant, R. M. (1991): The Resource-based Theory of Competitive Advantage: Implications for Strategy Formulation, in: California Management Review, Frühjahr 1991, S. 114-135.

Griffin, A. (2002): Product development life cycle time for business to business products, in: Industrial Marketing Management, Vol. 31, S. 291-304.

Grochla, E. (1970): Systemtheorie und Organisationstheorie, in: Zeitschrift für Betriebswirtschaft, Jg. 40, S. 1-16.

Grupp, H. (1993): Technologie am Beginn des 21. Jahrhunderts, Heidelberg.

Grupp, H. (1997): Messung und Erklärung des Technischen Wandels: Grundzüge einer empirischen Innovationsökonomik, Heidelberg.

Gübeli, M.H.; Doloreux, D. (2005): An empirical study of university spin-off development, in: European Journal of Innovation Management, Vol. 8, No. 3, S. 269-182.

Gulati, R. (1995): Social structure and alliance formation patterns: A longitudinal analysis, in: Administrative Science Quaterly, Vol. 40, S. 619-652.

Gulati, R. (1998): Alliances and networks, in: Strategic Management Journal, Vol. 19, Special Issue, S. 293-317.

Gulati, R.; Higgins, M. C. (2003): Which ties matter when? The contingent effect of interorganizational partnerships in IPO success, in: Strategic Management Journal, Vol. 24, S. 127-144

Gupta, A. K.; Brockhoff, K.; Weisenfeld, U. (1992): Managing trade-offs in the new product development process: A German-US comparison, in: Journal of Product Innovation Management, Vol. 9, S. 11-18.

Güthoff, J. (1995): Qualität komplexer Dienstleistungen. Konzeption und empirische Analyse der Wahrnehmungsdimensionen, Wiesbaden.

Hack, A.; Jost, C.; Jost, P.-J. (2001): Erfolgsfaktoren junger Unternehmen in der New Economy, in: Keuper, F. (Hrsg.): Strategic E-Business, Wiesbaden, S. 37-72.

Hammann, P.; Erichson, B. (2000): Marktforschung, 4. Aufl., Stuttgart.

Händel, W. (1999): Die Bedeutung von Unternehmensgründungen für Hochschule und Wirtschaft, in: Sabisch, H. (Hrsg.): Management technologieorientierter Unternehmensgründungen, Stuttgart, S. 9-18.

Hannan, M. T.; Freeman, J. H. (1984): Structural and inertia and organisational change, in: American Socciological Review, Vol. 42, No. 2, S. 149-162.

Hansen, M. (1999): The search transfer problem: The role of weak ties in sharing knowledge across organizatiobs subunits, in: Administrative Science Quarterly, Vol. 444, S. 82-111.

Harabi, N.; Meyer, R. (2000): Die neuen Selbstständigen: Forschungsbericht, Reihe B: Sonderdruck, Olten (Schweiz).

Haunschild, A. (2004): Flexible Beschäftigungsverhältnisse. Effizienz, institutionelle Voraussetzungen und organisationale Konsequenzen, Hamburg.

Hauschildt, J. (1993): Innovationsmanagement, München.

Hauschildt, J. (1997): Innovationsmanagement, 2. Aufl., München.

Hauschildt, J.; Salomo, S. (2005): Je innovativer, desto erfolgreicher? Eine kritische Analyse des Zusammenhangs zwischen Innovationsgrad und Innovationserfolg, in: Journal für Betriebswirtschaft, Jg. 55, Nr. 1, S. 3-20.

Hayek, F. A. von (1952), Individualismus und wirtschaftliche Ordnung, Salzburg.

Heirman, A.; Clarysse, B. (2004a): How and Why do Research-Based Start-Ups Differ at Founding. A Resource-Based Configurational Perspective, in: Journal of Technology Transfer, Vol. 29, S. 247-268.

Heirman, A.; Clarysse, B. (2004b): Do intangible assets and pre-founding R&D efforts matter for innovation speed in start-ups?, Working Paper 2004/238, Ghent University and Vlerick Leuven Ghent Management School.

Heirman, A.; Clarysse, B. (2004c): Do Intangible Assets at Start-Up Matter for Innovation Speed?, in: Frontiers of Entrepreneurship Research.

Heirman, A.; Clarysse, B.; Van den Haute, V. (2003): Starting resource configuration of research-based start-ups and the interactions with technology, institutional background, and industrial dynamics, Working Paper Series 2003/22, Vlerick Leuven Gent Management School.

Hellman, T.; Puri, M. (2002): Venture Captital and Professionalization of Start-up Firms: Empirical Evidence, in: The Journal of Finance, Vol. 57, No. 1, S. 169-197.

Helm, R. (1997): Internationale Markteintrittsstrategien, Einflussfaktoren auf die Wahl der optimalen Form des Markteintrittes in Exportmärkte, Lohmar.

Helm, R. (1998): Empirische Forschung und die Erfolgsmessung von Strategien, in: Marketing-ZFP, Jg. 20, Nr. 4, S. 225-235.

Helm, R. (2001): Planung und Vermarktung von Innovationen: die Präferenz von Konsumenten für verschiedene Innovationsumfänge unter Berücksichtigung des optimalen Stimulationsniveaus und marktbezogener Einflussfaktoren, Stuttgart.

Helm, R. (2005): Informationslücken im Entscheidungsprozess und Marktinformationen, in: Wirtschaftswissenschaftliches Studium, Jg. 34, S. 7-12.

Helm, R.; Kloyer, M.; Nicklas, G. (2006): Kennzahlen zur Ermittlung der Innovationskraft von Unternehmen, in: WiSt - Wirtschaftswissenschaftliches Studium, Jg. 35, Nr. 10, S. 555-559.

Helm, R.; Mauroner, O. (2007): Success of research-based spin-offs. State of the art and guidelines for further research, in: Research of Managerial Science, Vol. 1, S. 237-270.

Hemer, J.; Berteit, H.; Walter, G.; Göthner, M. (2006): Erfolgsfaktoren für Unternehmensausgründungen aus der Wissenschaft, Stuttgart.

Hering, T.; Vincenti, A. J. F.; Heinle, B. (2002): Zum Einfluss des Inkubators auf Unternehmensgründungen, in: Finanzbetrieb, Nr. 10, S. 614-619.

Herzwurm, G. (1998): Systematische Herleitung eines Instrumentariums zur kundenorientierten Softwareproduktentwicklung. Habilitationsschrift vorgelegt an der Wirtschafts- und Sozialwissenschaftlichen Fakultät der Universität zu Köln.

Heukeroth, U.; Pleschak, F. (2003): Ausgründungen aus wissenschaftlichen Einrichtungen als Form des direkten Technologietransfers, in: Pleschak, F. (Hrsg.): Technologietransfer – Anforderungen und Entwicklungstendenzen, Karlsruhe, S. 75-80.

Heydebreck, P. (1992): Operationalisierung des Innovationserfolges, Karlsruhe.

Heyden, M. (2003): Bestimmungsgründe von Existenzgründungen im Handwerk unter besonderer Berücksichtigung des sozioökonomischen Ansatzes, Göttingen.

Hippel, E. von (1986): Lead Users: A Source of Novel Product Concepts, in: Management Science, Vol. 32, No. 7, S. 791-805

Hippel, E. von (1988): The sources of innovation, New York.

Hoffmann, P.; Ramke, R. (1992): Management Buy-Out in der Bundesrepublik Deutschland, Anspruch, Realität und Perspektiven, 2. Aufl., Berlin.

Höft, U. (1992): Lebenszykluskonzepte - Grundlage für das strategische Marketing- und Technologiemanagement, Berlin.

Homburg, C. (1992): Die Kausalanalyse. Eine Einführung, in: WiSt, Heft 10, S. 499-508.

Homburg, C. (1998): Kundennähe von Industriegüterunternehmen, 2. Aufl., Wiesbaden.

Homburg, C. Giering, A. (1996): Konzeptualisierung und Operationalisierung komplexer Konstrukte – Ein Leitfaden für die Marketingforschung, in: Marketing-ZFP, Jg. 18, Nr. 1, S. 5-24.

Homburg, C.; Baumgartner, H. (1995a): Die Kausalanalyse als Instrument der Marketingforschung, in: Zeitschrift für Betriebswirtschaft, Heft 10, S. 1091-1108.

Homburg, C.; Baumgartner, H. (1995b): Beurteilung von Kausalmodellen - Bestandsaufnahme und Anwendungsempfehlung, in: Marketing-ZFP, Heft 3, S. 162-175.

Homburg, C.; Baumgartner, H. (1998): Beurteilung von Kausalmodellen: Bestandsaufnahme und Anwendungsempfehlungen, in: Hildebrandt, L.; Homburg, C. (Hrsg.): Die Kausalanalyse : ein Instrument der betriebswirtschaftlichen Forschung, Stuttgart, S. 343-369.

Homburg, C.; Hildebrandt, L. (1998): Die Kausalanalyse, Problemfelder, in: Hildebrandt, L.; Homburg, C. (Hrsg.): Die Kausalanalyse: ein Instrument der betriebswirtschaftlichen Forschung, Stuttgart, S. 15-45.

Homburg, C.; Klarmann, M. (2006): Die Kausalanalyse in der empirischen betriebswirtschaftlichen Forschung - Problemfelder und Anwendungsempfehlungen, in: Die Betriebswirtschaft, Jg. 66, Nr. 6, S. 727-748.

Homburg, C.; Pflesser, C. (1999a): Konfirmatorische Faktorenanalyse, in: Herrmann, A.; Homburg, C. (Hrsg.): Marktforschung, Wiesbaden, S. 415-437.

Homburg, C.; Pflesser, C. (1999b): Strukturgleichungsmodelle mit latenten Variablen: Kausalanalyse, in: Herrmann, A.; Homburg, C. (Hrsg.): Marktforschung, Wiesbaden, S. 635-659

Hoppe, H. C.; Lehmann-Grube, U. (2001): Second-mover advantages in dynamic quality competition, in: Journal of Economics & Management Strategy, Vol. 10, No. 3, S. 419-433.

Hoppe, H. C.; Pfähler, W. (2001): Ökonomie der Grundlagenforschung und Wissenschaftspolitik, in: Perspektiven der Wirtschaftspolitik, Jg. 2, Nr. 2, S. 125-144.

Hunsdiek, D. (1987): Unternehmensgründung als Folgeinnovation. Struktur, Hemmnisse und Erfolgsbedingungen der Gründung industrieller Unternehmen. Schriften zur Mittelstandsforschung Nr. 16 NF, Stuttgart.

Ittner, C. D.; Larcker, D. F. (1996): Measuring the impact of quality initiatives on firm financial performance, in: Fedor, D. B.; Ghosh, S. (Hrsg.): Organizational Quality, Band 1, Greenwich, S. 1-37.

Jacobsen, L. K. (2003): Bestimmungsfaktoren für den Erfolg im Entrepreneurship, Entwicklung eines umfassenden theoretischen Modells, Berlin.

Jahn, S (2007): Strukturgleichungsmodellierung mit LISREL, AMOS und SmartPLS. Eine Einführung, Chemnitz.

Janz, N.; Ebling, G.; Gottschalk, S.; Peters, B.; Schmidt, T. (2002): Innovationsverhalten der deutschen Wirtschaft. Indikatorenbericht zur Innovationserhebung 2001, Mannheim.

Jöreskog, K. G. (1973): A general method for estimating a linear structural equation system, in: Goldberger, A. S.; Duncan, O. D. (Hrsg.): Structural Equation Models in the Social Sciences, New York, S. 85-112.

Jöreskog, K. G. (1993): Testing structural equation models, in: Bollen, K. A.; Long, J. S. (Hrsg.): Testing structural equation models, Newbury Park, S. 294 ff.

Jöreskog, K. G.; Sörbom, D. (1982): Recent Developments in Structural Equation Modeling, in: Journal of Marketing Research, Vol. 19, S. 404-416.

Jöreskog, K. G.; Sörbom, D. (1996): LISREL 8.0: a user's reference guide, Chicago.

Jöreskog, K. G.; Yang, F. (1996): Nonlinear structural equation models: the Kenny-Judd model with interaction effects, in: Marcoulides, G. A.; Schumacker, R. E. (Hrsg.): Advanced structural equation modeling: issues and techniques, Mahawah, S. 57 ff.

Jost, P.-J. (2000): Organisation und Motivation, Wiesbaden.

Kahle, E.; Bouncken, R. B. (o.J.): Entwicklung von Netzwerken - von der Vorgründung bis zum frühen Wachstum, in: Flüglistaller, U.; Pleitner, H. J.; Volery, T.; Weber, W. (Hrsg.): Umbruch der Welt - KMU vor Höhenflug oder Absturz?/Radical change in the world - will SMEs soar or crash?, St. Gallen, S. 397-409.

Kaiser, H. F.; Rice, J. (1974): Little Jiffy, Mark IV, in: Educational and Psychological Measurement, Vol. 34, S. 111-117.

Kaluza, B.; Blecker, T. (2000): Wettbewerbsstrategien – Markt- und ressourcenorientierte Sicht der strategischen Führung. Konzepte – Gestaltungsfelder – Umsetzungen, München.

Kash, D. E.; Rycroft, R. W. (2004): To Manage complex innovation, ask the right questions, in: IEEE Engineering Management Review, Vol. 32, No. 1, S. 71-76.

Kassicieh, S. K.; Radosevich, R. H.; Banbury, C. M. (1997): Using Attitudinal, Situational, and Personal Characteristics Variables to Predict Future Entrepreneurs from National Laboratory Inventors, in: IEEE Transactions on Engineering Management, Vol. 44, No. 3, S. 248-257.

Katz, S. M.; Casey, R.; Aiman-Smith, L. (2005): Optimizing ROI of Time-to-Market practices, in: Research Technology Management, Vol. 48, No. 3, S. 47-57.

Kay, R.; May-Strobl, E.; Maaß, F. (2001): Neue Ergebnisse der Existenzgründungsforschung, Wiesbaden.

Keller, R. T. (1994): Technology-information processing fit and the performance of R&D project groups: A test of contingency theory, in: Academy of Management Journal, Vol. 31, S. 167-179.

Kessler, E. H.; Bierly, P. E. (2002): Is faster really better?: An empirical test of the implications of innovation speed, in: IEEE Transactions on Engineering Management, Vol. 49, No. 1, S. 2-12.

Kessler, E. H.; Chakrabarti, A. K. (1996): Innovation speed: A conceptual model of context, antecedents, and outcomes, in: Academy of Management Review, Vol. 21, No. 4, S. 1143-1191.

Kesting, P. (2003): Schumpeters Theorie der Innovation und der wirtschaftlichen Entwicklung, in: Wirtschaftswissenschaftliches Studium, Jg. 32, Nr. 1, S. 34-37.

Keune, E. J.; Nathusius, K. (1977): Technologische Innovation durch Unternehmensgründungen, Eine Literaturanalyse zum Route 128 Phänomen, Köln.

KfW Bankengruppe (2006): Mittelstands- und Strukturpolitik, Sonderband "Innovationen im Mittelstand", Frankfurt am Main.

Kieser, A.; Kubicek, H. (1983): Organisation, 2. Aufl., Berlin.

Kilian, H. (1991): Strukturfaktoren des Venture Managements, Hamburg.

King, C. (2006): Erfolgreiche Marketingstrategien für innovative technologieorientierte Unternehmensgründungen, Lohmar.

Klandt, H. (1984): Aktivität und Erfolg des Unternehmensgründers. Eine empirische Analyse unter Einbeziehung des mikrosozialen Umfelds, Bergisch Gladbach.

Klandt, H. (1999): Gründungsmanagement. Der integrierte Unternehmensplan, München und Wien.

Kleinknecht, A.; Monfort, K. van; Brouwer, E. (2002): The non trivial choice between innovation indicators, in: Economics of Innovation & New Technology, Vol. 11, No. 2, S. 109-121.

Kleinknecht, A.; Reijnen, J. O. N.; Smits, W. (1993): Collecting literature-based innovation output indicators. The experience in the Netherlands, in: Kleinknecht, A.; Bain, D. (Hrsg.): New concepts in innovation output measurement, Houndmills, S. 42-84.

Klepper, S.; Sleeper, S., (2005): Entry by Spinoffs, in: Management Science, Vol. 51, No. 8, S. 1291-1306.

Klofsten, M.; Jones-Evans, D. (2000): Comparing Academic Entrepreneurship in Europe - The Case od Sweden and Ireland, in: Small Business Economics, Vol. 14, No. 4, S. 299-309.

Knecht, T. C. (1998a): Universitäten als Inkubatororganisationen für innovative Spin-off Unternehmen. Ein theoretischer Bezugrahmen und die Ergebnisse einer empirischen Bestandsaufnahme in Bayern, Köln.

Knecht, T. C. (1998b): Sind innovative Spin-off Unternehmen planbar? Beitrag zur G-Forum Jahreskonferenz, Bonn, 1998.

Knight, F. H. (1965): Risk, Uncertainty and Profit, New York.

Knight, K. E. (1967): A descriptive model of the intra-firm innovation process, in: Journal of Business, No. 4, 1967, S. 478-496.

Kogut, B. (2000): The network as knowledge: generative rules and the emergence of structure, in: Strategic Management Journal, Vol. 21, S. 405-425.

Kohlbecher, S. (1997): Förderung betrieblicher Innovationsprozesse: eine empirische Erfolgsanalyse, Wiesbaden.

Kotler, P. (1986): Die asiatische Herausforderung, Landsberg am Lech.

Kotzbauer, N. (1992): Erfolgsfaktoren neuer Produkte. Der Einfluß der Innovationshöhe auf den Erfolg technischer Produkte, Frankfurt am Main.

Kriegesmann, B. (2000): Unternehmensgründungen aus der Wissenschaft. Eine empirische Analyse zu Stand, Entwicklungen und institutionellen Rahmenbedingungen in außeruniversitären Forschungseinrichtungen, in: Zeitschrift für Betriebswirtschaft, Jg. 70, Nr. 4, S. 397-414.

Kriegesmann, B.; Kerka, F.; Kley, T. (2006): Fehlerkulturen und Innovationserfolg: Eine vergleichende empirische Analyse, in: Zeitschrift für Personalforschung, Jg. 20., Nr. 2, S. 141-159.

Kroeber-Riel, W.; Weinberg, P. (2003): Konsumentenverhalten, 8. Aufl., München.

Kroy, W. (1995): Technologiemanagement für grundlegende Innovationen, in: Zahn, E. (Hrsg.): Handbuch Technologiemanagement, Stuttgart, S. 57-79.

Kugler, F. (2003): Erfolgsfaktoren und Erfolgsmuster von Unternehmensgründungen: eine empirische Analyse aus Südthüringen, Lohmar.

Kühne, V. (2002): Der strategische Erfolgsfaktor Zeit und seine Berücksichtigung in aktuellen Controllingkonzepten, Freiberg.

Kulicke, M. (1987): Technologieorientierte Unternehmen in der Bundesrepublik Deutschland. Eine empirische Untersuchung der Strukturbildungs- und Wachstumsphase von Neugründungen, Frankfurt.

Kulicke, M. (1993): Chancen und Risiken junger Technologieunternehmen - Projektbegleitung zum Modellversuch „Förderung technologieorientierter Unternehmensgründungen“ des Bundesforschungsministeriums. Heidelberg.

Kulicke, M.; Gerybazde, A. (1990): Entwicklungsmuster technologieorientierter Unternehmensgründungen, Projektbegleitung zu den Modellversuchen „Beteiligungskapital für junge Technologieunternehmen“ und „Förderung technologieorientierter Unternehmensgründungen“, Karlsruhe.

Kulicke, M.; Görisch, J. (2002): Welche Bedeutung haben Hochschulen für das regionale Gründungsgeschehen? Umfrage der wissenschaftlichen Begleitung zu 'EXIST – Existenzgründungen aus Hochschulen', Fraunhofer ISI, Stuttgart.

Lamont, L. M. (1969): Technology Transfer, Innovations, And Marketing In Science-Oriented Spin-off Firms, A Conceptual Model, Michigan.

Langer, G. (2001): Innovationen in der Ferienhotellerie. Reihe Entwicklung von Gastgewerbe und Tourismus, Arbeitspapier, Innsbruck 2001.

Langerak, F.; Hultink, E. J. (2006): The Impact of Product Innovativeness on the Link between Development Speed and New Product Profitability, in: Product Innovation Management, Vol. 23, No. 3, S. 203-214.

Langerwisch, P. (2000): Organisation von Forschung und Entwicklung in Japan. Eine empirische Untersuchung am Beispiel von Unternehmen des Japanischen Werkzeugmaschinenbaus, Berlin.

Larson, A. (1992): Network dyads in entrepreneurial settings: a study of the governance of exchange relationships, in: Administrative Science Quarterly, Vol. 37, S. 76-104.

Laub, U. D. (1991): Innovationsfinanzierung: Erfahrungen von Venture-Capital-Gesellschaften, Banken und Beratungen, in: Laub, U. D.; Schneider, D. (Hrsg): Innovation und Unternehmertum: Perspektiven, Erfahrungen, Ergebnisse, Wiesbaden, S. 237-270.

Leder, M. (1990): Innovationsmanagement: ein Überblick, in: Albach, H. (Hrsg.): Innovationsmanagement: Theorie und Praxis im Kulturvergleich, Wiesbaden, S. 1-54.

Lee, C.; Lee, K.; Pennings, J. M. (2001): Internal capabilities, external networks, and performance: A study of technology-based ventures, in: Strategic Management Journal, Vol. 22, S. 615-640.

Lee, Y. S. (1996): Technology transfer and the research university. A search for the boundaries of university-industry collaboration, in: Research Policy, Vol. 25, S. 843-863.

Leineweber, B.; Schumann, K.; Schätzl, L.; Steinle, C. (2004): Kooperationsbeziehungen zwischen technisch orientierten Gründungen und Forschungseinrichtungen - regionale Verflechtungen und ausgewählte Erfolgsfaktoren, in: Fritsch, M.; Niese, M. (Hrsg.): Gründungsprozess und Gründungserfolg. Interdisziplinäre Beiträge zum Entrepreneurship Research, Heidelberg, S. 163-184.

Leitch, C. M. (2003): Maximising the potential of university spinouts: The development of second-order commercialisation activities, in: Frontiers of Entrepreneurship Research.

Leitch, C. M.; Harrison, R. T (2004): Growth Dynamics in University Spin-Out Companies: Entrepreneurial Ventures or Technology Lifestyle Businesses?, in: Frontiers of Entrepreneurship Research.

Leitch, C. M.; Harrison, Richard T. (2005): Maximising the potential of university spin-outs: The development of second-order commercialisation activities, in: R&D Management, Vol. 35, No. 3, S. 257-272.

Lendner, C. (2003): How university business incubators help start-ups to succeed: An international study, in: Frontiers of Entrepreneurship Research.

Lendner, C. (2004): Organisationsmodell und Erfolgsfaktoren von Hochschulinkubatoren. Eine internationale Studie. Lohmar.

Li, T.; Calantone, R. J. (1998): The impact of market knowledge competence on new product advantage: conzeptualization and empirical examination, in: Journal of Marketing, Vol. 62, S. 13-29.

Lieberman, M. B.; Montgomery, D. B. (1988): First-Mover Advantages, in: Strategic Management Journal, Vol. 9, No. 1, S. 41-58.

Lindelof, P.; Lofsten, H. (2005): Academic versus corporate new technology-based firms in Swedish science parks: an analysis of performance, business networks and financing, in: International Journal of Technology Management, Vol. 31, No. 3/4, S. 334-357.

Linden, A.; Fenn, J. (2002): Emerging Technologies Hype Cycle: Trigger to Peak, Stanford.

Lindholm Dahlstrand, A. (1997): Growth and inventiveness in technology-based spin-off firms, in: Research Policy, Vol. 26, S. 331-344.

Lockett, A.; Vohara, A.; Wright, M.; Bruining, H. (2003): Universities' strategies in the spinning-out of high technology companies, in: Frontiers of Entrepreneurship Research.

Lockett, A.; Wright, M. (2005): Resources, capabilities, risk capital and the creation of university spin-out companies, in: Research Policy, Vol. 34, S. 1043-1057.

Lockett, A.; Wright, M.; Franklin, S. J. (2003): Technology Transfer and Universities' Spin-Out Strategies, in: Small Business Economics, Vol. 20, S. 185-200.

Ludl, M. (2007): Warenprobenwirkung, Verhaltenswissenschaftliche Erklärung unter Berücksichtigung einer Käufertypologisierung, Lohmar.

Luhmann, N. (1973): Vertrauen, Ein Mechanismus der Reduktion sozialer Komplexität, 2. Aufl., Stuttgart.

Lumpkin, G. T.; Dess, G. G. (1996): Clarifying the Entrepreneurial Orientation Construct and Linking it to Performance, in: Academy of Management Review, Vol. 21, No. 1, S. 135-172.

Lynn, G. S.; Akgün, A. E. (2003): Launch your new products/services better, faster, in: Research Technology Management, Vol. 46, No. 3, S. 21-26.

Macharzina, K. (1995): Unternehmensführung. Das internationale Managementwissen, Konzepte – Methoden – Praxis, 2. Aufl., Wiesbaden.

Mahar, J. F.; Coddington, D. C. (1965): The Scientifc Complex - Proceed with Caution, in: Harvard Business Review, Vol. 43, S. 140-155.

Markman, G. D.; Gianiodis, P. T.; Phan, P. H.; Balkin, D. B. (2005b): Innovation speed: Transferring university technology to market, in: Research Policy, Vol. 34, No. 7, S. 1058-1075.

Markman, G. D.; Phan, P. H.; Balkin, D. B.; Gianiodis, P. T. (2005a): Entrepreneurship and university based technology transfer, in: Journal of Business Venturing, Vol. 20, S. 241-264.

Markman, G.; Gianiodis, P.; Phan, P. (2006): An Agency Theoretic Study of the Relationship Between Knowledge Agents and University Technology Transfer Offices, Rensselaer Polytechnic Working Paper, Troy.

Marr, R. (1980): Innovation, in: Grochla, E. (Hrsg.): Handwörterbuch der Organisation, 2. Aufl., Stuttgart.

Maselli, A. (1997): Spin-offs zur Durchführung von Innovationen. Eine Analyse aus institutionenökonomischer Sicht, Wiesbaden.

Mauroner, O. (2007): Spin-off-Geschehen an öffentlichen Forschungseinrichtungen - Determinanten der Gründungsintensität an außeruniversitären Forschungsinstituten, in: Zeitschrift für KMU und Entrepreneurship, Jg. 55, Nr. 2, S. 96-117.

Mayer, M; Heinzel, W.; Müller, R. (1989): Performance of New Technology-Based Firms in the Federal Republic of Germany at the Stage of Market Entry, in: Frontiers of Entrepreneurship Research, Proceedings of the Ninth Annual Babson College Entrepreneurship Research Conference, Wellesley, S. 200-215.

McEvily, S.; Chakravarthy, B. (2002): The persistence of knowledge-based advantage: an empirical test for product performance and technological knowledge, in: Strategic Management Journal, Vol. 23., No. 4, S. 285-305.

Meffert, H. (1988): Strategische Unternehmensführung und Marketing: Beiträge zur marktorientierten Unternehmenspolitik, Wiesbaden.

Meyer, C.; Purser, R.E. (1993): Six steps to becoming a fist-cycle competitor, in: Research-Technology Management, Vol. 36, No. 5, S. 41-48.

Meyer, D. (1994): Die Forschungs- und Entwicklungskooperation als strategische Allianz, in: Wirtschaftswissenschaftliches Studium, Jg. 2, Nr. 1, S. 15-19.

Meyer, M. H.; Tertzakian, P.; Utterback, J. M. (1997): Metrics for Managing Research Development in the Context of Product Family, in: Management Science, Vol. 43, No. 1, S. 88-111.

Meyer, M.; Autio, E. (2004): Academic Inventiveness and Entrepreneurship: Is there a Relationship between Science and Technology Field and the Utilization of Academic Inventions in Start-up Companies?, in: Proceedings of the 2004 IEEE International Engineering Management Conference, 18-21 October 2004, Singapore, Vol. 2, S. 669-673.

Meyer, M.; Utterback, J (1995) Product development cycle time and commercial success, in: IEEE Transactions on Engineering Management, Vol. 42, No. 4, S. 297-304.

Meyer, M.; Völker, M. (1998): Kreislaufwirtschaft in der Automobilindustrie: Eine ökonomische Analyse institutioneller Arrangements, Arbeitspapier Nr. 3/1998, Lehrstuhl für Betriebswirtschaftslehre und Marketing, Universität Würzburg.

Michel, K. (1987): Technologie im strategischen Management: Ein Portfolio-Ansatz zur integrierten Technologie- und Marktplanung, Berlin.

Miller, D. (1983): The correlates of entrepreneurship in three types of firms, in: Management Science, Vol. 20, S. 770-791

Miller, D.; Friesen, P. (1980): Archetypes of Organizational Transition, in: Administrative Science Quarterly, Vol. 25, S. 268-299.

Milling, P. M. (1990): Time – A Key Issue in Corporate Strategy, in: Andersen, D. F.; Richardson G. (Hrsg.): System Dynamics ´90, Boston, S. 769-782.

Milling, P. M.; Schwellbach, U.; Thun, J.H. (2000): Time as a Success Factor for Operations Management – An Empirical Analysis Based on the „World Class Manufacturing"-Project, in: van Dierdonck, R.; Vereecke, A. (Hrsg.): Crossing Boarders and Boundaries: The Changing Role of Operations, Ghent, S. 431-438.

Mitsuhashi, H. (2003): Effects of the social origins of alliance performance, in: Organization Studies, Vol. 24, No. 2, S. 321-339.

Moos, C. (2006): Der Beitrag von Fertigungsstrategien zur Marktorientierung industrieller Unternehmen. Eine empirische Analyse im Rahmen des Projektes "International Manufacturing Strategy Survey". Dissertation, Universität Mannheim.

Morone, J.; Ivins, R. (1982): Problems and Opportunities in Technology Transfer from the National Laboratories to Industry, in: Research Management, Vol. 23, No. 3, S. 35-44.

Morrison, J. D.; Wetzel, W. E. Jr. (1991): A Supportive Environment for Faculty Spin-off Companies, in: Brett, A. M.; Gibson, D. V.; Smilor, R. W. (Hrsg.): University Spin-off Companies, Savage, S. 117-130.

Müller, C.; Fujiwara, T.; Herstatt, C. (2004): Sources of Bioentrepreneurship. The Cases of Germany and Japan, in: Journal of Small Business Management, Vol. 41, No. 1, S. 93-101.

Müller, W. (2005): Multivariate Analysemethoden im Quantitativen Marketing - Statistische Konzeptionen und empirische Erfahrungsberichte - Gesamtdokumentation des Forschungsprojektes, Fachhochschule Dortmund, Reihe Forschungspapier, Band 16, Dortmund 2005.

Müller-Böling, D.; Klandt, H. (1990): Bezugsrahmen für die Gründungsforschung mit einigen empirischen Ergebnissen, in: Szyperski, N.; Roth, P. (Hrsg.): Entrepreneurship – Innovative Unternehmensgründung als Aufgabe, Stuttgart, S. 143-170.

Müller-Böling; D.; Klandt, H. (1993): Unternehmensgründungen, in: Hauschild, J.; Grün, O. (Hrsg.): Ergebnisse empirischer betriebswirtschaftlicher Forschung, Zu einer Realtheorie der Unternehmung, Stuttgart, S. 135-178.

Murmann, P. A. (1994): Expected development time reductions in the German mechanical engineering industry, in: Journal of Product Innovation Management, Vol. 11, S. 236-252.

Mustar, P. (1997): How French academics create hi-tech companies. The conditions for success or failure, in: Science and Public Policy, Vol. 24, No. 1, S. 37-43.

Mustar, P. (2001): Spin-offs from public research. Trends and outlook, in: OECD (Hrsg.): STI Review No. 26, Paris, S. 165-171.

Mustar, P.; Renault, M.; Colombo, M.; Piva, E.; Fontes, M.; Lockett, A.; Wright, M.; Clarysse, B.; Moray, N. (2006): Conceptualising the heterogeneity of research-based spin-offs: A multi-dimensional taxonomy, in: Research Policy, Vol. 35, S. 289-308.

Nadig, L. (1992): Spin-offs mittels Management Buyout, Die Veräußerung von Unternehmensteilen durch Verkauf an das bisherige Management, Bern, Stuttgart, Wien.

Nathusius, K. (1979): Venture Management. Ein Instrument zur innovativen Unternehmensentwicklung, Berlin.

Nathusius, K. (1980): Alternativen des Innovationsverbundes zwischen etablierten Unternehmen und Gründungseinheiten, in: Wirtschaft und Wissenschaft, 4/79-1/80, S. 6-8.

Nerdinger, F. W. (1999): Perspektiven der Erforschung des Unternehmertums, in: Rosenstiel, L. von; Lang-von Wins, T. (Hrsg.): Existenzgründung und Unternehmertum. Themen, Trends und Perspektiven, Stuttgart, S. 3-21.

Nerkar, A.; Shane, S. (2003): When Do Startups that Exploit Academic Knowledge Survive?, in: International Journal of Industrial Organization, Vol. 21, No. 9, S. 1391-1410.

Neye, H. W. (1982): Die Ausgliederung bei Aktiengesellschaften nach französischem Recht, in: Der Betrieb, Heft 7, S. 365-370.

Nicolaou, N.; Birley, S. (2003a): Academic networks in a trichotomous categorization of university spin-outs, in: Journal of Business Venturing, Vol. 18, S. 333-359.

Nicolaou, N.; Birley, S. (2003b): Social Networks in Organizational Emergence: The University Spinout Phenomenon, in: Management Science, Vol. 49, No. 12. S. 1702-1726.

Niedrich, R. W.; Swain, S. D. (2004): The Influence of Pioneer Status and Experience Order oin Consumer Brand Preference: A Mediated-Effect Model, in: Journal of the American Marketing Science, Vol. 31, No. 4, S. 468-480.

Nieschlag, R.; Dichtl, E.; Hörschgen, H. (1997): Marketing, 18. Aufl.,Berlin.

Nissen, E. J.; Arbouw, A. R. L.; Commandeur, H. R. (1995): Accelerating new product development: A preliminary empirical test of a hierarchy of implementation, in: Journal of Product Innovation Management, Vol. 12, S. 99-109.

Nlemvo, F. N.; Pirnay, F.; Surlemont, B. (2002): A stage model of academic spin-off creation, in: Technovation, Vol. 22, S. 281-289.

North, D. C. (1990): Institutions, Institutional Change and Economic Performance, Cambridge.

North, D. C. (1992): Institutionen, institutioneller Wandel und Wirtschaftsleistung, Tübingen.

North, D. C. (1993): Institutions and Credible Commitment, in: Journal of Institutional and Theoretical Economics, Vol. 149, No. 1, S. 11-23.

Nunnally, J. C. (1978): Psychometric Theory, 2. Aufl. New York.

O'Shea, R.; Allen, T. J.; Chevalier, A. (2005): Entrepreneurial Orientation, Technology Transfer, and Spin-off Performance of U.S. Universities, in: Research Policy, Vol. 34, No. 7, S. 994-1009.

Oberschachtsiek, D. (2001): Erfolgsfaktoren von Existenzgründungen aus der Arbeitslosigkeit. Untersuchungsansatz und Erhebungsdesign, Beitrag zur G-Forum Jahreskonferenz, 2001.

Odenthal, S. (1999): Management von Unternehmensteilungen, Dissertation, Wiesbaden.

OECD (1993): Definitions of R&D: A summary of the Frascati Manual, Paris.

OECD (2000): Analytical Report on High Tech Spin-offs, DSTI/STP/TIP(2000)7, Paris.

Olken, H. (1966): Spin-offs: A Business Pay-Off, in: California Management Review, Vol. 9, No. 2, S. 17-24.

Omta, S. W. F.; Trienekens, J. H.; Beers, G. (2001): Chain and network science: A research framework, in: Journal on Chain and Network Science, Vol. 1, S. 1-6.

Ossenkopf, B.; Pleschak, F. (2003): An-Institute als Bindgleid zwischen Grundlagenforschung und der industriellen Anwendung von FuE-Ergebnissen, in: Pleschak, F. (Hrsg.): Technologietransfer – Anforderungen und Entwicklungstendenzen, Karlsruhe, S. 71-74

Osten, H. von der (1989): Technologie-Transaktionen. Die Akquisition von technologischer Kompetenz durch Unternehmen, Göttingen.

Otto, A. (2004): Kooperative Strategien junger technologiebasierter Dienstleistungsbetriebe, in: Fritsch, M.; Niese, M. (Hrsg.): Gründungsprozess und Gründungserfolg. Interdisziplinäre Beiträge zum Entrepreneurship Research, Heidelberg, S. 141-162.

Pavitt, K. (1991): What makes basic research economically useful?, in: Research Policy, Vol. 20, S. 109-119.

Pearce, J. A. II. (2002): Speed merchants, in: Organizational Dynamics, Vol. 30, No. 3, S. 191-205.

Penrose, E. T. (1959): The Theory of the Growth of the Firm. New York.

Perillieux, R. (1987): Der Zeitfaktor im strategischen Technologiemanagement, Berlin.

Perillieux, R. (1995): Technologietiming, in: Zahn, E. (Hrsg.): Handbuch Technologiemanagement, Stuttgart, S. 267-284.

Peter, J. (1979): Reliability: A Review of Psychometric Basics and Recent Marketing Practices, in Journal of Marketing Research, Vol. 16, S. 6-17.

Peteraf, M. A. (1993): The Cornerstones of Competitive Advantage: A Resource-Based View, in: Strategic Management Journal, Vol. 14, No. 3, S. 179-191.

Peters, J.; Becker, W. (1999): Hochschulkooperationen und betriebliche Innovationsaktivitäten. Ergebnisse aus der deutschen Automobilzulieferindustrie, in: Zeitschrift für Betriebswirtschaft, Jg. 69, Heft 11, S. 1293-1311.

Pfahler, T.; Böhnlein, P. (2004): Transaktionskosten im Verlauf des Marktzyklus, in: WiSt, Heft 8, August, S. 476-482.

Pfeiffer, W.; Metze, G.; Schneider, W.; Amler, R. (1991): Technologie-Portfolio zum Management strategischer Zukunftsgeschäftsfelder, 6. Aufl., Göttingen.

Pfeiffer, W.; Weiß, E. (1990): Zeitorientiertes Technologie-Managment als Kombination von "just-in-time-design", "just-in-time-production" und "just-in-time-distribution", in: Pfeiffer, W.; Weiß, E. (Hrsg.): Technologie-Management - Philosophie, Methodik, Erfahrungen, Innovative Unternehmensführung, Band 17, Göttingen, S. 1-39.

Phan, P. H.; Siegel, D. S. (2006): The Effectiveness of University Technology Transfer: Lessons Learned from Quantitative and Qualitative Research in the U.S. and the U.K., Rensselaer working paper in economics, Nr. 0609, Troy (NY).

Phillips, L. W.; Chang, D. R.; Buzzell, R. D. (1983): Product quality, cost position, and business performance: a test of some key hypotheses, in: Journal of Marketing, Vol. 42, No. 2, S. 26-43.

Pichotta, A. (1990): Prüfung der Beteiligungswürdigkeit von innovativen Unternehmen durch Venture-Capital-Gesellschaften, Bergisch-Gladbach und Köln.

Picot, A. (1991): Ein neuer Ansatz zur Gestaltung der Leistungstiefe, in: Zeitschrift für betriebswirtschaftliche Forschung, Jg. 43., S. 336-357.

Picot, A.; Dietl, H. (1990): Transaktionskostentheorie, in: WiSt, Heft 4, April, S. 178-183.

Picot, A.; Laub, U. D.; Schneider, D. (1989): Innovative Unternehmensgründungen: eine ökonomisch-empirische Analyse, Berlin.

Picot, A.; Schneider, D.; Laub, U. D. (1989): Transaktionskosten und innovative Unternehmensgründung. Eine empirische Analyse, in: Zeitschrift für Betriebswirtschaftliche Forschung, Jg. 41, Nr. 5, S. 358-387.

Pirnay, F.; Surlemont, B.; Nlemvo, F. N. (2003): Toward a Typology of University Spin-offs, in: Small Business Economics, Vol. 21, S. 355-369.

Pleschak, F. (1995): Technologiezentren in den neuen Bundesländern, Heidelberg.

Pleschak, F. (2003): Entwicklungstendenzen des Technologietransfers und Anforderungen an seine Ausgestaltung, in: Pleschak, F. (Hrsg.): Technologietransfer – Anforderungen und Entwicklungstendenzen, Karlsruhe, S. 1-16.

Pleschak, F.; Berteit, H.; Ossenkopf, B.; Stummer, F. (2002): Gründung und Wachstum FuE-intensiver Unternehmen. Untersuchungen in Ostdeutschland, Heidelberg.

Pleschak, F.; Sabisch, H. (1996): Innovationsmanagement, Stuttgart.

Pleschak, F.; Wolf, B.; Westerhausen, J.; Günther, S.; Lessel, M. (2003): Technologieorientierte Innovationsberatung für kleine und mittelständische Unternehmen, in: Pleschak, F. (Hrsg.): Technologietransfer - Anforderungen und Entwicklungstendenzen, Karlsruhe, S. 81-114.

Pleschak, F.; Wupperfeld, U. (1995): Entwicklungsprobleme junger technologieorientierter Unternehmen, Berlin.

Pleschak, F; Werner, H.; Wupperfeld, U. (1997): Marketing in New Technology-Based Firms, in: Koschatzky, K. (Hrsg.): Technology-Based Firms in the Innovation Process : Management, Financing and Regional Networks, Heidelberg, S. 31-52.

Podlny, J. M.; Baron, J. N. (1997): Ressources and relationships: Social networks and the mobility in the workplace, in: American Socological Review, Vol. 62, S. 673-693.

Porter, M. E. (1980): Competitive Strategy: Techniques for Analyzing Industries and Competitors, New York.

Porter, M. E. (1999): Wie die Wettbewerbskräfte die Strategie prägen, in: Porter, M. E. (Hrsg.): Wettbewerb und Strategie, München, S. 27-44.

Porter, M. E. (2004): Wie die Kräfte des Wettbewerbs Strategien beeinflussen, in: Harvard Businessmanager, Oktober 2004, S. 49-61.

Poutsma, E. (2001): Jüngste Entwicklungstendenzen bei der finanziellen Beteiligung der Arbeitnehmer in der Europäischen Union, Luxemburg.

Powell, W. W.; Koput, K. W.; Smith-Doerr, L. (1996): Interorganizational collaboration and the locus of innovation: networks of learning in biotechnology, in: Administrative Science Quarterly, Vol. 41, No. 1, S. 116-145.

Powers, J. B.; McDougall, P. P. (2005a): University start-up formation and technology licensing with firms that go public: a resource-based view of academic entrepreneurship, in: Journal of Business Venturing, Vol. 20, No. 3, S. 291-311.

Powers, J. B.; McDougall, P. P. (2005b): Policy orientation effects on performance with licensing to start-ups and small companies', in: Research Policy, Vol. 34, No. 7, S. 1028-1042.

Preisendörfer, P. (1996): Gründungsforschung im Überblick: Themen, Theorien und Befunde, in: Preisendörfer, P. (Hrsg.): Prozesse der Neugründung von B-etrieben in Ostdeutschland, Rostock, S. 7-29.

Raffée, H.; Wiedmann, K.-P. (1987): Die künftige Bedeutung der Produktqualität unter Einschluß ökologischer Gesichtspunkte, in Lisson, A. (Hrsg.): Qualität – Die Herausforderung, Berlin, S. 349-378.

Rasmusen, E. (1989): Games and Information, An Introduction to Game Theory, Oxford/Cambridge.

Recknagel, N. (2003): Teilaspekte des Ausgründungsprozesses von Start-ups, Diplomarbeit, FH Münster.

Reed, R.; De Fillippi, R. (1990): Causual ambiguity, barriers to imitation, and sustainable competitive advantage, in: Academy of Management Review, Vol. 15, S. 88-102.

Renault, C. S. (2006): Academic Capitalism and University Incentives for Faculty Entrepreneurship, in: Journal of Technology Transfer, Vol. 31, No. 2, S. 227-239.

Rex, T.; Pankotsch, F.; Langer, R. (2007): Wie viele Ausgründugen verträgt ein Fraunhofer-Institut per anno?, Vortrag auf dem G-Forum 2007 in Aachen.

Rhumbler, F. (1992): Differenzierte Zeitstrategien entwickeln, in: Hirzel, M.; Leder, T. (Hrsg.): Speed-Management: Geschwindigkeit zum Wettbewerbsvorteil machen, Wiesbaden, S. 27-37.

Rice, M. P.; Abetti, P. A. (1993): A Framework Defining Levels Of Intervention By Managers Of Business Incubators In New Venture Creation And Development, in: Frontiers of Entrepreneurship Research, S. 102-116.

Richter, R. (1990): Sichtweise und Fragestellungen der Neuen Institutionenökonomik, in: Zeitschrift für Wirtschafts- und Sozialwissenschaften, Jg. 110, S. 571-591.

Riemenschneider, M. (2006): Der Wert von Produktvielfalt: Wirkung großer Sortimente auf das Verhalten von Konsumenten, Wiesbaden.

Riesenhuber, F. (2007): How Entrepreneurial Behaviour and Network Capability Leverage Technological Knowledge of Academic Spin-Offs, Vortrag auf dem G-Forum 2007 in Aachen.

Riesenhuber, F.; Walter, A.; Auer, M. (2006): Akademische Spin-offs - Eine empirische Untersuchung zum Umgang mit technischer Unsicherheit und der Steigerung des Wachstums, in: Zeitschrift für Betriebswirtschaft, Jg. 76, Nr. 4, Sonderheft Entrepreneurship, S. 117-140.

Rindfleisch, A.; Moorman, C. (2001): The acquisition and utilization of information in new product alliances: A strength-of-ties perspective, in: Journal of Marketing, Vol. 65, No. 2, S. 1-16.

Ringle, C. M. (2004): Messung von Kauslamodellen: Ein Methodenvergleich, Arbeitspapier Nr. 14, Institut für Industriebetriebslehre und Organisation, Universität Hamburg.

Ripsas, S. (1997): Entrepreneurship als ökonomischer Prozeß: Perspektiven zur Förderung unternehmerischen Handelns, Wiesbaden.

Ripsas, S. (o.J.): Unternehmensgründung im Umweltschutz. Paper P01-501, Hrsg. Wissenschaftszentrum Berlin für Sozialforschung, Querschnittsgruppe Arbeit und Ökologie, Berlin.

Roberts, E. B. (1970): Influences upon Performance of New Technical Enterprise, Symposium of Technical Entrepreneurship, Purdue University, S. 126-149.

Roberts, E. B. (1991a): Entrepreneurs in High Technology. Lessons from MIT and Beyond, New York.

Roberts, E. B. (1991b): The technological base of the new enterprise, in: Research Policy, Vol. 20, S. 283-298.

Roberts, E. B.; Wainer, H. A. (1968): New Enterprises on Route 128, in: Science Journal, Vol. 4, S. 78-83.

Robertson, T. S.; Gatignon, H. (1998): Technology Development Mode: A Transaction Cost Conceptualization, in: Strategic Management Journal, Vol. 19, S. 515-531.

Rocha, J. R.; Kahn, M. R. (1984): Impact of Counseling on Small Business Performance, in: American Journal of Small Business, Vol. 49, S. 34-43.

Rogers, E. M. (1983): Diffusion of Innovations, 3. Aufl., New York.

Rogers, E. M. (1995): Diffusion of Innovations, 4. Aufl., New York.

Rogers, E. M. (2003): Diffusion of Innovations, 5. Aufl., New York.

Romijn, H.; Albu, M. (2001): Explaining innovativeness in small high-technology firms in the United Kingdom, Working Paper 00.18, Eindhoven Centre for Innovation Studies.

Romijn, H.; Albu, M. (2002): Innovation, Networking and Proximity: Lessons from Small High Technology Firms in the UK, in: Regional Studies, Vol. 36, No. 1, S. 81-86.

Ropella, W. (1989): Synergie als strategisches Ziel der Unternehmung, Berlin.

Röpke, J. (1999): Universitäten und Gründungsdynamik, in: Magistrat der Stadt Wetzlar (Hrsg.): Förderung von Existenzgründungen, Wetzlar, S. 19-27.

Rosenthal, S. R.; Tatikonda, M. V. (1993): Time management in new product development: Case study findings, in: Engineering Management Review, Vol. 21, No. 3, S. 13-20.

Rowley, T.; Behrens, D.; Krckhardt, D. (2000): Redundant governance structures: An analysis of structural and relational embeddedness in the steel and semiconductor industries, in: Strategic Management Journal, Vol. 21, S. 369-386.

Saad, K. N.; Roussel, P. A.; Tiby, C. (1991): Management der F&E-Strategie, Wiesbaden.

Sabisch, H. (1999): Unternehmensgründung und Innovation – Gesamtüberblick, Aufgaben, Probleme, in: Sabisch, H. (Hrsg.): Management technologieorientierter Unternehmensgründungen, Stuttgart, S. 19-39.

Sabisch, H.; Esswein, W.; Meißner, D.; Wyllegalla, J (1998): Quantifizierung und Messung des Erfolgs von Technologieförderprogrammen, Studie im Auftrag des Sächsischen Rechnungshofs, Dresden.

Salomo, S. (2003): Konzept und Messung des Innovationsgrades - Ergebnisse einer empirischen Studie zu innovativen Entwicklungsvorhaben, in: Schwaiger, M.; Harhoff, D. (Hrsg): Empirie und Betriebswirtschaft. Stuttgart, S. 399-427.

Salomo, S.; Cratzius, M. (2005): Integration von Marketing und Fertigung als Erfolgsfaktoren der Neuproduktentwicklung: die moderierende Wirkung des Innovationsgrades, in: Zeitschrift für Betriebswirtschaft, Jg. 75, Nr. 1, S. 71-95.

Salomo, S.; Steinhoff, F.; Trommsdorff, V. (2003): Customer Orientation in Innovation Projects and New Product Development Success - The Moderating Effect of Product Innovativeness, in: International Journal of Technology Management, Vol. 26, No. 5/6, S. 442-463.

Sanchez, R.; Heene, A. (1996): A Systems View of the Firm in Competence-based Competition, in: Sanchez, R.; Heene, A.; Thomas, H. (Hrsg.): Dynamics of Competence-based Competition, Oxford, S. 39-62.

Sanchez, R.; Heene, A. (1997): Competence-based Strategic Management, in: Heene, A.; Sanchez, R. (Hrsg.): Competence-based Strategic Management, Chichester, S. 3-42.

Sanz-Velasco, S.; Saemundsson, R. J. (o.J.): Entrepreneurial Learning in Academic Spin-Offs. A Business Model Perspective, Chalmers University of Technology, Rekjavik University.

Sapienza, H. J.; Parhankangas, A.; Autio, E. (2004): Knowledge-relatedness and post-spin-off growth, in: Journal of Business Venturing, Vol. 19, No. 6, S. 809-829.

Saxenian, A. (1994): Regional advantage: Culture and Competition in Silicon Valley and Route 128, Cambridge.

Schaeper, H.; Kühn, T.; Witzel, A. (2000): Diskontinuierliche Erwerbskarrieren und Berufswechsel in den 1990ern: Strukturmuster und biografische Umgangsweisen betrieblich ausgebildeter Fachkräfte, in: Mitteilungen aus der Arbeitsmarkt- und Berufsforschung, Heft 1, S. 80-100.

Schaschke, M. (2004): Unternehmensgründung und -entwicklung zwischen Innovation und Integration: Spin-offs aus privaten Unternehmen in Baden-Wüttemberg, in: Fritsch, M.; Niese, M. (Hrsg.): Gründungsprozess und Gründungserfolg. Interdisziplinäre Beiträge zum Entrepreneurship Research, Heidelberg, S. 91-111.

Scheidt, B. (1995): Die Einbindung junger Technologieunternehmen in Unternehmens- und Politiknetzwerke. Eine theoretische, empirische und strukturpolitische Analyse, Berlin.

Schenk, R. (1998): Beurteilung des Unternehmenserfolges, in: Frese, M. (Hrsg.): Erfolgreiche Unternehmensgründer, psychologische Analyse und praktische Anleitungen für Unternehmer in Ost- und Westdeutschland, Göttingen, S. 59-82.

Schermelleh-Engel, K.; Moosbrugger, H.; Müller, H. (2003): Evaluating the fit of structural equation models: Tests of significance and descriptive goodness-of-fit measures, in: Methods of Psychological Research online, Vol. 8, No. 2, S. 23-74.

Schlaak, T. M. (1999): Der Innovationsgrad als Schlüsselvariable. Perspektiven für das Management von Produktentwicklungen, Wiesbaden.

Schmelter, A. (2004): Entwicklungsverläufe forschungsnaher Unternehmensgründungen und deren Determinanten. Eine empirische Untersuchung auf Basis organisationsökologischer Konzepte, in: Die Betriebswirtschaft, Jg. 64, Nr. 4, S. 471-486.

Schmid, M. R. (1999): Wissensmanagement für den Innovationsprozess. Ein empirisch fundierter Beitrag zur Gestaltung und Umsetzung des Wissensmanagement-Ansatzes im produktorientierten Ideenmanagement bei DaimlerChrysler, Bielefeld.

Schmidt, A.; Riesenhuber, F. (2007): On the Performance of Young Technology-Based Ventures - The Role of Patents and Entrepreneurial Orientation, Vortrag auf dem G-Forum 2007 in Aachen.

Schneider, D.; Zieringer, C. (1991): Make-or-Buy-Stategien für F&E: transaktionskostenorientierte Überlegungen, Wiesbaden.

Schnell, R; Hill, P; Esser, E. (1999): Methoden der empirischen Sozialforschung, 6. Aufl., München.

Scholing, E. (2000): Messung der Bevölkerungsgesundheit in Entwicklungsländern auf der Grundlage eines MIMIC-Modells, Sozioökonomisches Seminar der Universität Hamburg, Diskussionsbeitrag Nr. 115, Hamburg Mai 2000.

Scholten, V. E. (2006): The Early Growth of Academic Spin-offs, Wageningen (NL).

Scholten, V.; Omta, O.; Elfring, T. (2004): The Parent Connection, The Effect of the Parent-Spin-Off Relationship on the Spin-Off's Successes, Babson Kaufman Entrepreneurship Research Conference, Glasgow.

Scholz, M. (2005): Ein ganzheitlicher Ansatz zur Erklärung und Steigerung der Effizienz von Unternehmensberatungsleistungen für KMU- Konzeption eines Systemtheoretischen Erklärungsmodells und simulationsgestützte Ableitung von Gestaltungsempfehlungen für Beratungsprojekte, Paderborn.

Schoonhoven, C. B.; Eisenhardt, K. M.; Lyman, K. (1990): Speeding Products to Market: Waiting Time to First Product Introduction in New Firms, in: Administrative Science Quarterly, Vol. 35, No. 1, S. 177-207.

Schreyögg, G. (1978): Umwelt, Technologie und Organisationsstruktur – Eine Analyse des kontingenztheoretischen Ansatzes, Bern und Stuttgart.

Schumann, J. (1987): Die Unternehmung als ökonomische Institution, in: Das Wirtschaftsstudium, Jg. 16, S. 212-218.

Schumpeter, J. A. (1928): Unternehmer, in: Elster, L. (Hrsg.): Handwörterbuch der Staatswissenschaften, Band 8, 4. Aufl., Jena, S. 476-487.

Schumpeter, J. A. (1961): Konjunkturzyklen. Eine theoretische, historische und statistische Analyse des kapitalistischen Prozesses, Band 1 und 2, Göttingen.

Schumpeter, J. A. (1993): Theorie der wirtschaftlichen Entwicklung. Eine Untersuchung über Unternehmergewinn, Kapital, Kredit, Zins und den Konjunkturzyklus, 8. Aufl., Berlin.

Schwellbach, U. (2002): Förderung der Zeitorientierung in Industriebetrieben durch Organisationales Lernen, Frankfurt am Main.

Seeger, H. (1997): Ex-Post-Bewertung der Technologie- und Gründerzentren durch die erfolgreich ausgezogenen Unternehmen und Analyse der einzel- und regionalwirtschaftlichen Effekte, Münster und Hamburg.

Segler, T. (1981): Situative Organisationstheorie. Zur Fortentwicklung von Konzept und Methode, in: Kieser, A. (Hrsg.): Organisationstheoretische Ansätze, München, S. 227-272.

Semlinger, K. (1991): Flexibilität und Autonomie – Zur Verteilung von Verhaltensspielräumen und Anpassungszwängen im Beschäftigungssystem, in: Semlinger, K. (Hrsg.): Flexibilisierung des Arbeitsmarktes. Interessen, Wirkungen, Perspektiven, Frankfurt am Main, S. 17-38.

Servatius, H.-G. (1986): Methodik des strategischen Technologiemanagements, 2. Aufl., Berlin.

Shane, S. (2001): Technology Regimes and New Firm Formation, in: Management Science, Vol. 47, No. 9, S. 1173-1190.

Shane, S. (2002): Selling university technology: patterns from MIT, in: Management Science, Vol. 48, No. 1., S. 122-137.

Shane, S. A.; Stuart, T. (2002): Organizational Endowments and the Performance of University Start-ups, in: Management Science, 2002, Vol. 48, No. 1, S. 154-170.

Slater, S. F. (1996): The challenge of sustaining competitive advantage, in: Industrial Marketing Management, Vol. 25, S. 79-86.

Smailes, R.; Cooper, S. Y.; Keogh, W. (2002): Supporting university enterprise: the Scottish and US experience, in: International Journal of Entrepreneurship and Innovation Management, Vol. 2, No. 4-5, S. 354-372.

Smilor, R.; Gill, M. (1986): The New Business Incubator: Linking Talent, Technology, Capital, and Know-How, Lexington.

Smilor, R.; Matthews, J. (2004): University venturing: technology transfer and commercialisation in higher education, in: International Journal of Technology Transfer and Commercialisation, Vol. 3, No. 1, S. 111-128.

Smith, P. G. (1990): Fast-Cycle Product Development, in: Engineering Management Journal, Vol. 2, No. 2, S. 11-16.

Soetanto, D. P.; van Geenhuizen, M. (2006): Socioeconomic Networks: In Search of Beter Support for University Spin-offs, High Technology Small Firms Conference 2006.

Sommerlatte, T.; Deschamps, J.-P. (1986): Der strategische Einsatz von Technologien. Konzepte und Methoden zur Einbeziehung von Technologien in die Strategieentwicklung des Unternehmens, in: Arthur D. Little (Hrsg.): Management im Zeitalter der strategischen Führung, 2. Aufl., Wiesbaden, S. 39-76.

Sommerlatte, T.; Mollenhauer, M. (1992): Qualität, Kosten, Zeit – das magische Dreieck, in: Arthur D. Little (Hrsg.): Management von Spitzenqualität, Wiesbaden, S. 26-35.

Sorensen, O.; Stuart, T. E. (2001): Syndication networks and the spatial distribution of venture capital investment, in: American Journal of Sociology, Vol. 106, S. 1546-1588.

Sorrentino, M.; Williams, M. L. (1995): Relatedness and corporate venturing: Does it really matter?, in: Journal of Business Venturing, Vol. 10, S. 59-73.

Specht, D.; Möhrle, M. G. (2002): Gabler Lexikon Technologiemanagement, Management von Innovationen und neuen Technologien im Unternehmen, Wiesbaden.

Spielkamp, A.; Egeln, J.; Gottschalk, S.; Rammer, C. (2004): Spin-offs in Germany. Conceptual considerations and empirical evidence, in: Dowling, M.; Schmude, J.; Zu Knyphausen-Aufsess, D. (Hrsg.): Advances in Interdisciplinary European Entrepreneurship Research, Münster, S. 153-181.

Staehle, W. H. (1973): Organisation und Führung soziotechnischer Systeme – Grundlagen einer Situationstheorie, Stuttgart.

Staehle, W. H. (1981): Deutschsprachige situative Ansätze in der Managementlehre, in: Kieser, A. (Hrsg.): Organisationstheoretische Ansätze, München, S. 215-226.

Staehle, W. H. (1989): Management. Eine verhaltenswissenschaftliche Einführung, München.

Staiger, J. T.; Bendler, A. (2006): Innovationsführerschaft im Maschinen- und Anlagenbau, in: Zeitschrift für Controlling und Innovationsmanagement, Jg. 1, Nr. 1, S. 55-63.

Stedler, H. R. (1996): Eigenkapital als Baustein der Innovationsfinanzierung, in: die Bank, Heft 2, S. 73-77.

Steffens, F. (1976): Technologie und Produktion, in: Grochla, E.; Wittmann, W. (Hrsg.): Handwörterbuch der Betriebswirtschaftslehre, 4. Aufl., Stuttgart.

Steffensen, M.; Rogers, E. M.; Speakman, K. (1999): Spin-offs from research centers at a research university, in: Journal of Business Venturing, Vol. 15, S. 93-111.

Steier , L.; Greenwood, R. (2000): Entrepreneurship and the evolution of angel financial networks, in: The Organization Studies, Vol. 21, No. 1, S. 163-192.

Steinkühler, R.-H. (1994): Technologiezentren und Erfolg von Unternehmensgründungen, Wiesbaden.

Steven, M.; Behrens, S. (2005): Prozessorientierte Produktionstheorie für Dienstleistungen, in: Corsten, H.; Gössinger, R. (Hrsg.): Dienstleistungsökonomie: Beiträge zu einer theoretischen Fundierung, Berlin, S. 189-214.

Stevenson, H. H.; Gumpert D. E. (1998): Der Kern unternehmerischen Handelns, in: Faltlin, G.; Ripsas, S.; Zimmer, J. (Hrsg.): Entrepreneurship. Wie aus Ideen Unternehmen werden, München, S. 93-111.

Stinchcombe, A. (1965): Social structure ond organizations, in: March, J. (Hrsg.): Handbook of Organization, Chicago, S. 142-193.

Stivastava, A.; Lee, H. (2005): Predicting order and timing of new product moves: the role of top management in corporate entrepreneurship, in: Journal of Business Venturing, Vol. 20, S. 459-481.

Storz, C. (1998): Selbständigkeit in Japan, in: Zeitschrift für Betriebswirtschaft, Jg. 68, Heft 10, S. 1-14.

Storz, C.; Frick, S. (1999): Sponsored Spin-offs in Japan, Anregungen für die deutsche Mittelstandspolitik , in: List Forum für Wirtschafts- und Finanzpolitik, Jg. 25, Nr. 3, S. 310-327.

Stuart, R.; Abetti, P. A. (1987): Start-Up Ventures: Towards the Prediction of Initial Success, in: Journal of Business Venturing, Vol. 2, No. 3, S. 215-230.

Stuart, T. E.; Ha, H.; Hybles (1999): Interorganizational endorsement and the performance of entrepreneurial ventures, in: Administrative Science Quarterly, Vol. 44, S. 315-349.

Sydow, J. (1993): Strategische Netzwerke – Evolution und Organisation, Wiesbaden.

Szyperski, N.; Klandt, H. (1980): Bedingungen für innovative Unternehmensgründungen. Aspekte der Ergebnisse einer Untersuchung über potentielle Spin-off-Gründer im Raume Aachen-Bonn-Düsseldorf-Köln, in: Betriebswirtschaftliche Forschung und Praxis, Jg. 4, S. 354-369.

Szyperski, N.; Klandt, H. (1981): Wissenschaftlich-Technische Mitarbeiter von Forschungs- und Entwicklungseinrichtungen als potentielle Spin-off-Gründer: Eine empirische Studie zu den Entstehungsfaktoren von innovativen Unternehmensgründungen im Lande Nordrhein-Westfalen, Opladen, 1981.

Szyperski, N.; Nathusius, K. (1977): Probleme der Unternehmungsgründung. Eine betriebswirtschaftliche Analyse unternehmerischer Startbedingungen, Stuttgart.

Szyperski, N.; Nathusius, K. (1999): Probleme der Unternehmungsgründung. Eine betriebswirtschaftliche Analyse unternehmerischer Startbedingungen, 2. Aufl., Lohmar.

Szyperski, N.; Schmitz, P.; Kronen, J. (1993): Outsourcing: Profil und Markt einer Dienstleistung für Unternehmen auf dem Wege zur strategischen Zentrierung, in: Wirtschaftsinformatik, Jg. 35, Nr. 3, S. 228-240.

Tabachnick, B. G.; Fidel, L. S. (2001): Using multivariate Statistics, Boston.

Tatikonda, M. V.; Montoya-Weiss, M. M. (2001): Integrating operations and marketing perspectives of product innovation: The influence of organizational process factors and capabilities on development performance, in: Management Science, Vol. 47, No. 1, S. 151-172.

Teece, D. J.; Pisano, G.; Shuen, A. (1997): Dynamic Capabilities and Strategic Management, in: Strategic Management Journal, Vol. 18, No. 7, S. 509-533.

Teichert, T.; Rost, K. (2004): Zusammenarbeit von KMU mit Hochschulen und Transfermittlern, in: Die Unternehmung, Jg. 58, Nr. 5, S. 373-392.

Thiele, M. (1997): Kernkompetenzenorientierte Unternehmensstrukturen, Wiesbaden.

Thom, N. (1980): Grundlagen des betrieblichen Innovationsmanagements, 2. Aufl., Königstein.

Thornhill, S.; Amit, R. (2000): A dynamic perspective of internal fit in corporate venturing, in: Journal of Business Venturing, Vol. 16, S. 25-50.

Thünen, J. H. von (1966): Der isolierte Staat in Beziehung auf Landwirtschaft und Nationalökonomie, Darmstadt.

Tietzel, M.: Die Ökonomie der Property-Rights: Ein Überblick, in: Zeitschrift für Wirtschaftspolitik, Jg. 30., Nr. 3., S. 207-243.

Trommsdorff, V.; Reeb, M.; Riedel, F. (1991): Produktinnovationsmanagement, in: Wirtschaftswissenschaftliches Studium, Jg. 20, Nr. 11, S. 566-572.

Trommsdorff, V.; Schneider, P. (1990): Grundzüge des betrieblichen Innovationsmanagement, in: Trommsdorf, V. (Hrsg.): Innovationsmanagement, München, S. 1-24.

Tübke, A. (2004): Success Factors of Corporate Spin-Offs, New York.

Turok, I. (1991): Wich Small Firms Grow?, in: Davies, L.G.; Gibb, A.A. (Hrsg.): Recent Research in Entrepreneurship. The Third International EIASM Workshop., Adlershorst, S. 29-44.

Unterkofler, G. (1989): Erfolgsfaktoren innovativer Unternehmensgründungen. Ein gestaltungsorientierter Lösungsansatz betriebswirtschaftlicher Gründungsprobleme, Frankfurt am Main.

Uzzi, B. (1996): The sources and consequences of embeddedness for the economic performance of organizations: the network effects, in: American Sociological Review, Vol. 61, S. 674-698.

Vahs, D.; Burmester, R. (1999): Innovationsmanagement - von der Produktidee zur erfolgreichen Vermarktung, 2. Aufl., Stuttgart.

Varian, H. R. (1994): Mikroökonomie, 3. Aufl., München.

Vest, P. (1994): Der Verkauf von Konzernunternehmen durch Management Buy-Out, Wiesbaden.

Vizjak, A. (1990): Wachstumspotentiale durch Strategische Partnerschaften – Bausteine einer Theorie der externen Synergie, München.

Vohara, A.; Wright, M.; Lockett, A. (2004): Critical junctures in the development of university high-tech spinout companies, in: Research Policy, Vol. 33, S. 147-175.

Völckner, F. (2003): Neuprodukterfolg bei kurzlebigen Konsumgütern: Eine empirische Analyse der Erfolgsfaktoren von Markentransfers, Wiesbaden.

Volery, T. (2005): Ressourcen sind der Kern des Wettbewerbsvorteils: Ressourcenorientierter Ansatz von Entrepreneurship, in: KMU Magazin, Nr. 9, S. 12-14.

Walter, A.; Auer, M.; Ritter, T. (2006): The impact of network capabilities and entrepreneurial orientation on university spin-off performance, in: Journal of Business Venturing, Vol. 21, S. 541-567.

Wegehenkel, L. (1981): Gleichgewicht, Transaktionskosten und Evolution. Eine Analyse der Koordinierungseffizienz unterschiedlicher Wirtschaftssysteme, Tübingen.

Wegmeth, U. (1999): Eignung von strategischen Allianzen zur Verbesserung der Wettbewerbssituation in der deutschen Molkereiwirtschaft, Jahrestagung der Gesellschaft für Wirtschafts- und Sozialwissenschaften des Landbaues e.V., Kiel.

Wegmeth, U. (2002): Horizontale Kooperationen in der Molkereiwirtschaft, München.

Welles, J. G.; Waterman, R. H. (1964): Space Technology: Pay-Off from Spin-Off, in: Harvard Business Review, Vol. 42, July/August, S. 106-118.

Welpe, I. (2006): Managementunterstützung durch Venture-Capital-Gesellschaften - eine empirische Untersuchung, in: Achleitner, A.-K.; Klandt, H.; Koch, L. T.; Voigt, K.-I. (Hrsg.): Jahrbuch Entrepreneurship 2005/06, Berlin, S. 71-89.

Wenz, J. (1993): Unternehmensgründungen aus volkswirtschaftlicher Sicht, Köln.

Werner, A.; Backes-Gellner, U.; Kayser, G. (2004): Zum Einfluss von Bildungssignalen auf innovative Unternehmensgründungen: eine theoretische und empirische Analyse, in: Fritsch, M.; Niese, M. (Hrsg.): Gründungsprozess und Gründungserfolg: interdisziplinäre Beiträge zum Entrepreneurship Research, Heidelberg, S. 113-139.

Werner, H. (2000): Junge Technologieunternehmen, Entwicklungsverläufe und Erfolgsfaktoren, Wiesbaden.

Wernerfelt, B. (1984): A Resource Based View of the Firm, in: Strategic Management Journal, Vol. 5, Nr. 2, S. 171-180.

Wießner, F. (2000): Erfolgsfaktoren von Existenzgründungen aus der Arbeitslosigkeit. Eine multivariate Betrachtung vormals arbeitsloser Existenzgründer, die vom Arbeitsamt mit dem Überbrückungsgeld (57 SGB III) gefördert wurden, in: Mitteilungen aus der Arbeitmarkt- und Berufsforschung, Stuttgart, Band 33, Heft 3, 2000, S. 518-532.

Wießner, F. (2002): Beschäftigung braucht Betriebe – der Beitrag von Existenzgründungshilfen zur Bekämpfung der Arbeitslosigkeit, in: Kleinhenz, G. (Hrsg.): IAB-Kompendium Arbeitsmarkt- und Berufsforschung, Nürnberg, S. 121-133

Wießner, Frank (2001): Existenzgründungen: Das Geheimnis des Erfolges, IAB Kurzbericht, Ausgabe Nr. 5 vom 28.03.2001.

Williamson, O. E. (1975): Markets and Hierarchies. Analysis and Antitrust Implications, New York.

Williamson, O. E. (1985): The Economic Institutions of Capitalism, New York.

Willke, H. (1993: Systemtheorie – Eine Einführung in die Grundprobleme der Theorie sozialer Systeme, 4. Aufl., Stuttgart.

Wippler, A. (1998): Innovative Unternehmensgründungen in Deutschland und den USA, Wiesbaden.

Witt, P. (2005): Formelle Fassung der Geschäftsidee im Businessplan, in: Heussen, B.; Korf, R.; Schröder, G.; Weber, T. (Hrsg.): Unternehmerhandbuch. Recht, Wirtschaft, Steuern von der Gründung bis zur Abwicklung, München, S. 17-26.

Witt, P.; Merz, C. (2008): Die Ideenformulierung im Rahmen von Businessplänen (Seed Phase), in: Freiling, J.; Kollmann, T. (Hrsg.): Entrepreneurial Marketing. Besonderheiten, Aufgaben und Lösungsansätze für Gründungeunternehmen, Wiesbaden, S. 291-302.

Wolfrum, B.: Strategisches Technologiemanagement, 2. Aufl., Wiesbaden.

Woo, C. Y.; Willard, G. E.; Daellenbach, U. S. (1990): Spin-off Performance: A Case of overstated Expectations?, Krannert Graduate School of Management Paper No. 987, West Lafayette.

Yencken, J. (2002): Commercialising research through spin-off companies, Invited lead paper at IIR Conference on Spin-off Start-up Companies, 27-29.05.2002, Sydney.

Zahn, E.; Koch, A.; Schaschke, M. (2003): Spin-offs als Gründungsform: Charakteristika, Entwicklungswege, Erfolg und Misserfolg, in: Steinle, C., Schumann, K. (Hrsg.): Gründung von Technologieunternehmen. Merkmale – Erfolg – empirische Ergebnisse, Wiesbaden, S. 164-176.

Zernott, C. (2004): Kundenintegration in die Produktentwicklung Eine empirische Analyse und Gestaltungsempfehlungen, München.

Zinnbauer, M.; Eberl, M. (2004): Überprüfung der Spezifikation und Güte von Strukturgleichungsmodellen, in: WiSt, Jg. 34, Nr. 10, S. 566-572.

# MARKETING

Herausgegeben von Prof. Dr. Heribert Gierl, Augsburg, Prof. Dr. Roland Helm, Jena, Prof. Dr. Frank Huber, Mainz, und Prof. Dr. Henrik Sattler, Hamburg

Band 36
Guido Frank Grunwald
**Die Bewältigung von Produktkrisen –** Ein Vergleich von Beschwerde-, Reklamations- und Rückrufsituationen
Lohmar – Köln 2008 • 360 S. • € 64,- (D) • ISBN 978-3-89936-749-2

Band 37
Matthias Gabriel
**Verbesserte Datenqualität in Umfragen**
Lohmar – Köln 2008 • 648 S. • € 83,- (D) • ISBN 978-3-89936-754-6

Band 38
Michael Hetzel
**Die Nutzung des Internets bei extensiven Kaufentscheidungen im Multi-Channel-Vertrieb** – Eine kaufprozessphasenübergreifende Analyse
Lohmar – Köln 2009 • 396 S. • € 66,- (D) • ISBN 978-3-89936-773-7

Band 39
Frank Huber, Stefanie Regier und Jan Schikofsky
**Neue Dimensionen für die Markenführung** – Management von Modemarken in virtuellen Welten
Lohmar – Köln 2009 • 160 S. • € 47,- (D) • ISBN 978-3-89936-782-9

Band 40
Thomas Hegenbart
**Kundenverhalten bei Nichtverfügbarkeit von Artikeln im Einzelhandel**
Lohmar – Köln 2009 • 252 S. • € 57,- (D) • ISBN 978-3-89936-787-4

Band 41
Oliver Mauroner
**Vermarktung von Innovationen durch Spin-offs** – Empirische Analyse von Unternehmensgründungen aus der öffentlichen Forschung
Lohmar – Köln 2009 • 336 S. • € 63,- (D) • ISBN 978-3-89936-797-3